Michael Fossel
Das Unsterblichkeits-Enzym

Michael Fossel

Das Unsterblichkeits-Enzym

Die Umkehrung des Alterungsprozesses ist möglich

Aus dem Amerikanischen von
Angelika Bischoff und Brigitte Stein

Mit 27 Abbildungen

Piper
München Zürich

Die Originalausgabe erschien 1996
unter dem Titel »Reversing Human Aging«
by William Morrow and Company, Inc., New York.
Die Kapitel 1–3 wurden von Angelika Bischoff,
die Kapitel 4–8 von Brigitte Stein übersetzt.
Redaktion der deutschen Ausgabe:
Ingrid Veblé-Weigel

ISBN 3-492-03865-4
© 1996 by Michael Fossel, Ph. D., M. D.
© Deutsche Ausgabe:
R. Piper GmbH & Co. KG, München 1996
Gesamtherstellung: Pustet, Regensburg
Printed in Germany

Der Wahrheit gewidmet,
so überraschend sie auch
sein wird . . .

Inhalt

Einleitung

Dieses Buch beruht auf den Forschungsergebnissen vieler anderer Wissenschaftler, denen eigentlich – statt meiner die Anerkennung dafür gebührt. Denn sie leisten die Forschungsarbeit an Zellen und körperlichen Abbauprozessen. Die meisten dieser Wissenschaftler sind der Ansicht, daß Diskussionen darüber, wie die Lebenszeit über ihre jetzigen Grenzen hinaus verlängert werden kann, verfrüht sind. Und sie haben recht. Aber zum einen wir sind nicht alle Forscher, und zum anderen sind es die Schlußfolgerungen aus den Untersuchungen dieser Wissenschaftler und die Möglichkeiten, die sich daraus ergeben, die dieses Buch sowohl aufregend als auch notwendig machen.

Einem jeden dieser Forscher muß dies als Verdienst angerechnet werden, keinem aber können irgendwelche Vorwürfe dafür gemacht werden, welche Schlußfolgerungen ich daraus gezogen habe. Dieses Buch stellt ausschließlich meine Meinung vor.

Die meisten Wissenschaftler, darunter jene, deren Forschungsarbeit zu diesem Buch beigetragen hat, bemühen sich intensiv darum, Fakten von Spekulationen und Daten von Interpretationen zu unterscheiden. Die erste Hälfte dieses Buches gibt daher auch den aktuellen Stand des Wissens um die Biologie des Alterns wieder. Die zweite Hälfte beschreibt jedoch, was sich, meiner Überzeugung nach, wahrscheinlich daraus entwickeln wird. Ich möchte aber betonen, daß ich nicht weiß, ob dies tatsächlich geschieht.

Das Extrapolieren, also das Schlußfolgern von bisherigen Forschungsergebnissen auf weitere, und die Diskussion von Möglichkeiten sind wichtig für jeden einzelnen von uns und für die Menschheit ingesamt. Die Fähigkeit, selbst vorauszusehen – selbst wenn es nur vage und fehlerhaft geschieht –, welche Auswirkungen das haben kann, was wir entdeckt haben, relativiert oft die Ergebnisse. Es erlaubt uns, unsere Zukunft in menschlichere Bahnen zu lenken und Würde und Erleuchtung zu finden, wo wir sonst auf dunklere Wege geraten wären.

Aber Extrapolieren ist bestenfalls ein Glücksspiel. Die Irrtümer, tollkühnen Vereinfachungen und Mißverständnisse in diesem Buch sind einzig und allein mir zuzuschreiben. Sie sind nicht einem ungeduldigen Vorgreifen der klugen Menschen anzulasten, die die eigentliche Forschungsarbeit geleistet haben. Ich hoffe, daß alle, die dieses Buch lesen, seien sie Wissenschaftler oder nicht, und die Gründe zur Kritik finden, ihre Einwände nur an meiner Haustür abliefern. Alle Extrapolationen und möglichen unsinnigen Schlußfolgerungen, die ich aus den Forschungsergebnissen gezogen habe, sind ganz allein meine Sache.

Die Fakten sind Sache derer, die ihr Leben dem Verständnis und der Aufklärung dieser Fakten gewidmet haben; die sich daraus ergebenden Möglichkeiten sind unser aller Sache. Wenn wir das Altern zum Thema machen oder uns irgendeinem anderen Gebiet der Wissenschaft zuwenden, stehen wir zwischen zwei Extremen: Gewißheit und Nichtwissen. Keines der Extreme bringt uns weiter. Gewißheit ist unerträglich; wie können wir etwas mit Sicherheit wissen? Offen bekanntes Nichtwissen ist zwar annehmbar, aber nutz- und wertlos. Einen geeigneten Mittelweg zu finden, erfordert Kompromisse persönlicher, philosophischer und professioneller Art. Wenn dieses Buch nur für Wissenschaftler geschrieben wäre, würde ich mich mehr an das Nichtwissen halten, und das Buch wäre für diese vielleicht annehmbarer. Aber es ist kein solches Buch. Vieles wird sicher scharf kritisiert. Diese Kritik ist gerechtfertigt: Denn ich bin über die Tatsachen hinausgegangen. Ich habe das absichtlich getan; das ist vielleicht der größere Fehler.

Ich habe beschlossen, das Schicksal herauszufordern und Kritiker auf den Plan zu rufen, indem ich stärker als viele akzeptabel finden werden, zur Gewißheit tendiere. Es war meine Wahl, und ich werde damit leben. Vielleicht denken Sie, daß ich gierig auf Kritik bin. Ich bin es nicht. Aber ich möchte unbedingt herausfinden, was die Wahrheit ist, und ich freue mich auf die Zukunft. Die Zukunft mag noch nicht mit den Händen greifbar sein, aber sie ist nicht weit entfernt.

Kapitel 1

Leben

Der Horizont

Denn als die Götter einst die Menschen schufen,
Da teilten sie den Tod der Menschheit zu,
Das Leben aber nahmen sie für sich!

(Gilgamesch-Epos, 3000 v. Chr.)

Dieses Buch ist ein Versprechen und eine Warnung. Es verspricht uns eine Zeit, in der wir länger und viel gesünder leben werden – hundert, zweihundert oder möglicherweise fünfhundert Jahre. Es warnt jedoch auch davor, was geschehen könnte, wenn dies Wirklichkeit werden sollte. Das Buch gibt keine Tips zur Ernährung oder darüber, wie wir mit dem Altern gut zurechtkommen können, sondern es zeigt uns, daß wir die Möglichkeit haben werden, das Altern selbst zu beeinflussen.

Wir werden in 20 Jahren in der Lage sein, Altern zu verhindern und sogar eine Verjüngung zu erreichen. Gleichzeitig werden wir auf demselben Weg die meisten Krankheiten heilen, die uns jetzt Angst machen und uns zerstören. Krebs, eine Krankheit, bei der sich bösartige Zellen dem vorgegebenen Zell-Alterungsprozeß entziehen, wird unter den ersten Leiden sein, die verschwinden. Krebs wird zu einer unangenehmen Erinnerung werden, statt eine Quelle schrecklicher Angst und tragischen Unglücks zu sein. Auch Krankheiten, die mit dem Älterwerden zusammenhängen, könnten bald verschwinden. Mit der enormen Zunahme unserer »gesunden Lebenszeit« werden wir auch die menschliche Lebenszeit verlängern. Dies wird die menschliche Gesellschaft zum einen begrüßenswert, zum andern bedauernswert und schließlich auf unvorhersehbare Weise verändern. Dieses Buch berichtet darüber, wie wir das Altern besiegen werden, und welche Folgen dies für uns haben wird. Es beschreibt unsere Hoffnungen, unsere Ängste und die Veränderungen, die bald unsere Welt erschüttern werden. Wir sind kurz davor, die Geschichte für immer zu verändern.

Das Haus des Alterns

No house should ever be on any hill
or on anything. It should be of the hill, belonging to it,
so hill and house could live together each
the happier for the other.

(Frank Lloyd Wright)

Ist es eine reine Vermutung, daß man den menschlichen Alterungsprozeß aufheben kann? Nein. Die Arbeit an diesem Projekt ist zwar nicht abgeschlossen, aber der Sachverhalt wird nicht einfach unterstellt.

Stellen wir uns die Entstehung eines Hauses vor auf dem Weg vom geträumten zu einem wirklichen Heim. Jahrelang ist es nur ein Wunsch. Dann existiert es für einige Zeit als anfängerhafte Sammlung von Schmierzettelskizzen, ein zerknittertes Durcheinander, in dem aber eine Menge Hoffnungen stecken. Allmählich verfestigt sich der Traum, Pläne werden entworfen und geändert. Eine Bank gewährt einen Kredit, eine Baufirma wird unter Vertrag genommen, ein Bagger durchfurcht das Grundstück, ein Loch wird gegraben und ein Fundament gelegt, auf dem sich der Rohbau erhebt. Ist das Haus jetzt immer noch ein Traum, oder ist es Wirklichkeit?

Genau in diesem Stadium befinden wir uns als Ausgangspunkt für unsere Geschichte. Der Rohbau steht, das Dach ist aufgesetzt, und die Mauern wachsen. Das Haus ist noch nicht soweit, daß man darin leben könnte, aber es wird bald fertig sein. Ist das ein hypothetisches Haus? Nein, es ist nur noch nicht vollendet.

Unser spezielles Haus begann mit einem Mann namens Leonard Hayflick: Er bestimmte die Stelle, wo das Haus heute steht. Vor 35 Jahren fand Hayflick als junger Forscher in Philadelphia heraus, daß alle Körperzellen, die er züchtete, irgendwann starben, was auch immer er unternahm. Len Hayflick war darüber sehr verärgert. Damals herrschte der Glaube vor, der auch nicht in Frage gestellt wurde, daß einzelne Zellen mit besonderer Pflege in den Laboratorien ewig am Leben gehalten werden könnten. Das war allseits bekannt. Aber Hayflick schaffte es nicht, daß seine Zellen überlebten, sooft und mit welchen Mitteln er es auch versuchte. Er beobachtete, daß alle frischen Zellen, die er seinen Kulturen hinzufügte, eine festgesetzte Zahl von Teilungen durchmachten und dann aufhörten. Dies wiederholte sich jedesmal.

Besorgt, aber seiner Ergebnisse völlig sicher, veröffentlichte er eine Reihe von Arbeiten, die ihm Kritik und Spott einbrachten ... und schließlich Ruhm. Hayflicks Publikationen wurden zu Klassikern, weil sie den »Hügel« beschreiben, auf dem das Haus des Alterns heute entsteht. Hayflicks Forschungsarbeit war wegweisend für alle Erkenntnisse, die wir heute über den menschlichen Alterungsprozeß haben.

Drei Jahrzehnte lang stand der Hügel leer. Im Jahre 1990 begann eine kleine Gruppe von Wissenschaftlern, darunter Cal Harley an der McMasters University in Kanada sowie Bruce Futcher und Carol Greider am Cold Spring Harbor Laboratory in New York, darauf zu bauen. Hayflick war es, der sagte, daß alle unsere Zellen altern und sterben müssen; diese neue Generation von Wissenschaftlern war es, die die Uhr fand, die das Sterben der Zellen bestimmt. Die Arbeit daran hatte Mitte der siebziger Jahre begonnen, und bis 1990 waren die Skizzen zu Bauplänen für das Haus herangereift. Mit Hilfe von Fachleuten, die die Baupläne zu lesen verstanden, wurde der Bau begonnen, und das Haus wurde größer. Jetzt steht es da, mehr als zur Hälfte erbaut, kein Traum mehr, aber noch nicht vollendet.

Es gibt zwei Meilensteine in der Geschichte vom Altern: Len Hayflicks Beweis, daß Zellen altern, und die neuere Entdeckung, daß sie keineswegs altern müssen. Zellen haben »Chromosomen-Uhren«, welche ihre Lebensdauer festlegen. Eine normale Zelle stirbt, wenn ihre Uhr abgelaufen ist. Krebszellen dagegen ziehen ihre Uhren immer wieder auf. Dies erlaubt ihnen, sich beliebig oft zu teilen. Würden wir die Uhr einer normalen Zelle aufziehen, könnte sie wieder weiterleben; würden wir die Uhr einer Krebszelle anhalten, müßte sie sterben. Wenn wir ein Mittel in der Hand haben, die Lebensuhr von Zellen einzustellen, können wir das Altern von Zellen verhindern und Krebs heilen.

Auch wenn der Mensch weit mehr ist als eine Ansammlung einzelner Zellen, deren Uhren wieder aufgezogen werden können, muß sein Körper nicht so altern wie er es immer noch tut. Die biologische Technologie, mit deren Hilfe man dies erreichen kann – der unvollendete Teil des Hauses –, befindet sich noch in der Entwicklung. In diesem Buch werden wir uns die Pläne und Zeichnungen des Hauses anschauen, seine Konstruktion nachvollziehen und kennenlernen, welche Teile bereits heute fertiggestellt sind und welche noch der Vollendung harren.

Wir werden der Frage nachgehen, was wir heilen können und was noch außerhalb unserer Fähigkeiten liegt. Zum Beispiel werden die Alzheimersche Krankheit und Herzkrankheiten unbedeutend und selten werden. Krebs wird vollständig verschwinden. Aber Gesundheit und ein langes Leben sind nicht alles.

Wenn das Haus vollendet ist, werden wir darin leben. Manche werden sich beschweren: Das Haus ist zu neu, der Stil ungewohnt, und die Zimmer entsprechen nicht ihren Vorstellungen. Aber die meisten von uns werden glücklich sein, vor Kälte, Regen und Wind geschützt zu sein. Die meisten von uns werden ein Haus vorfinden, das sie lieben und dankbar annehmen werden.

Heute geht es darum, die Arbeit zu vollenden. In zehn oder zwanzig Jahren könnte das Haus fertig sein – bis auf die Ausstattung mit Möbeln.

Der Geist und der Staub

Death is a dialog between
The spirit and the dust.
»Dissolve«, says death. The Spirit,»Sir,
I have another trust.«

(Emily Dickinson)

Leben bedeutet Zuversicht. Diese Zuversicht hat man nicht nur für sich selbst, sondern für die Menschen, die man liebt und für alle Lebewesen. Lebensfreude, Lebensschwung und Lebensgeist sind sehr viel wichtiger als die Dauer des Lebens. Und sie sind so stark abhängig von unserer Gesundheit, daß wir uns besser wünschen sollten, den Umfang unserer gesunden Lebenszeit zu verlängern anstatt unsere gesamte Lebensdauer. Wenn wir zusehen müssen, wie Menschen, die wir lieben, krank und schwach werden, wünschen wir ihnen eher mehr Gesundheit als ein längeres Leben. Unsere wirklichen Feinde sind Verlust und Leiden, Furcht und Schmerz. Deshalb widmen sich viele der Aufgabe, nicht nur die Lebensdauer zu verlängern, sondern auch die Lebensqualität zu verbessern. Wir wollen Freude und Lebenslust hinzugewinnen, nicht nur Jahre.

Dem Tod kann kein Mensch aus dem Wege gehen, und doch fürchten wir den Tod nicht so, wie wir das Leben verherrlichen – nicht das Leben als solches, sondern ein *gesundes* Leben. Wir schätzen die Dinge, die das Leben für uns lebenswert machen: die Freude, die Erregung, die Wärme und die Liebe derjenigen, mit denen wir das Leben teilen.

In der letzten Hälfte des 20. Jahrhunderts haben medizinische Fortschritte die Lebenserwartung stärker verbessert als je zuvor – aber oft nur auf dem Papier. Die Unterscheidung zwischen dem bloßen Leben und der *Lebensqualität* ist deshalb sehr wichtig geworden. Wir können das Leben jetzt auf unbestimmte Zeit verlängern, aber wir haben damit keinen erkennbaren Fortschritt erzielt. Die ethischen Probleme und die finanziellen Konsequenzen werden immer drückender.

Wir verlängern nur die reine Lebenszeit und vergessen dabei, daß

Geist und Seele sie ausfüllen müssen. Stattdessen wird unser Körper angetrieben, immer weiterzumachen, aber auf eine lieblose und gedankenlose Art, so wie man eine leere Dose vor sich herkickt. Und wir gewinnen dabei eigentlich nichts: weder Zeit mit Freunden, noch Momente des Nachdenkens, noch Freude darüber, am Leben und bei guter Gesundheit zu sein, noch die kleinen Vergnügungen, die uns erwärmen und zu mehr Tiefe und Menschlichkeit führen.

Seit Urzeiten wird in Legenden von Jungbrunnen berichtet, aber sie waren nie mehr als das: pure Legenden. Die Geschichte hat sie als Phantasiegebilde entlarvt: Von Gilgamesh bis Ponce de Leo'n haben wir uns phantastisch vergaloppiert, von unhaltbaren Wünschen bis zu zerschmetterten Hoffnungen.

Aber Geschichte ist auch aus Träumen gemacht. Fiktion wird Realität, Flüge der Phantasie werden zu Flügen um die Welt. Die Pocken sind verschwunden, für uns ist es selbstverständlich geworden, über Kontinente zu fliegen, wir können die Erde vom Mond aus aufgehen sehen; Computer reden mit uns und beginnen sogar, uns zuzuhören.

Wir können aus Träumen nur dann Geschichte weben, wenn die Fäden dazu in unserer Hand liegen. Es sind ganz einfache Fäden: Wissen und Fähigkeiten, die langsam aus harter Arbeit erwachsen sind. Völlig überraschend und wie durch eine Revolution werden die Fäden zu einem Stück Stoff. Maschinen in Verbindung mit Luftströmung werden zu Flugzeugen, kleine Wissensstücke verbinden sich zu einer neuen Entdeckung.

Stellen wir uns vor, wir bekämen die Chance geboten, noch einmal zwanzig zu sein und es für längere Zeit zu bleiben, länger sogar als wir bis jetzt gelebt haben. Wir würden so empfinden, uns so bewegen und uns so gesund fühlen wie ein Zwanzigjähriger. Einige Dinge wären dabei natürlich nicht rückgängig zu machen. Einen dritten Zahnersatz würden wir nicht bekommen. Vorbeugende Zahnpflege wäre also dringend anzuraten. Die Alzheimersche Erkrankung könnte zwar verhindert, aber nicht geheilt werden. Herzkrankheiten würden selten werden, aber der Schaden, den ein Herzinfarkt bereits angerichtet hat, würde bestehen bleiben.

Was wird es uns kosten, unsere Lebensuhr zurückzudrehen? Es wird nicht zum Nulltarif zu haben sein, aber der physische Preis wird nur gering sein. Er wird verglichen mit anderen und vor allem mit dem möglichen Gewinn unbedeutend sein. Wie sieht es mit den finanziellen Aufwendungen aus und wie mit dem sozialen und ethischen Preis, den wir zu zahlen haben? Dies wird uns mehr Kopfzerbrechen machen. Die finanzielle Belastung wird gering sein, wenn wir damit nur die Behandlungskosten meinen. Viel größere und unvorhersehbare Kosten wird die bleibende Veränderung der Gesellschaft mit sich bringen, von der wir mitgerissen werden. Wieviel allein hängt von dem Wissen ab, daß wir so wie jetzt altern, daß wir krank werden, wenn wir alt werden und daß wir sterben, wenn die Zeit gekommen ist. Dies waren bis heute unverrückbare Grundpfeiler in unserem Leben: Wie könnte es anders sein?

Und doch wird es bald anders sein. Bald wird sich alles ändern – sei es zum Besseren, zum Schlechteren oder zum Ungewissen. Berufe, Geldanlage, Gesetze, Regierungen, soziale Rollen, alles wird sich verändern. Die Fäden, die durch unser Leben laufen, werden auf neue, und manchmal auf erschreckende Weise neu gewoben werden, noch bevor wir lernen können, mit unserem längeren und gesünderen Leben zurechtzukommen und bevor wir mit unserer kommenden Identität im Einklang sind.

Die Veränderung wird zunächst schrittweise vor sich gehen. Bücher wie dieses, Publikationen, Leitartikel, Diskussionen in den Nachrichten und Talkshows werden die ersten Foren sein, und da wird die Unruhe zuerst spürbar werden.

Sobald wir zu akzeptieren beginnen, daß der Prozeß des Alterns verändert werden kann, wird sich unser Leben ändern, sogar bevor die Mittel dazu praktisch verfügbar sind. Unser Ausblick in die Zukunft, einst auf Jahrzehnte beschränkt, wird sich zögernd auf Jahrhunderte erweitern. Wie werde ich ein zusätzliches Jahrhundert der Gesundheit und Jugend nützen? Wir alle werden Tausende solcher Fragen stellen. Die Antworten darauf, einst vielleicht in der Phantasie ausgemalt, werden sich jetzt auf unser Tun und Leben auswirken. Die Antworten werden uns alle verändern. Die Veränderung wird sich beschleunigen. Langsam, aber durchdringend, wird sie sich überall im täglichen Leben und in unserem Tun durchsetzen.

Durch alle Veränderungen wird sich eine neue Hoffnung ziehen, die durch wiedergefundene Gesundheit und Freude über die zurückgewonnene Jugend und die erfüllten Träume angefeuert wird. Die Fähigkeit, viele neue Tätigkeiten in Angriff zu nehmen, und die Zeit, sie zu vollenden, werden in den nächsten paar Jahrzehnten Wirklichkeit werden.

Man darf vermuten, daß sich die medizinische Betreuung radikal in dem Maße verändern wird, wie manche, dereinst häufige Krankheiten zur Rarität werden, während andere, die heute noch unbekannt sind, alltäglich werden. Das öffentliche Gesundheitssystem, heute ein Streitobjekt, wird seinen Aufgabenbereich auf unvorhersagbare Weise verschieben. Wird der Schwerpunkt auf der Förderung einer noch besseren Gesundheit liegen? Die Kosten würden dabei in dem Maße zurückgehen, wie wir jünger und gesünder werden. Oder wird das Gegenteil eintreten?

Renten- und Lebensversicherer werden erleben, wie sich ihre Branche ändert und wie sich überall neue Möglichkeiten auftun, während andere um neue Bedingungen, neue Verträge und neue Gesetze kämpfen, um ihre Verluste in Grenzen zu halten. Die soziale Sicherung in ihrer heutigen Form wird verschwinden oder nicht wiederzuerkennen sein. Auf dem Weg dorthin wird sie zum Schlachtfeld wütender Politiker werden, die laut über die rechtlichen und ethischen Fragen diskutieren, die die Neuregelung aufwerfen wird. Werden wir die soziale Sicherung ausrangieren, oder sie durch Gesetzgebung und Finanzierung neu formen?

Die Veränderungen werden einerseits wehtun und uns andererseits neue Hoffnung geben. Menschen, die ehemals ein langes und gesundes Leben befürwortet haben, werden dies neu überdenken und sich fragen, ob sie nicht vielleicht doch mit den bekannten Krankheiten und einem kurzen, aber vorhersehbaren Leben besser dran wären. Die meisten werden den Verlust einer Gesellschaft betrauern, die sie zu kennen und vielleicht zu verstehen glaubten. Aber sie werden die Veränderungen immer noch als einen guten Preis für Gesundheit und ewiges Leben ansehen. Manche werden die Möglichkeiten beim Schopfe packen, dem Reiz des Neuen begierig nachgehen und dabei die Gefahren der Veränderung bewußt in Kauf nehmen oder sie einfach übersehen. Andere werden ein längeres und gesünderes Leben aus verschiedenen Gründen ablehnen – aus religiösen, psychologischen und auch undefinierbaren Motiven. Aber die meisten werden ein langes Leben willkommen heißen, auch wenn es eine Zeit der sozialen Umwälzung und Unsicherheit mit sich bringt.

Warum geschieht dies alles erst jetzt? Zum Teil liegt es daran, daß wir unfähig sind, unsere Augen neuen Möglichkeiten zu öffnen. Weil wir glaubten, daß fliegen unmöglich sei, hatten wir keine Flugzeuge; weil wir glaubten, daß manche Krankheiten unheilbar seien, suchten wir nicht nach einem Heilmittel. Unsere Akzeptanz der Begrenztheit des Lebens ging aber noch weiter: Wir empfanden das Altern nicht als Krankheit, sondern als Bestandteil des Lebens. Und so wäre es auch geblieben, wenn es nicht jene Menschen gegeben hätte, die diese Tatsache in Frage stellten und versuchten, sie zu ändern.

In diesem Jahrhundert sind wir jetzt endlich so weit gekommen, daß wir genug über uns wissen, um unser Leben verlängern zu können. Fortschritte in der Biochemie, Genetik, Medizin und auf einem Dutzend anderer Gebiete, Verbesserungen der Untersuchungstechniken, die Immunologie, die Möglichkeit, Gen-Sequenzen zu bestimmen, und 200 andere Methoden haben alle ihren Teil dazu beigetragen.

Bis vor kurzem war unser Wissen über das Altern ein auf dem Tisch ausgebreitetes Puzzle, in dem Hunderte von Teilen fehlten. Jedes Jahr kamen neue Teile auf den Tisch, und jedes Jahr setzten wir ein paar mehr von ihnen zusammen. Die meisten Forscher konzentrierten sich darauf, die fehlenden Teile zu finden und bemühten sich sehr darum, die wenigen hart erarbeiteten Tatsachen über das Altern des menschlichen Körpers zu verstehen. Nur wenige versuchten, das gesamte

Puzzle zusammenzufügen. Dies erschien als undankbare, scheinbar unmögliche Aufgabe. Die Teile waren sauber ausgeschnitten, die Farben klar, die Muster deutlich, aber sie ergaben kein zusammenhängendes Bild. Hier lagen Teile eines Stillebens, dort Teile einer rauschenden Feier. Hier sah man ein Stück einer Kirche im Herbst, dort ein paar Apfelblüten. Es war kein einheitliches Thema erkennbar, und nichts deutete darauf hin, wie diese Teile zusammenpassen sollten. Die Einzelteile ließen sich nicht zusammensetzen – bis vor ein paar Jahren.

In den späten achtziger Jahren tauchten die ersten Hinweise auf das Gesamtbild auf. In den letzten Jahren kamen schließlich die Eckstücke zusammen, die das Puzzle eingrenzen. Heute sehen wir ein zusammenhängendes Bild vor uns und entdecken zu unserer großen Überraschung, daß alle Teile, einst unvereinbar und zerstückelt, zu einem Thema gehören.

Das Thema ist, wie Emily Dickinson sagte, ein Dialog zwischen Geist und Staub. Um diesen Dialog zu verstehen, werden wir die Partner und das, was sie uns zu sagen haben, kennenlernen müssen. Wir müssen ein wenig über das Leben und die Unsterblichkeit wissen, über Staub und Geist. Beginnen wir mit den beiden ersten: Leben und Unsterblichkeit.

Leben und Unsterblichkeit

Nichts in seinem Leben
Reichte heran an das, wie er's verließ: er starb
Wie einer, der studiert ist auf den Tod,
Sein höchstes Gut so achtlos wegzuwerfen
Als wär es Null und Nichts

(William Shakespeare, Macbeth, I.IV)

Unsterblichkeit ist überall. Seit dreieinhalb Milliarden Jahren gibt es Leben auf diesem Planeten, und es wird weitergehen, wenn wir nicht mehr da sind. Die Zell-Linie, die wir von unseren Eltern geerbt haben, kann bis auf die Anfänge des Planeten zurückverfolgt werden, als die Erde fast noch ohne Leben war. Der Prozeß des Lebens ist unsterblich, das Individuum aber ist es nicht. Obwohl wir vielleicht bald unsere Lebensdauer um Hunderte von Jahren verlängern können, bleibt der Tod unvermeidlich. Alle Zellen in unserem Körper sind sterblich; wir sind unsterblich nur, sobald wir darauf zurückschauen, wo wir herkommen. Unabhängig davon, wie wir unsere Gene auch verändern mögen, und unabhängig davon, wie gesund wir sind oder wie alt wir werden, wir werden immer noch sterblich sein.

Obwohl wir der Sterblichkeit nicht entkommen können, können wir doch das Altern verhindern. Das Altern ist ein Prozeß, der im Moment fast alle unsere Zellen betrifft. Die einzige Ausnahme sind unsere Keimzellen, Samen- und Eizellen. Seltsamerweise altern diese Zellen nicht so wie die übrigen Zellen des Körpers. Sie sind noch nie gealtert, seit das Leben begonnen hat, und sie werden es nie tun.

Keimzellen haben Gene von Generation zu Generation weitergegeben, bis zu uns. Wir können ihre Linie zurückverfolgen von unseren Eltern und Großeltern über früheste Vorfahren zurück bis zu den Anfängen des Lebens. Die Keimzellen sind der kleine Teil des Menschen, der *schon in der Vergangenheit* unsterblich war.

Auf dem langen Weg gab es natürlich Veränderungen. Über Milliarden von Jahren haben sich die Gene der Keimzell-Linie durch Mutation und Austausch verändert, aber die Erblinie setzte sich fort. Gene gingen verloren und wurden durch neue ersetzt, aber die Linie blieb unsterblich.

Auch unsere Gene teilen diese Unsterblichkeit. Sie werden in unseren Kindern und Enkeln verewigt und prägen sich in vielen zukünftigen Generationen aus – bis unsere Linie (vielleicht) ausstirbt oder ausgelöscht wird. Trotzdem sind wir weit mehr als nur Genträger. Wir sind wissende, denkende Wesen, fähig zur Selbsterkenntnis und Selbstbestimmung – und sogar zur Selbstzerstörung. Meist lieben wir unser Leben, auch wenn es, verglichen mit unseren Milliarden von Jahren alten Genen, sehr kurz ist.

Warum gibt es diesen bemerkenswerten Kontrast? Wenn der Faden des Lebens unvergänglich ist, warum ist dann unser Leben so kurz? Die Antwort auf diese Frage ist eigentlich sehr klar und einfach, aber sie enthält, wenn man sie erschöpfend formuliert, den Schlüssel zu Krebs und zum Altern, wie wir später sehen werden. Unser Körper, mit Ausnahme der Keimzellen, ist aus Zellen aufgebaut, die altern und sterben. Sie werden Somazellen genannt. Unsere Somazellen sterben, folglich auch wir: Wenn wir nicht einer Infektion erliegen, dann raffen uns Herzkrankheiten, Krebs, Schlaganfall oder andere Krankheiten dahin. Und wenn wir nicht aus einem dieser Gründe sterben, dann an einer schweren Verletzung, oder wir kommen bei der nächsten astronomischen Katastrophe um, die unsere Lebensform auslöscht. So erging es den Dinosauriern vor 65 Millionen Jahren.

Aber wie ist es mit dem Altern? Ist Altern wie der Tod unausweichlich? Auch die Antwort hierauf ist klar und eindeutig. Im Gegensatz zum Tod *kann* das Altern vermieden werden. Es kann sogar rückgängig gemacht werden. Wir wissen schon, daß einige unserer Zellen niemals alt werden. Keimzellen sterben, aber sie altern nicht.[1] Dadurch heben sie sich heraus aus den Billionen von Zellen, aus denen der menschliche Körper besteht. Warum können die Kräfte, die zur Zell-Alterung führen, diesen Zellen nichts anhaben, obwohl sie die gleichen Gene, Membranen und Stoffwechselaktivitäten aufweisen und denselben Gefährdungen ausgesetzt sind wie normale Zellen?

Es gibt Lebens-Uhren in unseren Somazellen, die ablaufen, aber auch wieder neu eingestellt werden können. Um ihre Arbeitsweise zu verstehen, müssen wir uns noch etwas mehr in die Biologie des menschlichen Körpers vertiefen. Was passiert eigentlich mit unseren Genen und Zellen, was uns am Ende zerstört, wenn wir altern?

Die Gene sind die Pläne für die Aktivitäten der Zelle. Diese Aktivitäten dienen einem hohen Ziel: Sie unterstützen unseren bemerkenswert komplexen Organismus in einer Umwelt, die ihn verschleißt und zerstört. Systeme brechen zusammen und Ordnung entwickelt sich zum Chaos: Diese Tendenz zur Instabilität oder Unordnung nennt man Entropie.

Im lebenden Organismus wirkt die Entropie, das zweite Gesetz der Thermodynamik, mit großer Kraft. Sie befindet sich ständig im Krieg mit den biologischen Kräften, die versuchen, eine gut kontrollierte, »homöostatische« Umwelt für die Zelle aufrechtzuerhalten. Homöostase ist die Tendenz eines biologischen Systems, alles stabil und unverändert zu lassen. Wenn man vertrocknet, trinkt man; wenn man friert, erschauert man; wenn der Blutzucker sinkt, ißt man. Noch wichtiger: Wenn einer Zelle ein Molekül ausgeht, produziert sie mehr davon; wenn sie zuviele Moleküle einer Sorte hat, wird der Überschuß abgebaut oder ausgeschleust. Die Zelle reagiert empfindlich auf jede Unregelmäßigkeit. Die homöostatischen Kräfte sind im Ganzen sehr ausgewogen. Doch irgendwann einmal funktioniert die Homöostase nicht mehr, man altert, und am Ende stirbt man.

Diese beiden Kräfte – Entropie und Homöostase – sind jedoch nicht die einzigen, die im biologischen Gleichgewicht mitspielen. Es gibt noch eine dritte Kraft, eine ganze Gruppe von Mitspielern, die Lebensuhren, die jeder Zelle ihre Lebenszeit vorgeben. Diese Uhren sind das zentrale Thema in diesem Buch. Wenn man sie anhält, dann hält man den Alterungsprozeß an; stellt man sie zurück, macht man den Alterungsprozeß rückgängig. Wir finden diese Uhren zunächst in Zellkulturen, wo sie das Leben der Zellen auf eine bestimmte Anzahl von Teilungen, was zweckdienlicherweise als Hayflick-Limit bezeichnet wird, beschränken. Wenn das Limit erreicht ist, hört die Zelle auf, sich zu teilen, und stirbt trotz aller Versuche, ihre Umweltbedingungen zu optimieren. Dies ist der erste Schlüssel dazu, das Altern zu verstehen.

Aber was ist das Altern? Kann es nur Abnutzung und Verschleiß sein? Ist es einfach die Kapitulation vor unvermeidbaren Schäden oder ein Verlust von Immunfunktionen? Erstickt der Organismus in Stoffwechsel-Endprodukten oder werden die Zellmembranen undicht? Oder wird die aktive Verteidigung abgeschaltet, wenn tief im Zell-Inneren eine Lebensuhr stehenbleibt?

Welche Eigenschaften hat diese Uhr, wo befindet sie sich, und wie werden wir sie erkennen? Dies sind die Fragen, die wir beantworten müssen, um letzten Endes den Prozeß des Alterns beeinflussen zu können. Mit ihnen werden sich die ersten Kapitel dieses Buches beschäftigen.

Sehen wir uns zunächst an, wo genau das Altern stattfindet. Betrachten wir die Zellen, diese fein ausgearbeiteten Bestandteile unseres Körpers, und die Gene, die die Baupläne des menschlichen Körpers enthalten.

Zellen von Michelangelo

Fassen Sie das Ganze zusammen! Sagen Sie, der Schöpfer schuf Italien nach Entwürfen Michelangelos.

(Mark Twain, »Die Arglosen im Ausland«)

Unser Körper besteht aus Zellen. Sie sind zwar nicht groß, aber außerordentlich zahlreich. Man hat nie gezählt, wieviele Zellen es genau sind, und man wird es wohl auch in Zukunft nicht tun. Es gibt jedoch mehr als eine Billion – vielleicht 100 Billionen –, die sich zu der raffinierten Kreation Mensch zusammenballen.[2] Michelangelo könnte es nicht besser gemacht haben.

Keine Zelle ist wie die andere. Sie unterscheiden sich durch ihre Lokalisation, Funktion und ihr Aussehen. Manche Zellen, z. B. die Leberzellen, sind untereinander fast identisch, aber sie unterscheiden sich doch minimal. Es gibt eine unzählbare Menge an Zell-Arten: Leber-, Gehirn-, Lungen-, Muskelzellen, usw. Sie sind alle verschieden – nicht nur in ihrem Aufbau, sondern auch in ihrer Funktion. Jede einzelne Zelle besitzt ihren eigenen biochemischen Fingerabdruck, und es gibt keine zwei Zellen, die identisch sind.

Man kann sich dies etwa so vorstellen: Jede Zelle sitzt an der Spitze von dünnen Ästchen eines riesigen, fast unendlich verzweigten Baumes. Jeder Zweig markiert den Punkt, wo sich zwei Zellen geteilt haben und sich unterschiedlich entwickelt haben. Manche Zellen, zum Beispiel die Leberzellen, sind sehr nahe miteinander verwandt, ihre Ästchen berühren sich, das heißt ihre genetische Information wurde sehr gleichartig umgesetzt. Andere Zellen, zum Beispiel Haut- und Blutzellen, sind weit voneinander entfernt, sie befinden sich an entgegengesetzten Enden des Baumes und haben nur den Stamm gemeinsam. Der Stamm ist das befruchtete Ei, die Vereinigung von Ei- und Samenzelle, die sich geteilt und in verschiedene Zellen verzweigt hat.

Ei- und Samenzelle trafen sich, vereinigten ihre Gene, verglichen ihre Informationen und fingen an, sich zu teilen. Schon bei den ersten Teilungen entstanden Verzweigungen und unterschiedliche Zelltypen. Der größte Teil des Stammes wuchs nach oben, um alle notwendigen Zellen des Körpers – die Somazellen – zu schaffen. Einige wenige spezielle Zellen orientierten sich jedoch in eine andere Richtung, als der Stamm den Boden verließ.

Dies waren die Keimzellen, die anders als alle anderen nicht altern. Sie haben die besondere Aufgabe, bei Männern neue Samenzellen und bei Frauen neue Eizellen zu bilden. Sie sind anatomisch von den Somazellen getrennt, besonders geschützt und bleiben auch genetisch abgesondert. Was auch immer mit den Genen der Somazellen geschieht, die Gene unserer Keimzellen werden ein Vermächtnis für unsere Kinder sein. Sie sind die Zukunft, und sie repräsentieren die Vergangenheit.

Jede Zelle besitzt eine Referenzbibliothek aus der Vergangenheit: die Gen-Kollektion. Die Hälfte der Bücher stammt von der Mutter, die andere Hälfte vom Vater. Alle diese Bücher werden in einer gemeinsamen Bibliothek aufbewahrt und sind in fast jeder Zelle zu finden. Alle Zellen – Somazellen und Keimzellen – besitzen die gleiche Bibliothek.

Die Bibliothek teilt der Zelle mit, was aus ihr werden muß, und wie sie sich von anderen Zellen unterscheiden soll. Durch Teilungen werden manche Zellen zu werdenden Nervenzellen, andere zu werdenden Blutzellen. Bei jeder Teilung bestimmt die Position der Zelle im Embryo zusammen mit den Bauplänen der Bibliothek, wie sich jede Zelle entwickeln wird. Das ganze Leben hindurch reguliert diese Bibliothek außerdem die alltäglichen Aufgaben der Zelle und ihre

Instandhaltung. Beide Funktionen der Bibliothek – Entwicklung und Wartung – spielen eine Rolle im Prozeß des Alterns. Aber zunächst müssen wir die Bibliothek der Zelle verstehen lernen. Wie in jeder Bibliothek finden sich in der Zelle Bücher, Sätze, Wörter und Buchstaben. Die Bücher sind die Chromosomen, lange, verkettete Moleküle, auf denen die Gene »geschrieben« stehen, welche die Sätze darstellen. Alle Chromosomen zusammen bilden die Bibliothek, das Genom der Zelle. Jede Zelle besitzt eine komplette Bibliothek mit allen Genen.

```
Genom – Bibliothek
Chromosom – Buch
Gen – Satz
DNA-Base – Buchstabe
```

Abb. 1.1

Das Wissen, das in diese »Bücher« eingetragen ist, die Gen-»Sätze« auf jeder Seite, bedingen unsere Fähigkeiten und bestimmen einen Großteil unserer Existenz. In jedem Satz liegen Informationen, die wir nicht nur dazu benötigen, unseren Körper vom Feten zum Erwachsenen zu entwickeln, sondern auch dazu, ihn umzubauen, Minute für Minute, wenn sich die Umwelt verändert oder Moleküle des Organismus zerstört werden, zerfallen oder verloren gehen.

Der Zerfall ist natürlich und sogar notwendig. Er geschieht zum einen zufällig, wenn die Umwelt Moleküle in den Zellen zerstört, zum anderen aber auch absichtlich, wenn die Zelle ihre eigenen Bestandteile abbaut und recycelt. Alle unsere Zellen befinden sich in ständiger Bewegung, auch wenn der Mensch erwachsen geworden ist und sich nur wenig oder nicht mehr augenfällig verändert. In jedem Augenblick werden Moleküle und Zellteile abgebaut, wieder aufgebaut und erneuert. Unsere Zellen greifen dabei ständig auf die Zell-Bibliothek zurück und prüfen die Diagramme und Instruktionen, die dort geschrieben stehen und eine ständige und genaue Regeneration und Reparatur des Körpers gestatten. Doch wenn wir altern, verlangsamt sich das Recycling, die Regeneration verläuft halbherzig, die Reparatur wird lückenhaft und findet nur noch vereinzelt statt.

Wie wird die Information von der Bibliothek in die Werkstätten und Fabriken der Zellen transportiert? Der Chromosomen-Satz ist eine lange Kette von DNA-Buchstaben. Die Information wird von der DNA auf die RNA kopiert, ebenso wie Daten von einer Festplatte auf eine Diskette geladen werden. Die RNA-Diskette wird aus der Bibliothek geladen und in die Fabriken gebracht, die Ribosomen, wo die RNA-Diskette als Arbeits-Vorbild benutzt wird, um Proteine aufzubauen.

Die Zellfabriken produzieren nur Proteine. Es gibt drei Arten von Proteinen: Strukturproteine, Signalproteine und Enzyme. Die Strukturproteine bilden das Gerüst der Zelle, die Stützbalken, den Beton und die Wände sozusagen. Die Signalproteine sind Botenstoffe, die von Zelle zu Zelle wandern und Informationen weitertragen, wie die Zelle sich verhalten soll. Die Enzyme stellen die Maschinerie dar: die Elektrizität, die Heizung, die Geräte und die Werkzeuge.

Die Enzyme sind die großen Zauberer der Zelle: Sie verwandeln Moleküle in andere Moleküle, verbinden zwei Moleküle miteinander, zerstören und bilden Moleküle. Jedes Molekül in der Zelle wird durch die Enzyme kontinuierlich auf- und wieder abgebaut. Die Menge einer jeden Molekül-Art in einer Zelle stellt eine Momentaufnahme dar, hervorgerufen durch simultane Produktion und Destruktion. Daraus ergibt sich ein fluktuierendes, empfindliches Gleichgewicht. Auch die Enzyme selbst werden ständig auf- und abgebaut, so wie sie ihrerseits andere Moleküle bilden und auseinanderreißen.

Die DNA-Bibliothek umfaßt 46 Chromosomen – die »Bücher«. Zu jedem Buch gibt es einen nicht ganz identischen Zwilling, sodaß sich insgesamt 23 Doppelbände ergeben. Die Zwillingskopie ist fast identisch, aber nicht ganz; jede unterscheidet sich ganz geringfügig von ihrem Zwillingspartner. Der Aufbau jedes Doppelbandes – das Inhaltsverzeichnis, die Kapitelüberschriften, die Anordnung der Inhalte – ist identisch, aber die Information unterscheidet sich ein wenig. Es gibt jeweils zwei verschiedene »Meinungen«, wie eine bestimmte Funktion auszuführen ist. Eine der beiden Meinungen (ein Zwillingsbuch) stammt vom Vater; die andere Meinung (das andere Buch) stammt von der Mutter.

Wie in jeder guten Ehe gehen die Meinungen etwas auseinander, aber Streitigkeiten werden im allgemeinen friedlich beigelegt. Gelegentlich erweist sich eine zweite Meinung sogar als lebensrettend. Dies ist bei bestimmten Krankheiten der Fall (z. B. die Sichelzellenkrankheit), bei denen eine der Meinungen mit Sicherheit falsch ist. Wenn die Instruktionen wörtlich befolgt würden, würde dies tödlich enden. Auf eine zweite Meinung zurückgreifen zu können, erlaubt der Zelle, ihre Chancen wahrzunehmen und zu überleben.

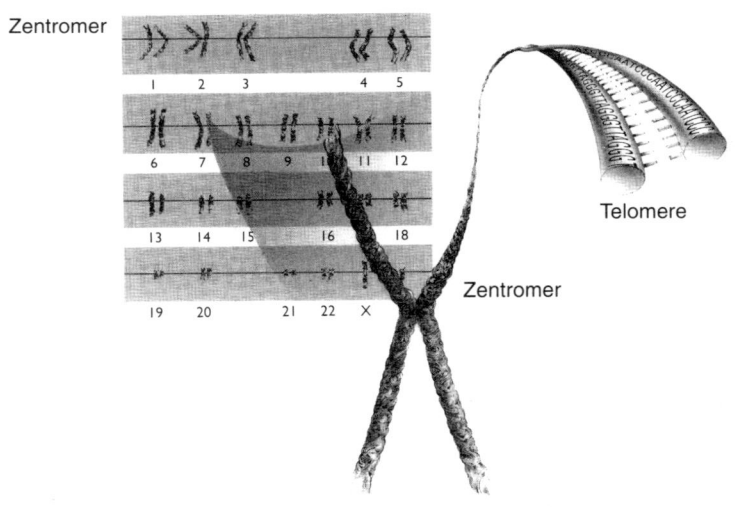

Abb. 1.2

Wie in einigen, aber mit Sicherheit nicht in allen Ehen, gibt es dominante und unterdrückte Meinungen. In der Genetik spricht man von dominanten und rezessiven Genen. Die Dominanz eines Gens hat nichts damit zu tun, von welchem Elternteil es kam. Dominant zu sein, bedeutet für ein Gen auch nicht, daß es im Recht ist – genau wie im alltäglichen Leben. Dominant und falsch ist jedoch eine ungünstige Verbindung. Wenn das dominante Gen gefährlich genug ist, führt es zum Tod der Zelle. Wenn genügend andere Zellen das gleiche tödliche Gen befördern, stirbt der gesamte Organismus. In der kollektiven Bibliothek unserer Spezies überlebt eine große Anzahl von Genen – darunter zahlreiche unheilbringende. Unsere eigene Bibliothek enthält eine Sammlung von Genen, von denen manche gut, manche akzeptabel sind und wieder andere uns unangenehm wären.

Eigentlich gibt es zwei genetische Bibliotheken in jeder Zelle: eine im Zellkern und eine kleinere, die nur ein Buch enthält, in den Mitochondrien, den Kraftwerken der Zelle. Die Gene in den Mitochondrien nehmen in vielerlei Hinsicht eine besondere Position ein. Sie können aber für unseren Zweck außer acht gelassen werden. Wir werden uns vorzugsweise den Genen im Zellkern zuwenden.

Fast alles, was wir über das Altern wissen müssen, hat mit der 150.000mal größeren und viel wichtigeren Genbibliothek im Zellkern zu tun. Jedes der 46 Bücher ist ein einzelnes langes DNA-Molekül. Eigentlich ist ein Chromosom eher vergleichbar mit einer Schriftrolle als mit einem Buch. Da heute aber nur wenige Menschen mit Schriftrollen umgehen, erscheint der Vergleich mit dem Buch passender.

Ein typisches Chromosom hat zwei »Oberarme« und zwei »Unterarme«, die in der Mitte von einem festen Gürtel, dem Zentromer, zusammengehalten werden. (Warum Chromosome vier Arme, aber keine Beine haben, hat bis jetzt noch niemand herausgefunden). Die vier Enden, zwei an den Unterarmen und zwei an den Oberarmen der Chromosomen – vielleicht die Hände? – bilden die Telomere (Abb. 1.2). Jeder Satz »Arme«, z. B. der rechte obere und der rechte untere Arm, ist aus einem kontinuierlichen DNA-Doppelstrang aufgebaut und wird vom Zentromer mit dem zweiten identischen Satz Arme (links oben und links unten) verbunden. Wir besitzen also nicht nur Paare von fast identischen Büchern in unserer genetischen Bibliothek, sondern jedes Buch ist für sich ein DNA-Doppelstrang, ein »Doppelbuch« sozusagen, in dem die beiden Stränge die beiden gegenüberliegenden Seiten des geöffneten Buches darstellen. Die eine Seite kann normal gelesen werden. Die andere ist ein Spiegelbild, ein exaktes Duplikat, welches auf der gegenüberliegenden Seite rückwärts geschrieben ist.

Betrachtet man nur die rechte Seite, findet man die DNA als einen außerordentlich langen, schraubenförmig gewundenen Doppelstrang, der sich von einem Telomer zum anderen erstreckt. Die Abbildung 1.2 zeigt den Strang völlig aufgewickelt und in einer ziemlich kompakten Form, die man in den Zellen selten findet. Nur zu bestimmten Zeitpunkten nimmt der Strang in der Zelle diese Form an, z. B. kurz bevor eine Zelle sich teilt. Es sieht dann so aus, als ob die Zelle ihre ganze Chromosomenbibliothek in wenige, gut gepackte Kisten verstaut hätte, um in ein neues Haus umzuziehen. Während dieser Phase ist, wenn überhaupt, nur ein kleiner Teil der Bibliothek zugänglich, weil sie zu dicht gepackt wurde. Wie wir sehen werden, ist das Einpacken von wichtigen DNA-Bruchstücken, vor allem solcher, die man noch bräuchte, in Kisten ein Teil von dem, was geschieht, wenn wir altern.

Nach der Teilung packt die Zelle ihre Bibliothek wieder aus. Die Bibliothek wird jedoch in den meisten Zellen unvollständig ausgepackt. Die Bücher sind zum Teil geöffnet, was den Zellen erlaubt, einen Teil der Information zu lesen.

Die ganze Bibliothek wird wahrscheinlich nie geöffnet. Jede Zelle braucht nur bestimmte »Kapitel« in jedem Buch zu kennen. Welche Information benötigt wird, hängt von der Art der Zelle und ihrem Entwicklungsstand ab. Eine Nervenzelle – ein Neuron – braucht Informationen über chemische Transmitter, öffnet jedoch nie die Kapitel über die Knochenbildung. Die Knochenzelle andererseits muß wissen, wie man Knochen aus Phosphor und Kalzium aufbaut, kann aber mit den Kapiteln über den Muskelaufbau nichts anfangen. Die Muskelzelle muß Muskelproteine herstellen, aber keine Antikörper. So gelten für jeden Zelltyp eigene Anforderungen, und jeder Zelltyp kennt nur seine eigenen Bücher, Kapitel und geheimen Seiten, die er regelmäßig liest. Jede Zelle hat zwar die gesamte Bibliothek ständig zur Verfügung, wenn auch nie vollständig in Benutzung.

Eine Zelle, die mit ihrer gesamten Bibliothek arbeiten würde, wäre sogar eher nutzlos oder vielleicht gefährlich. Informationen, die für eine bestimmte Zelle nicht absolut notwendig sind, werden ihr vorenthalten. Diese Beschränkung ist berechtigt und sinnvoll. Denn Zellen, wie z. B. Krebszellen, die auf unangemessene Weise Zugriff auf Gene haben und sie falsch exprimieren, teilen sich, wenn sie es nicht sollten, produzieren die falschen Moleküle und beschädigen ihre Nachbarn. Sie wachsen, wann und wo sie es nicht sollen.

Genauso wie die Zellen nicht mehr genetische Information als notwendig exprimieren sollten, dürfen sie auch nicht weniger exprimieren. Sobald eine Zelle auf wichtige »Kapitel« und »Sätze« der DNA-Bibliothek keinen Zugriff mehr hat und diese nicht mehr umsetzen kann, stirbt sie.

Eine Zelle kann sogar von Nachbarzellen oder von Hormonen weiter entfernter Zellen »angewiesen« werden, einen Teil ihrer Bibliothek zu schließen und zu sterben. Wenn eine Zelle diese Anweisung erhält, werden ihre »Selbstmordgene« aktiv. Genau dies geschieht wahrscheinlich regelmäßig während des Menstruationszyklus, wenn die Gebärmutterschleimhaut abgestoßen wird. Diese Art von programmiertem Zelltod (»Apoptosis«) gibt es sogar schon vor der Geburt, nämlich wenn der Embryo die Häute zwischen Zehen und Fingern verliert.

Die Apoptosis unterscheidet sich grundsätzlich vom üblichen Zelltod (»Nekrose«), der durch Umweltschädigungen beeinflußt wird. Bei der Nekrose gehen die Zellen durch Einwirkung äußerer Kräfte zugrunde und nicht durch »Selbstmord«. Sie sterben wegen Glukose- oder Sauerstoffmangel, oder weil sie einer zu extremen Temperatur ausgesetzt werden. Die Umwelt erfüllt also die Bedürfnisse der Zelle auf die eine oder andere Weise nicht.

Im Falle des programmierten Zelltodes hat die Zelle andererseits alles, was sie zum Überleben braucht, außer der Erlaubnis dazu. Obwohl jedes metabolische Bedürfnis befriedigt wird, kommt die

Zelle dem Befehl zum Selbstmord nach, weil es in den Genen so programmiert ist. Es bedarf nur der Interaktion einer bestimmten molekularen Botschaft mit einer bestimmten Gruppe von Genen, und der Tod wird das unvermeidliche Ende sein.

Während der Körper heranwächst, haben die Zellen Zugang zu Teilen ihrer Bibliothek, die sie später nie wieder brauchen werden. Jede fetale Zelle, ob es sich um ein Neuron, eine Hautzelle oder irgendeine andere Zelle handelt, muß individuell und vorübergehend auf spezielle Kapitel in der genetischen Bibliothek zurückgreifen. Wenn sich die Zellen teilen und sich von ihren Geschwisterzellen differenzieren, verändern sich ihre Bedürfnisse.

In einer reifen Zelle – d. h. einer Zelle, die sich endgültig zu einer Leberzelle, Knochenzelle oder einem Neuron entwickelt hat – sind die Chromosomen nur zum Teil entrollt. Nur bestimmte Kapitel in jedem Buch können abgelesen werden; die anderen bleiben verschlossen. Die Ähnlichkeit des Chromosoms mit einem X ist nicht mehr gegeben. Vielmehr ist das Chromosom eine lange, »unordentliche« Sammlung von spaghettiähnlichen Strängen im Zellkern. Teile jedes Chromosoms, das Euchromatin, sind entrollt (der ausgepackte Teil der Bibliothek), während andere, das Heterochromatin, fest aufgerollt sind und unzugänglich bleiben (noch in Kisten verpackt). Das Heterochromatin und das Telomer am Ende jedes Chromosoms spielen eine entscheidende Rolle im Prozeß des Alterns. Um diese Rolle zu verstehen, müssen wir die Gene selbst etwas besser kennenlernen.

Wenn man das ganze Chromosom entrollen würde, würde man sehen, daß das lange DNA-Molekül nur aus vier DNA-Basen aufgebaut ist: Adenin, Guanin, Thymin und Cytosin. Diese Basen werden üblicherweise einfach mit ihren Anfangsbuchstaben A, G, T, und C abgekürzt, von denen auch in diesem Buch Gebrauch gemacht wird (Abb. 1.3).

Diese vier Buchstaben bilden das Alphabet, aus dem die Sätze jedes Buches der Bibliothek formuliert sind. Ein Chromosom ist eine lange Kette von immer wiederkehrenden DNA-Basen – z. B. ATTAGCC-TAGGACC . . . – beginnend an einem Telomer und endend (vielleicht

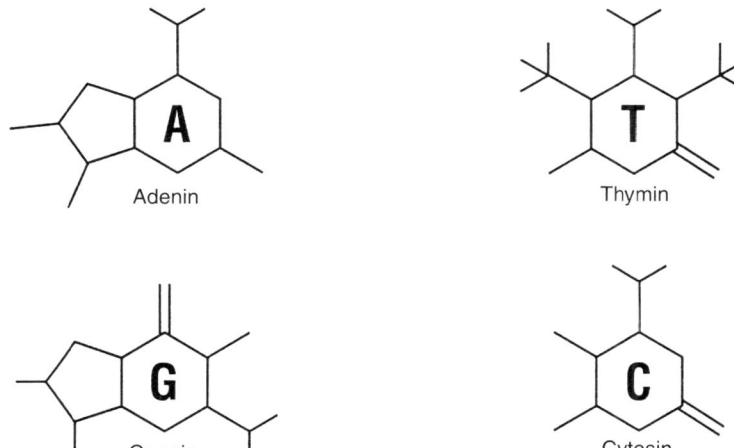

Abb. 1.3 Die 4 DNA-Basen

130 Millionen Buchstaben später) an dem anderen Telomer. An diesen einzelnen DNA-Strang ist ein ergänzender Strang, oder ein »Negativ«, wie mit einem Reißverschluß befestigt. In den beiden Komplementärsträngen paart sich A immer mit T und G immer mit C. Das heißt, wenn die Sequenz in einem Strang A-T-C-G lauten würde, müßte sie im anderen Strang T-A-G-C lauten. In diesem Sinne ist der Ergänzungsstrang ein »Negativ«. Die eigentliche Bedeutung der Doppelsträngigkeit der DNA liegt darin, daß verlorene Stücke an jedem Strang ersetzt werden können. Wenn einem Strang ein Buchstabe fehlt, der andere an der gegenüberliegenden Stelle ein T aufweist, dann kann nur ein A fehlen. Die zwei DNA-Stränge ermöglichen es also, die Gene zu reparieren (Abb. 1.4).

Die Stränge sind so lang, daß man den DNA-Gehalt in Einheiten von tausend Basen oder Kilobasen, abgekürzt kb, angibt. Wenn man alle 46 Chromosomenbücher zusammenzählt, kommt man auf ungefähr 3 Milliarden Buchstaben – 3 Millionen kb – in der Genbibliothek. Obwohl es sinnvoll erscheinen mag, bei den Chromosomen nicht Kilobasen, sondern eine noch größere Maßeinheit zugrundezulegen,

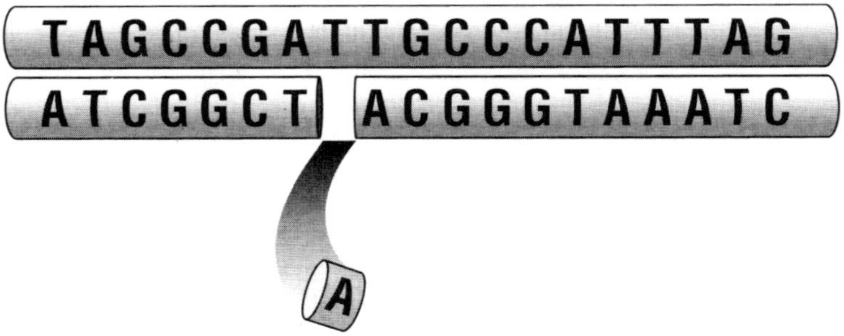

Abb. 1.4

sind Kilobasen die besser geeignete Einheit, wenn man über einzelne Gene spricht, deren Länge sich in diesem Rahmen bewegt.

Die Gene sind die Sätze im genetischen Buch; die Länge dieser Sätze reicht von 10 bis 200 kb oder 10.000 bis 200.000 Buchstaben. Jeder Satz hat so viele Buchstaben, wie es in dem Buch Wörter gibt. Jeder Satz mit einer derartigen Länge muß stark redigiert werden. Und das geschieht auch. In jedem Satz in den Büchern gibt es eine variable Anzahl von unsinnigen Wörtern (Introns), die man außer acht lassen muß, um die Bedeutung des Satzes zu verstehen und irgend etwas Nützliches daraus zu machen. Die Bearbeitungsregeln für die wichtigen Wörter (Exons) werden bis jetzt allerdings nur mangelhaft verstanden.

Die Zellen produzieren nicht automatisch Proteine, unabhängig davon, ob sie gebraucht werden oder nicht. Wie alle intrazellulären Prozesse wird auch die Herstellung von Proteinen sorgfältig reguliert. Die Kette von Aminosäuren, aus denen ein Eiweißmolekül aufgebaut ist, muß begonnen werden, am Wachsen gehalten werden, gestoppt werden, wenn das Protein fertig ist, und freigelassen werden. Änderungen in irgendeinem dieser Stadien werden beeinflussen, wieviel Protein die Zelle produziert, ob sie die Produktion verstärkt, verlangsamt oder sogar einstellt. So helfen zum Beispiel »Verlängerungsfaktoren« dem Protein, seine normale Gesamtlänge zu erreichen. Diese Faktoren gehören zu den Hauptkontrollmechanismen in der Zell-Alterung. Wenn die Verlängerungsfaktoren weniger werden – und dies geschieht beim Altern – wird die Proteinproduktion abnehmen.

Der Weg vom Gen zum Protein erscheint äußerst kompliziert. Doch es genügt ein gewisses Grundwissen darüber, um die wesentlichen Vorgänge beim Altern zu verstehen. Deshalb enthält diese Einführung auch nur eine grundlegende, stark vereinfachte Darstellung des Prozesses.

Weil er so komplex ist, bietet der Weg vom Gen zum Protein unzählige Gelegenheiten zu Irrtümern und Fehlübersetzungen der Baupläne. Ein einzelnes, falsch gelesenes Gen unter Milliarden von Buchstaben, ein kleiner Fehler in der Produktion, oder eine einzige falsche Aminosäure inmitten von Tausenden in einem Protein kann dazu führen, daß sich die Funktion des Proteins scheinbar geringfügig verändert. Dieser kleine Unterschied kann bedeutende Konsequenzen für den Organismus haben. Es gibt viele Beispiele dafür, daß eine einzige falsche Aminosäure bei der Produktion eines einzigen Proteins für den betroffenen Menschen tödlich sein kann (zum Beispiel die Sichelzellenkrankheit).

Es überrascht deshalb, ja schockiert sogar, daß sowohl die Zelle als auch der ganze Organismus für Jahrzehnte überleben und gedeihen kann. Unsere Keimzell-Linie hat Milliarden von Jahren überlebt. Wir lesen und übersetzen unsere Bibliothek immer fehlerlos, wie man am Ergebnis ablesen kann: Wir leben und sind im großen und ganzen gesund.

Die Instandhaltung unserer Bibliothek und die Übersetzung unserer Gene ist höchst störungsanfällig und wird durch fast erschreckend komplexe Funktionen im Gleichgewicht gehalten. Aber die Gene müssen diese sensible Balance nicht alleine halten. Alle Proteine, ja alle Moleküle in unseren Zellen, werden ständig gebildet und wieder zerstört. Die Zerstörung geschieht sowohl absichtlich als auch zufällig. Die Zellen zerstören und bauen die Moleküle absichtlich wieder und wieder auf; die Natur beschädigt die Moleküle ständig, produziert aber keine neuen.

Die absichtliche Zerstörung hat einen Sinn. Die Konzentration einer jeden Molekülart wird auf diese Weise sorgfältig reguliert, und beschädigte Moleküle werden mit einer Menge von neu geschaffenen, normalen Molekülen gemischt. Jedes Protein – z. B. auch SOD (Superoxid-Dismutase), ein bekanntes Antioxidans, das im Alterungsprozeß wichtig ist[3] – wird andauernd neu aufgebaut und wieder zerstört. Sowohl die Bildung als auch der Abbau sind aktive Vorgänge, die auch aktiv *reguliert* werden. Wenn die Zelle mehr SOD benötigt, kann sie entweder die Produktion steigern oder den Abbau bremsen. Jeder Eingriff in Produktion oder Abbau verändert die Menge an SOD in den Zellen.

Auf die gleiche Weise werden die Enzyme, die für die Produktion und den Abbau von SOD verantwortlich sind, reguliert. Werden mehr Enzyme gebraucht, steigt wiederum *deren* Produktion oder *deren* Abbau wird gehemmt. Diese Folge von regulativen Prozessen kann bis zu der Übersetzung der DNA-Bibliothek Schritt für Schritt zurückverfolgt werden.

Die Zellen haben Dutzende von Kontrollpunkten, um die Produktion und den Abbau von Proteinen zu regulieren. Jede Kontrollstufe unterliegt ihrerseits verschiedenen Einflüssen: Die eine wird am meisten von Kalzium, eine andere von Glukose und eine dritte von Hormonen beeinflußt; und so setzt es sich in endloser Komplexität fort. Der Zugang zu den Genen unterliegt der Kontrolle. Bestimmte Sätze in dem Buch sind nicht zugänglich, außer es treten spezielle Bedingungen in der Zelle auf. Ein Neuron sollte keine Knochensubstanz produzieren, und eine Knochenzelle keine Muskelsubstanz. Die Gene in der Bibliothek werden wiederum von Regulator-Genen kontrolliert, quasi den Bibliothekaren. Sie erlauben den Zugang zu manchen Genen und untersagen den zu anderen.

Regulator-Gene verhindern oder erlauben das Lesen von anderen Genen, Suppressor-Gene verbieten die Übersetzung der ihnen zugeordneten Gene und Promotor-Gene stimulieren die Übersetzung ihrer zugehörigen Gene.

Die Regulator-Gene selbst werden ihrerseits auch reguliert. Von wo diese Kontrolle ausgeht, ist schwer zu sagen. Wir könnten – spaßhaft, aber doch treffend – sagen, daß die Regulator-Gene von allem, was der Zelle nahe kommt, reguliert werden. Der generelle Mechanismus dieser übergeordneten Kontrolle ist schon bekannt. In einigen spezifischen Fällen verstehen wir ihn sogar ziemlich gut.

Aus dem Inneren der Zelle erhalten die Regulator-Gene Rückmeldung von den Proteinen, deren Produktion sie regulieren, und von den Molekülen, die von diesen Proteinen beeinflußt werden. Ein Überschuß veranlaßt den Regulator, die Produktion zu drosseln, ein Mangel veranlaßt ihn, sie zu beschleunigen. Von außen her beeinflussen Hormone und andere Botenstoffe (sogenannte trophische Faktoren) und das unmittelbare Umgebungsmilieu der Zelle die Gen-Regulation. Manche Hormone – Schilddrüsenhormone, Retinoide und Steroide aller Art – wirken auf die Regulatoren direkt ein, andere indirekt. Messenger-Moleküle aus der Nachbarschaft der Zellen bestimmen, ob eine Zelle sich teilt, in welchen Zelltyp sie sich differenzieren oder sogar, ob sie sterben soll. Schließlich beeinflussen auch Veränderungen der äußeren Umwelt, z. B. die Temperatur, die Gen-Expression.

Regulator-Gene kontrollieren andere Regulator-Gene in einer Kaskade von unbekanntem Ausmaß. Wie ein biologischer Rube-Goldberg-Apparat aktiviert Gen A die Übersetzung von Gen B, welches wiederum die Übersetzung von Gen C und die Suppression von Gen D aktiviert. Gen C unterdrückt seinerseits die Expression von Gen A, welches den ganzen schwierigen Prozeß eingeleitet hat, schließt damit den Regelkreis und beendet ihn gleichzeitig. Man kann sich wahrhaft verwirrende Abläufe vorstellen mit endlos verwickelten Regulierungsprogrammen.

Es gibt auch Master-Gene, die wichtigsten Regulatoren der Gen-Expression. Das klassische Beispiel ist die Homeobox, eine Sequenz von Genen, die für die Steuerung des Hauptteils der Fetalentwicklung verantwortlich ist.

Die gesamte Gen-Regulation ist komplex und interessant – für einen Biochemiker. Aber wie paßt das Altern in all diese Steuerungsvorgänge? Das Altern beeinflußt einige wichtige Vorgänge, z. B. die

Proteinproduktion und die DNA-Reparatur. Diese Vorgänge verlangsamen sich im Alter. Die Zellen werden damit gezwungen, ihr Produktionstempo zu bremsen und schließlich ganz mit der Produktion aufzuhören. Das Altern schaltet unsere Schutzmechanismen aus und liefert unsere Zellen den »Schleudern und Pfeilen« der Welt aus. Was sind das für Kräfte, die versuchen, uns zu zerstören? Welche Prozesse bringen das Altern in Gang?

Kapitel 2
Die Antriebskräfte des Alterns

Natürliche Erschütterungen

... die Pfeile und Schleudern wüsten Schicksals stumm zu dulden, ...
und die tausend Lebenshiebe, die unserm Fleisch vererbt sind ...
(William Shakespeare, Hamlet, III.I)

Die natürlichen Erschütterungen, die uns zu zerstören drohen, werden durch die Entropie ausgelöst. Es sind Kräfte des Chaos, des Verfalls und der Auflösung:»Schleudern und Pfeile«, Verbrauch und Verschleiß. Aber die Entropie ist nicht identisch mit dem Altern oder mit dem Tod. Es ist die Kraft, die uns verschleißt; das Altern liefert uns der Entropie nur aus. Die Entropie vertritt die eine Seite des Tauziehens; auf der anderen Seite kämpfen die Abwehrkräfte des Körpers. Wer das Tauziehen verliert, verliert sein Leben.

Entropie findet auf allen Ebenen statt – von den kleinsten Genen bis zur größten anatomischen Struktur. Auf der niedrigsten Ebene – der der Moleküle – ändert oder zerstört die Entropie spontan die Moleküle: durch Isomerisation, freie Radikale, DNA-Beschädigung, Proteinabbau, verminderten Umsatz und Ablagerung von Lipofuszin. Auf der höchsten Ebene – der des ganzen Körpers – sind es Stürze, Autounfälle, Schußwunden, und die »tausend natürlichen Erschütterungen denen das Fleisch ausgesetzt ist.«

Auf jeder Ebene wäre die Entropie katastrophal, wenn man sie nicht vermeiden oder ihre Verwüstungen reparieren könnte. Auf der mikroskopischen Ebene verwandeln sich die Moleküle spontan in Spiegelbilder ihrer selbst: Wie Alice durch einen Spiegel hindurchgeht, verändern sie sich in eine andere Form – nach außen gekehrt, rückwärts verdreht und invertiert. Diese »Isomere« wären nicht so schlecht. Man kann sie jedoch nur in einer dieser Formen benutzen: Bei Proteinen ist die linksdrehende Form normal[1], die rechtsdrehende nicht.[2] Man kann mit der rechtsdrehenden Form der Proteine nichts anfangen, sie kann einem sogar schaden. Wenn die Isomere einmal in der »korrekten« Form gebildet sind, bleiben sie leider nicht so. Vielmehr wechseln sie von einer zur anderen Form ohne Warnung oder Vorankündigung.

Die Moleküle können auch noch weitergehende komplexe Umgestaltungen durchmachen. Zum Beispiel können sich die Aminosäuren, aus denen die Proteine aufgebaut sind, seitlich aneinander binden. Mit dieser »Schleifenbildung« machen sie das Protein nutzlos. Dies geschieht in unseren Zellen ununterbrochen und spontan.

Seltener bilden die Moleküle ein »Razemat«, einen Eintopf von verschiedenen Isomeren – nicht nur linksdrehende und rechtsdrehende, sondern verdrehte und neugeordnete, die zwar die gleichen Teile benutzen, aber damit ein neues Muster kreieren. Es ist so, als würde man ein Wort nehmen und die Buchstaben nach dem Zufallsprinzip vermischen. Das Molekül besteht zwar aus den gleichen Teilen, aber sie sind auf neue Art und Weise zusammengesetzt, die unsere Gene nie beabsichtigt hatten, und die der Körper nicht gebrauchen kann. Die meisten dieser Moleküle sehen fast ganz normal aus, aber manche haben sich in bizarre und nicht wiederzuerkennende Formen verwandelt. Was einst ein nützliches Molekül war, ist jetzt ein Ärgernis. Denn es ist nicht nur funktionsuntüchtig, sondern es bedarf zusätzlicher Mühen, um es zu reparieren. Das ist Entropie.

Normalerweise verbraucht dieser Prozeß zuviel Energie, um in Gang zu kommen, aber quantenmechanische Abläufe (»tunneling«) »leihen« dem Molekül wie eine Kreditanstalt genügend Energie, um sich zu verändern. Man kann sich das etwa so vorstellen: Ein Molekül ist in seiner Normalform stabil und wäre auch in einer neuen Form stabil, aber zwischen beiden Formen befindet sich ein »Energiehügel«. Bei normaler Körpertemperatur ist nicht genug Energie verfügbar, um den Hügel zu überwinden. Die Quantenmechanik lehrt, daß die Temperatur zufälligen Schwankungen unterworfen ist. Und sehr selten, vielleicht einmal in mehreren Jahrzehnten, schwankt die Temperatur ausreichend stark, um dem Molekül die Energie zu verleihen, den Hügel zu überwinden und sich in ein neues Molekül zu verwandeln. Dies kommt äußerst selten vor. Aber andererseits befindet sich im Körper eine solch *unglaublich große* Anzahl von Molekülen, daß in jedem Moment irgendwo im Körper viele von ihnen plötzlich Hügel erklettern – oder wie es die Physiker nennen würden – sich durch sie »hindurchtunneln«. Die Moleküle ordnen sich nicht nur innerhalb der Zelle um, sondern auch außerhalb der Zellen, z. B. in den Linsen der Augen, wenn man altert.

Wenn man lange genug wartet, wird sich jedes Molekül verändern. Manche werden einen Tag dazu brauchen, manche einige Monate und andere Jahre.[3] (Abb. 2.1)

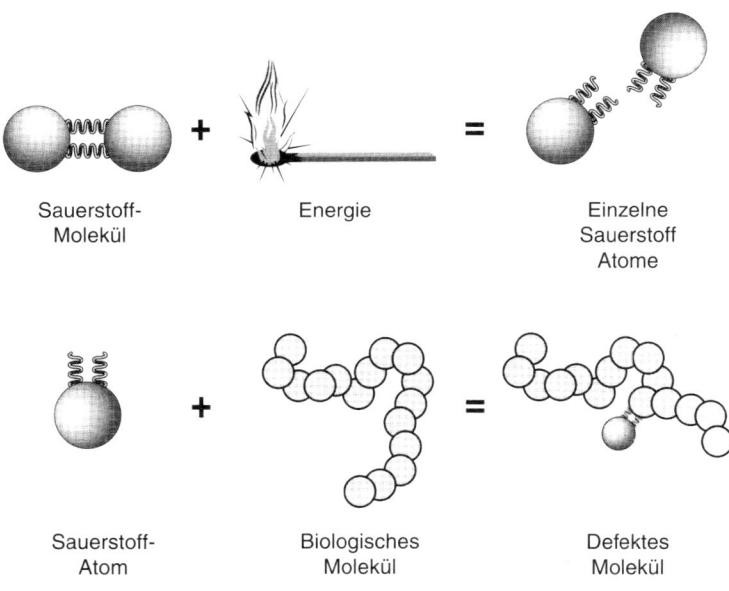

Abb. 2.1

43

Die Reparatur dieser spontanen Schäden ist einer der beiden Gründe dafür, daß sich Moleküle ständig erneuern; der andere Grund ist, daß die Anzahl von Molekülen (die Größe des Pools) reguliert wird. Natürlich benötigt dieses Recycling Energie, und zwar in Form von zellulärer Energie. Aber das ist notwendig für die Kontinuität des Lebens. Je länger der Körper braucht, um die Schäden zu beheben, desto wahrscheinlicher ist es auch, daß ein »Schraubenschlüssel in das Getriebe fällt«. Je schneller der Schaden repariert wird, desto unwahrscheinlicher sind Langzeitauswirkungen; doch diese »ständig aktiven Fließbänder« werden mehr Energie kosten.

Werden beschädigte Moleküle ignoriert, können sie erhebliche Probleme verursachen. Besonders gefährlich wäre ein Schaden an einem Gen, da das Protein, dessen Synthese von diesem Gen gesteuert wird, zwangsläufig auch anomal ist, und der Prozeß, der von diesem Protein abhängt, nicht mehr funktioniert. Schadhafte Gene kann man mit einer Firma vergleichen, die serienmäßig funktionsuntüchtige Computer herstellt, weil die Pläne fehlerhaft sind. Nach einer Weile wird diese Firma sicherlich aus dem Geschäft sein. Es ist deshalb nicht verwunderlich, daß der Körper sich so viel Mühe macht, Fehler in der DNA zu beheben, die die genetische Information enthält.

Die Isomerisation wäre schon schlimm genug, wenn es das einzige Problem wäre. Die Zellen wären mit Molekülen ausgestattet, die nicht funktionieren. Freie Radikale sind jedoch noch gefährlicher. Moleküle, die von freien Radikalen beschädigt worden sind, beschädigen ihrerseits weitere Moleküle wie eine submikroskopische Pest. Freie Radikale sind die klassischen Bösewichter des Alterungsprozesses. Sie wirken wie ein Korrosionsmittel, zerstören pausenlos und nehmen ständig, langsam und unerbittlich, die fein ausbalancierten Strukturen auseinander, die das Leben ausmachen.

Freie Radikale sind Moleküle mit einem einzelnen ungepaarten Elektron auf ihrer Hülle. Dieses Elektron versucht einen Partner zu finden, auch wenn das bedeutet, einem anderen Molekül ein Elektron wegzunehmen und es damit zu beschädigen. Freie Radikale gehen ihrem Treiben mit voller Tatkraft nach und interferieren mit der normalen Zellfunktion. Wie immer hungrige »Wölfe« stürzen sie sich auf fast jedes Molekül, das in ihre Nähe kommt, und beschädigen es, indem sie seine Form verändern und es damit unbrauchbar oder sogar gefährlich machen. Das defekte Molekül wird ein mißgebildeter, verkrüppelter Spieler in der Molekülmannschaft. Es ist nicht nur für sich funktionsuntüchtig, sondern stört auch die Funktion seiner es umgebenden Mannschaftskameraden.

Freie Radikale sind ansteckend, da sie ihre ungepaarten Elektrons anderen unterschieben, die wiederum versuchen, die Plage weiterzugeben, und damit noch mehr Schaden anrichten. Diese Kette der Zerstörung setzt sich unendlich fort und bricht erst dann, wenn ein einzelnes Elektron einen Partner mit dem gleichen Problem findet und sich mit ihm zusammen niederläßt, um endlich Frieden zu finden. Dieser zerstörerische Vorgang kann aber auch zu einem anderen Ende kommen, wenn das freie Radikal von einem speziellen Molekül gefangen wird, einem »Radikalfänger«, mit dem es eine relativ stabile Beziehung eingeht (Abb. 2.2).

Ironischerweise ist das im Körper am häufigsten auftretende freie Radikal Sauerstoff ein lebensnotwendiges Element. Obwohl molekularer Sauerstoff sehr stabil ist, bedarf es nur einer geringen Energieschwankung[4] – wiederum das quantenmechanische »tunneling« – um einzelne Sauerstoffatome[5] herauszubilden, die außerordentlich reaktionsbereit mit anderen Molekülen sind.

Der Grad der Zerstörung, den freie Radikale anrichten können, hängt davon ab, wo sich die freien Radikale aufhalten. Zellmembranen sind z. B. für den Angriff der Radikale besonders anfällig, zum einen, weil sie aus ungesättigten Fettsäuren aufgebaut sind, die leicht oxidiert werden und zum anderen, weil die meisten freien Radikale in Zellmembranen produziert werden. Der Schaden an den Zellmembranen ist besonders gravierend, weil die Zellmembranen so entscheidend für das Überleben[6] der Zelle sind. Sie sind aber nicht der einzige, nicht einmal der wichtigste Schwachpunkt.

Wenn man altert, wird die DNA-Bibliothek zunehmend durch freie Radikale angegriffen[7]. DNA-Moleküle sind zwar nicht verwundbarer

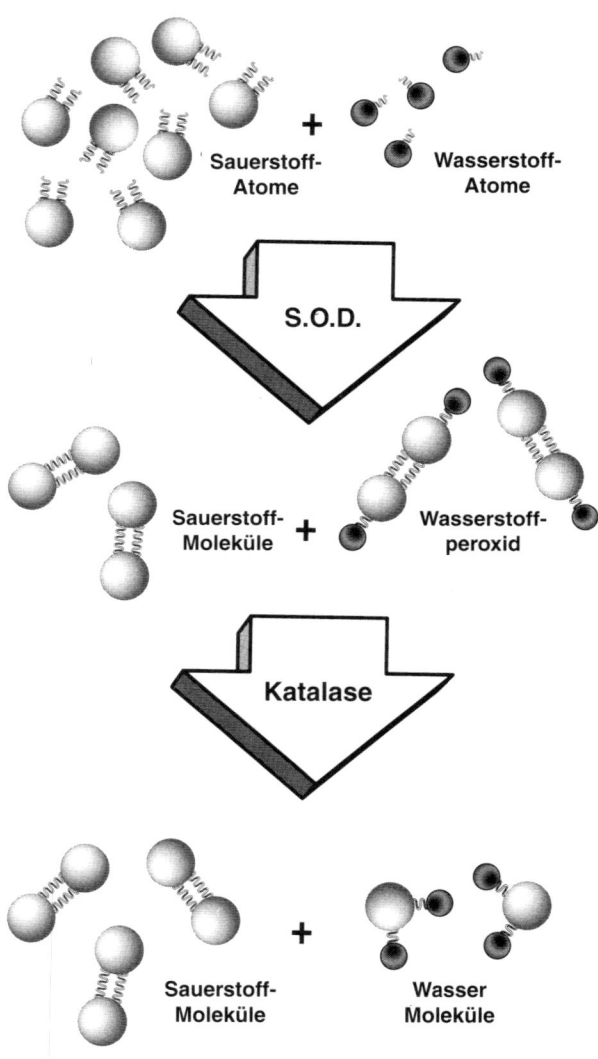

Sauerstoff-
Atome

Wasserstoff-
Atome

S.O.D.

Sauerstoff-
Moleküle

Wasserstoff-
peroxid

Katalase

Sauerstoff-
Moleküle

Wasser
Moleküle

Abb. 2.2

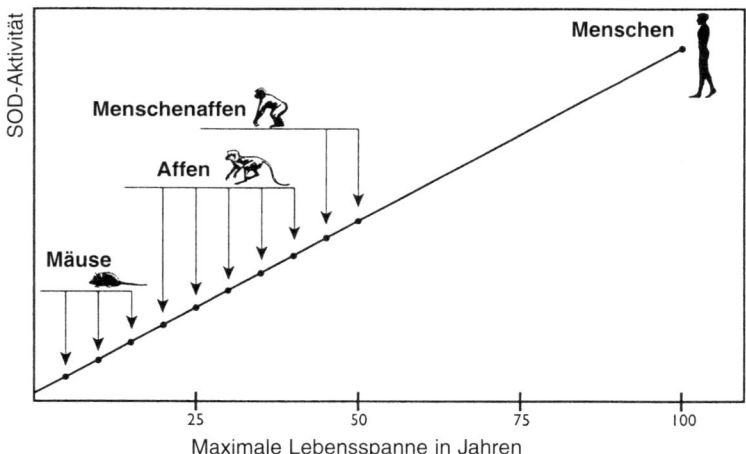

SOD-Aktivität

Menschen

Menschenaffen

Affen

Mäuse

25	50	75	100

Maximale Lebensspanne in Jahren

Abb.2.3

als die meisten anderen Moleküle, doch es existiert nur eine limitierte Anzahl dieser lebenswichtigen Referenzbibliotheken. Dies macht Zerstörungen an der DNA bedrohlicher und schwerwiegender als Schäden an Membranen, Proteinen, oder anderen ersetzbaren Bestandteilen der Zellen. Der Körper kann nicht einfach neue DNA-Stränge aufgrund der Skizze herstellen, wie es bei allen anderen Zellbestandteilen der Fall ist. Seine einzige Möglichkeit besteht darin, die DNA-Schäden zu reparieren.

Warum gibt es überhaupt freie Radikale? Und warum tolerieren die Zellen diese Eindringlinge? Weil wir Sauerstoff brauchen, um zu überleben. Sauerstoff macht 95% unserer Stoffwechsel-Energie aus. Bestimmte Formen von Sauerstoff sind deshalb notwendig. Wir bilden sie ständig in unseren Zellen, und sie sind wertvoll, solange sie von unseren Chromosomen und anderen wichtigen Molekülen ferngehalten werden. Wenn jedoch Sauerstoffmoleküle ihre Grenzen durchbrechen, was immer wieder geschieht, dann spielen sie den benachbarten Molekülen übel mit.

Die Frage ist nicht, ob man die freien Radikale vermeiden kann –

47

man kann es sicher nicht – sondern nur, ob man mit dem Schaden Schritt halten kann. Für die Keimzellen lautet die Antwort »ja«. Sie haben das schon über mehrere Milliarden von Jahren bewiesen. Aber wie steht es mit den übrigen Zellen des Körpers? Wie können Keimzellen etwas erreichen, was den anderen Zellen nicht möglich ist? Das Altern kann nicht nur mit den freien Radikalen zusammenhängen. Vielleicht ist es die Folge von anderen Zerstörungsprozessen oder von Veränderungen an bestimmten Molekülen, z. B. der DNA.

Die DNA-Bibliothek enthält nicht nur den gesamten genetischen Code für jede Zelle, ob Keim- oder Somazelle, sondern codiert auch alle Reparaturmechanismen. Noch schlimmer, die DNA ist Opfer einer bestimmten Art von Entropie, der andere Moleküle nicht unterworfen sind. Wegen der zentralen Bedeutung und den schädlichen Einflüssen, denen die DNA ausgesetzt ist, verwendet der Körper viel Anstrengung darauf, die DNA zu isolieren, zu schützen und zu reparieren. Mit welchen Problemen muß sich die DNA auseinandersetzen?

Sie zerfällt plötzlich, sogar bei Körpertemperatur. Das geschieht nicht sehr schnell, aber schnell genug, daß es ein ständiges Problem für uns ist. Andere Moleküle, die zerfallen, können einfach ersetzt werden. Die DNA dagegen muß fehlerlos und schnell in jedem Augenblick des Lebens repariert werden.

Am häufigsten nehmen die Basen Adenin und Guanin Schaden, zwei der vier »Buchstaben«, die benutzt werden, um die DNA-Referenzbücher zu schreiben. Teile dieser Buchstaben bröckeln ab, und es bleibt nur ein unentzifferbares Gekritzel zurück, als ob ein Radiergummi nach dem Zufallsprinzip Buchstaben aus den Büchern, die die Bibliothek enthält, gelöscht hätte.

Das geschieht eigentlich sehr selten, nämlich bei weniger als einem von 100 Billiarden Buchstaben (1/100.000.000.000.000.000) pro Tag. Dies entspricht einem einzigen verschwundenen Buchstaben pro Tag in einer Bibliothek mit Milliarden von Büchern. Nichtsdestoweniger hat der menschliche Körper so viele[8] dieser Buchstaben in seiner riesigen Genbibliothek, daß täglich zwischen 5000 und 10.000 gelöscht werden. Dieser Schaden kumuliert. Wenn er nicht korrigiert wird, resultieren immer mehr Fehler und schließlich der Tod, wenn beschädigte Proteine die Oberhand gewinnen. Wenn diese Veränderungen in Keimzellen auftreten, werden sie sich über die Generationen hinweg anhäufen. Dies führt zur Auslöschung jeder Art, die solch einen Schaden bestehen läßt.

Es gibt noch andere Zerstörungsprozesse an der DNA. Ungefähr alle 15 Minuten werden in jeder der Billionen Zellen die Buchstaben A und C durch ganz andere als A, C, T oder G ersetzt – Buchstaben, die in der Bibliothek normalerweise überhaupt nicht benutzt werden. Die Gene werden falsch gelesen und das falsche Protein wird produziert. Wenn sich die Zelle nun teilt, ohne vorher den falschen Buchstaben gelöscht und den richtigen wieder an dieser Stelle plaziert zu haben, wird der Fehler ewig weitergegeben.

Diese Alphabet-Veränderungen werden durch die normale Körpertemperatur verursacht, die nun einmal zum Leben gehört. Um Pogo zu zitieren:»Wir sind dem Feind begegnet, und das sind wir selber.« Die normale Körpertemperatur, die wir in einer oft feindlichen Umgebung sorgfältig auf gleichem Niveau zu halten versuchen, ist der Täter. Die einzige Möglichkeit, diesem ständigen DNA-Schaden vorzubeugen, wäre, sich auf den absoluten Nullpunkt abzukühlen. Aber dies ist mit dem Leben nicht vereinbar.

Eine andere permanente Quelle von toxischen Substanzen ist der eigene Stoffwechsel. Er generiert absichtlich freie Radikale, Säuren und zerstörerische Enzyme, um damit andere Moleküle abzubauen und zu recyclen, bevor sie sich in gefährlichen Mengen anhäufen. Diese Strategie stellt einen Teil der Verteidigung gegen Viren und Bakterien dar und ermöglicht, Energie aus dem Stoffwechsel zu gewinnen. Es gibt also metabolische und zelluläre Mechanismen, ohne die man nicht leben könnte, die aber andererseits der DNA, den Proteinen, Organellen und den Zellen selbst Schaden zufügen.

Diese Angriffe auf die Substanz sind sogar nötig für die Funktion der Zellen. Der Abbau von Proteinen ist ein normaler und vernünftiger Weg, um defekte Proteine zu ersetzen. Der Körper zerstört ständig alte Proteine und produziert neue. In dieser Art der planmäßigen Zerstörung von »alten« Proteinen durch normale Enzyme macht sich die Entropie bemerkbar.

Die DNA wird zusätzlich durch äußere Einflüsse wie energiereiche Photonen und exogene Toxine attackiert. Energiereiche Photonen, z. B. kosmische Strahlung, Röntgenstrahlen und ultraviolettes Licht schädigen die Buchstaben in der DNA-Bibliothek direkt, oder – im Falle der kosmischen Strahlung – indem sie andere Moleküle ionisieren (die dadurch zu freien Radikalen werden). Die DNA-Buchstaben bilden sich an der falschen Stelle oder teilen sich in der Mitte von Sätzen. Ultraviolettes Licht kann dazu führen, daß die DNA-Stränge Quervernetzungen bilden[9]; dadurch wird die Zellteilung verhindert und die Zelle stirbt. Der DNA-Strang kann zerbrechen, was eine Reparatur fast unmöglich macht.

Kosmische Strahlung gehört unvermeidbar zum Leben auf der Erde. Sie bombardiert ständig unseren Planeten und durchdringt uns. Wir können gar nichts dagegen unternehmen, daß wir der kosmischen Strahlung ständig ausgesetzt sind. Ultraviolettes Licht ist ebenfalls allgegenwärtig und nur teilweise vermeidbar. Die Hauptquelle ist die Sonne. Kleider, Sonnenschutz und Gebäude (wenn man sich in ihnen aufhält) und das Melanin in unserer Haut sind unsere einzigen Verteidigungsmöglichkeiten.

Toxine können Buchstaben in der Gensequenz verändern oder zwischen Basenpaaren Buchstaben hinzufügen bzw. entfernen und damit die Gene verändern. Sie können beide DNA-Stränge verriegeln; damit wird die Gen-Expression blockiert, wenn die Zelle versucht, die Gene zu lesen. Toxine sind oft natürliche Produkte von anderen Organismen und Vorgängen. Bakterien und Pflanzen beispielsweise stellen sie als Nebenprodukte her und zur Verteidigung gegen das Gefressenwerden. Toxine befinden sich in allen Lebensmitteln, auch in solchen, die keinen Pestiziden und Unkrautvernichtern ausgesetzt waren. Es ist unmöglich, Toxine in der Nahrung zu vermeiden: Sogar eine total synthetische Kost enthält einige toxische Moleküle, und »organische« Lebensmittel sind voll davon. Aber die Nahrung ist nicht der einzige Weg, wie Toxine in den Körper gelangen. Bakterien und Viren leben auf der Haut, im Darm, in der Nase und in der Lunge. Diese Parasiten halten sich auf unsere Kosten am Leben, sind aber selten passiv. Antibiotika und unser Immunsystem werden nur teilweise mit ihnen fertig. Die Bakterien und Viren bleiben in unserem Körper und fallen dem Immunsystem zur Last; manchmal schreiben sie sogar unsere Gene neu. Diese Entropie-Faktoren gehören zu den »tausend natürlichen Erschütterungen, denen das Fleisch ausgesetzt ist«.

Sobald wir uns von den Molekülen, Zellen, Geweben und Organen auf die Ebene des gesamten Körpers begeben, sind die Auswirkungen der Entropie auf jeder Ebene präsent, manchmal sehr fein, aber immer auf durchdringende Art. Wo auch immer man hinschaut, man sieht Zerfall. Manche Entropie-Effekte haben ihre Ursache auf einer untergeordneten, feineren Ebene, andere wiederum sind spezifisch für eine bestimmte Ebene. So »erben« die Zellen einerseits Zerstörungen vom molekularen Level, haben aber auch eine Reihe von eigenen entropischen Dämonen. Die Zellen sammeln die Produkte der Verwüstung, die freie Radikale angerichtet haben. Dazu gehören nicht nur beschädigte Enzyme, die ersetzt werden müssen, und DNA, die repariert werden muß, sondern auch bestimmte Abfallprodukte. Viele Zellen lagern, wenn sie altern, ein gelb-braunes Alterspigment (Lipofuszin) ab. Manche Zellen – z. B. Nerven- und Herzzellen – lagern ziemlich viel Lipofuszin ab, andere – z. B. Leberzellen – gar keines. Im Nervensystem unterscheidet sich die Stärke der Lipofuszin-Ablagerung von Zelltyp zu Zelltyp; manche Zellen[10] lagern schon »in jungen Jahren« Lipofuszin ab, andere etwas langsamer. Obwohl das Tempo der Ablagerung sehr stark variiert, besteht immer ein Zusammenhang mit dem Alter: Je älter die Zelle ist, desto mehr Lipofuszin enthält sie. Wenn man altert, lagert man eben Abfall an.

Die genaue Zusammensetzung und Herkunft von Lipofuszin ist noch unklar. Man weiß jedoch, daß Lipofuszin von oxidierten Lipiden – salopp gesagt, von teilweise verbrannten Fettmolekülen – stammt. Diese wiederum sind die Produkte des Angriffs von freien Radikalen auf die Zellmembranen. Je älter sie werden, desto größer wird die Lipofuszinlast, die die Zellen zu tragen haben. Schadet diese Last den

Zellen? Keiner weiß es. Es ist kaum anzunehmen, daß diese Pigmente harmlos sind; aber es ist auch schwer, zu beweisen, daß sie den Zellen[11] schaden. Sie sind wahrscheinlich eine metabolische Last und mit ziemlicher Sicherheit ein Zeichen für Stoffwechselschäden auf einer molekularen Ebene – ein Ergebnis der Mechanismen, die wir besprochen haben.

Könnte das Altern auf der zellulären Ebene nur ein »Erbe« des Schadens sein, der auf der molekularen Ebene entsteht?[12] Wenn es sich so verhält, dann erben nicht alle Zellen gleich viel. Manche Zellen altern schneller als andere, verschiedene Teile des Körpers – verschiedene Gewebe – altern in unterschiedlichem Tempo. Dennoch bleiben die Funktion und Effizienz der Zellen mit fortschreitendem Alter in vieler Hinsicht erhalten, jedoch nicht in jeder. So nimmt die Aktivität der Proteinsynthese ab, während die Genauigkeit der Transkription hoch bleibt. Manche Proteine werden langsamer produziert, andere wiederum nicht. Manche Gene werden supprimiert, während andere unverändert exprimiert werden. Alternde Zellen produzieren zwar weniger Proteine, doch die Produkte sind normal.

Entropie tritt ein nicht nur als ein Erbe von der molekularen Ebene, sondern sie wird auch *direkt* auf der höheren zellulären Ebene wirksam. Manche der Stoffe, die auf der biochemischen Ebene agierten, spielen auch hier eine Rolle. Genauso, wie normale metabolische Hitze den Molekülen zusetzen kann, kann die äußere Hitze – oder Kälte – auch direkt auf der zellulären Ebene Schäden verursachen. Die Umwelt kann entweder zu heiß oder zu kalt für das Überleben der Zellen sein. Sie kann auch zu trocken und zu salzig sein oder zu wenig Glukose, zu wenig Sauerstoff oder andere Energiequellen bieten. Die Zellen sind nur an eine bestimmte Umgebung adaptiert; jenseits der Grenzen, die ihr Bauplan vorgibt, erliegen sie Verletzungen. Obwohl eine Zelle selten merklich durch Mechanismen leidet, die einzelne biologische Moleküle zerstören, haben Zellen oft ihre eigenen, viel größeren Feinde. Ein Sauerstoffmangel wäre z. B. kein sofortiges Problem für ein DNA-Molekül, für Nervenzellen dagegen ist er fatal. Auch ein Mangel an Glukose bedeutet keine direkte Gefahr für die

RNA, aber für eine Herzmuskelzelle. Von einem Hammer getroffen zu werden, ist für ein Ribosom nicht tödlich, jedoch für eine Hautzelle. Auf jeder Ebene spielen spezifische Aggressoren eine Rolle. Parasiten treten auf der zellulären Ebene in Erscheinung. Viren, die in die molekulare Ebene eindringen, sind heute tödliche Feinde. Die Moleküle, die die RNA in Proteine übersetzen, kümmern sich nicht darum, ob es sich um körpereigene oder um virale RNA handelt. Aber diese Unterscheidung ist eine Frage von Leben und Tod für die Zelle. Bakterien stellen für die DNA-Moleküle direkt keine Gefahr dar, aber sie können eine Herzzelle töten und damit auch die in ihr enthaltene DNA.

Genauso, wie sich eine Anhäufung von Entropie-Schäden auf der molekularen Ebene auf die Zellen auswirkt, betrifft der Verlust oder die Beschädigung von Zellen die Gewebe, die Organe und den ganzen Körper. Der Verlust von Zellen kann für die betreffenden Organe oder das Gewebe katastrophal sein. So kann der Verlust einer unbedeutenden Menge von Zellen im Erregungsleitungssystem des Herzens tödlich sein (nicht nur für das Herz). Kleine Gruppen von Zellen im Gehirnstamm kontrollieren den Blutdruck, die Atmung, die Pulsfrequenz und andere wichtige Funktionen. Im Nervensystem und in vielen anderen Organen und Geweben gehen Zahl und Volumen der Zellen mit zunehmendem Alter zurück.[13] Jeder Verlust von Zellen in einer kritischen Zellgruppe beeinflußt die Organfunktion viel weitreichender als nur bis in die benachbarten Organ- oder Gewebebereiche. Man kann krank werden und sterben durch Entropie-Prozesse in einer kleinen Zahl von Zellen.

Ob nun ein Zellverlust oder eine Anhäufung von anomalen Molekülen vorliegt, die meisten der alternden Organe oder Gewebe haben ähnliche Probleme. Cholesterin lagert sich in den Gefäßen ab; bei der Alzheimerschen Krankheit werden Plaques im Gehirn gefunden; eine dünner werdende Haut beseitigt den Schutzschild gegen Infektionen; Nieren filtern das Blut immer weniger effektiv; Kollagen bildet Querverbindungen und verliert an Elastizität. Alle Ebenen und alle Organe sind Angriffen ausgesetzt.

Manche dieser Attacken führen zu Verletzungen. Haut wird abgerieben durch die tägliche Reibung an Kleidung und an den Dingen, gegen die wir stoßen oder mit denen wir umgehen. Verletzungen und Abschürfungen sind die Folge eines Sturzes oder Schlags. Dabei werden Zellen und ganze Hautareale weggerissen und müssen ersetzt werden. Andere Angriffe sind infektiöser Art. Zellen in der Lunge gehen durch eine Bronchitis oder Lungenentzündung zugrunde, Schleimhautzellen in der Nase sterben an einem einfachen Adenovirus, wenn man sich durch eine Erkältung schneuzt und quält. Das HIV attakiert und tötet weiße Blutkörperchen und nimmt seinen Opfern damit die Abwehr gegen andere Infektionen – Infektionen, die ohne diesen Verlust an Abwehrkraft folgenlos bleiben würden.

Auf noch höheren Ebenen treffen Angriffe das ganze System oder den ganzen Körper (nicht nur Zellen): das Geschoß, das ein Loch in die Aorta reißt, oder das Auto, welches mit einem entgegenkommenden Fahrzeug kollidiert. Diese Ereignisse sind Ausdruck für einen Zustand hoher Entropie.

Unter ständiger Bedrohung reagiert der Mensch und verteidigt sich. Er ersetzt, er repariert, und er wehrt sich gegen jede zerstörerische Bedrohung – und das, wie wir sehen werden, mit bemerkenswertem Erfolg.

Gib nie auf

…wir werden an den Küsten kämpfen …,
wir werden auf den Feldern und in den Straßen kämpfen,
wir werden auf den Hügeln kämpfen; wir werden uns niemals ergeben …
(Winston Churchill, »Die Rettung aus Dünkirchen«)

Im Verlauf der Evolution – Darwins natürlicher Selektion – wurden unsere Gene sorgfältig »aufgerüstet«, um als Verteidigung gegen die Bedrohungen zu dienen, denen wir während unseres Lebens ausgesetzt sind. Man könnte sagen, daß unsere Schutzmechanismen im

Hinblick auf jene *Bedrohungen* gestaltet sind. Aber nicht alle Organismen brauchen dieselbe Verteidigung. Einer hat sich an Hitze anpassen müssen, ein anderer an Kälte, einer an das Leben im Wasser, ein anderer an die Bedingungen der Wüste, einer an Hypoxie, ein anderer an zuviel Sauerstoff. Unsere Gene haben sich adaptiert, damit wir mit unseren jeweiligen Lebensbedingungen zurechtkommen. Diese Anpassungen findet man im ganzen und auf biochemischer Ebene. Die Gefährdung durch entropische Prozesse ist von Organismus zu Organismus und von Zelle zu Zelle verschieden. Für Hautzellen sind ultraviolette Strahlen bedrohlich – durch die freien Radikale, die sie entstehen lassen und die DNA-Schäden, die sie verursachen. Die Verteidigung gegen ultraviolette Strahlung bringt für die Zellen hohe metabolische Kosten mit sich. Erste Priorität für Herzmuskelzellen ist das Ersetzen von defektem Muskelprotein. Hautzellen passen sich an, um die ultraviolette Strahlung tolerieren zu können, Herzzellen, um defektes Muskelprotein ersetzen zu können. Diese Unterschiede zwischen Organismen und Zellen bestimmen, wie das Altern abläuft. Die zugrundeliegenden Mechanismen sind parallel und oft gleich; das Ergebnis unterscheidet sich jedoch in Relation zu den genannten und unzähligen anderen Unterschieden zwischen Zellen und Organismen.

Wir verteidigen uns vehement gegen alle Angriffe. Auf jeder Ebene stehen uns dafür bestimmte Mittel zur Verfügung, um Schäden zu minimieren, zu vermeiden, und Zerstörtes zu ersetzen oder zu reparieren. Wenn z. B. Proteine defekt sind, erhöht der Körper die Produktion neuer intakter Proteine und schwächt damit die nutzlosen ab. Dieses Vorgehen kommt natürlich teuer zu stehen, da es hart verdiente Stoffwechselenergie verbraucht, deren Verschwendung der Körper sich im Prinzip nicht leisten kann. Die Produktion von Proteinen und auch anderen Molekülen wird in dem Maß hochgefahren, wie auch der Schaden zunimmt. In speziellen Fällen – bei der DNA z. B. – kann die Produktion nicht angekurbelt werden. Als einzige Möglichkeit der Schadensbegrenzung bleibt die Reparatur.

Die meisten Proteine können ersetzt werden, weil die DNA-Schablone unendlich viele neue Kopien anfertigen kann. Die DNA jedoch ist ihre eigene Schablone und kann deshalb nur repariert werden. Tatsächlich ist die DNA das einzige große biologische Molekül, das Strukturschäden beheben kann.[14] Aber dies ist natürlich nur dann möglich, wenn die Reparaturwerkstatt weiß, wie das Originalmolekül ausgesehen hat. Wenn ein Basen-Buchstabe auf einem Strang an einer Stelle fehlt, wo ein Thymin gegenübersitzt, muß der fehlende Buchstabe ein Adenin sein. Folglich schweißt der Körper ein Adenin in das Loch der DNA-Kette, die damit wieder intakt ist. Chromosom und Zelle können nun weiterarbeiten.

Die Chromosomen treten in der Regel gepaart auf. Die Gene dieser gepaarten Chromosomen entsprechen sich im allgemeinen. Aber trotzdem sind nur selten zwei gleiche Chromosomen miteinander verbunden, weil das eine vom Vater und das andere von der Mutter stammt. Dieses Paarungsprinzip sorgt für einige Sicherheit: Wenn zum Beispiel das Hämoglobin-Gen, das man von einem Elternteil geerbt hat, defekt ist, das von dem anderen Elternteil jedoch normal, bleibt das fehlerhafte Gen meistens wirkungslos. Wenn allerdings beide Eltern ein Sichelzellen-Gen weitervererben, wird das defekte Gen in ihren Nachkommen dominant. Sie bilden klumpenförmiges, anomales Hämoglobin, welches die roten Blutkörperchen zu sichelförmigen Zellen verzerrt, die die kleinen Kapillaren verstopfen. Das Gewebe wird deshalb nicht ausreichend mit Blut versorgt und stirbt ab.

Die DNA wird fortlaufend repariert, aber alles andere als fehlerfrei. Denn der Prozeß ist komplex, verläuft in vielen Schritten und benötigt Instruktionen von verschiedenen Genen, von denen jedes einzelne selbst wiederum ständig repariert werden muß. Auf jeden Fall muß die Reparatur schnell stattfinden, damit kein genetischer Defekt weitergegeben wird. Man kann sich diesen Teufelskreis leicht vorstellen, der entstehen würde, wenn die DNA nicht rasch repariert würde. Wenn beispielsweise ein DNA-Reparatur-Gen fehlerhaft wäre, würde eine fehlerhafte DNA in eine fehlerhafte RNA umgewandelt, welche ihrerseits in ein fehlerhaftes Enzym übersetzt würde. Dieses Enzym würde dann vergeblich versuchen, die beschädigte DNA zu reparieren. Es würde dabei noch mehr Fehler schaffen anstatt die ursprünglichen Defekte zu beheben. Mit jeder Runde dieses Teufelskreises würde sich der Schaden ausweiten. Schließlich wäre ein großer Teil des Chromosoms darin verwickelt, oder ein lebenswichtiges Protein, welches von der defekten DNA mit Fehlern produziert wird, würde seine Funktion nicht erfüllen, und die Zelle würde daran zugrundegehen.

Die gebräuchlichste DNA-Reparaturmethode ist das Ausschneiden und Ersetzen. Für jeden einzelnen Schritt gibt es verschiedene DNA-Reparatur-Enzyme: Die anomalen Buchstaben müssen von ihren Nachbarn abgetrennt werden, entfernt werden, ein neuer Buchstabe muß synthetisiert und eingesetzt werden. Schon dieser Vorgang ist komplex genug. Dazu kommt auch noch, daß jeder DNA-Buchstabe seine eigene Reihe von Reparatur-Enzymen hat. Wenn nur eines dieser Enzyme nicht funktioniert, wird der Versuch, den DNA-Defekt zu beheben, mißlingen oder sogar noch mehr Schaden anrichten. Bei jedem Reparaturschritt ist die Wahrscheinlichkeit, daß Mutationsfehler auftreten und die normale Gen-Expression unterdrückt wird, außerordentlich hoch. Klinische Konsequenzen sind z. B. Alterskrankheiten.

Ein Problem, das sich möglicherweise unter dem Prozeß einstellt, kann die übermäßige Reparatur der DNA sein. Wenn die Reparaturenzyme z. B. nicht gut reguliert oder nicht spezifisch genug auf ihre Zielmoleküle zugeschnitten sind, können sie auch »Fehler« beheben, die keine sind. Sie schneiden z. B. munter Regionen mit absichtlichen Modifikationen aus, die die Zelle vorgenommen hat, um die Gen-Expression[15] zu kontrollieren, oder Regionen, die sie benutzt hat, um ungewöhnliche Antikörper zu produzieren. Das kommt jedoch relativ selten vor.

Der Körper besitzt nicht nur die Möglichkeit, defekte DNA zu reparieren und Moleküle wie Proteine und Lipide abzubauen, sondern er kann auch vorbeugende Maßnahmen ergreifen, um einen Schaden gar nicht erst entstehen zu lassen.[16] Schäden, die beispielsweise durch freie Radikale entstehen, spielen im Alterungsprozeß eine herausragende Rolle. Die Verteidigungsstrategien des Körpers gegen freie

Radikale sind mindestens so komplex wie DNA-Reparaturmechanismen. Es gibt vier verschiedene Strategien: das Einschließen der freien Radikale, die Produktion von Proteinen, die Radikale fangen und sie metabolisieren, das Delegieren des Fangens auf andere Moleküle (nicht Proteine)[17] und das Ersetzen der Moleküle, die durch Radikale beschädigt worden sind.

Freie Radikale werden eingeschlossen, indem sie in Zellbereichen isoliert werden, die von wichtigen Strukturen der Zelle, vor allem von der DNA entfernt sind. Zum Abfangen von freien Radikalen produziert die Zelle Proteine wie Superoxid-Dismutase (SOD), die die gefangenen freien Radikale zu weniger gefährlichen Stoffen metabolisieren. Freie Radikale können jedoch nicht nur von Proteinen, die die Zelle selbst herstellt, gefangen werden, sondern auch von Molekülen, die mit der Nahrung zugeführt werden (z. B. Vitamin E). Die vierte Verteidigungsstrategie zielt einfach darauf, die von freien Radikalen beschädigten Moleküle abzubauen und sie durch neue zu ersetzen. Sehen wir uns diese vier Methoden der Reihe nach an.

Die meisten freien Radikale werden in den Mitochondrien, den Kraftwerken der Zelle, produziert und eingeschlossen. Die Mitochondrien sind dafür verantwortlich, Energie in eine für die Zellen nutzbare Form umzuwandeln. Sie spalten Glukose auf und bilden das Molekül ATP (Adenosintriphosphat), welches die Standardwährung für den größten Teil der Zellwirtschaft ist. Immer wenn die Zelle etwas produziert, was Energie kostet, wird sie die Rechnung in ATP->>Banknoten« bezahlen, die von den Mitochondrien gedruckt wurden. Nicht nur wegen ihrer Aufgabe der Energieversorgung, sondern auch noch in einer anderen Hinsicht erinnern die Mitochondrien an Kraftwerke: Wie Atomkraftwerke sind sie von der Zellnachbarschaft durch eine Reihe von Membranmauern isoliert. Dadurch wird die DNA vor den freien Radikalen relativ gut geschützt. Von mehreren hunderttausend freien Radikalen beschädigt nur eines die DNA.[18]

Obwohl sich die meisten freien Radikale in den Mitochondrien[19] befinden, treten sie in kleinen Mengen auch in der Zelle auf, und das sehr spontan. Deshalb verfügt die Zelle noch über zwei weitere

Schutzmechanismen, bevor sie aufgibt und sich damit begnügt, den Schaden zu beheben: Sie produziert Proteine, die genau darauf zugeschnitten sind, die freien Radikale zu fangen, und sie kann sich zu diesem Zweck auch anderer Nichtprotein-Moleküle, normalerweise Nahrungsmoleküle wie Vitamin E und andere Tocopherole, bedienen.

Vor dem Hintergrund des Alterungsprozesses und dessen Umkehrung haben die Schutzenzyme Superoxid-Dismutase (SOD), Katalase und Glutathion-Peroxidase die größte Bedeutung. Diese drei Enzyme fangen die freien Radikale nicht nur, sondern metabolisieren sie: Ausgehend etwa von einem einzelnen Sauerstoffatom können sie harmlose und nützliche Moleküle, z. B. Wasser, produzieren. Das bekannteste dieser Enzyme, SOD, ist in Wirklichkeit eine ganze Familie von Enzymen. Die SODs wandeln zunächst bestimmte Sauerstoffradikale und Wasserstoff in Hydrogenperoxid und Sauerstoff um, und beenden damit die Reaktionskette der freien Radikale. Katalase (KAT), wahrscheinlich der zweitwichtigste Radikalfänger nach SOD, setzt das Werk der SOD-Enzymfamilie fort und wandelt das Hydrogenperoxid in Sauerstoff und Wasser um. Das dritte Radikalfänger-Protein, Glutathion-Peroxidase, bewirkt ähnliches, indem es Hydrogenperoxid zu Wasser reduziert. Die gesamte Reaktionskette macht also aus den freien Radikalen normale Sauerstoffmoleküle, bestehend aus zwei Atomen, und Wasser, die keine Gefahr mehr darstellen. Die Zelle reguliert die Produktion der drei Schutzenzyme hauptsächlich in Abhängigkeit davon, wieviele Defekte auftreten.

Von der Effektivität jedes Enzyms hängt auch ab, wieviel Schaden angerichtet wird. Die Effektivität dieser Enzyme verhält sich direkt proportional zu der typischen Lebenserwartung einer Art. Der Mensch mit seiner relativ langen Lebenserwartung produziert SOD von außerordentlich hoher Aktivität in ausreichender Menge (Abb. 2.3). Das reicht aus, um, von einer ganz geringen Menge abgesehen, mit allen freien Radikalen fertig zu werden. Die Enzyme arbeiten ziemlich gut. Wieviele oder wie effizient sie jedoch auch sein mögen, immer wird eine bestimmte Menge an freien Radikalen lange genug oder in genügend hoher Konzentration existieren, um andere Moleküle zu beschädigen. Auch nicht-enzymatische Substanzen spielen eine wichtige Rolle bei den Schutzmechanismen gegen freie Radikale. Die meisten davon (z. B. Vitamin E und C) kommen aus der Nahrung, aber nicht alle. Urat und Melatonin sind Ausnahmen.[20] Sie fungieren als »Waschbecken« für freie Radikale. Nachdem sie das freie Elektron des freien Radikals absorbiert haben und damit die zerstörerische Kettenreaktion unterbrochen haben, werden sie entweder regeneriert oder ausgeschieden und ersetzt. Die nichtenzymatischen Substanzen bilden eine große Familie von Molekülen: Glutathion, Ascorbinsäure (Vitamin C), Urat, Melatonin, Tocopherole (Vitamin E, vor allem Alphatocopherol), Ubichinone, und Karotinoide.[21] Die meisten kommen in Nahrungsmitteln vor. Antioxidantien wie Vitamin E, Ascorbinsäure und Karotinoide werden von vielen Menschen, die ihr Risiko für Koronarsklerose und Herzinfarkt verringern wollen, als Nahrungsergänzungsmittel benutzt.

Diese Antioxidantien werden verbraucht und wieder ersetzt, wenn sie den Krieg gegen die freien Radikale aufnehmen. Man kann einfach mehr davon zu sich nehmen. Die dem Körper verfügbare Menge wird von der Resorption im Darm, von der Menge an freien Radikalen in der Zelle und manchmal von der Menge der in der Zelle produzierten Antioxidantien reguliert. Ein Mangel an Radikalfängern kann durch zu geringe Zufuhr entstehen, z. B. wenn die Nahrung zu wenig Vitamine enthält oder die Vitamine im Darm nicht ausreichend aufgenommen werden. Er kann jedoch auch durch einen zu hohen Verbrauch bedingt sein, z. B. wenn übermäßig viele freie Radikale gebildet werden. Je mehr Antioxidantien insgesamt verbraucht werden, um freie Radikale zu eliminieren, desto weniger freie Radikale bleiben frei.

Der beste Beweis dafür, daß diese nicht-enzymatischen Substanzen vor dem Angriff freier Radikale schützen, ist das Lipofuszin, das Alterspigment, welches sich in Zellen ablagert und wahrscheinlich aus teilweise oxidierten Fettmolekülen besteht. Die Menge der Lipofuszin-Ablagerung hängt von der biologischen Art, dem Gewebe, dem Alter und zum Teil auch von der Ernährung ab. In der Ernährung spielt vor allem die Aufnahme von Radikalfängern wie Vitamin E eine Rolle. Wenn die Ernährung nicht genügend Vitamin E enthält, wird sich in der Zelle mehr Lipofuszin ablagern. Läßt sich durch die Zufuhr von Antioxidantien die Lebensdauer verlängern? Es ist uns zwar bisher gelungen, die durchschnittliche Lebenserwartung zu verlängern, wir waren jedoch bis jetzt noch nicht in der Lage, die maximale Lebensspanne des Menschen zu verlängern. Nur bei einigen wenigen Spezies wurde auch dies schon erreicht.[22] In der Regel können wir nur die durchschnittliche Chance eines Lebewesens, ein hohes Alter zu erreichen, vergrößern, nicht jedoch die maximal erreichbare Altersgrenze verändern. Auch wenn sich durch Nahrungsergänzungsmittel wie Vitamin E die Ablagerung von oxidierten Lipiden im allgemeinen und von Lipofuszin im speziellen bremsen läßt, verlangsamt sich deshalb nicht der Alterungsprozeß als solcher.[23] Radikalfänger allein verhindern das Altern nicht.

Möglicherweise braucht die Zelle sogar kleine Mengen von freien Radikalen, um normal zu arbeiten, und erhält sich deshalb absichtlich eine gewisse Menge davon. Dies würde bedeuten, daß die übermäßige Zufuhr von Antioxidantien mehr bewirkt, als nur die Lipofuszin-Ablagerung zu bremsen, d. h. daß sie eventuell sogar schädlich ist.[24] Die Auswirkung freier Radikale muß man kennen, um das Altern auf der metabolischen Ebene zu verstehen, sie ist jedoch nur ein Sekundärmerkmal und selbst nicht der primäre Kontrollmechanismus für das Altern.[25]

Wenn freie Radikale allen ihnen gestellten Fallen ausgewichen sind (was bis zu einem gewissen Grad geschieht und nach den Ausführungen im letzten Absatz auch sein sollte), haben die Zellen nur noch die Möglichkeit, mit dem entstandenen Schaden zu leben und einfach das beschädigte Molekül zu zerstören und durch ein neu synthetisiertes zu ersetzen. Aber das Ersetzen ist mit zwei Problemen verbunden. 1: Es ist teuer und bedarf Energie, ständig neue Moleküle herzustellen. Im äußersten Fall wäre – wenn die gesamte Zell-Energie (das ATP der

Mitochondrien) verbraucht wird, um schnell neue Moleküle herzustellen und sie ebenso schnell wieder zu zerstören – kein ATP mehr übrig, um sich zu bewegen, zu essen oder sich gegen Infektionen zu wehren. Da der Körper für alle diese lebenswichtigen Vorgänge ATP benötigt, kann er es sich nicht leisten, die Moleküle zu schnell zu ersetzen. 2: Manche defekte Moleküle – so wie Lipofuszin – lassen sich nicht recyclen, sondern lagern sich in den Zellen ab.

Wir haben uns mit Kräften beschäftigt, die Entropie erzeugen, die einen Prozeß in Gang setzen, bei dem Moleküle, Zellen und der ganze Körper zerstört werden, und wir haben uns mit den Schutzmechanismen beschäftigt, die die Zerstörung abwehren. Aber wie halten sich diese widerstreitenden Kräfte im Gleichgewicht, und wie kommt es, daß diese Balance schließlich verlorengeht und wir alt werden?

Das Gleichgewicht und der Krieg

Kreisend und kreisend in immer weiterem Bogen
Entschwindet der Falke dem Ruf des Falkeniers.
Alles fällt auseinander, die Mitte hält nicht mehr;
Bare Anarchie bricht aus über die Welt.

(William Butler Yeats, Der Jüngste Tag)

Das Leben ist ein ständiger Krieg. In jedem Moment kämpfen wir gegen Isomere, freie Radikale, Infektionen, Hunger, andere Spezies oder – allzu oft – gegeneinander. Wenn wir eine dieser Schlachten auf irgendeiner Ebene – biochemisch, zellulär, systemisch oder im ganzen Organismus – verlieren, tritt der Tod ein. Auf jeder Ebene stellt das Leben die Balance her zwischen Entropie und Abwehr, zwischen Degeneration und gesundheitlicher Wiederherstellung. Wenn dieses Gleichgewicht verlorengeht, altert man. Deshalb besteht die einzige Möglichkeit, das Altern aufzuhalten, darin, das Gleichgewicht zu bewahren.

Aber manchmal kommt es weniger auf das Gleichgewicht an als

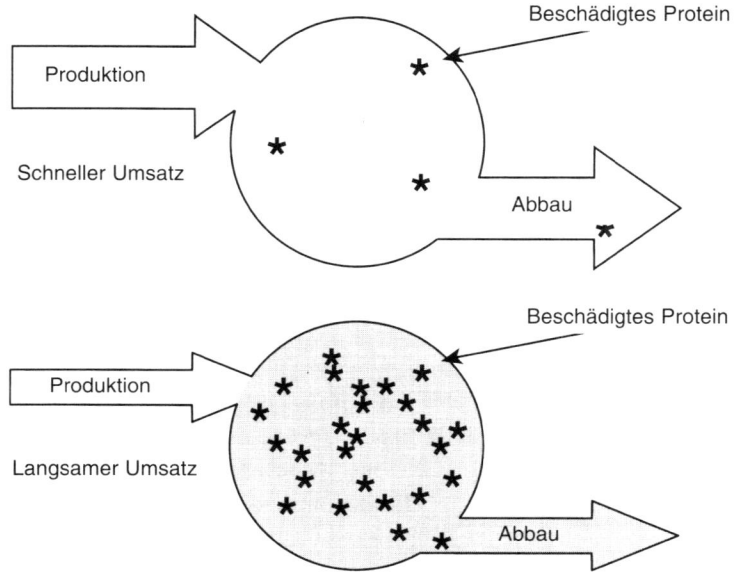

Je langsamer der Umsatz ist, desto mehr beschädigte Proteine sammeln sich an.

Abb. 2.4

auf die Geschwindigkeit des Stoffumsatzes. Neue Proteinmoleküle beispielsweise produziert der Körper so schnell, wie er sie verliert. Die Fähigkeit, Proteine zu synthetisieren, ist im Alter ebenso zuverlässig da wie in jüngeren Jahren. Aber es fallen mehr beschädigte Proteine an, weil sie langsamer recycled werden. Folglich bleiben die beschädigten Proteine länger erhalten. Die Größe des Pools einer jeden Protein-Art wird vom Gleichgewicht zwischen Abbau und Synthese neuer Proteine bestimmt.

Abbau und Produktion können schnell oder langsam vonstatten gehen; solange sie einander die Waage halten, wird sich die Größe des Pools nicht verändern. Wenn der Umsatz hoch ist, aber Abbau und Neusynthese gleich stark sind, werden beschädigte Proteine schnell durch neue ersetzt. Bei niedrigem Umsatz und einem Gleichgewicht zwischen Abbau und Synthese wird die Poolgröße unverändert bleiben, aber Proteine werden länger verweilen. Deshalb steigt die Wahrscheinlichkeit, daß die Proteine durch freie Radikale, Isomerisation oder durch andere Feinde Schaden nehmen. Jedes defekte Protein bleibt solange im Pool, bis die Zelle es schließlich abbaut. Da die Zelle intakte Proteine nicht gut von defekten unterscheiden kann, verstoffwechselt sie alle; je schneller dies abläuft, desto weniger beschädigte Proteine wird es geben.

In der Biologie spricht man häufig von Pools, d. h. Sammlungen von bestimmten Stoffen wie z. B. speziellen Molekülen oder Zelltypen. Auch für das Verständnis des Alterungsprozesses ist der Pool ein nützlicher Begriff. Es gibt Pools von Proteinen, Lipidpools, sogar Zellpools. Die Größe des Pools gibt an, wieviele Moleküle vorhanden sind; die Umsatzrate und die Schädigungsrate zusammen bestimmen, wieviele dieser Moleküle noch funktionsfähig sind.

Der Pool von manchen Proteinen nimmt mit steigendem Alter ab. Dies trifft vor allem für wichtige Regulator-Proteine zu, z. B. für diejenigen, die kontrollieren, wie schnell andere Proteine produziert werden. In den meisten Fällen scheint sich die Poolgröße jedoch kaum zu verändern, obwohl die Umsatzrate abnimmt und der Anteil von defekten Molekülen wächst. Der Pool an roten Blutkörperchen wird ständig wieder aufgefüllt. Ihre durchschnittliche Lebensdauer beträgt 120 Tage; fast ein Prozent der roten Blutkörperchen wird täglich erneuert.[26] Tritt ein Blutverlust auf, wird die Produktion beschleunigt, bis sich die Poolgröße wieder normalisiert hat; umgekehrt bewirkt eine zusätzliche Gabe von Blut, daß die Produktion von Nachschub gedrosselt wird, bis die Poolgröße wieder normal ist.

Die Membranen der roten Blutkörperchen gehören auch noch einem weiteren Pool an, nämlich dem Pool »alternder« Lipidmoleküle. Rote Blutkörperchen stellen weder Proteine her, noch erneuern sie beschädigte Membranen. Die Entropie kann also ungestört wirken, und die Zelle geht daran langsam und passiv zugrunde. Würden »alte« rote Blutkörperchen nicht entfernt – dies ist die Aufgabe der Milz – würde die Konzentration an defekten roten Blutkörperchen bei gleichbleibender Poolgröße ständig zunehmen.[27] Viele Zellen, z. B. die der Haut, des Darmepithels, der Blutgefäßwände oder des Immunsystems bilden Pools, die ständig neu aufgefüllt werden. Fast alle Moleküle unterliegen einem ständigen Umsatz; je langsamer er abläuft, desto weniger funktionstüchtig wird der Pool sein.

Und die Umsatzrate sinkt, wenn wir altern; die Proteinsynthese nimmt um mehr als die Hälfte ab.[28] In gleichem Maße verlangsamt sich der Proteinabbau; die Poolgröße bleibt also ziemlich konstant. Da das Recycling nicht mehr so gut funktioniert, sammeln sich größere Mengen an beschädigten Proteinen im Pool an, auch wenn keine Produktionsfehler aufgetreten sind (Abb. 2.4).

Stellen wir uns einen Garten mit 100 Pflanzen vor. Der Gartenbesitzer entfernt jeden Tag 50 Pflanzen und ersetzt sie durch 50 neue und gesunde. Jede Nacht schleicht sich ein Agent der Entropie in den Garten und zerstört eine Pflanze. Die Wahrscheinlichkeit, daß die beschädigte Pflanze am nächsten Tag durch den Gartenbesitzer ausgewechselt wird, beträgt 50%. Wenn das der Fall ist, wird sie 100%ig durch eine gesunde neue Pflanze ersetzt. Mit der Zeit wird die durchschnittliche Zahl von Pflanzen, die pro Nacht zerstört werden, auf zwei ansteigen.

Was würde nun geschehen, wenn der Besitzer des Gartens faul würde? Nehmen wir an, er wechselt nun jeden Tag nur noch zwei Pflanzen anstatt 50 aus. Nehmen wir auch an, daß der Agent der Entropie weiterhin jede Nacht eine Pflanze vernichtet. Der Anteil der beschädigten Pflanzen wird sich dann mit der Zeit auf durchschnittlich 50% erhöhen.[29] Die Geschwindigkeit des Schadensprozesses hat sich nicht verändert, aber der Umsatz ist langsamer geworden; folglich mußte die Anzahl der beschädigten Pflanzen steigen. Ebenso verhält es sich mit den Molekülen (Abb. 2.5).

Der zurückgehende Umsatz ist zwar ein wichtiger Aspekt des Alterungsprozesses, aber längst nicht alles. Die DNA wird nicht so wie Proteine erneuert; vielmehr nimmt sie eine Sonderstellung ein, weil

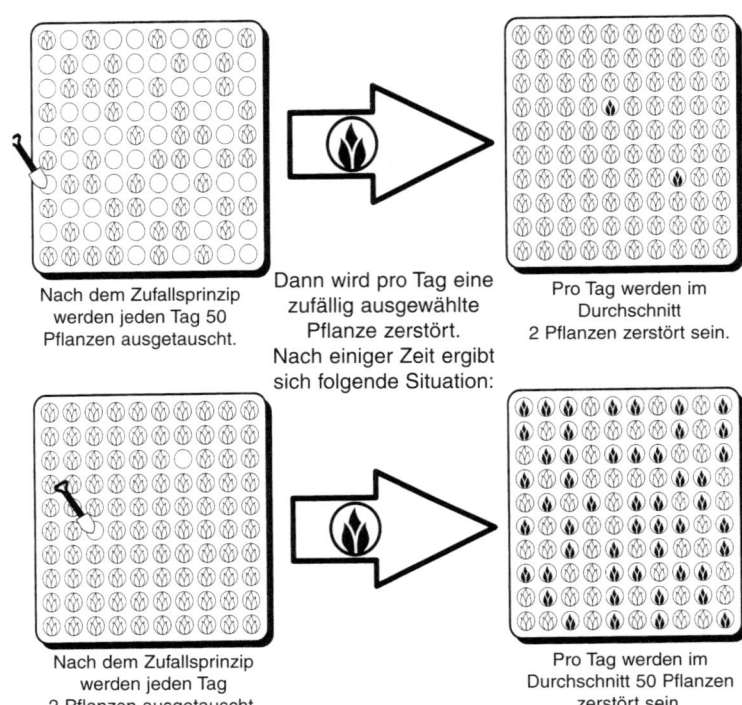

Nach dem Zufallsprinzip werden jeden Tag 50 Pflanzen ausgetauscht.

Dann wird pro Tag eine zufällig ausgewählte Pflanze zerstört. Nach einiger Zeit ergibt sich folgende Situation:

Pro Tag werden im Durchschnitt 2 Pflanzen zerstört sein.

Nach dem Zufallsprinzip werden jeden Tag 2 Pflanzen ausgetauscht.

Pro Tag werden im Durchschnitt 50 Pflanzen zerstört sein.

Abb. 2.5

sie nicht erneuert, sondern repariert wird. Trotzdem treten vergleichbare Probleme auf. Die Reparatur der DNA muß sowohl effektiv sein als auch schnell ablaufen. Wird sie nicht vollständig repariert – selbst wenn es schnell geht – wird es mehr und mehr fehlerhafte DNA und damit fehlerhafte Proteine geben. Das wird schließlich den Tod der Zelle zur Folge haben. Wird die DNA jedoch langsam repariert, wenngleich vollständig, steigt die Wahrscheinlichkeit, daß die Zellen eine noch nicht ganz wiederhergestellte DNA lesen und defekte Proteine produzieren, bevor die Enzyme den DNA-Fehler behoben haben. Wenn das defekte Protein, welches auf diese Weise entstanden ist, selbst eine wichtige Funktion innerhalb der DNA-Reparatur haben soll, schließt sich ein Teufelskreis: Die noch nicht vollständig wiederhergestellte DNA bildet defekte Proteine, die wiederum die DNA nicht richtig reparieren können. Die Menge an fehlerhafter DNA wird ebenso zunehmen wie die Menge defekter Moleküle. Mit der Zeit wird die Reparaturkapazität immer mehr nachlassen. Der Kern der Zelle, die DNA, wird immer mehr Fehler aufweisen und »in einen immer reißender werdenden Strudel hineingezogen werden«, bis die Zelle und schließlich auch der Organismus nicht mehr lebensfähig ist.

Molekül-Umsatz und DNA-Reparatur sind notwendig, weil Schäden auftreten. Ebenso wichtig ist jedoch das Tempo, mit dem der Schaden auftritt. Dieses scheint auf den ersten Blick konstant zu sein. Wie kann sich die Konzentration an freien Radikalen verändern? Sie kann sich durch Produktion und Abbau verändern. Wie es Pools von bestimmten Molekülen gibt, gibt es auch einen Pool von freien Radikalen. Seine Größe wird durch die Produktion der freien Radikale und durch deren Abbau (durch Radikalfänger) beeinflußt. Je größer der Pool von freien Radikalen ist, desto mehr Schaden können diese in den Zellen anrichten; je kleiner er ist, desto weniger Schaden wird verursacht.

Die Produktion von freien Radikalen schwankt kontinuierlich, abhängig von Stoffwechselprozessen oder dem Einwirken von Toxinen und energiereichen Photonen. Das Alter spielt hierbei wahrscheinlich keine große Rolle. Doch können Radikalfänger nie ganz mit der Produktion schritthalten[30], und die Verteidigungskapazität gegen freie Radikale nimmt mit dem Alter ab.[31] Dazu kommt, daß die freien Radikale durch die Mitochondrien mit zunehmendem Alter schlechter abgeschottet werden; die Barrieren der Mitochondrien, aufgebaut als Lipidmembranen, werden im Alter schwächer und beginnen durchlässig zu werden.

Betrachten wir die drei Faktoren – Produktion, Einfangen und Absondern –, die das Vorhandensein der freien Radikale beeinflussen, etwas genauer. Was die Produktion betrifft, hat es Meinungsverschiedenheiten unter den Experten gegeben.[32] Nach Byung Yu, einem

Fachmann auf diesem Gebiet an der Universität Texas, nimmt die *Produktion* an freien Radikalen mit dem Alter nicht zu.[33] Das heißt jedoch nicht, daß die *Konzentration* oder die Poolgröße insgesamt nicht wächst. Denn genau das ist der Fall. Als Ursache dafür wird eine mangelnde Verfügbarkeit und/oder Wirksamkeit von Antioxidantien im Alter angenommen.[34] Der alternde Mensch produziert also die gleiche Menge an freien Radikalen; es werden jedoch weniger davon abgefangen. Folglich vergrößert sich der Pool von freien Radikalen mit dem Alter. Und diese Vergrößerung führt zu einer Häufung von Schäden an den Zellen.

Der dritte Faktor (Einschluß in den Mitochondrien) verändert sich wahrscheinlich auch. Der Körper hat im Alter nicht nur mit mehr freien Radikalen zu kämpfen, sondern es gelingt ihm auch schlechter, die freien Radikale unter Verschluß zu halten. Mitochondrien[35] sind das klassische Beispiel von membran- und ortsgebundenen Produzenten von freien Radikalen.[36] Wenn man altert, beschädigen die freien Radikale die Lipidmembranen und machen sie durchlässiger.[37] Wenn die freien Radikale die Membranen, die sie einsperren, ausreichend beschädigen, können sie entkommen und die restlichen Zellen angreifen.

Obwohl die defekten Membranen erneuert werden, gelingt der Austausch nie vollständig. Mancher »Müll« – Lipofuszin z. B. – lagert sich mit der Zeit ab und kann die Zellfunktion stören. Noch schlimmer: Die Fähigkeit, defekte Lipide zu entfernen, nimmt mit dem Alter ab.[38] Wir sind sozusagen in einer Schlinge gefangen, die sich immer mehr zusammenzieht.

Genau die Mechanismen, die zur Verteidigung gegen freie Radikale benötigt werden, tragen zunehmend Schaden davon. Durch die steigende Zahl freier Radikale beschleunigt sich der Abbau von Lipidmembranen, die die freien Radikale einsperren, von Proteinen (auch Radikalfängern) und von Nukleinsäuren (einschließlich der Gene, die für die Verteidigung gegen freie Radikale zuständig sind). Der Schaden durch freie Radikale steigt mit dem Altern exponentiell an; unsere Verteidigung wird dabei das Angriffsziel der freien Radikale. Entropie, oder wie Yeats sagte, »pure Anarchie«, wird auf unsere Zellen losgelassen.

Es ist deshalb nicht überraschend, daß Gattungen mit einer langen Lebensdauer sich gut gegen freie Radikale verteidigen können – und umgekehrt.[39] Diese Verteidigungsmechanismen sind es vor allem, die zwischen einem Organismus und dessen Entropie-bedingtem Zerfall stehen. Das Leben eines Organismus ist ein ständiger Kampf zwischen der Homöostase und der Entropie. Es wurde zwar immer wieder behauptet, daß entropische Kräfte – z. B. freie Radikale – für alle Aspekte des Alterns verantwortlich sind, ja daß sie sogar den Alterungsprozeß verursachen. Es gibt jedoch Fakten, die zeigen, daß das Altern sehr viel mehr als nur entropischer Schaden ist.

Offensichtlich beginnt und endet der Schadensprozeß bei verschiedenen Organismen zu unterschiedlichen Zeitpunkten und verläuft in unterschiedlicher Geschwindigkeit. Wenn unsere Keimzellen die gleichen Gene haben wie unsere Somazellen – auch wenn sie anders exprimiert werden – und die gleichen Umweltbedingungen, warum altern sie nicht ebenso wie die Somazellen? Schließlich altern auch ihre Membranen und sie haben dasselbe Problem mit der Ablagerung von Stoffwechselendprodukten und sind auch freien Radikalen ausgesetzt. Welche Besonderheit kennzeichnet unsere Keimzellen, daß sie das Altern vermeiden können, während scheinbar identische Somazellen altern und sterben?

Diese Frage taucht immer wieder auf, und wir müssen sie beantworten. Sonst können wir nicht begreifen, wie das Altern eigentlich beginnt. Alle entropischen Kräfte zusammen (freie Radikale, Isomerisation, verlangsamter Umsatz, etc.) reichen als Ursache des Alterungsprozesses nicht aus. In den meisten Zellen, aber nicht in den Keimzellen gibt es einen »Schalter«, der diese Kräfte losläßt. Also, das Altern muß mehr sein als Yeat's »pure Anarchie«; es muß etwas geben, das diese Anarchie auf unsere Zellen losläßt.

Um die Ursache des Alterungsprozesses wirklich zu verstehen, müssen wir wissen, was den Niedergang auslöst, und warum er genau zu einem festgesetzten Zeitpunkt beginnt. Warum hat jede Gattung eine unterschiedliche Lebensdauer? Dies führt zu der letzten Frage: Warum leben wir nicht ewig? Oder besser, warum altern und sterben wir?[40] Und am wichtigsten, was können wir tun, um diesen Vorgang umzukehren?

Es überrascht nicht, daß wir nicht ewig leben. Das Altern, andererseits, ist eine andere Sache. Wie schon vorher gesagt, eine Unmenge von Faktoren, die Entropie erzeugen, sind die treibende Kraft in Richtung auf eine endgültige Zerstörung. Aber manche Zellen halten diese Kraft aus unklaren Gründen in Schach. Keimzellen und viele einzellige Organismen wehren sie ständig erfolgreich ab. Deshalb muß es einen Auslöser für das Altern geben, einen Faktor, der die »Hunde der Zeit« losläßt und der Entropie freie Herrschaft einräumt, um den Körper zu zerstören. Freie Radikale spielen dabei entscheidend mit: Sie sind die Jagdhunde, die uns hinfällig machen. Aber wer läßt sie frei?

Die Tatsache, daß manche Gattungen – und alle Keimzell-Linien – unsterblich sind und daß sterbliche Gattungen unterschiedlich schnell altern und sterben, legt nahe, daß das Altern in den Genen festgelegt ist. Die Gene bestimmen die Lebensdauer, indem sie die Wirksamkeit der Verteidigung gegen freie Radikale regulieren. Doch wo in den Genen liegt der Schlüssel für die Lebensdauer? Die Uhr, die die *maximale* Lebensdauer terminiert, findet sich nur in wenigen Genen.[41]

Die *wirkliche* Lebensdauer eines Organismus wird natürlich von vielen Faktoren bestimmt. Wieviel seiner maximalen Lebensspanne ein Individuum tatsächlich erreicht, unterliegt komplexen Vorgängen. Buchstäblich jedes Gen spielt darin eine Rolle. Alle Gene sind an der Erhaltung der Homöostase und am Widerstand gegen die Entropie beteiligt. Nur wenige Gene bestimmen jedoch, wann der Organismus aufhört, die Homöostase zu erhalten und die Entropie herrschen läßt.

Der Hauptschalter, was und wo er auch sein mag, beeinflußt die Schlüsselpositionen in der Zelle. Er unterdrückt die Gene, die die Verteidigung gegen die freien Radikale kontrollieren, sowie diejenigen, die wichtige Abläufe des Zellstoffwechsels wie die Proteinsynthese und den Proteinumsatz regulieren, und schließlich diejenigen Gene, die für die DNA-Reparatur verantwortlich sind.

Wenn dieser Schalter umgelegt wird, greift die Zerstörung um sich, solange bis das Gleichgewicht verlorengeht. Die Homöostase wird immer weniger gegen die ständig einwirkenden entropischen Kräfte verteidigt, und man verliert allmählich die Schlacht auf jeder wichtigen Ebene des Stoffwechselkrieges.

Kleinere Gefechte flackern hin und wieder auf, aber die Entscheidungsschlacht ist bereits verloren; die Truppen haben das Feld verlassen, der Tag nähert sich dem Ende und die Nacht bricht herein. Der Krieg ist vorbei. Das Altern macht Fortschritte und greift um sich, und am Ende steht der Tod. Anfangs ist der Verlust an Balance geringfügig und kaum auszumachen, aber der endgültige Verlust ist überwältigend und offensichtlich. Die Gene selbst öffnen die Tore langsam und überlegt und bahnen der Entropie den Weg. Das Altern ist kaum spürbar, aber durchdringend; es »schleicht ganz langsam von Tag zu Tag, bis zur letzten Silbe der aufgezeichneten Zeit«[42]. Um einen solchen Prozeß zu verstehen, sehen wir uns zwei Formen von offensichtlicher rapider Alterung an: das Altern innerhalb von Zellen, und das Altern von Kindern mit Progerie.

Alte Zellen, alte Kinder

»Death,« said I, »what do you here
At this spring season of the year?«
»I mark the flowers ere the prime
Which I may tell at Autumn-time.«

(Gerard Manley Hopkins, »Spring and Death«)

Es hat bis weit über die Mitte dieses Jahrhunderts gedauert, bis wir erkannt haben, daß die Zellen selbst eine definierte und charakteristische Lebensspanne haben.[43] Nicht nur Organismen haben je nach Gattungszugehörigkeit ihre eigene, spezifische Lebensspanne, sondern auch jede Zellart in einem Organismus: Sie wird bestimmt durch die Zahl der Zellteilungen, die einer Art möglich ist. Könnte diese

Begrenzung, die für die Zellen gilt, die Lebensspanne des Organismus mitbestimmen, dem sie angehören? Vielleicht können wir die Uhr des Alterns finden, wenn wir uns alternde Zellen ansehen. Vielleicht liegt der Alterung der Zellen und der Organismen das gleiche Prinzip zugrunde.

Wie wir im ersten Kapitel gelernt haben, glaubten vor der Entdeckung von Leonard Hayflick viele Wissenschaftler, daß bei sorgfältiger Gewebekultur jede Zelle am Leben gehalten werden könnte, um sich ewig zu teilen; aber sie irrten. Das erste – und das klassische – Experiment, in dem Zell-Alterung gezeigt wurde, wurde mit Fibroblasten durchgeführt. Dieser häufig vorkommende Zelltyp kann mit einer Stanzbiopsie (sie entfernt einen ca. 7 mm langen Hautzylinder) aus der Haut des Oberarms gewonnen, von anderen Zellen getrennt und in einer Petrischale gezüchtet werden. Obwohl Zellen in Kultur unterschiedlich lange teilungsfähig bleiben und überleben können, abhängig von ihrer Art und den Kulturbedingungen, werden alle ohne Ausnahme eine festgelegte und immer gleiche Anzahl von Teilungen durchführen können, bevor sie altern und schließlich sterben. Dieses »Hayflick-Limit« ist genau bestimmt und für jeden Zelltyp und für jede Gattung unterschiedlich. Das Limit für die Anzahl der Zellgenerationen ist unveränderlich und konnte bis jetzt noch nie von irgendeinem Laborexperiment beeinflußt werden. Es gibt etwas, was die Generationen zählt und zuverlässig die Zell-Alterung auslöst. Es gibt eine Uhr.

Wenn wir wie Hayflick Fibroblasten in einer Kultur züchten, bis sich die Zellen verdoppelt haben, die Zellzahl danach halbieren und dies mehrmals wiederholen, resultiert aus jeder »Verdoppelung« eine neue Generation von Zellen. Sobald sich die Zellen nicht mehr teilen (und andere Anzeichen von Zell-Alterung zeigen), haben sie ihr Hayflick-Limit erreicht. Die höchste Zahl an Generationen erreicht man bei fetalem Gewebe, z. B. bei Plazentazellen. In Kulturen von Fibroblasten, die von älteren Spendern stammen, entstehen weniger nachfolgende Fibroblasten-Generationen. Denn die Fibroblasten eines älteren Menschen haben schon einige ihrer begrenzten Anzahl an Teilungen hinter sich, und befinden sich somit viel näher an ihrem Hayflick-Limit. Die Uhr, die dieses Limit bestimmt, ist schon ein gutes Stück abgelaufen.

Generell wird das Hayflick-Limit einer Zelle von drei Faktoren bestimmt: der maximalen Lebensdauer der zugehörigen Gattung, der Lebensdauer, die der Spender schon hinter sich gebracht hat (das Alter des Spenders) und dem Zelltyp. Jeder Zelltyp (Fibroblasten, weiße Blutkörperchen etc.) hat sein eigenes Hayflick-Limit. Sowohl die Lebensspanne einer Gattung, als auch das Altern des einzelnen Organismus hängen mit dem Hayflick-Limit der Zellen zusammen. Vielleicht liegt beiden derselbe Auslöser zugrunde.

Was geschieht, wenn der Auslöser zu früh betätigt wird? Was ist das Ergebnis, wenn die Uhr – wie auch immer sie beschaffen ist – zu schnell abläuft? Genau dies ist der Fall bei Progerie-Syndromen (vorzeitige Vergreisung), deren Betrachtung ebenso quälend und herausfordernd ist wie die des Hayflick-Limits. Bei Progerie-Syndromen tritt die Alterung viel früher als normal ein, so als ob der Schalter zu früh umgelegt wurde. Am interessantesten (weil sie am besten bekannt sind und den Alterungsprozeß am besten erhellen) sind das Hutchinson-Gilford-Syndrom (manchmal einfach Progerie genannt) und das Werner-Syndrom.

Das Hutchinson-Gilford-Syndrom wurde erstmals 1886 beschrieben. Es kommt außerordentlich selten vor (eine von acht Millionen Geburten[44]), aber der Eindruck, den diese Kinder machen, ist quälend und unvergeßlich. Sie entwickeln schon während des ersten Lebensjahres die ersten Symptome und sterben im Alter von 13 Jahren an etwas, was für alle Welt nach sehr hohem Alter aussieht. Das Werner-Syndrom tritt nur ein wenig häufiger auf (wahrscheinlich eine von einigen Millionen Geburten[45]). Die Betroffenen erkranken normalerweise zwischen dem 20. und 30. Lebensjahr und sterben an »Altersgebrechlichkeit« mit 50 Jahren.

Beide Krankheiten äußern sich auf eine Weise, die wie ein beschleunigter Alterungsprozeß erscheint. Die Patienten bekommen frühzeitig Katarakte, »alte« Haut, Gesichtsveränderungen, die für alte

Leute typisch sind, graue Haare oder eine Glatze, Herzkrankheiten, Schlaganfälle und Aneurysmen. Daß der normale Alterungsprozeß schwer einzugrenzen ist, hat es erleichtert zu behaupten, daß keines dieser Progerie-Syndrome etwas mit dem Altern zu tun hat, sondern daß ein anderer Krankheitsprozeß dahinter steckt, dessen Symptome oberflächlich Anzeichen des normalen Alterns imitieren. Dieses Argument ist nicht aus der Luft gegriffen. Es gibt einige klare Unterschiede zwischen dem Altern bei Progerie und normalem Altern. Ein Beispiel hierfür wäre, daß Patienten mit dem Hutchinson-Gilford-Syndrom zwar frühzeitig Herz-Kreislauf-Krankheiten bekommen und häufig am Herzinfarkt sterben – wie Menschen in hohem Lebensalter –, aber gleichzeitig keine damit zusammenhängenden Ablagerungen von Cholesterin und Lipofuszin oder keinen Bluthochdruck aufweisen. Auch die Häufigkeit von Krebs und die Krebsarten unterscheiden sich von dem, was man bei normal gealterten Menschen findet. Auch andere altersabhängige Knochenkrankheiten wie Osteoporose, zeigen bei Kindern mit Progerie eine andere Verteilung.[46]

Trotzdem lassen klinische Beobachtungen und die Mehrheit der Veröffentlichungen zu dieser Frage vermuten, daß die beiden Progerie-Syndrome mit dem normalen Altern nahe verwandt sind und zu einem Verständnis des zugrundeliegenden Vorgangs führen.

Wenn die Progerie ein beschleunigter Alterungsprozeß ist, dann bedeutet dies, daß das Altern nicht nur ein Resultat von Abnutzung und Ermüdung und nicht nur eine Folge der Entropie sein kann. Vielmehr muß es – genau wie im Fall der Zellen in der Zellkultur – eine Uhr geben, aber eine die verkehrt geht, und die der Entropie erlaubt, ihren Einfluß vorzeitig geltend zu machen. Die Progerie lehrt uns, daß das Altern kein passiver Vorgang ist, sondern ein Vorgang, der aktiv ausgelöst wird – bei Kindern mit Progerie nur viel früher als normal

Aber wie können wir sicher sein, daß es sich überhaupt um verfrühtes Altern handelt? Bedient sich die Progerie nur einiger der üblichen Wege des Alterns und verursacht damit eine äußerliche Ähnlichkeit – oder steckt der Fehler wirklich auf der tiefsten Ebene – einem Verstellen der Lebensuhr? Dann würde sich das Ergebnis vom normalen Alterungsprozeß nur deshalb unterscheiden, weil das »Ausgangsmaterial«, das der Alterung unterworfen wird, qualitativ verschieden ist.

Sicherlich bringt ein sechs Monate altes Kind im Fall des Hutchinson-Gilford-Syndroms völlig andere Vorraussetzungen für den Alterungsprozeß mit als ein erwachsener Mensch; wir wären sehr naiv, wenn wir ein ähnliches Ergebnis erwarten würden. Wenn das Altern früher als gewöhnlich einsetzt, wird das Resultat anders sein als es normalerweise der Fall ist – auch wenn es nach demselben Prinzip abläuft –, weil die Ausgangsbasis im Organismus eine andere ist. Das trifft vor allem auf die Kinder mit Hutchinson-Gilford-Syndrom zu. Man könnte erwarten, daß der Alterungsprozeß bei diesen Kindern ganz anders aussieht, wenn man bedenkt, daß er auf einen völlig unentwickelten Organismus einwirkt. Bei diesem gewaltigen Unterschied im Substrat (Säugling gegen Erwachsener) ist es sehr erstaunlich, daß das Hutchinson-Gilford-Syndrom überhaupt dem normalen Altern ähnlich ist. Doch die Ähnlichkeiten sind sogar sehr überzeugend. Dasselbe läßt sich – wenn auch weniger deutlich – für das Werner-Syndrom schlußfolgern, welches das Altern Jahrzehnte früher als normal auslöst; aber es ist immerhin ein erwachsener Organismus betroffen und nicht ein Säugling.

Wollen wir – mit diesen Vorbehalten im Sinn – einige Folgen des Hayflick-Limits und der Progerie bedenken, um den Mechanismus des Alterns zu verstehen. Da die Zellen nur zu einer begrenzten Anzahl von Teilungen fähig sind, scheint die logische Schlußfolgerung zu sein, daß wir deshalb sterben, weil uns einfach die Zellen ausgehen. Das ist jedoch keineswegs der Fall. Wir können z. B. Fibroblasten von Menschen jeden Alters kultivieren, sogar von Hundertjährigen. Obwohl diese Zellen nur noch wenige Teilungen vor sich haben, wachsen sie in Kultur und teilen sich noch. Man kann bei Menschen jeden Alters lebensfähige Fibroblasten finden. Kein Alter ist so fortgeschritten, daß die Zellen in Kultur nicht mehr zur Teilung gebracht werden könnten. Die Uhr hält nicht einfach um Mitternacht an. Alte Zellen teilen sich langsamer und zeigen vielfältige Anomalien, aber zumindest einige unserer Zellen können sich in jedem Alter immer noch teilen.

Aber warum sollten wir es auch anders erwarten? Der Grund dafür, daß ein Mensch noch am Leben ist, sodaß wir Zellen von ihm gewinnen können, kann sein, daß seine Fibroblasten und viele andere Zellen noch lebensfähig sind und sich teilen können. Wenn sich keine Zelle mehr teilen könnte, wäre der Mensch dann nicht sowieso tot? Die Tatsache, daß einem älteren Menschen nicht die Zellen »ausgehen«, ist deshalb nicht überraschend.

Auf der anderen Seite sind vielen alten Menschen die Zellen fast ausgegangen; ihre Zahl kann unzureichend sein für eine reibungslose Funktion oder für die Verteidigung gegen die Entropie. Die Abwehr gegen Infektionen und Verletzungen ist eingeschränkt. Die Haut-Barriere ist dünner geworden, sie wächst nach Verletzungen nur langsam und oft insuffizient nach, genauso wie das Wachstum der Fibroblasten in Kultur langsamer abläuft und eingeschränkt ist. Aber was hat dies für Auswirkungen auf den gesamten Körper?

Denken wir uns ein Haus, das von Nägeln zusammengehalten wird. Was geschieht, wenn wir jeden Tag vorsichtig einige Nägel herausziehen? Das Haus wird anfangs für eine Weile in Ordnung sein, scheinbar fest und stark. Eines Tages wird dann ein Windstoß ein paar Bretter und Dachziegel wegblasen, es wird hineinregnen, eine Mauer wird in sich zusammensacken. Zeit geht ins Land, und wir entfernen weiterhin einen Nagel hier oder dort. Ohne große Vorwarnung wird das Haus eines Tages zusammenfallen und »sterben«. Sind dann noch Nägel vorhanden? Ja, aber nicht genügend. Hat der Hundertjährige noch Zellen, die sich teilen können? Ja, aber nicht ausreichend.

Der »Auslöser« des Zusammenbruchs unseres Hauses ist das Herausziehen der Nägel. Der »Auslöser« des Alterns ist ein Vorgang in jeder Zelle, der das Hayflick-Limit bestimmt und festlegt, wann eine Zelle alt ist. Es ist ein sehr feiner Mechanismus, der die »Nägel« aus den Zellen zieht. Es entbehrt nicht einer gewissen Ironie, daß das Haus mit einigen übrigen festen und starken Nägeln zusammenbricht, oder daß der Körper mit einigen funktionstüchtigen normalen Zellen stirbt, die jedoch nicht ausreichend wirkungsvoll waren, um die letzte Herausforderung, der der Körper zum Opfer gefallen ist, zu bestehen. Ist es also nur eine Frage der Nägel? Ist das Altern nur ein Verlust von Zellen? Nein, es ist komplizierter, aber trotzdem ist es für das Altern entscheidend, daß Zellen die Fähigkeit verlieren, sich zu teilen und ihre normalen Aufgaben auszuführen. Ohne diese Zellen kann sich der Körper nicht mehr gegen die Entropie verteidigen und sich erneuern. Der Verlust der Teilungsfähigkeit der Zelle und die abnehmende Funktionsfähigkeit sind der Dreh- und Angelpunkt für unser Verständnis von den Alterskrankheiten. Das gilt für die Fibroblasten in der Haut, die Endothelzellen, die die Blutgefäße auskleiden und die weißen Blutzellen, die Infektionen bekämpfen. Das Aneurysma reißt, der Herzmuskel wird nicht mehr mit Blut versorgt und stirbt, und das Immunsystem wird von normalerweise harmlosen Infektionen überwältigt. Unerwartet unterliegt der Organismus irgendwann; er stirbt oft scheinbar grundlos. Aber es gibt einen Grund: Ein unmerklicher Verlust von Zellen und – noch wichtiger – die Unfähigkeit der zurückbleibenden Zellen, wichtige Funktionen auszuführen. Obwohl der Verlust sich in kleinen Schritten und langsam einstellt, tritt das Ergebnis – allzu häufig der Tod – sehr plötzlich, wie aus heiterem Himmel ein.

Aber warum haben diese Zellen nur noch wenige Teilungen vor sich? Wer zählt die Teilungen und gesteht älteren Zellen nur noch wenige Teilungen zu. Die Antwort darauf wird weitreichende Konsequenzen haben: Sie wird uns nicht nur das Verstehen des Alterns bringen, sondern auch die Möglichkeit eröffnen, dem Altern Einhalt zu gebieten oder es sogar umzukehren. Wenn wir die Antwort auf diese Frage geben wollen, müssen wir wissen, was wir mit Altern meinen.

Das Vertrauen verlieren

Kastanienbaum, großwurzliges Geflecht,
Bist Blüte, Blatt oder Stamm du wohl?
O Leib, musik-beschwingt, o Blickes Glanz,
Wie scheiden wir den Tänzer von dem Tanz?

(Willam Butler Yeats,»Unter Schulkindern«)

Das Altern ist ein intrinsischer, kumulativer und unvermeidbarer Verlust von Funktionen, der ein ständig wachsendes Potential für Krankheiten und Tod darstellt. Schließlich sinken die Überlebenschancen auf Null, wenn die biologische Funktion immer schwächer und die Anfälligkeit für Krankheiten immer stärker wird. Kein Mensch war je gegen das Altern immun, niemand hat diesen Vorgang je überlebt.

Die grundlegende Frage nach dem *Mechanismus* des Alterns ist jedoch nach wie vor unbeantwortet; die *Ursache* des Alterns blieb uns bis jetzt verborgen. Sie war in der Fülle der klinischen und biochemischen Daten schwer festzustellen. Wir kennen jetzt zwar kleine Teile des Ganzen, sind aber noch nicht in der Lage zu verstehen, wie sie zusammengefügt den gesamten Vorgang des Alterns ausmachen. Wir betrachten die»Blätter und Blüten« so eingehend, daß wir den Baum nicht mehr sehen. Was ist das Altern? Ist es nur die stärkere Beschädigung durch freie Radikale, die schwächer werdende Immunfunktion, die erhöhte Wahrscheinlichkeit von DNA-Defekten oder der verlangsamte Proteinumsatz? Obwohl alle diese Dinge wie auch viele andere, eine Rolle spielen, steckt noch etwas anderes dahinter.

Wir müssen den grundlegenden Vorgang des Alterns von den Auswirkungen unterscheiden. Es wäre nicht ausreichend, Cholesterin-Plaques zu entfernen, den Blutdruck zu normalisieren, das Bindegewebe elastischer zu machen, Querverbindungen der DNA zu verhindern, die Isomerisation rückgängig zu machen, freie Radikale zu binden und den Protein-Umsatz zu erhöhen. Wenn wir *alle diese sekundären Phänomene gleichzeitig* in den Griff bekämen, könnten wir das *Erscheinungsbild* des Alterns verhindern; aber wir hätten nichts gegen die eigentliche Ursache unternommen.

Auch wenn wir keine Zerstörung durch freie Radikale hätten, würden wir immer noch altern, weil es andere entropische Mechanismen gibt, die für den kumulativen Schaden in den Zellen verantwortlich sind. Wenn wir Isomerisation, energiereiche Photonen und jegliche DNA-Defekte ausschließen könnten, würden wir weiterhin altern. Alle diese Faktoren und Dutzende anderer interagieren miteinander, kumulieren und können gemeinsam durchaus eine Alterung bewirken. Aber wir könnten das Altern nicht verhindern, wenn wir einen dieser Faktoren oder alle eliminieren. Denn sie sind nur die Mechanismen, die das Altern vorantreiben, aber nicht die Ursache, der Auslöser, das primäre Prinzip oder der Zeitgeber; sie sind nicht die Uhr.

Der Garten

Unser Körper ist ein Garten, und unser Wille der Gärtner ...

(William Shakespeare, Othello, I.III)

Wollen wir noch einmal das Beispiel des Gartens nehmen. Wenn man Zeit für das Pflanzen, Unkrautjäten, Beschneiden, Abdecken, Düngen und Wässern der Pflanzen aufwendet, wird der Garten gesund sein. Man kann den Garten für ein paar Jahre vernachlässigen und dann das Unkraut, den Wassermangel, Insekten, Tiere oder Krankheiten für seinen Zustand verantwortlich machen; aber er ist deshalb verwildert, weil sich niemand um ihn gekümmert hat. Wenn man den Garten nicht pflegt, triumphiert die Entropie. Die Verwahrlosung des Gartens wird nicht vom Unkraut verursacht, sondern davon, daß das Unkraut nicht gejätet wird. Wegbereitend dafür war die Entlassung des Gärtners.

Das Altern wird von Veränderungen in der Gen-Expression ausgelöst. Wir unterdrücken die Gene, die die freien Radikale kontrollieren (sie waren schon lange da, bevor wir zu altern begonnen haben), anstatt die freien Radikale selbst zu verändern. Die Frage ist, wer ist der Hausmeister, und warum ist er entlassen worden? Eine vielleicht noch drängendere Frage ist, ob wir wieder jemanden einstellen können, der ähnlich qualifiziert ist. Der »Hausmeister« ist hier eine passende Metapher. Alle homöostatischen Mechanismen sind in gewisser Weise individuelle Gärtner, die sich sorgfältig um bestimmte Bereiche des Stoffwechsels kümmern. Verliert man den Gärtner, übernimmt das Unkraut die Herrschaft.

Nach dem Modell des Alterns, das von Marion Lamb, Zoologin an der Oxford University, in ihrem Buch *The Biology of Ageing* vorgeschlagen wird, ist der erste Faktor des Alterns die Schädigung von Zellen und Molekülen – oder Entropie. Der zweite Faktor ist die Fähigkeit, sich gegen diese Schäden zu verteidigen und sie zu reparieren – die Homöostase. Der dritte Faktor ist das Versagen der Verteidigung, wenn man altert. Die homöostatischen Kräfte werden in der Reparatur des Zerstörungswerks der Entropie immer weniger wirkungsvoll. So entwickelt man langsam mehr und mehr strukturelle und enzymatische Anomalien (Lamb's vierter Faktor), die die zellulären Prozesse ineffektiv machen (der fünfte Faktor) und zunehmend Probleme für Gewebe, Organe und Funktionssysteme des Körpers schaffen (der sechste Faktor). Diese führen in der Summe dazu, daß der Organismus sich in seiner Umwelt nicht mehr behaupten kann (der siebte und letzte Faktor). Der nicht erwähnte achte Faktor ist der Tod.[47]

Lamb hat Recht, aber wo ist die Uhr, die diesen Prozeß in Gang setzt, und die schuld daran ist, daß die Verteidigung versagt? Jede Ebene versagt als Folge eines Versagens auf einer niedrigeren Ebene: zuerst die Uhr, die die Gene kontrolliert, dann die Gen-Expression, dann die Proteine der Zelle, dann die Zelle, danach das Gewebe, usw. Die Uhr läuft ab, die Gene exprimieren ein unterschiedliches, alterndes Muster und die Verteidigung versagt. Wenn die Abwehr einmal lahmgelegt ist, läuft der Prozeß so unvermeidbar ab wie eine Lawine. Defekte Proteine und oxidierte Lipidmembranen beginnen sich abzulagern. Die DNA-Reparatur und die Protein-Transkription gehen langsamer vonstatten, und die Konzentration der freien Radikale steigt an. Stetig zunehmend versagen Gewebe, Organe und Systeme, langsam und unmerklich ihren Dienst, und der Verfall wird von Tag zu Tag offensichtlicher. Das Immunsystem ist nicht mehr so wachsam oder scharfsinnig, die Nieren filtern nicht mehr so wirksam, die Lungen verlieren an Dehnbarkeit und Kapazität, die Muskeln an Masse und Kraft, die Blutgefäße büßen ihre Elastizität ein und lagern Cholesterin ein, und dem Gehirn gehen Zellen verloren und damit auch Funktionsfähigkeit. Ein Stoß, ein Schubser, eine immer kleinere Belastung, und wir sterben.

Aber was schaltet unsere Verteidigung aus, was verschiebt das Gleichgewicht zugunsten der Entropie? Was es auch immer ist, es ist der Grund für das Altern.

Erst in diesem Jahrhundert haben wir uns so nach und nach das Rüstzeug zugelegt, um dem Alterungsprozeß auf die molekulare Ebene folgen zu können, dahin nämlich, wo er beginnt: durch die Möglichkeiten der Genetik, Zellbiologie und Biochemie. Fortschritte in der Genforschung haben uns das Prinzip der Gen-Expression vermittelt, das nicht nur hilft, Entropie und Homöostase zu verstehen, sondern auch den Mechanismus, der das Gleichgewicht zugunsten der Entropie verschiebt. Wir wissen, daß unsere Gene das Ende der Verteidigung bestimmen, und daß sie festlegen, wann dieses Bollwerk fallen wird. Die Gene enthalten ihre eigene Uhr, die die Alterungskaskade in Gang setzt. Die Uhr unterscheidet sich von Gattung zu Gattung und von Individuum zu Individuum parallel zu den genetischen Unterschieden.

Das Altern ist charakteristisch für mehrzellige Organismen; Pflanzen, Pilze und Tiere altern. Aber es gibt große Unterschiede bei einfacheren Organismen. Bakterien und Viren altern normalerweise nicht, viele andere Einzeller dagegen schon. Die Trennung zwischen den ewig jungen Keimzellen und den Somazellen, die altern, ist viel klarer. Obwohl sich Keim- und Somazellen in manchen Organismen nicht klar trennen lassen[48], ist die Beobachtung, daß Somazellen altern und Keimzellen nicht, eine allgemein gültige Regel. Keimzellen altern nicht, weil sie gebraucht werden, damit das Leben weitergeht.

Somazellen unterstützen die Keimzellen und haben somit eine wichtige Funktion. Also warum altern und sterben sie? Vielleicht gibt es gar keinen Grund dafür. Der Natur sind wir gleichgültig, sobald wir uns vermehrt haben. Die Gene unterstützen uns, bis wir uns vermehrt haben und dem Nachwuchs die eigene Chance der Fortpflanzung gesichert haben. Danach ist man auf sich gestellt. Die Evolution hat ein Interesse daran, uns eine faire Chance zu geben, unsere Keimzellen weiterzugeben, aber danach sind wir nutzlos. Sie will sichergehen, daß wir Eltern werden, aber danach setzt sie uns vor die Tür.

Aber das Altern ist auch nicht passiv, es ist nicht einfach »allein gelassen werden«, nachdem man sich fortgepflanzt hat. Im Gegenteil, wenn wir die Chancen unseres Nachwuchses auf Überleben verringern würden, würde die Evolution alles daran setzen, uns zum Aussterben zu bringen. Beim pazifischen Lachs treten das schnellere Altern und der Tod nur Stunden nach dem Ablaichen ein. Was immer der evolutionäre Grund hierfür ist, es ist kein passiver Vorgang. Das Altern »geschieht« nicht einfach, sondern es wird gesteuert und herbeigeführt. Wie wir im vierten Kapitel sehen werden, kann die Uhr, die den Alterungsprozeß in Gang setzt, zurückgestellt oder abgeschaltet werden. Trotzdem bemüht sich die Evolution heftig darum, das Gen, das den Keimzellen ihre Unsterblichkeit sichert, bei den Somazellen zu unterdrücken, ja *mehrfach* zu unterdrücken.

Beweist dies, daß das Altern aktiv programmiert ist? Nicht unbedingt. Es kann tatsächlich sein, daß es der Evolution gleichgültig ist, ob man altert oder nicht, aber sie kümmert sich *sehr intensiv* um ein anderes Ziel, das mit dem Mechanismus, der das Altern auslöst, untrennbar verbunden ist. Nehmen wir z. B. an, daß Krebsarten – einschließlich derer in jungen Organismen, die sich noch nicht vermehrt haben, die aber wichtig für den Fortbestand der Gattung sind – nur durch einen Mechanismus verhindert werden können, dessen »zufällige« Nebenwirkung ist, das Altern in Organismen, die sich schon vermehrt haben, zu verursachen. Die Evolution mag wenig Interesse am Altern nach der Fortpflanzung haben, aber sie hat großes

Interesse daran, Krebs und andere lebensbedrohliche Krankheiten in jungen Organismen zu verhindern, um der Keimzell-Linie den Fortbestand zu sichern. Solch ein Mechanismus würde aktiv selektioniert, sogar wenn das unbeabsichtigte Ergebnis das Altern wäre. Nicht das Altern wird aktiv selektioniert, aber die Uhr wird es.

Die tickende Uhr

Die Zeit verdarb ich, nun verderbt sie mich,
Denn ihre Uhr hat sie aus mir gemacht;
Gedanken sind Minuten ...
(William Shakespeare, Richard II., V.v.)

Um das Altern zu beeinflussen, müssen wir die Uhr finden und ändern; um die Uhr zu finden, müssen wir wissen, wie sie aussieht und wo man nach ihr suchen muß. Alex Comfort, wahrscheinlich der hervorragendste Gerontologe im amerikanischen Raum, drückte es in seinem klassischen Werk, *Aging: The Biology of Senescence*, deutlich aus, als er sagte:

Die Hauptaufgabe für die Gerontologie – das Finden eines zugänglichen Mechanismus, der die uns vertraute menschliche Lebensdauer bestimmt – bleibt unerfüllt. Aber wir sind heute viel näher dran als das letzte Mal, als wir dieses Thema untersucht haben. Das liegt zum Teil daran, daß die experimentellen Beweise zunehmen, die auf den Hypothesen der Vergangenheit beruhen. Man hat inzwischen herausgefunden, daß eine Hierarchie der Alterungsprozesse dafür in Frage kommt, und daß diese durch eine »Lebensuhr« integriert werden; wie diese Uhr beschaffen ist, wird immer klarer.[49]

In diesem Jahrhundert, vor allem in den letzten Jahrzehnten, stimmten die meisten Wissenschaftler darin überein, daß es eine solche Uhr gibt. Jetzt müssen wir sie identifizieren. Es ist so, als ob uns gesagt worden wäre, daß sich irgendwo in unserer Küche eine Uhr befinde. Um sie zu finden, muß man aber wissen, wie sie aussieht. Ist es eine digitale Uhr oder ein Wecker? Ist sie im Ofen eingebaut oder ist es eine Armbanduhr? Wie groß ist sie und wieviel wiegt sie? Was für eine Farbe hat sie? Ist sie rot, schwarz oder blau? Tickt oder summt sie? Welche Eigenschaften wären mit der richtigen Uhr unvereinbar, und welche *muß* sie haben? Was sind die Vorraussetzungen für unsere Altersuhr? Wir wissen schon ungefähr, wo sie liegt und wie sie funktioniert.

Die Uhr ist genetisch, und alle Aspekte des Alterns werden von den Genen kontrolliert, was bedeutet, daß sie es sind, die am Ende bestimmen, wie man altert, obwohl Umwelteinflüsse und entropische Faktoren einen Einfluß auf das Altern haben. Sie bestimmen dies dadurch, wie gut oder schlecht sie uns gegen Umwelteinflüsse oder entropische Faktoren verteidigen. Wenn wir altern, verringern oder beenden die Gene unsere Verteidigung.

Die Uhr, die diese Verteidigung unterdrückt, ist die gleiche, die die Zellteilung im Alter verhindert.

Diese Uhr kontrolliert nicht nur die Gen-Expression und die Zellteilung, sondern zieht sich selbst immer wieder auf (im Fall der Keimzellen) und beginnt abzulaufen zu dem Zeitpunkt, zu dem sich die Keimzelle teilt und zur Somazelle wird.

Die Keimzellen sind jedoch nicht die einzigen Zellen, deren Uhr nie ausläuft. Krebszellen vermeiden diese Art des Todes auch. Krebszellen kennzeichnen zwei Eigenschaften. Erstens mißachten sie die Hinweise, sich nicht zu teilen und auszubreiten, wie z. B. Hormone oder andere Signale von Nachbarzellen, und sie ignorieren ihre »Pflicht« gegenüber dem Gewebe, in dem sie leben. Zweitens teilen sie sich weit über ihr normales Hayflick-Limit hinaus. Sowohl in Krebszellen als auch in Keimzellen ist die Uhr, die die Zellteilung begrenzt oder die die homöostatische Verteidigung unterdrückt, entweder abgestellt oder wird, wie wir sehen werden, ständig neu gestellt.

Könnte die Uhr die gleiche sein, die Entwicklungsschritte im Organismus zeitlich abstimmt? Während der Wachstumsphase müssen sich die Zellen des Organismus in der richtigen Reihenfolge und in Koordination mit anderen Zellen teilen – nicht zu früh und nicht zu spät. Sie müssen die richtigen Moleküle produzieren – Hormone, Wachstumsfaktoren und chemische Signale für unzählige Funktionen – im genau richtigen Moment und mit Rücksicht auf entfernte Zellen. Bestimmte Zellen müssen sich mit genauem Timing verbinden, um richtig zu funktionieren. Der ganze Organismus muß als eine Einheit arbeiten, sobald er geboren ist. Er muß durch genau bestimmte postnatale Entwicklungsstadien gehen, mit altersgemäßem Verhalten und Hormonspiegeln, die das Wachstum, Lernen, die Pubertät und die Fortpflanzung ermöglichen. Könnte die Uhr, die für all das verantwortlich ist, die gleiche Uhr sein, die den Ablauf des Alterns bestimmt?

Es ist unwahrscheinlich, aber möglich. Eine Haupteigenschaft des Alters ist das Nachlassen der Koordination, wenn der Organismus langsam hinfällig wird. Die Entropie hat freie Herrschaft; aber sie regiert auf stochastische, schlampige Art und nicht streng und genau. Die Alterungsuhr ist zu planlos, die biochemischen Abläufe zu zufällig, um Prinzipien der Entwicklung erfüllen zu können. Die Entwicklung ist koordiniert und präzise, das Altern nicht. Die Entwicklungsuhr benutzt kleine Zeiteinheiten, Stunden und Tage, um aufzubauen; die Alterungsuhr schätzt die Zeit in Jahrzehnten grob ab, um die Zerstörung und die Entropie wirken zu lassen. Es sind verschiedene Uhren.

Die Uhr muß in allen Zellen ticken, oder zumindest in allen Zellen, die altern. Ihre Geschwindigkeit muß Schritt halten mit der Alterung dieser Zellen – oder vielleicht auch nicht. Wenn wir drei alternde Zellen haben und nur eine davon mit einer funktionierenden Uhr ausgestattet ist, können die anderen beiden ihren Zeitplan nach der einen Zelle mit der funktionierenden Uhr richten? Könnte das Altern einer Zelle eine so große Belastung für ihre Nachbarn sein, daß auch sie von dem Alterungsprozeß ergriffen wird? Könnten manche der physiologischen und klinischen Symptome des Alterns sekundär durch das Altwerden von Nachbarzellen oder sogar entfernteren Zellen ausgelöst werden? Wahrscheinlich. Wenn eine Zelle nicht in der Lage ist, die Produktion und das Einsperren der freien Radikale vernünftig zu kontrollieren, werden die Nachbarzellen wahrscheinlich darunter leiden. Wenn eine Zelle ein Protein langsam umsetzt, könnte die größere Menge an beschädigten Proteinmolekülen – oder Lipiden oder Kohlenhydraten – sekundäre Schäden an Nachbarzellen verursachen. Wenn die Gliazellen, die die Nervenzellen umgeben und deren Stoffwechsel unterstützen, altern, könnte dies für die Nervenzellen schädlich oder gar tödlich sein. Wenn die Nervenzellen »altern«, wären dann die Gliazellen schuld daran?

Was sind also die Eigenschaften unserer Uhr? Sie muß sein:

1. ein Teil der genetischen Bibliothek,
2. eine aktive Uhr oder eine Uhr, die für das Überleben wichtig ist – vielleicht weil sie Krebs verhindert, dabei aber zufällig das Altern auslöst;
3. sie muß Alterssymptome in den Zellen verursachen können, die mit den freien Radikalen, der Geschwindigkeit des Proteinumsatzes und den DNA-Reparatur-Enzymen zu tun haben;
4. sie muß die Zellteilung anhalten können nach einer bestimmten Anzahl von Teilungen, die für jede Zelle charakteristisch ist;
5. sie muß in den Keimzellen angehalten, umgangen, oder ständig neu gestellt werden;
6. sie muß in den Krebszellen angehalten, umgangen, oder ständig neu gestellt werden;
7. sie muß in eine Richtung laufen und in der Lage sein, abzulaufen und schließlich stehenzubleiben.

Über die Jahre kamen eine Menge Kandidaten als Alterungsursache ins Gespräch, so auch die Ablagerung von Abfallprodukten, die passive Beschädigung oder Methylierung der DNA, der Verlust von speziellem Gewebe, und anderes mehr. Keiner erfüllte jedoch die Bedingungen für die eigentliche Alterungs-Uhr. Wie wir sehen werden, wurde in den siebziger Jahren ein neuer Kandidat vorgeschlagen, eine

Uhr, die ablaufen und das Altern verursachen kann. Der Vorschlag gründete sich auf die Beobachtung, daß die DNA sich in Somazellen nicht vollständig dupliziert. Er geriet jedoch zunächst wieder in Vergessenheit und wurde erst in den späten achtziger Jahren ernstgenommen. Im Jahr 1990 erschien die erste Arbeit, die nicht nur die Uhr identifizierte, sondern deren Bedeutung gut mit Forschungsergebnissen untermauern konnte.

Diese Uhr ist das Telomer.

Kapitel 3

Die Uhr

Das zweite Schicksal

*The fates ... Clotho spun the thread of each mortal's
life ... Lachesis measured the thread of each mortal's
life, thus determining its length ... Atropos ... used her
dreaded shears to cut the thread of each mortal's life.*

(Rosenberg/Baker, »Mythology and You«)

Die Telomere, die Uhren des Alterns, sind die Endstücke der DNA auf
den Chromosomen. Jede Zelle hat 46 Chromosomen oder 23 Chro-
mosomenpaare.[1] Jedes Chromosom weist zwei Enden auf, an jedem
Ende sitzt ein eigenes Telomer, insgesamt gibt es also 92 Telomere pro
Zelle. Der ausgewachsene menschliche Körper hat 100 Billionen Zellen, also besitzen wir 10 Billiarden Telomere.

Die Telomere sind aus den letzten paar tausend DNA-Basen und
den damit verbundenen Proteinen aufgebaut. Sie sind in mancherlei
Hinsicht etwas Besonderes. Am Ende jedes Telomers hängen die
DNA-Basen nicht locker herunter, sondern bilden eine komplexe
»Haarnadel«-Kurve mit den letzten paar Basenpaaren. Wir kennen
den genauen Aufbau dieser Haarnadel noch nicht, aber sie scheint wie
ein »vierblättriges Kleeblatt« auszusehen, welches wegen den Gua-
nin-Basen, welche es umschließt, die G-Quartett-Struktur genannt
wird.[2] Die Telomere sind auch eine genfreie Region: Sie codieren
nicht für Proteine, obwohl sie eine wichtige Rolle in der Chromoso-
menfunktion spielen – genauso wie viele andere genfreie Regionen
des Chromosoms.

Die Sequenz der DNA-Basen in den Telomeren ist im Gegensatz zu
dem übrigen Chromosom unveränderlich und wiederholt sich immer

wieder. Bei den Menschen (und bei allen Wirbeltieren) besteht diese Sequenz nur aus den folgenden Basen: Thymin, Thymin, Adenin, Guanin, Guanin, Guanin. Zwei Thymine, ein Adenin und drei Guanine befinden sich auf jedem Telomer, in jeder Zelle, in jedem Menschen. In den Telomeren wiederholt sich diese TTAGGG- (oder T2AG3)-Sequenz mehr als tausendmal, ohne sich – soweit bisher beobachtet – irgendwie zu verändern.

Obwohl die Basen-Wiederholungen in den Telomeren bei verschiedenen Organismen etwas variieren, gibt es bei den Wirbeltieren keine Varianten. Fische, Amphibien, Reptilien, Vögel und Säugetiere haben alle die gleiche Telomersequenz gemeinsam. Diese Organismen entwickeln sich seit 400 Millionen Jahren separat, aber sie enthalten alle die gleiche TTAGGG-Sequenz im Telomer.[3] Die Telomere der Dinosaurier hatten die gleiche Struktur wie unsere Telomere heute. Total verschiedene Organismen weisen diese Sequenz auf, einschließlich einiger Pilze und mancher Protozoen (z. B. die Erreger der Schlafkrankheit).[4] Aber sogar Organismen mit verschiedenen Telomersequenzen unterscheiden sich nur wenig. Alle Lebewesen mit Zellkernen haben guaninreiche Telomere und fast alle einfache, fast vorhersagbare Wiederholungen.

Wenn Abweichungen auftreten, sind sie unauffällig, vielleicht eine oder zwei Basen in einer der repetitiven Sequenzen – kleine Veränderungen in dem sonst vorhersehbaren, sich wiederholenden Muster. Die Region mit den Abweichungen nennt man die subtelomerische Region oder auch »x-Region« oder »Telomer-assoziierte DNA«.[5] Man findet hier anstatt der einfachen TTAGGG-Wiederholungen leicht veränderte Abfolgen wie TAGGG, TTTGGG, TTAAGG und andere.[6] Zusammen bilden die Telomere und die Subtelomere das »terminale Restriktionsfragment« oder TRF des Chromosoms.

Wenn man sich mehr auf die Mitte des Chromosoms zubewegt und schließlich ganz aus der subtelomerischen Region – und deshalb aus dem terminalen Restriktionsfragment – heraus, erhöht sich die Variabilität, bis die DNA-Sequenzen einzigartig und komplex werden und kaum mehr Ähnlichkeit mit der Telomersequenz (TTAGGG) zeigen.

Genau hier finden sich die ersten Gene, die sogenannten »peritelomerischen« Gene.

Wenn die TTAGGG-Sequenz der Telomere so festgelegt und unveränderlich ist, ist dann auch die exakte Größe bekannt? Bisher haben wir vage von »ein paar tausend« Wiederholungen gesprochen. Wie wir bald sehen werden, hängt die Größe der Telomere vom Alter ab, und ihr Zusammenhang mit dem Altern wird uns im weiteren Verlauf des Buches beschäftigen. Aber wie ist es so weit gekommen, daß wir nicht nur verstehen, was die Telomere sind – ihre Größe und Zusammensetzung – sondern auch, was sie bewirken und warum ihre Länge ein Schlüssel zum Altern ist?

Die Geschichte

Darwins »Überleben der Bestangepaßten« ist in Wirklichkeit ein Sonderfall des allgemeineren Gesetzes vom Fortbestand des Stabilen. Das Universum ist voll von stabilen Gebilden. Ein stabiles Gebilde ist eine Ansammlung von Atomen, die beständig oder verbreitet genug ist, um einen Namen zu verdienen.

(Richard Dawkins, »Das egoistische Gen«)

Das Interesse des Menschen am Altern reicht mindestens schon 5000 Jahre zurück, bis in die Antike, wie uns das *Epos von Gilgamesch* lehrt. Dies ist eine kurze Zeit, wenn man sie mit den Milliarden Jahren vergleicht, in denen Leben auf diesem Planeten altert. Wir wissen von der Existenz der Telomere erst seit über einem halben Jahrhundert, und bis vor zehn Jahren war unser Wissen minimal; erst in den letzten fünf Jahren haben wir die Beziehung zwischen den Telomeren und dem Altern erkannt.

Die Telomere haben mehr als eine Milliarde Jahre überlebt. Telomere befinden sich in den Zellen, seit diese Zellkerne bilden; vor dieser Entwicklung ist ihre Geschichte unbekannt. Fast alle Zellen mit Zellkernen und Chromosomen, die im Zellkern geschützt sind, sogenannte Eukaryonten, haben Telomere.

Wir wissen nur sehr wenig über die Entwicklung der Telomere. Sie könnte in der Zeit begonnen haben, als die Seiten jeder Genbibliothek aus RNA[7] und nicht aus DNA aufgebaut waren. Damals könnten Proteine manche der Rollen, die heute von RNA und DNA belegt werden, übernommen haben. Auf jeden Fall ist es wahrscheinlich, daß die Telomere nicht deshalb so alt sind, weil sie so weitverbreitet sind, sondern auch, weil sie von einem Enzym namens Telomerase gebildet werden, welches wahrscheinlich ein Relikt dieser früheren Zeit ist: Telomerase ist kein einfaches Protein – wie andere Enzyme es sind – sondern ist teils ein Protein und teils RNA; es ist ein seltsames »Molekülfossil«[8], mit extrem wenigen Parallelen in der Biologie.[9]

Das Wort *Telomer* wurde 1938 von dem Biologen Hans Muller geprägt[10], 15 Jahre bevor James Watson und Francis Crick ihre Beschreibung der Doppelhelix, deren Basenpaarung und die Annahme, daß diese einen Mechanismus für die DNA-Replikation darstellen könnte[11], veröffentlichten. Aus seiner Arbeit mit Röntgenstrahlen-Schäden an Chromosomen hatte Muller damals schon den Verdacht geschöpft, daß die Telomere (Das Wort ist eine Kombination aus den griechischen Worten *telos*, »Ende«, und *meros*, »Teil«) die Enden von Chromosomen umhüllen und somit deren Abnützung an den exponierten Enden verhindern.

In den vierziger Jahren bewies dies eine Biologin, Barbara McClintock, sehr überzeugend durch ihre Untersuchungen. Sie fand heraus, daß Chromosomen ohne Telomere zerfallen und sich verhalten würden, als wären sie »klebrig«; das heißt sie würden einfach mit anderen unpassenden Chromosomen verschmelzen.[12] Sie würden aber nicht nur zerfallen und mit anderen Chromosomen verkleben, sondern ohne Telomere würden sie sich bei der Zellteilung nicht richtig teilen. Die Schlußfolgerung, daß die Telomere für das Überleben der Chromosomen und für die Zellteilung nötig sind, lag auf der Hand.

Die Telomere[8] wurden für einige Jahrzehnte wenig beachtet, bis James Watson eine seltsame Beobachtung bei der DNA-Replikation machte.[13] Im Jahr 1972 berichtete er, daß ein normales, lineares Chromosom bei jeder Teilung kürzer wird, was er das »Problem der

Endstücksreplikation« nannte. Um zu verstehen, wie das funktioniert, sind einige einfache Fakten über die Duplikation von DNA-Strängen erforderlich. DNA-Stränge können nur in eine Richtung kopiert werden. Dieser Prozeß wird von einer Reihe von »Primern« (Grundierern) begonnen, Enzymen, die sich an einen einzelnen DNA-Strang an mehreren Stellen anschließen und den Kopierprozeß einleiten. Der Primer kopiert nichts, er »grundiert« nur die Enzyme (DNA-Polymerase), die die eigentliche Arbeit leisten. Das Kopierenzym lagert sich danach an den DNA-Strang und kopiert, während sich der Primer nach getaner Arbeit entfernt. Das Kopierenzym kann nur in eine Richtung auf dem DNA-Molekül arbeiten. Es ist, als ob jeder DNA-Strang eine Einbahnstraße wäre: Der Primer fängt mit der Arbeit an, entfernt sich und läßt die Kopierenzyme weiterarbeiten (Abb. 3.1).

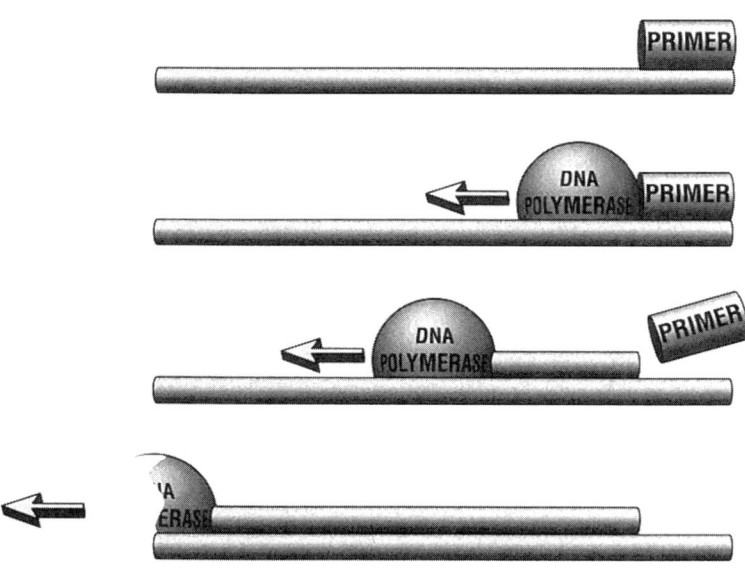

Abb. 3.1 Das Problem der Replikation am Ende des Chromosoms: Das Telomer wird kürzer.

Watson machte darauf aufmerksam, daß bei jeder Replikation des Chromosoms der Primer, der den Telomeren am nächsten ist, den Kopierprozeß der Enzyme anstößt; aber die Enzyme können niemals die Stelle kopieren, an der der erste Primer haftet, weil sie sich nicht rückwärts bewegen können. Deshalb bleibt bei jeder Replikation eine Stelle übrig, die nicht kopiert werden kann, und das Chromosom wird kürzer. Theoretisch müßte sich dann das Chromosom verkürzen, bis es verschwindet. Der Prozeß würde sich fortsetzen, bis unsere Gene zerstört würden, sobald die Telomere »aufgebraucht« wären. Unsere Zellen würden sterben, aber die Keimzell-Linie beweist, daß dieser Vorgang sich zumindest in den Keimzellen nicht abspielt. Also hatte sich Watson entweder hinsichtlich der Verkürzung der Chromosome geirrt – was nicht der Fall war – oder, wie er vermutete, das Chromosom weiß einen Weg, um die fehlenden Segmente der Telomere wieder zu ergänzen. Just bevor Watson jedoch auf dieses Problem aufmerksam machte, hatte sich Alexei Olovnikow, ein russischer Biologe, gefragt, ob diese Verkürzung einem biologischen Zweck diene[14], ob sie möglicherweise als Uhr für die Alterung der Zelle fungieren könnte. Seine Idee war einfach und vollkommen richtig.

Bedauerlicherweise hatte Olovnikov sich seine Gedanken auf Russisch gemacht – schade für ihn und für die meisten Biologen. Er veröffentlichte seine Ideen zu diesem Thema ein Jahr vor Watson, aber es dauerte noch zwei Jahre, bis seine Arbeit erstmals ins Englische übersetzt wurde.[15] Erst 1975 stieß Cal Harley – der damals an der McMaster's Universität in Kanada studierte und wissenschaftlich arbeitete – auf den Gedanken, als er die englische Version von Olovnikovs Publikation aus dem Jahre 1973 im *Journal of Theoretical Biology* las. Er präsentierte die Arbeit bei einem wöchentlichen Labortreffen über die »Theorien des Alterns«, das er organisiert hatte: Er und Bob Shmookler-Reis fingen an, sich mit dem Überfluß an DNA-Replikase als Basis des zellulären Alterns näher zu beschäftigen. Obwohl in den siebziger Jahren wenig über die Struktur der Telomere bekannt war, war es klar, daß sie aus sich wiederholenden Basen aufgebaut waren, wie auch immer die Sequenz aussah. Diese sich wiederholenden DNA-Sequenzen wurden mit dem Alter kürzer. Aber dies war kein Beweis dafür, daß die Wiederholungen von den Telomeren stammten, und noch weniger dafür, daß dieser Verlust an Replikationseinheiten das Altern verursachte.

Um zu beweisen, daß sich die Telomere verkürzen, wie Watson und Olovnikov behaupteten, mußte es einen Weg geben, um die Telomere eindeutig zu identifizieren. Ungefähr zur gleichen Zeit gelang es Liz Blackburn (damals an der University of California in Berkeley), die zusammen mit anderen Forschern versuchte, das Geheimnis der Telomere zu lüften, die Telomer-Sequenzen von verschiedenen Gattungen zu bestimmen, zunächst bei einem mikroskopisch kleinen, einem Pantoffeltier (Paramecium) ähnlichen Organismus, welcher Tetrahymena genannt wird, der den Vorteil einer hohen Zahl von Telomeren für die Sequenzierung hatte.[16] Im Laufe der folgenden Jahre wurden verschiedene Sequenzen entdeckt: Es waren genügend, um die Telomere eindeutig zu identifizieren und sie vom Rest des Chromosoms zu unterscheiden.

Im Jahr 1986 fanden Howard Cooke und seine Arbeitsgruppe in Edinburgh heraus, daß Telomere von Somazellen eindeutig kürzer waren als die von Keimzellen.[17] Deshalb mußte es, wie Watson und Olovnikov überzeugt waren, einen Mechanismus geben, der die Verkürzung an den Keimzellen verhinderte; ansonsten wären sie vor langer Zeit ausgestorben.

Bedeutete die Tatsache, daß Somazellen kürzere Telomere haben als Keimzellen – wie Olovnikov und Watson voraussagten –, daß ältere Zellen kürzere Telomere haben als junge Zellen? Und wenn die Telomere der Keimzellen sich nicht verkürzen, was war der Mechanismus, der den Verlust der Telomer-DNA verhinderte?

Während Cal Harley und seine Kollegen versuchten, eine Antwort auf die erste Frage zu finden, setzte sich Carol Greider, eine Biologin am Cold Spring Harbor Labor in New York, mit der zweiten Frage auseinander. Sie versuchte zu verstehen, wie die Tetrahymena ihre Telomere davon abhalten konnten, mit jeder Teilung zu schrumpfen.

Das dafür verantwortliche Enzym wurde Telomerase genannt, aber es war fast nichts über die Wirkungsweise bekannt. Während Greider versuchte herauszufinden, wie die Telomerase arbeitete, lernte sie, Telomere zu vermessen. Diese Fähigkeit wurde für Harleys Arbeit sehr wichtig.

Harleys Versuche, die Länge der Telomere und deren Altern zu untersuchen, wurden anfangs dadurch behindert, daß er die Sequenz nicht kannte. Aber in den späten achtziger Jahren wurde die Sequenz entdeckt, und er war soweit, die Frage zu klären, ob alte Zellen kürzere Telomere hatten. Carol Greider und Cal Harley trafen sich zufällig durch einen gemeinsamen Freund, den Biologen Bruce Futcher, und der Grundstein für eine fruchtbare Zusammenarbeit wurde gelegt. Harley wollte wissen, wie sich die Telomere mit dem Alter veränderten; Greider hatte die Mittel, um sie zu messen.

Im Spätsommer 1988 rief Greider Harley an, um ihm mitzuteilen, daß Robin Allshire, einer ihrer Kollegen am Cold Spring Harbor Labor, die menschliche Telomer-Sequenz entdeckt habe, und daß sie und Futcher beabsichtigten, die Länge der menschlichen Telomere zu messen. Harley präparierte DNA von alten und jungen Fibroblasten-kulturen sowie von alten und jungen Menschen und schickte sie an Greider, ohne ihr den Ursprung zu verraten. Greider maß die Telomere und benachrichtigte ihn über die Ergebnisse: Es war offensichtlich, daß jüngere Telomere länger als ältere waren – und zwar durchwegs. Anhand der Länge der Telomere konnte eindeutig die Anzahl der erfolgten Teilungen in der Kultur (oder im Körper) bestimmt werden, wie viele Generationen bereits vorübergegangen waren, und wie nahe sie an ihrem Hayflick-Limit waren. Zum ersten Mal konnte gezeigt werden, daß die Länge der Telomere mit dem Altern der Zellen zusammenhängt. Ähnliche Ergebnisse erhielten sie bald darauf auch mit anderen Zellen.[18]

Bei der Empfängnis sind die Telomere ca. 10.000 Basenpaare lang. Schon bei der Geburt hat sich diese Zahl auf ungefähr 5000 Basen-paare reduziert, oder auf ca. 800 TTAGGG-Wiederholungen. Die sub-telomerische Region ist noch einmal ca. 5000 Basenpaare lang; hier sind die TTAGGG-Sequenzen mehr und mehr zufällig verteilt. Zusammen sind die beiden Regionen – die Telomere und die Subtelomere –, die zusammen das terminale Restriktionsfragment bilden, bei der Empfängnis ungefähr 15.000 Basenpaare und bei der Geburt ca. 10.000 Basenpaare lang. Verglichen mit dem übrigen Chromosom und dessen Genen sind die Telomere relativ klein. Ein durchschnittliches Chromosom ist 130.000.000 Basenpaare lang, d. h. 25.000 mal so lang wie das menschliche Telomer bei der Geburt. Ein Gen ist im Mittel etwa 120.000 Basenpaare lang, also 25 mal so lang wie ein Telomer.

In einem richtungsweisenden Aufsatz veröffentlichten Harley, Greider und Futcher ihre Ergebnisse 1990 in *Nature* und belebten damit Olovnikovs und Watsons These wieder, die These von den Telomeren als Uhr für das zelluläre Altern und vielleicht für das Altern des gesamten Organismus. Leider verzögerte sich die Veröffentlichung zunächst, weil einer der Herausgeber von *Nature* die Arbeit zweimal zurückwies. Er bezweifelte diese aufsehenerregenden Fakten. Es fiel schwer, eine Idee zu akzeptieren, die so einfach und elegant war. Aber schließlich wurde die Arbeit publiziert, wahrscheinlich aufgrund der Unterstützung von James Watson.

Die Veröffentlichung in *Nature* war nicht das Ende der Geschichte, sondern erst der Anfang. Wir wenden uns nun der Erforschung der Telomere zu und stellen dann Überlegungen an, wie das Verkürzen der Telomere die Krebsentwicklung und das Altern beeinflußt. Das Telomer bestimmt nicht nur das Altern der Zelle, sondern noch viel mehr: welche Krankheiten wir uns zuziehen und an welchen wir sterben, mit welcher Geschwindigkeit wir altern und wie.

Bald ist es soweit

»The time has come,« the walrus said, *»to speak of
many things.«*

(Lewis Carroll, *»The Walrus and the carpenter«*)

Zusätzlich zu seiner Funktion als Uhr des Alterns hat das Telomer eine
Menge anderer Funktionen, vor allem folgende vier:[19]
1. Schutz des Chromosomen-Endes vor Beschädigung oder fehlerhafter Rekombination,
2. Ermöglichung der vollständigen Replikation der Chromosomen,
3. Kontrolle der Gen-Expression,
4. Hilfe bei der Organisation der Chromosomen des Zellkerns.

Bis vor kurzem richtete sich das Hauptaugenmerk der Telomer-Forschung auf diese vier Funktionen. Sie sind wichtig für uns, weil sie die
Gründe dafür sein könnten, daß das Telomer überhaupt die Altersuhr
ist. Die Basen-Sequenzen der Telomere und die Proteinstruktur am
Ende des Chromosoms haben sich zu einem wichtigeren Zweck für
den Organismus entwickelt als nur dafür, das Altern zu verursachen.
Das Altern ist wahrscheinlich nur eine zufällige, aber untrennbare
Folge von wichtigen Bedürfnissen der Zelle, die nur durch die Struktur der Telomere erfüllt werden können.

Diese vier Funktionen der Telomere können in zwei Hauptkategorien aufgeteilt werden. Die ersten zwei Funktionen sind nötig für die
fehlerlose Weitergabe der genetischen Information; sie erlauben dem
Organismus die Reproduktion. Die anderen beiden gestatten den Zellen den Zugang zu den Genen auf eine kontrollierte und effiziente
Weise; dadurch wird dem Organismus das Überleben gesichert. Die
erste Funktion, der Schutz des Chromosomen-Endes, ist diejenige,
über die in der Wissenschaft die größte Einigkeit herrscht. Sie war
auch die erste, die erkannt wurde. Chromosomen ohne »Schutzkappen« zerfallen und verschmelzen mit anderen. Beim Auseinanderbrechen könnte sich ein Gen teilen, beim Verschmelzen könnten zwei
Gene zusammengeschweißt werden, die miteinander nichts zu tun

haben. Beide Vorgänge bergen das Risiko, daß die genetische Information zerstört wird, weil die normale Basensequenz der Gene unterbrochen ist: Beide können für die Zelle oder für den Organismus, der solche beschädigten Gene erbt, tödlich sein.

Die zweite Funktion des Telomers – die Ermöglichung der Replikation der Chromosomen – ist auch wichtig für die Vererbung der Gene. Jedesmal, wenn die Zelle ihre Chromosomen repliziert, geht ein kleiner Teil der DNA am Endes des Chromosoms verloren. Es scheint, als ob die langen TTAGGG-Sequenzen der Telomere dazu bestimmt sind, verlorenzugehen; sie stellen einen Puffer dar gegen den ständigen und unvermeidbaren Verlust von Basen während der Replikation. Während dieser Verlust für die Somazellen unumgänglich ist, machen es die Keimzellen besser, indem sie diesen Puffer immer wieder verlängern. Ein spezielles Enzym, die Telomerase, ergänzt die Telomere; sie fügt TTAGGG-Sequenzen hinzu, wenn sie abgetrennt werden.[20] Überraschenderweise und mit bemerkenswert wenigen Ausnahmen reagieren nur die Keimzellen auf diese ständige Erosion während der Replikation mit dieser Wiederverlängerung ihrer Telomere.

Der Schutz gegen Chromosomen-Erosion und Genverlust wird von Organismen auf unterschiedliche Weise bewerkstelligt. Manche haben überhaupt keine Telomere, sondern bilden Chromosomenringe (ohne Enden, an denen man Stücke verlieren könnte) oder »Haarnadeln« (die sich »um die Ecke« vervielfältigen können). Manche Bakterien z. B. verfahren nach dem ersten Prinzip, und Pockenviren, die Erreger von Pocken und Windpocken, nach dem letzteren.

Warum sind die Telomere aus TTAGGG-Sequenzen aufgebaut? Ist diese Reihe von Basen die einzige, die gegen die Erosion abschirmen kann? Nein, das kann eine Reihe anderer Sequenzen, obwohl sie aus irgendeinem Grund alle eine große Anzahl von Gs – Guaninbasen – enthalten. Vielleicht hat diese Base irgendetwas Besonderes, was gebraucht wird, um die zweite Funktion der Telomere ausführen zu können? Wir wissen, daß die Guanine am Ende der Telomere einen »Knoten« bilden. Das Vorhandensein dieser Struktur könnte den Abbau am Ende der Telomere verhindern, wenn sich die Zelle nicht teilt, genauso wie das Telomer gegen DNA-Verlust abschirmt, wenn sich die Zelle teilt.[21] Die dritte Funktion des Telomers ist die Überwachung der Gene am Ende des Chromosoms. Wie dies genau funktioniert, muß noch erforscht werden. Wir wissen bisher lediglich, daß manche Gattungen das Telomer zu diesem Zweck verwenden, möglicherweise alle. Wenn dies der Fall ist, reguliert das Telomer die benachbarten peritelomerischen Gene.[22] Es ist wahrscheinlich, daß die Proteine, die an die Telomere gebunden sind, einen »downstream«-Effekt auf die peritelomerischen Gene ausüben. Die Änderung der Expression dieser wichtigen Gene könnte eine Hauptrolle beim Altern spielen: Wenn sich das Telomer verkürzt, ändert sich die Gen-Expression.

Die vierte Aufgabe des Telomers ist die Hilfe bei der Organisation der Bücher in der genetischen Bibliothek. Diese hypothetische Aufgabe besteht aus zwei Bereichen: Während der Zellteilung organisiert das Telomer, daß die Bücher ordnungsgemäß in Kisten gepackt werden und für den Umzug in die neu geteilte Zelle bereitgestellt werden; zwischen den Teilungen reguliert das Telomer die Benutzung der Bücher. Beide Funktionen kommen wahrscheinlich bei manchen – vielleicht allen – Gattungen vor. Das Telomer könnte einen der physikalischen »Griffe« darstellen, den die Zelle zum Transport der Bücher zur Tochterzelle verwenden kann. Wenn die Zelle die Bücher benutzt, könnte das Telomer bei der Organisation der Chromosomen helfen, indem es »Bouquet«-ähnliche Griffe bildet, eine poetische, aber genaue Beschreibung.[23] Wenn man die Größe der Bücher in der Bibliothek bedenkt, auf deren Sätze man ständig und schnell Zugriff haben muß, kann ein Organisator notwendig sein, der verhindert, daß die Bücher durcheinanderkommen. Jedoch wissen wir noch nicht, ob eine dieser vermuteten organisatorischen Aufgaben vom Telomer in der menschlichen Zelle tatsächlich erfüllt wird.[24]

Hat das Telomer noch weitere Bedeutungen? Ja, wir kennen noch ein paar andere mögliche Funktionen und noch eine wichtige Funktion. Das Telomer kann die Stelle sein, wo das Zusammenfügen von homologen Chromosomen beginnt, indem analoge Gene von einem

Chromosom zum anderen bewegt werden, bevor diese zwischen den Tochterzellen aufgeteilt werden. Die Tatsache, daß ähnliche TTAGGG-Sequenzen auf der ganzen Länge des Chromosoms verteilt sind, die wahrscheinlich Anschlußstellen für diese Rekombination sind, legt nahe, daß auch das Telomer eine Anschlußstelle ist.[25] Sobald wir mehr über diese überraschend wichtige Sektion des Chromosoms wissen werden, werden sich manche dieser Funktionen als nicht unbedingt telomerabhängig herausstellen; und andere überraschende werden offensichtlich werden.

Eine fünfte Funktion des Telomers ist dabei, Gestalt anzunehmen und hat uns schon überrascht: Die Funktion des Telomer als Uhr, die das Altern reguliert.

Die Uhr läuft ab

Till a clock worn out with eating time,
The wheels of weary life at last stood still.

(John Dryden)

Überblick

Die telomerische Uhr ist elegant einfach, aber zur gleichen Zeit außerordentlich komplex. Dieses Kapitel stellt die Mechanismen vor, auf denen das Altern beruht, und es versucht ein wenig von deren Vielschichtigkeit aufzuzeigen. Gleichzeitig soll es die Einfachheit des Telomers als gemeinsamem, zugrundeliegenden Zeitgeber für das Altern von Zellen und schließlich des Organismus würdigen und verstehbar machen. Dieser Teil des Kapitels ist in Abschnitte eingeteilt, von denen jeder eine Grundfrage der telomerischen Uhr anspricht.

Die erste Frage betrifft den Zusammenhang zwischen der Verkürzung der Telomere und der Unterdrückung der Gene, die für die grundlegenden Zellfunktionen verantwortlich sind, und wie dieser

Prozeß den Zellzyklus kontrolliert. Die Verbindung zwischen Telomer und Gen-Expression kann auf die Zelle zweifach einwirken: schrittweise und kumulativ über das gesamte Leben einer Zell-Linie, oder ziemlich plötzlich nach dem Alles-oder-Nichts-Prinzip dadurch, daß dem Telomer die TTAGGG-Sequenzen »ausgehen«. Wir werden den Zellzyklus betrachten und darüber sprechen, wie sich eine Zelle entscheidet, ob sie sich teilt oder nicht, und wie eine Zelle Krebs vermeidet – und die Zellteilung –, wenn ihre DNA beschädigt ist.

Die zweite Frage beschäftigt sich damit, *wann* dieser schrittweise Verlust von telomerischen Sequenzen beginnt, den Zellzyklus anzuhalten und die Gen-Expression zu beeinflussen. Die telomerischen Sequenzen gehen nicht einfach auf vorhersehbare und gleichmäßige Weise verloren. Vielmehr variiert der Verlust zwischen den Telomeren in einer Zelle und zwischen verschiedenen Zellen, sogar in solchen, die sonst identisch sind.

Wir kurz muß das Telomer sein, um das Altern einer Zelle zu verursachen? Und welches Telomer verursacht es? Müssen alle 92 Telomere verschwinden, um eine Alterung zu bewirken? Warum hat die Zelle 92 Telomer-Uhren? Wie stimmen sich die Uhren ab, wenn sie dies überhaupt tun?

Die Länge der Telomere unterscheidet sich zwischen den Chromosomen jeder Zelle und zwischen verschiedenen Zellen, Geweben und Organen. Wie beeinflussen diese Längen-Unterschiede die Alterung?

Während sich unsere ersten zwei Fragen um die Beziehung zwischen der Verkürzung der Telomere und der Zelle drehen, geht die dritte Frage noch darüber hinaus: Wie beeinflussen Telomerverkürzung, Gen-Suppression und Zell-Alterung die Nachbarzellen, die ein Gewebe, ein Organ oder den ganzen Organismus aufbauen? Eine Zelle ist selten von anderen Zellen unabhängig. Wie beeinflußt das Telomer einer Zelle eine andere Zelle? Die Zelle ist ein Mitglied einer »Gesellschaft«, Teil eines Gewebes, eines Organs, eines Organismus. Sie hat Pflichten gegenüber Nachbarzellen. Wenn eine Zelle altert, verändert sie sich und vernachlässigt oft diese Pflichten. Dies führt dazu, daß die Funktion von Nachbarzellen – und damit von Gewebe und Organen – gestört wird. So entwickeln sich auch bei Nachbarzellen Altersveränderungen. Insgesamt altert der gesamte Organismus, und die Wahrscheinlichkeit zu sterben nimmt zu.

Und schließlich, wie fügt sich die Telomer-Uhr in die Diskussion über das Altern und dessen Umkehrung?

Wie das Telomer die Gene beeinflußt

Gen-Regulierung

Wenn sich die Gen-Expression mit dem Alter verändert, produziert die Zelle von einem Protein mehr und von einem anderen weniger. Da alle Zellprozesse auf Proteinen aufbauen, ändert sich die Zellfunktion mit der Proteinproduktion. Bestimmte Proteine, wie EF-1 (Verlängerungsfaktor-1), welche für die Produktion anderer Proteine wichtig sind, werden seltener produziert, und der Proteinumsatz in den Zellen nimmt ab. Die Regulation der Zellteilung, ein Spezialfall der Gen-Regulation, hat sowohl mit dem Altern als auch mit Krebs zu tun. In hohem Alter hören Zellen oft auf sich zu teilen, wenn sie sich eigentlich teilen sollten. Beim Krebs teilen sich dagegen Zellen weiter, wenn sie aufhören sollten, sich zu teilen. In beiden Fällen hat unter anderem die Regulation der Zellteilung versagt. Deshalb versagt der Organismus und stirbt.

Der Zusammenhang zwischen der Verkürzung der Telomere und der Gen-Regulation wird durch zwei Mechanismen hergestellt: Durch die Veränderungen in der »Hülle«, die das sich verkürzende Telomer bedeckt, und durch die Effekte auf die Gen-Expression, wenn die TTAGGG-Sequenzen vollständig aufgebraucht sind. Beide Mechanismen können die Gen-Expression steigern oder vermindern – und damit wahrscheinlich manche Gene aktivieren und andere unterdrücken. Aber beide verändern die Gen-Expression.

Genaugenommen ist unter dem Begriff des Telomer die gesamte Struktur am Ende des Chromosoms erfaßt und nicht nur die TTAGGG-Sequenzen. Das Telomer enthält nicht nur die DNA, sondern auch Proteine und RNA, die eng an den TTAGGG-Sequenzen haften, und die die Gen-Expression kontrollieren. Diese Proteine binden sich an das Chromosom und geben ihm eine von zwei charakteristischen Erscheinungsformen. Es kann lang und gestreckt sein, eine Form, die Euchromatin genannt wird (»wahres Chromatin«); in dieser Form sind die Gene relativ exponiert und können leicht exprimiert werden. Oder das Chromosom kann kurz und zerknüllt sein, eine Form, die Heterochromatin (»anderes Chromatin«) genannt wird; in dieser Form sind die Gene nicht so stark exponiert und können nicht so einfach exprimiert werden.

Normalerweise bedeckt die Hülle des Telomers nicht nur das Telomer, sondern auch das Subtelomer und einen großen Teil der peritelomerischen Gene. Indem die Hülle die Gene bedeckt, schränkt sie die Gen-Expression in der peritelomerischen Region bei vielen, mögli-

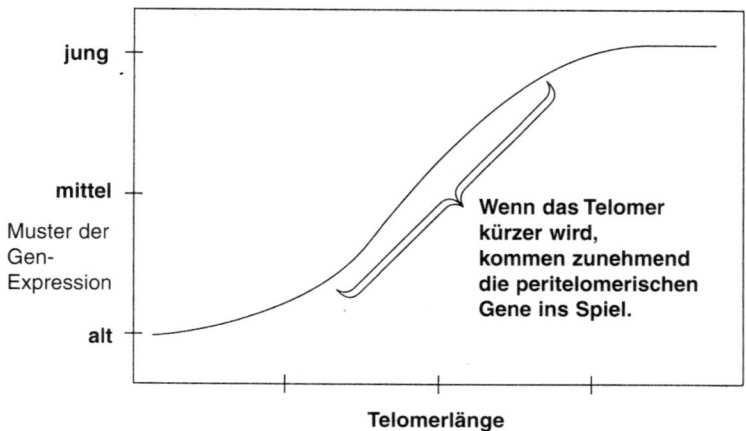

Abb. 3.2

cherweise bei allen Gattungen ein.[26] Wenn sich das Telomer verkürzt, verändert sich die Hülle und zwingt damit die Gen-Expression, sich ebenfalls zu verändern. Generell scheint sich die Hülle zu verkleinern, wenn das Telomer kürzer wird; es sieht so aus, als ob das Telomer nicht mehr in der Lage wäre, eine so große Hülle instandzuhalten. Durch Verkürzung der Hülle aus Heterochromatin werden die peritelomerischen Gene exprimiert, die vorher von der Hülle zugedeckt und supprimiert waren. Diese Gene wiederum beginnen, Proteine zu produzieren, die andere Gene unterdrücken (Abb. 3.2 und 3.3).

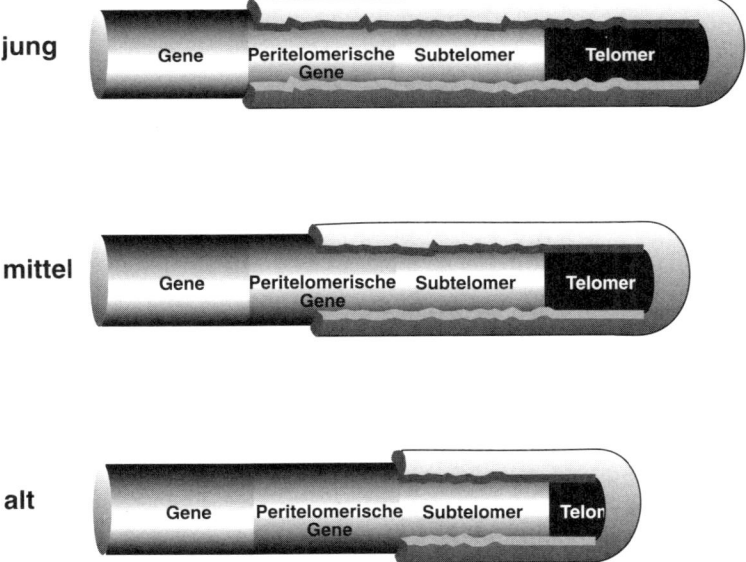

Abb. 3.3 Die schrumpfende Hülle

Beim Menschen ist es wahrscheinlich, daß die Hülle schrumpft; es ist jedoch möglich, daß die Hülle bei manchen Gattungen nicht kleiner wird, wenn sich das Telomer verkürzt,[27] sondern daß sie ihre Länge beibehält und damit weiter auf das Chromosom rutscht. Damit würden noch mehr peritelomerische Gene unterdrückt anstatt exponiert. Das wäre der Fall, wenn die Größe der Heterochromatin-Hülle von der Länge des Telomers unabhängig wäre und das Telomer nur dazu dienen würde, die Hülle an ihrem äußersten Ende zu verankern (Abb. 3.4).

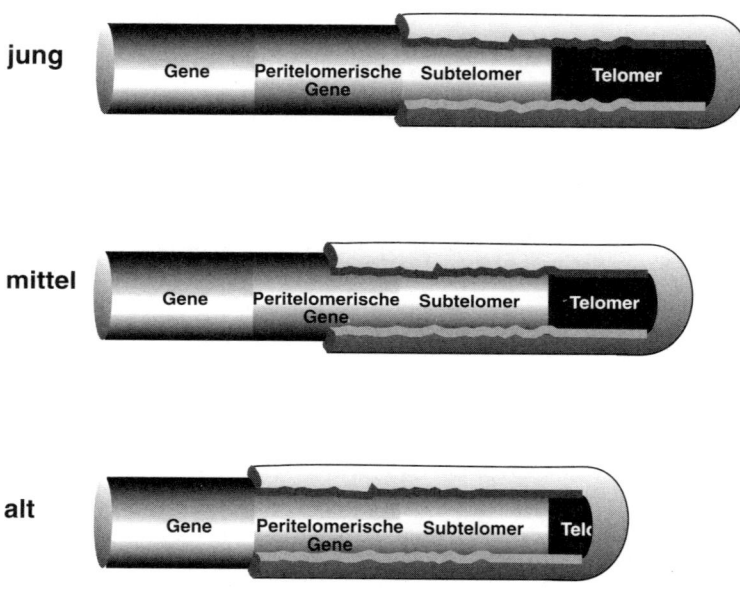

Abb. 3.4 Die verrutschende Hülle

Die Veränderung der Gen-Expression ist das Herzstück des Alterns der Zelle. Gene, die wichtige Enzyme produzieren wie EF-1, werden supprimiert. Dieses Enzym ist dafür verantwortlich, Proteine nach ihrer Produktion zu verlängern; wenn die Zellen altern, sinkt die Geschwindigkeit der Proteinproduktion. Das gleiche gilt für Dutzende von anderen Enzymen, wie z. B. die Katalase, welche freie Radikale in Schach hält. Wenn weniger Proteine produziert werden, geht der

Proteinumsatz zurück. Die Membranen der Mitochondrien werden durchlässiger, die Reparatur der DNA geht langsamer vonstatten, der Protein-Export geht zurück, und die Zelle ist ihren Aufgaben immer weniger gewachsen.

Ob die Hülle schrumpft oder verrutscht, das Endergebnis ist dasselbe: Manche Gene werden mehr, manche weniger exprimiert, und Regulator-Gene werden an- oder ausgeschaltet, wenn sich das Telomer verkürzt. In jedem Fall werden die Effekte auf die Gen-Expression schrittweise und kumulativ wirksam. Diese Vorgänge spiegeln die Veränderungen des alternden Organismus sehr gut wider, oder erklären sie vielleicht sogar. Doch die Sache ist ein bißchen komplexer; sie schließt einen ziemlich unerwarteten, nützlichen und bemerkenswerten Mechanismus mit ein.

Veränderungen am Telomer-Ende

Die Veränderungen am Ende des Telomers treten viel plötzlicher ein als die der Hülle. Und sie sind wohl für den Vorgang des Alterns wichtiger. Sicherlich sind sie wichtiger für das Verstehen von Krebs und der Zellteilung (Abb. 3.5).

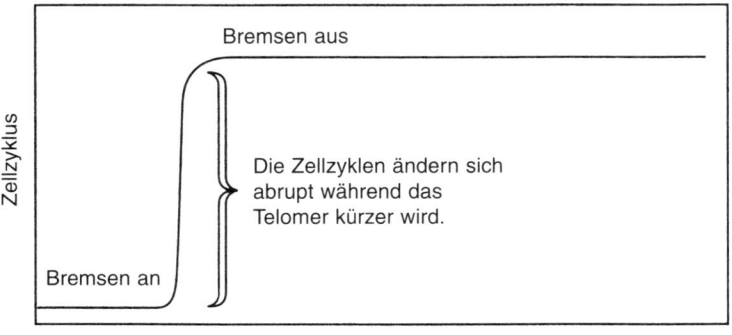

Abb. 3.5

Der Mechanismus ist einfach darzustellen. Die Zelle überprüft die Chromosomen ständig auf Schäden, um zu erkennen, ob sie beschädigte DNA reparieren muß, bevor sie sich teilt. Beschädigte DNA und Chromosomen ohne Telomere sind »klebrig«. Sie verkleben nicht nur mit anderen Chromosomen-Fragmenten, sondern auch mit speziellen Proteinen, deren einzige Aufgabe es ist, einen Defekt zu signalisieren. Diese »beschädigte-DNA-bindenden-Proteine« oder DDBP wachen darüber, daß die Zelle keine genetischen Fehler weitergibt. Die Bindung wird stärker, wenn der Abbau des Telomers die letzten 1000 bis 500 Basenpaare erreicht. Vor diesem Zeitpunkt kommt es wahrscheinlich fast gar nicht zu einer Bindung; sobald die letzten paar 100 TTAGGG-Sequenzen exponiert sind, binden sich die DDBP fest an das Ende der Chromosomen.

Was geschieht dann? Wenn sich die DDBP auf dem beschädigten Chromosom versammeln, stehen sie für den Rest der Zeile nicht mehr zur Verfügung. Folglich werden einige andere Proteine (siehe Abb. 3.6), die normalerweise von den DDBP in Schach gehalten werden, von der Leine gelassen. Diese Mischung von regulierenden Proteinen (p53, Rb, CDK2, Cyclin E, p21 und andere) ist Teil einer Kaskade, die die Zelle an weiteren Teilungen hindert. Sie erreicht dies durch die Produktion eines Proteins, welches den Zellzyklus blockiert: Die Zelle gelangt nicht mehr in das Stadium des Zellzyklus, wo sie ihre Chromosomen kopiert.[28] Und das hindert die Zelle daran, die beschädigte DNA zu vervielfältigen (oder die verkürzten Telomere), die die Bremse initial gezogen hat.

Sehen wir uns diesen Vorgang noch etwas genauer an. Jede Zelle hat einen normalen und vorhersagbaren Replikationszyklus. Er beginnt mit der »ersten Zwischenphase«, oder »G1«-Phase; sie wird so bezeichnet, weil sie zwischen zwei aktiven Phasen liegt: Synthese und Mitose. Am Ende der G1-Phase gibt es einen Kontrollpunkt, an welchem die Zelle überprüft, ob alles bereit ist, um in die nächste Phase einzutreten. Wenn die Zelle diesen Test nicht besteht, wird der weitere Ablauf angehalten, bis die Probleme beseitigt sind – falls dies möglich ist. Wenn die Zelle den ersten Kontrollpunkt passiert hat

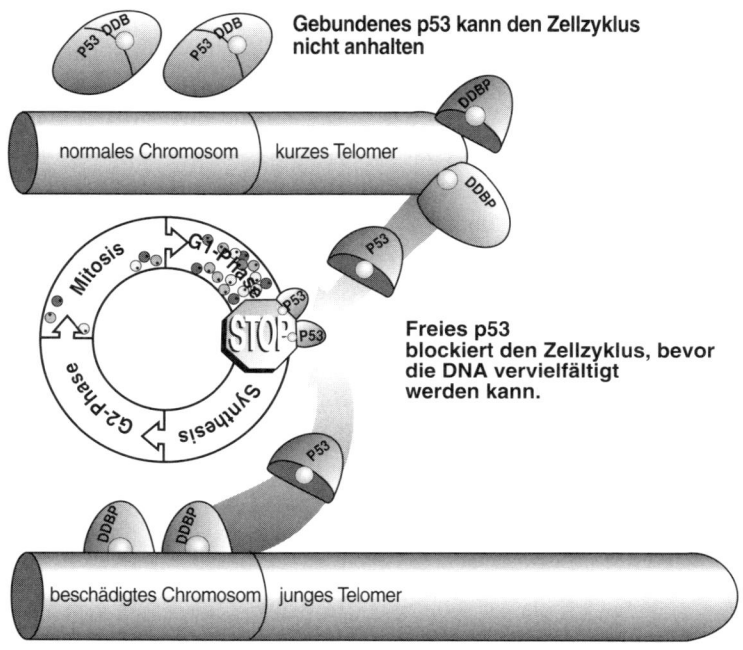

Gebundenes p53 kann den Zellzyklus nicht anhalten

normales Chromosom | kurzes Telomer

Freies p53 blockiert den Zellzyklus, bevor die DNA vervielfältigt werden kann.

beschädigtes Chromosom | junges Telomer

Gebundenes p53 kann den Zellzyklus nicht anhalten

Abb. 3.6

(genannt G1/S Kontrollpunkt), erreicht sie die S-(für Synthese)-Phase. Dort kopiert die Zelle die Chromosomen. Die nächste Phase ist wieder eine Zwischenphase (G2), gefolgt von der Mitosephase (M), in welcher die Zelle sich in zwei Tochterzellen teilt.

Ob die Kontrollpunkte passiert werden, hängt von einer Reihe von Signalen ab; manche wirken wie Gaspedale, andere wie Bremsen. Der G1/S-Kontrollpunkt – zwischen der ersten Zwischenphase und der Synthesephase – ist der wichtigste. Er löst nicht nur die Bremse aus, wenn die DNA beschädigt ist, sondern reagiert auch auf Signale von anderen Zellen, die entweder bremsend oder treibend wirken, abhängig von den Bedürfnissen der Körpers. Wenn z. B. mehr rote Blutkörperchen benötigt werden, wird ein stark positives Signal (ein Tritt auf das »Gaspedal«) an die Stammzelle geschickt, aus der die roten Blutkörperchen hervorgehen. Sie wird dazu ermutigt, den G1/S-Kontrollpunkt zu passieren und sich zu teilen, damit mehr rote Blutkörperchen zur Verfügung stehen. Hautzellen, weiße Blutkörperchen, Endothelzellen in den Blutgefäßwänden und Darmepithelzellen kennen Signale, die ihnen sagen, ob sie sich teilen sollen oder nicht. Jede Zelle empfängt einen konstanten Strom von Signalen von anderen Zellen, manche veranlassen sie zur Beschleunigung (d. h. Teilung), andere zur Verlangsamung. Manche dieser Signale sind Hormone oder Stoffwechselprodukte im Blutstrom, während andere aus dem direkten Kontakt mit Nachbarzellen herrühren. Alle diese Signale zusammen bestimmen, ob die Zelle den G1/S-Kontrollpunkt passieren soll. Wenn das der Fall ist, ist die Zelle dazu bestimmt, auch die anderen Kontrollpunkte zu passieren[29]; auf diese Weise entscheidet sich am G1/S-Kontrollpunkt, ob Krebs entsteht oder die Zellen altern.

Wenn die »Bremsen« wegen beschädigter DNA betätigt werden, aber nicht funktionieren, und die Zelle sich trotzdem teilt, erben die Tochterzellen den Schaden und können sich – wenn sie nicht zugrundegehen – weiter teilen. Diese Zellen, bei denen die Bremsen versagt haben, sind die Vorstufe zum Krebs. Obwohl die meisten schließlich sterben werden, wenn sie das Hayflick-Limit erreicht haben, beginnt eine von drei Millionen Zellen damit, Telomerase zu produzieren – ungeachtet mehrerer Suppressoren, deren einzige Aufgabe es ist, die Expression des Telomerase-Gens zu unterdrücken – und diese wird eine echte Krebszelle.[30]

Es ist nicht klar, wie der Krebs es schafft, das Telomerase-Gen wieder zu exprimieren, aber das Ergebnis ist einfach. Die jetzt wieder verlängerten Telomere binden keine DDBP mehr, und die Zelle kann sich wieder teilen, wie sie das in jungem Alter getan hat; die ständige und bösartige Zellteilung setzt sich fort, solange die Krebszelle Telomerase produziert. Alle Mittel, die die Telomerase hemmen, müßten auch Krebszellen an der Teilung und den bösartigen Tumor am Wachsen hindern können, und somit den Krebs besiegen.[31]

Einige Tumoren, die von Viren verursacht werden, umgehen den G1/S-Kontrollpunkt, indem sie direkt die Bremsen funktionsuntüchtig machen. Das Papillomavirus z. B. deaktiviert zwei der wichtigsten »Bremsproteine«, p53 und Rb, indem es Proteine produziert (E6 und E7), die speziell dafür gedacht sind, sich an die Bremsproteine anzuhaften. Dadurch kann die Zellteilung ungeprüft weitergehen. Desselben Mechanismus bedient sich eines der berüchtigsten »Transformations-Viren«, SV40, welches einen Deaktivator namens Tag produziert. Tag »hängt« die Bremsen der Zelle aus. Dazu muß die Zelle jedoch noch Telomerase produzieren, um sich weiterhin endlos teilen zu können. Krebszellen – ob durch den Einfluß von Viren, Toxinen oder energiereichen Photonen entstanden – müssen alle Telomerase herstellen, um überleben zu können. Mit dem Alter steigt nicht nur die Häufigkeit von Krebs, sondern derselbe Bremsmechanismus am Ende des Telomers liegt dem Altern an sich zugrunde. Wenn das Telomer bald verbraucht ist, wird es als beschädigte DNA erkannt, und die Zelle bremst langsam bis zum Stillstand ab. Das Telomer stellt eine Pufferzone gegen Genverlust und -schaden dar, deren Preis jedoch das Altern ist.

Eine alternde Zelle empfängt zwei Arten von Signalen: die von anderen Zellen, die ihr sagen, daß sie sich teilen soll, um verlorene Zellen zu ersetzen, und die von den eigenen Telomeren, die mitteilen, daß die Chromosomen defekt oder zu kurz sind, und daß die Zelle ihre DNA nicht vervielfältigen soll. Bis die Chromosomen repariert werden können, muß die Zelle warten. Aber in einer alten Zelle können die Chromosomen nicht mehr repariert werden; das Telomer ist aufgebraucht. Der einzige Weg, wie die Zelle das Telomer »reparieren« kann, ist die Produktion von Telomerase, zu der sie jedoch nicht in der Lage ist. Also werden Bremse und Gaspedal gleichzeitig bedient; dies ist mit ein Grund für die veränderte Gen-Expression in alten Zellen.

Bis zu dem Punkt, wo es fast verschwunden ist, ist die tatsächliche Länge des Telomers möglicherweise unwichtig; kurze Telomere können immer noch Chromosomen stabilisieren. Aber bewirken sie eine veränderte Gen-Expression? Verändert sie sich schrittweise, bevor das

Telomer verschwunden ist? Die Auswirkungen auf die Gen-Expression sind wahrscheinlich nicht wahrnehmbar, bis ein Telomer so kritisch kurz geworden ist, daß es vom Kontrollpunkt erkannt wird, der dann den Zellzyklus anhält. Ein »SOS« wird an die Zelle gesendet, um die Zelle zu bewegen, die beschädigte DNA zu finden und zu reparieren. Leider wird das Telomer fast nie repariert, und die Zelle stirbt schließlich, ohne weitere Teilungen durchgemacht zu haben. Das Telomer funktioniert wie eine Uhr; aber es ist auch eine genetische Zeitbombe, die langsam und unschuldig tickt und schließlich detoniert, sodaß die Zelle stirbt.

Veränderungen am Telomer

Die Telomerlänge

Zum Zeitpunkt der Befruchtung des Eis beginnt der Mensch sein Leben mit ca. 10 kb (10.000 Basen) von reinem TTAGGG, oder vielleicht ein bißchen weniger. So ist die Lebensuhr bemessen. Direkt neben dem Telomer – in der subtelomerischen Region – finden sich ca. 5 kb; das ergibt insgesamt ca. 15 kb nichtgenetischer Basen am Chromosomen-Ende. Dieses Segment, das terminale Restriktionsfragment (TRF) des Chromosoms – Telomer und Subtelomer – hat nur im befruchteten Ei seine maximale Länge; von diesem Punkt an schrumpft das Telomer mit jeder Zellteilung.[32]

Tatsächlich haben bereits bei der Geburt schon soviele Teilungen stattgefunden, daß bereits ungefähr die Hälfte der Basen aufgebraucht ist. Die Länge des terminalen Restriktionsfragments hat sich schon von 15.000 Basen (5.000 im Subtelomer und 10.000 im Telomer) auf 10.000 (5.000 im Subtelomer und 5.000 im Telomer) verringert. Bereits 5.000 telomerische Basen sind verloren gegangen, und nur noch 5.000 sind übrig. Der Mensch hat bereits die Hälfte seiner Telomer-Basen investiert, um überhaupt seine physische Gestalt zu schaffen. Wenn man ein hohes Alter erreicht hat, kann die subtelomerische Region immer noch 5-7 kb lang sein, aber das Telomer besteht durchschnittlich aus weniger als 2 kb. Doch die Länge der Telomere unterscheidet sich nicht nur zwischen verschiedenen Individuen und Zellen in einem Lebewesen, sondern auch innerhalb einer einzigen Zelle. Generell hängt die Länge des Telomers von der Zahl der Zellteilungen ab, die der Organismus vollzogen hat. Die Zellen teilen sich schon im Fötus; so teilt sich das befruchtete Ei, differenziert sich und wächst; schließlich wird ein Mensch daraus. Nach der Geburt findet die Kürzung der Telomere ungefähr parallel mit dem Alter statt, hängt jedoch vom Zelltyp ab. Diese Unterschiede in der Länge der Telomere bestimmen, wie wir altern: Manche Zellen teilen sich während des gesamten Lebens fortwährend, bei anderen ruht die Teilungsaktivität für Jahrzehnte. Wieder andere ruhen ebenfalls, aber beginnen sich zu teilen, wenn sie richtig provoziert werden.

Die Darmepithelzellen und die Vorläuferzellen der roten Blutkörperchen teilen sich mehr oder weniger lebenslang. Aber auch in diesen Zell-Linien wird die Teilung sorgfältig gesteuert, je nach den Bedürfnissen des Körpers: Die Zellen teilen sich fast nie zu oft oder zu selten; es gibt fast nie zuviele oder zu wenige Zellen, um die nötigen Aufgaben auszuführen. Die Telomere der Fibroblasten in der Haut verkürzen sich fortlaufend in Korrelation mit dem Lebensalter und noch enger korreliert damit, wie stark der Körper verschlissen wurde. George Burns formulierte es so: »Es sind nicht die Jahre, es sind die Meilen.«

Auf der anderen Seite teilen sich die Neuronen im Gehirn – aber nicht die Gliazellen, die sie umgeben und unterstützen – nur im Fötus und sind nach der Geburt normalerweise nicht mehr in der Lage, sich zu teilen.[33] Sie haben schon unzählige Teilungen auf dem Weg vom befruchteten Ei zu voll ausgereiften und funktionsfähigen Nervenzellen hinter sich. Ihre Telomere verkürzen sich in der Fetalperiode verschwenderisch und hören dann für immer damit auf. Ihre Telomere sind bei der Geburt ungefähr halb so lang wie bei der Empfängnis. Ihre Uhren sind halb abgelaufen und bleiben so stehen, unabhängig von der Lebensdauer. Die Nervenzellen führen ein klösterlich zurückgezogenes Leben.

Andere Zellen, z. B. die Leber- und Immunzellen, teilen sich ab und zu und nur dann, wenn es die Umstände verlangen. Ihre Telomere sind verschieden lang, abhängig von der Art der Zelle, dem Alter des Organismus und davon, was das Leben ihnen abverlangt. Weiße Blutkörperchen können gut als Beispiel dienen: Die Telomere der weißen Blutkörperchen eines AIDS-Kranken – der im Kampf mit dem Virus pro Tag 1 bis 2 Milliarden weiße Blutkörperchen verliert und wieder ersetzt – sind wahrscheinlich kürzer als die von nicht HIV-Infizierten. Denn die Zellen des AIDS-Kranken vervielfachen sich ständig in dem fruchtlosen Versuch, mit den durch das Virus verursachten Verlusten schrittzuhalten.

Zellen, die sich ständig teilen, haben im Alter vielleicht im Mittel noch 2 kb im Telomer zur Verfügung. Ein Telomer mag lang sein, während das andere komplett verschwunden sein kann. In einer alternden Zelle gibt es mindestens ein Telomer, das die meisten seiner TTAGGG-Sequenzen verloren hat. Dieses Telomer ist schon eines zuviel.

Warum man schrittweise altert

Das Ende der Telomere ist abrupt erreicht, die Jugend dagegen endet nicht so plötzlich. Wir sehen das Altern als einen langsamen, kumulativen, fast unmerklichen Abbau der Funktionen, der sich über Jahrzehnte hinzieht. Dieser Vorgang kann nur mit einem ähnlich schrittweisen Vorgang erklärt werden, wie z. B. der Verlagerungen der Heterochromatin-Hülle. Wie kann der Prozeß am Ende der Telomere mit seinem abrupten Abschalten der Zelle den schrittweisen Vorgang des Alterns erklären?

Der erste Teil der Antwort kann in der Expression der Telomerase liegen. Wenn von Zeit zu Zeit kleine Mengen von Telomerase produziert würden, würde das Gleichgewicht zwischen dem Verlust und dem Ersetzen von TTAGGG-Sequenzen schwanken. Wenn das Telomer kurz wäre, würde sich die Zelle alt verhalten; würde sie jetzt eine verschwindend geringe Menge Telomerase produzieren, würden die

Telomere über ihre »Mindestlänge« verlängert, der Zellzyklus würde wieder beginnen, und die Zelle würde sich jung verhalten. Schwankungen im Bereich der Mindestlänge (eine Situation wie drei Schritte vorwärts und zwei zurück gehen) würden den Eindruck erwecken, daß das Altern der Zelle schrittweise vor sich ginge. Obwohl es ein solches Gleichgewicht zwischen Telomerase-Expression und Verlust der Telomere bei Tumorzellen gibt,[35] produzieren die normalen Somazellen niemals Telomerase.[36]

Die zweite Erklärung liegt darin, daß der Bremsmechanismus am Ende des Telomers auch nicht abrupt vor sich geht – zumindest anfangs – sondern schrittweise. Er ist nicht aktiv, wenn das Telomer noch mehr als 1.000 Basenpaare hat, greift jedoch allmählich dann, wenn die Zahl unter diese Grenze sinkt. Anfangs wird dieser Mechanismus also sporadisch und schrittweise wirksam. Die Alterungsreaktion der Zelle verläuft abgestuft über die letzten 500–1.000 Basenpaare von TTAGGG-Sequenzen und wird erst dann verläßlich und dominierend, wenn das Telomer aufgebraucht ist.

Die dritte Antwort ist, daß die Telomere untereinander Sequenzen austauschen. Ein einziges kurzes Telomer kann das zelluläre Altern auslösen; aber es kann zu einem Austausch zwischen den Telomeren kommen, bei dem Teile eines langen Telomers abgetrennt werden und einem kurzen angefügt werden. Der Trick, Peter zu bestehlen, um Paul zu bezahlen, verändert jedoch nicht die durchschnittliche Länge der Telomere in der Zelle, kann aber die Zelle zunächst retten.

Sowohl die schrittweise Veränderung als auch die Rekombination von Telomer-Anteilen spielen wahrscheinlich eine Rolle beim Altern, während der erste Mechanismus, die Expression von Telomerase in kleinen Mengen, keine Bedeutung besitzt. Welcher Mechanismus auch immer zugrunde liegt, die alternde Zelle hört nicht plötzlich auf, sich zu teilen, sondern verlangsamt ihre Aktivität zunächst. Das Altern der Zelle verteilt sich über die letzten paar – vielleicht ein Dutzend oder mehr – Teilungen. Die Bremse wird zunächst leicht betätigt und erst am Schluß fest und unwiderruflich. Und selbst wenn das Altern in der Zelle abrupt einträte, würden wir es immer noch als schrittweise empfinden. Ein Gewebe, das aus Millionen von Zellen aufgebaut ist, wird schrittweise abgebaut, auch wenn jede einzelne Zelle – eine nach der anderen – plötzlich altert. Das Altern des Menschen resultiert aus einem schrittweisen Abbau der Telomere und einer generellen, schrittweisen Abnahme von Zellfunktionen.

Variabilität der Telomere

Die Verkürzung der Telomere erklärt das zelluläre Altern weitgehend, aber der Alterungsprozeß insgesamt, vor allem sein klinisches Erscheinungsbild, hängt von der Variabilität der Länge der Telomere ab. Die Länge der Telomere unterscheidet sich sowohl innerhalb einer Zelle als auch zwischen den Zellen (durchschnittliche Telomerlänge zweier Zellen), und die Variabilität verändert sich mit dem Alter.[37] Es gibt verschiedene Gründe für die unterschiedlichen Telomer-Längen innerhalb der Zelle. Wie James Watson und Alexei Olovnikov schon betont haben, verkürzt sich bei jeder Replikation einer der beiden Stränge des Chromosoms. Das legt den Verdacht nahe, daß Unterschiede auftreten können. Eine Tochterzelle wird den kürzeren Strang erben, die andere den längeren. In der nächsten Generation werden zwei Zellen den kürzeren Strang haben, eine sogar einen noch kürzeren, und die letzte einen Strang mit Originallänge. Theoretisch setzt sich dieser Prozeß fort, bis man eine riesige Sammlung von Zellen hat – eine Zelle ohne Telomer, eine mit Telomeren in ursprünglicher Länge, und eine große Anzahl von Zellen mit verschiedensten Zwischenlängen. Graphisch dargestellt ergeben die Telomerlängen dieser Zellen (Abb. 3.7) eine normale glockenförmige Kurve. Wenn der Organismus altert, nähern sich mehr und mehr Zellen dem Nullpunkt, bis der Tod eintritt.

Es würde zumindest so ablaufen, wenn es nicht die Rekombination der Chromosomen gäbe, die wir oben besprochen haben.[38] Wegen dieses Mechanismus ist die Wahrscheinlichkeit, daß eine Zelle ihr langes Telomer über viele Generationen erhalten kann, sehr gering. Und es wird ebenso unwahrscheinlich, daß ein kurzes Telomer bei jeder Tei-

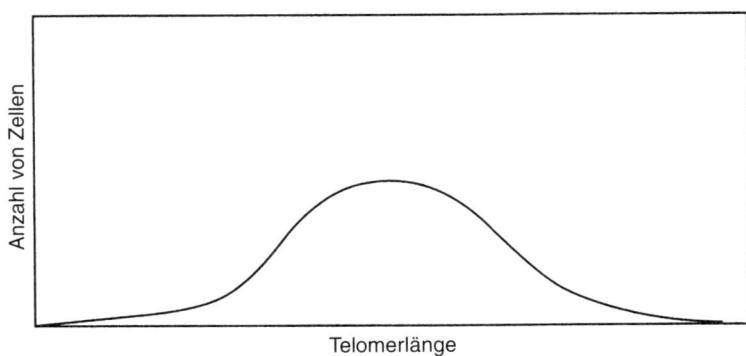

Anzahl von Zellen

Telomerlänge

Abb. 3.7

lung unverändert bleibt. Vielmehr verteilt sich die Verkürzung der Telomere zufällig über alle Chromosomen. Auch die Anzahl der Basen, die während einer Replikation verloren gehen, variiert in Abhängigkeit von verschiedenen Faktoren. Es kommt z. B. darauf an, an welcher Stelle des Telomers sich die DNA-Polymerase während der Replikation anhaftet. Weil diese Stelle vom eigentlichen Ende des Telomers unterschiedlich weit entfernt ist, geht von Teilung zu Teilung eine nicht vorhersagbare Anzahl von Basen verloren.

Dazu kommt Folgendes: Die Telomere sind zwar bei der Empfängnis durchschnittlich 10.000 Basenpaare lang; dies ist jedoch nur ein Durchschnittswert, der von 92 Telomeren mit unterschiedlichen Längen abgeleitet wurde. Wenn ein Telomer nur mit zwei TTAGGG-Sequenzen starten würde, gäbe es nach zwei Generationen kaum mehr Unterschiede. (In Wirklichkeit würde so eine Zelle nicht lange genug überleben, um die Unterschiede zu messen). Dagegen hat eine Zelle, die mit Hunderten von Sequenzen beginnt, genügend Sequenzen – und Zeit – eine große Menge meßbarer Unterschiede zu entwickeln. Die längsten Telomere werden in Keimzellen gefunden. Auch hier beginnen nicht alle mit ein und derselben Länge, sondern alle sind unterschiedlich lang. Soweit wir wissen, stellt die Telomerase die

117

Telomere nicht auf eine spezifische Länge ein.[39] Die Länge der Telomere in der Keimzell-Linie ist ein Produkt der Verlustrate und der Wiederaufbaurate von TTAGGG-Sequenzen durch die Telomerase, welche beide unterschiedlich sind.

Schließlich kann sich die Gen-Expression auch bei zwei Chromosomen mit gleich langen Telomeren unterscheiden, weil die Hüllen unterschiedlich lang sind.

Die Unterschiede der Telomerlänge zwischen den Zellen sind sogar noch größer als die innerhalb der Zellen. Zellen einer Gewebe-Art haben wahrscheinlich wegen der zahlreichen möglichen Einflüsse niemals die gleiche Zahl von telomerischen Basen – sogar wenn sie die gleiche Anzahl Teilungen hinter sich gebracht haben. Eine gleiche durchschnittliche Telomerlänge garantiert noch nicht, daß die Gen-Expression oder der Grad der Zell-Alterung gleich ist. In Abb. 3.8 zeigen die Telomere beider Zellen die gleiche Durchschnittslänge (5.000 Basenpaare), aber die Spannweite in der einen Zelle ist viel größer als die in der anderen. In der ersten Zelle finden sich Telomere mit Längen zwischen 0 und 10.000 Basenpaaren, in der zweiten nur zwischen 4.000 und 6.000. Dies führt dazu, daß der Kontrollpunkt in der ersten Zelle ein einziges zu kurzes Telomer entdeckt und die Zellteilung anhält, während sich die zweite Zelle weiterhin normal teilt (Abb. 3.8).

Wenn aber diese Variabilität zum Altern beiträgt, warum sollte sie dann mit dem Alter geringer werden? Wenn wir uns eine große Gruppe von Zellen ansehen, sind anfangs große Unterschiede vorhanden; wenn diese Zellen altern, werden im Durchschnitt alle Telomere älter. Die Zellen, deren Telomere schon kritisch kurz geworden sind, teilen sich nicht weiter; deshalb verkürzen sich auch die Telomere nicht weiter. Sie warten, während die Telomere der anderen Zellen nun immer kürzer werden, bis auch sie die gleiche kritische Länge erreicht haben.

Man kann sich vorstellen, die Zellen sind Kinder, die sich in einem Raum bewegen, in dessen Ecke wir sitzen. Jedesmal, wenn ein Kind in greifbare Nähe kommt, halten wir es an und setzen es uns zu Füßen.

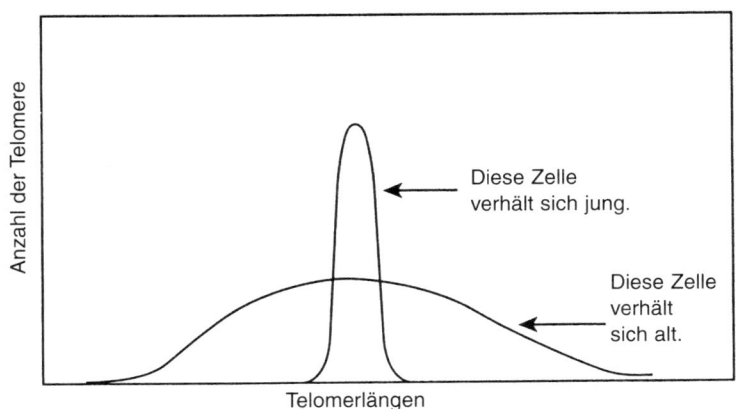

Diese Zelle
verhält sich jung.

Diese Zelle
verhält
sich alt.

Telomerlängen

Abb. 3.8 Unterschiede in den Telomerlängen können für das »Alter« der Zellen maßgebend sein.

Je länger das Spiel fortgesetzt wird, desto näher rückt die Durchschnittsposition der Kinder und umso mehr verkleinern sich die Unterschiede zwischen den Kindern, weil sich die sitzenden Kinder nicht mehr bewegen. Auch gealterte Telomere verharren in Ruhe; es sammeln sich mehr und mehr kurze Telomere an, bis fast alle kurz geworden sind. In diesem Stadium werden die Unterschiede minimal sein.

Während sich die Telomere mit jeder Teilung verkürzen, werden die zugehörigen Zellen langsamer, bis sie sich schließlich nicht mehr teilen; gleichzeitig teilen sich die mit längeren Telomeren weiterhin, während auch ihre Telomere immer kürzer werden. In Zellen »mittelalter« Kulturen findet sich ein weites Spektrum von Telomeren, Zellen »alter« Kulturen bieten dagegen ein einheitlicheres Bild. Auch die Telomere von alternden Zellen zeigen in Kulturen weniger Unterschiede in der Länge (Abb. 3.9).[40]

Die Tatsache, daß die Unterschiede so groß sind, erlaubt es uns, eine überraschend wichtige, aber oberflächlich betrachtet seltsame Frage zu beantworten: Wenn das Telomer eine Uhr ist, warum hat man dann 92 davon in jeder Zelle? Man *braucht* keine 92 Uhren; aber die

Tatsache, daß es so viele davon gibt, erklärt, warum man nicht abrupt, sondern schrittweise altert. Der Grund dafür, daß man nicht eines Morgens alt, grau, runzelig und verwirrt aufwacht, ist, daß man mehr als 100 Billionen Zellen hat, und jede von ihnen 92 Uhren besitzt und keiner dieser 10 Billiarden Uhren exakt die gleiche Zeit anzeigt.

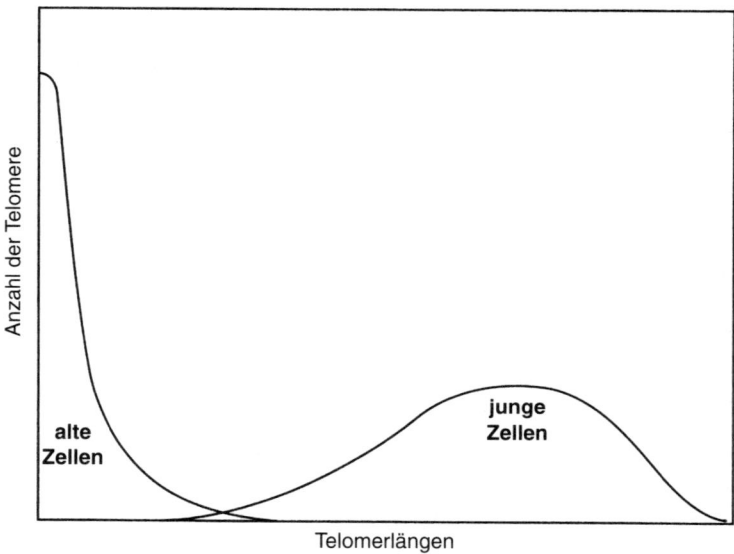

Abb. 3.9 Bei alten Telomeren gibt es keine großen Längen-Unterschiede.

Gewebe und Organe

Das Altern von einzelnen Zellen und von Zellgruppen, z. B. eines Organs, verläuft ähnlich, aber dennoch bemerkenswert unterschiedlich: Der Unterschied entscheidet sogar manchmal über Leben und Tod. Die Unsterblichkeit der Zellen ist für das menschliche Leben irrelevant: Man kann keinen Körper aus Krebszellen aufbauen, die unsterblich sind, aber nicht das kooperative, »soziale« Verhalten aufweisen, das mehrzellige Organismen wie den Menschen definiert. Die

120

Unsterblichkeit von Zellen reicht nicht aus, um das Altern zu verhindern.
Der Zelltod ist sogar für das Überleben des Organismus notwendig. Man verliert Millionen, manchmal Milliarden Haut-, Darm- und Blutzellen täglich, damit der übrige Verbund von 100 Billionen Zellen überleben kann. Aber man könnte nicht überleben, wenn man die Stammzellen verlieren würde, aus denen die anderen Zellen hervorgehen; Stammzellen sorgen für den Nachschub an vergänglichen Zellen wie Blut- und Hautzellen. Wenn alle Zellen sterben würden, würde auch der Organismus sterben; wenn jedoch alle Zellen weiterleben würden, würde der Körper trotzdem sterben. Das Sterben und das Überleben aller Zellen muß koordiniert und programmiert werden.

In der pränatalen Entwicklung beispielsweise wird Zellen, die nicht mehr gebraucht werden – etwa die Häute zwischen den Fingern – befohlen zu sterben. Diesen geplanten Mord nennt man Apoptose: Eine Zelle, die das tödliche Signal erhält, stellt sich selbst ab, zerfällt und stirbt schließlich. Auf eine weniger dramatische Weise hängen alle Zellen von Signalen anderer Zellen ab. Jede Zelle wird von ihren Nachbarn und weiter entfernten Zellen beeinflußt.[41] Diese Koordination ist ebenfalls ein wichtiger Teil des Alterungsprozesses.

So wie Zellen aufgrund von inneren Signalen (z. B. weil die Telomer-Uhr abläuft) oder von äußeren Signalen (wie beim programmierten Zelltod) altern bzw. sterben können, können sie auch durch äußere Vorfälle – wie Trauma, Infektion und Entzündung – zerstört werden. Wenn sich bei einer Zelle die telomerische Uhr ihrem Ende nähert und der Zellzyklus langsamer wird und schließlich anhält, sendet die Zelle SOS-Hilferufe an ihre Nachbarzellen. Diese Signale lösen eine Reihe von Antworten aus: Sie verursachen die Freisetzung von entzündlichen Mediatoren, wie Zytokinen, und die Produktion von Entzündungszellen wie Makrophagen. Diese schaden der Zelle, die das Signal ausgesendet hat, oder zerstören sie sogar; aber die Nachbarn dieser Zelle leiden darunter ebenfalls. Dieser Mechanismus spielt eine Rolle in der Entstehung vieler Alterskrankheiten wie Arthrose, Demenz und Arteriosklerose.

Darüber hinaus hört die Zelle auch auf, angemessen auf die Signale anderer Zellen zu antworten, wenn sie sich dem Ende ihrer Telomere nähert; dies veranlaßt auch die Nachbarzellen dazu, zu versagen. Doch der Schaden greift noch weiter um sich: Wenn die Zellen, die die Gefäße umgeben, nicht mehr funktionieren, ziehen sie entzündliche Zellen (Makrophagen) an und bilden Plaques, die das Gefäß zerstören, oder die Gefäßwand »beult aus« und zerreißt. Der Verlust der Zellfunktion bedeutet einen Verlust an Gewebe, welches von dem alternden Gefäß abhängt. Die Zellen, die die Arterien auskleiden, welche das Herz mit Blut versorgen, werden durch hohen Blutzucker, Hypertension und eine Menge anderer kleinerer Einflüsse belastet. Sie teilen sich und ersetzen verlorene Zellen; aber wenn ihr Telomer zur Neige geht, werden zerstörte Zellen nicht mehr ersetzt, es kommt zu Entzündungen, Cholesterinplaques lagern sich ab, die Arterien werden enger und der Herzmuskel stirbt – und manchmal auch der Besitzer dieses Herzmuskels. Alles beginnt in der Zelle, der kumulative Effekt ist lokal begrenzt, aber das Ergebnis ist katastrophal.

Zusammenfassung

Solange sich Zellen im Zellzyklus befinden und sich regelmäßig teilen, verkürzen sich die Telomere der Chromosomen zufällig und schrittweise, aber unvermeidbar. Sogar in dem seltenen Fall, daß eine Somazelle kleine Mengen Telomerase produziert, verlangsamt sich die Verkürzung wahrscheinlich nur, kommt aber nicht zum Stillstand.

Sogar wenn die durchschnittliche Länge abnimmt, ist die Variation in der Telomerlänge anfangs groß. Das bedeutet, daß die Proteine, die beschädigte DNA binden, zwar aktiver sind, die tatsächliche Antwort der Zelle aber veränderlich und unvorhersehbar ist. Die Unvorhersehbarkeit wird zwischen unterschiedlichen Zellen in einem bestimmten Gewebe noch schwerwiegender sein, vor allem deshalb weil einige schon mehr Teilungen hinter sich haben als andere und weil einige, deren Telomere sich nicht mehr verkürzen, schon aufgehört haben, sich zu teilen. Die Unterschiede zwischen verschiedenen Geweben und Organen sind noch größer. Je höher die Ebene in der Organisation des Organismus, desto mehr Unterschiede wird man finden und desto unvorhersehbarer wird die genaue Veränderung im Alter sein.

Der Alterungsvorgang variiert zunehmend, wenn wir von den Genen zu den Zellen wandern, von den Zellen zum Gewebe, und vom Gewebe zu den Organen, und schließlich – in ganz besonderem Maße – von den Organen zum ganzen Körper. Das Altern verläuft nicht nur unterschiedlich, was den Zeitpunkt des Beginns und die Geschwindigkeit des Fortschreitens betrifft, sondern variiert unvermeidlich auch im äußeren Erscheinungsbild. Das Altern ist chaotisch und verändert sich ständig. Es drückt sich in einer endlosen Vielfalt aus, obwohl die grundlegenden Prozesse die gleichen bleiben.

Altersveränderungen betreffen vor allem die Zellen, die sich weiterhin teilen, aber sie beschränken sich nicht auf diese. Zellen, die sich nicht mehr teilen, bekommen Probleme – die wir mit dem Altern verbinden –, wenn die Zellen um sie herum altern, und verursachen sekundär Probleme in sonst gesunden Nachbarzellen. Wenn Gliazellen altern, leiden Nervenzellen an den Folgen. Wenn Endothelzellen (Zellen, die die Blutgefäße auskleiden) altern, lagern sich in den Gefäßen Plaques ab, und der Herzmuskel stirbt – auch wenn seine Telomere unverändert bleiben.

Das Telomer ist der Schlüsselpunkt des zellulären Alterns, und das zelluläre Altern ist der wichtigste Faktor in der Alterung des Körpers. Das Altern des Körpers wird vor allem durch das kumulative Altern verschiedener Zellgruppen bestimmt. Das Altern der Gewebe und Organe resultiert daraus, daß das Zusammenspiel einzelner Zellgruppen durch gegenseitige Signalübertragung nicht mehr richtig funktioniert.

Wir haben nun besprochen, was das Altern ist (Kapitel 2) und welches die Ursachen sind (dieses Kapitel). Das Altern wird durch Verkürzung der Telomere und deren unterschiedliche Länge verursacht. Die Zellen können sich nicht länger teilen und verändern ihre Gen-Expression. Alternde Zellen beschädigen Nachbarzellen, weil sie ihre Pflichten gegenüber den Nachbarzellen nicht mehr erfüllen können.

Noch schlimmer: Alternde Zellen fügen anderen Zellen aktiv Schaden zu, indem sie Entzündungsreaktionen und andere Mechanismen provozieren. Diese sich anhäufenden Probleme beeinträchtigen die Funktion von Geweben, Organen und schließlich des ganzen Körpers zunehmend.

Aber woher wissen wir, daß das Telomer der Stein ist, der die Lawine des Alterns ins Rollen bringt? Woher wissen wir, daß die schrittweise Verkürzung des Telomers das Altern in der Zelle, dem Gewebe oder im Organismus verursacht?

Kapitel 4

Was wir wissen

Eine Forelle in der Milch

Manches Indiz ist sehr überzeugend,
etwa, wenn man eine Forelle in der Milch findet.

(Henry David Thoreau, »Walden«)

Den Alterungsprozess umkehren

Wo der Schlüssel zum Altern zu finden ist, wurde erstmals 1990 klar, als Cal Harley, Bruce Futcher und Carol Greider das Telomer mit Alterungsprozessen verknüpften. Seitdem haben wir zunehmend mehr über diesen Prozeß herausgefunden – in Zellkulturen, bei verschiedenen Tierarten und beim Menschen. Aber sind unsere Annahmen auch richtig? Erst wenn es uns gelingt, die Alterung bei einem betagten Menschen umzukehren oder sie bei einem jungen zu verhindern, werden wir wissen, daß wir den Prozeß verstanden haben.

Erstens werden wir, selbst wenn wir den biologischen Verfall hundertprozentig *verhindern* können, immer noch nicht imstande sein, den gesamten Prozeß *umzukehren*, wie wir im 7. Kapitel detailliert sehen werden. Ältere Menschen, die sich einer Telomer-Therapie unterziehen, können zwar mit raschen und dramatischen Ergebnissen rechnen, nicht aber mit einer vollständigen Umkehrung bestimmter Alterserscheinungen. Manche Dinge lassen sich eben, einmal zerbrochen, nicht mehr reparieren; die Umkehrung des Alterns wird uns also nur teilweise gelingen.

Zweitens wird es, obwohl wir bald imstande sein werden, dem Altern vorzubeugen, Jahrzehnte dauern, um das beim Menschen nachzuweisen. Altern geschieht so langsam, daß bei all jenen, die sich

als junge Erwachsene zu einer lebensverlängernden Therapie ent-
schließen, keine raschen Wirkungen erkennbar sein werden. Es mag
uns zwar vollständig gelingen, das Altern zu verhindern, aber dies
wird sich erst nach und nach zeigen. Den letztendlichen Beweis für
unsere Fähigkeit, den biologischen Abbau umzukehren, werden wir
nur antreten können, indem wir die Sache anpacken, nicht, indem wir
darüber theoretisieren, warum es möglich sein sollte.
Die Behauptung, der Alterungsprozeß sei nicht umkehrbar, beruhte
bis dato auf Fakten. Außer in Zellkulturen im Labor ist dieser Prozeß
noch niemals umgekehrt worden.
Welche Belege gibt es dafür, daß es uns heute gelingen könnte?

Sprechende Zellen

»Ach, Tigerlilie«, sagte Alice zu einem Exemplar der Gattung,
das sich anmutig im Wind wiegte,
»ich wollte, du könntest sprechen!«

(Lewis Carroll, Through the looking Glass)

Tigerlilien können uns, auch ohne zu sprechen, eine Menge sagen. Sie
können uns mitteilen, wie schnell sie wachsen und altern, welchen
Boden sie mögen, ob sie Sonne oder Schatten vorziehen. Die beste
Methode, um bestimmte Aufschlüsse über sie zu erhalten, ist jedoch,
ihre Zellen im Labor zu züchten. Zellen, die man in Petrischalen züchtet, bezeichnet man als *In vitro*-Zellen, lateinisch für »im Glas«. (»In
Plastik« wäre heute zutreffender, aber sowohl die Etymologie als auch
Alice bevorzugen Glas, und so bleiben wir dabei.) Egal, in welchen
Behältern sie auch gezüchtet werden, In vitro-Kulturen sind Zellen,
die aus einem Organismus entnommen wurden. Zellen, die sich noch
im Organismus befinden, bezeichnet man als *in vivo*, »am Leben« –
obwohl das irreführend ist, da auch die In vitro-Zellen am Leben bleiben, wenn der Laborant behutsam mit ihnen umgeht. Der in beiden

Fällen nötige Grad an Sorgfalt unterscheidet »in vitro« von »in vivo« in einem tieferen Sinn, als man meinen könnte. Der Organismus ist das natürliche Umfeld für seine Zellen, und sie überleben im allgemeinen länger und mit weit weniger Planung und Aufmerksamkeit seitens des Forschers, wenn man sie »in vivo« läßt. Zellen in vitro gleichen ihren Schwestern im Organismus niemals völlig. Das Züchten von Tigerlilienzellen im Labor vereinfacht jedoch unsere Aufgabe: Wir wissen genau, was wir gemacht haben und unter welchen Bedingungen. In vitro- und In vivo-Experimente haben auch unterschiedliche Konsequenzen. Die Ergebnisse von In vitro-Versuchen sind nicht notwendigerweise auf In vivo-Behandlungen anwendbar, da Zellen in Kulturen anders wachsen.

Selbst wenn ihr Verhalten in vitro jedoch genau dem in vivo entspräche, wären Behandlungen, die in der Petrischale funktionieren, nicht zwangsläufig auch in vivo wirksam. Ein Arzneistoff, der in der Petrischale spielend mit Krebszellen fertig wird, könnte sich im Körper für andere Zellarten als toxisch erweisen. Das Medikament, das den Krebs tötet, könnte auch dem übrigen Körper den Rest geben.

Bei den meisten In vitro-Experimenten dienen die Resultate in erster Linie zur Überprüfung klinischer Möglichkeiten. Aber wenn es ganz gezielt um Alterungsvorgänge geht, dann korrespondiert zu unserem Glück die In vitro-Information (zum Beispiel das Hayflick-Limit) weitgehend mit den In vivo-Erkenntnissen (zum Beispiel der Lebensspanne der Spezies, aus der die Zellen stammen).[1] Jede Technik, die das Altern in vitro verändert, bzw. unser Verständnis des Alterns auf der Basis von Zellkulturen, wird höchstwahrscheinlich auch eine unmittelbare Auswirkung auf das Altern des Organismus in vivo haben.

Laboruntersuchungen von Zellkulturen bestätigen die Theorie, daß das Altern durch telomere Mechanismen verursacht wird: Zellen altern, weil sich das Telomer verkürzt. Die telomere Verkürzung hängt mit der Anzahl von Zellgenerationen zusammen und läßt eine genaue Voraussage darüber zu, wann die Zelle altern wird. Je größer die

Anzahl der Zellgenerationen, die aufeinanderfolgten, desto kürzer sind die Telomere; je kürzer die Telomere, desto älter das Verhalten der Zelle. In den Endstadien der Telomer-Verkürzung verändert die Zelle ihr Muster der Gen-Aktivierung, verlangsamt ihre Teilungsrate, stellt die Teilung dann völlig ein und stirbt schließlich ab.

Die Länge der Telomere nimmt also proportional zur Anzahl der Generationen ab. Im Schnitt verlieren Zellen fünfzig Basenpaare oder etwa acht TTAGGGs pro Teilung. Dieser Verlust ist nicht die Folge eines zufälligen DNA-Verschleißes, der irgendwo im Chromosom auftritt; ebensowenig ist es einfach eine Umgruppierung der DNA vom Telomer zu nicht-telomeren Orten (so daß sich die Telomer-Sequenzen jetzt anderswo im Chromosom befinden). Was verlorengeht, sind TTAGGGs des Telomers.

Wie geeignet ist das Telomer zur Voraussage? Es ist das beste Prognoseinstrument, das wir kennen. Scherzhaft – aber zutreffend – ausgedrückt, ist es eine bessere Meßlatte des Alterns als unser eigenes chronologisches Alter. Um dieser merkwürdigen Ironie auf den Grund zu gehen, müssen wir uns über den Zusammenhang zwischen Altern und Alter klarwerden. Wenn wir aus der menschlichen Haut Fibroblasten (Vorstufen der Bindegewebszellen, d. Ü.) entnehmen und sie in einer Kultur züchten, können wir auf das Alter des Betreffenden rückschließen. Die Vermutung liegt nahe, daß die Fibroblasten eines Neugeborenen in der Kultur länger leben werden als die eines Hundertjährigen, und genau so ist es auch: Die Zellen eines Kindes lassen sich leichter kultivieren als die eines alten Menschen. Wenn wir die Zell-Alterung messen – die biochemische Funktionsfähigkeit und das Vermögen, sich zu teilen und zu wachsen – dann schneiden die Zellen eines älteren Spenders nicht so gut ab wie die jüngerer Personen.

Obwohl gewöhnlich eine ausgeprägte Korrelation zwischen dem Alter eines Menschen und dem Verhalten seiner Zellen besteht, ist dies nicht immer der Fall.

Jeder von uns ist schon einmal Menschen begegnet, die weitaus jünger oder älter aussehen, als es ihren Jahren entspricht. Es gibt nicht nur Unterschiede im Altern, die wir – intuitiv und auf den ersten Blick

– erfassen, sondern das trifft für jeden Meßwert des Alterns zu, den wir hernehmen können. Wir Menschen unterscheiden uns nun einmal hinsichtlich der Geschwindigkeit, mit der wir altern; es braucht uns nicht überraschen, daß dasselbe für unsere Zellen gilt. Ebenso wie ein Alter von sechzig Jahren nicht bedeutet, daß man genauso alt aussieht wie alle anderen Sechzigjährigen, so bedeutet sechzig Jahre alte Haut zu haben nicht, daß unsere Zellen noch genau dieselbe Anzahl von Generationen vor sich haben wie jede andere sechzigjährige Hautzelle. Im Gegenteil, Fibroblasten, die mehreren gleichaltrigen Perso-

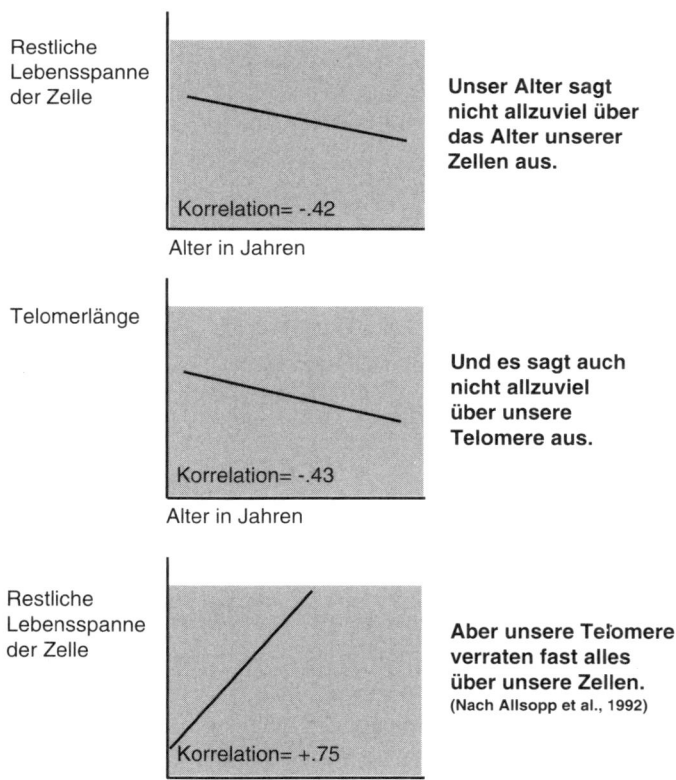

Restliche
Lebensspanne
der Zelle

Korrelation= -.42

Alter in Jahren

Unser Alter sagt
nicht allzuviel über
das Alter unserer
Zellen aus.

Telomerlänge

Korrelation= -.43

Alter in Jahren

Und es sagt auch
nicht allzuviel
über unsere
Telomere aus.

Restliche
Lebensspanne
der Zelle

Korrelation= +.75

Aber unsere Telomere
verraten fast alles
über unsere Zellen.
(Nach Allsopp et al., 1992)

Abb. 4.1

nen entnommen wurden, unterscheiden sich nicht nur darin, wie »alt« sie sich anfangs »verhalten«, sondern wie ihr Alterungsprozeß in der Kulturschale verläuft. Wenn die Anzahl der bisher gelebten Jahre nicht der beste Prognosefaktor des Alterns ist, was dann? Der beste Prognosefaktor des späteren Alterns ist, wie gesagt, die Telomer-Länge.[2] Bei Fibroblasten mit kurzen Telomeren, wird man, selbst wenn sie einem jungen Spender entstammen, bald eine Zell-Alterung feststellen. Fibroblasten mit längeren Telomeren werden, selbst wenn sie einem älteren Organismus entnommen sind, länger brauchen, um Alterserscheinungen zu zeigen. Altern ist kein passives Resultat der Anzahl von Jahren, die wir gelebt haben; Altern ist ein Vorgang, der einsetzt, sobald die verkürzten Telomere der Entropie Tür und Tor öffnen. Dieser Vorgang kann Jahre dauern, aber er ist absolut abhängig vom Schwund der Telomere und den Abwehrmechanismen, die diese steuern. Die schlüssigste Korrelation besteht deshalb zwischen Telomer-Länge und Altern, nicht zwischen chronologischem Alter und Altern. Wir sind nur so alt wie unsere Telomere.

Elefanten und Mäuse

It was six men of Indostan, To learning much inclined,
Who went to see the Elephant (Though all of them were blind),
That each by observation might satisfy his mind.

(John Saxe, »The blind Men and the Elephant«)

Wenn wir uns mit dem Altern auseinandersetzen – ob wir nun verschiedene Spezies betrachten oder verschiedene Aspekte des Alterungsprozesses – sollten wir bedenken, daß es sich schließlich da wie dort um ein- und denselben Vorgang handelt. Das Altern ist wie der Elefant in der Parabel von den blinden Männern. Der eine befühlte mit den Händen die baumstammähnlichen Beine des Tieres und dachte, der Elefant sei ein Baum; der andere betastete den Rüssel und meinte, er sei eine Schlange; ein dritter, der seinen breiten Rumpf betatschte, verglich ihn mit einer Mauer. Dennoch handelte es sich um ein- und denselben massigen Elefanten. Die Altersforschung hat sich abwechselnd auf DNA-Schäden, freie Radikale, Mitochondrien und andere Aspekte des Alterns konzentriert, man hat Fliegen, Fische, Mäuse und Menschen studiert; und obwohl die Wissenschaftler und Wissenschaftlerinnen zu unterschiedlichen Schlußfolgerungen über die Natur des Alterns gelangten, ist es dennoch ein- und derselbe Prozeß. Zwar unterscheiden sich die einzelnen Lebewesen darin, wie und wann sie altern, doch sind dies keine fundamentalen Unterschiede. Manche Differenzen sind rein quantitativ: Bestimmte Tiere altern innerhalb eines Tages, andere in einem Jahrhundert, aber sie alle altern. Alle Wirbeltiere – darunter wir selbst, andere Säugetiere, Vögel, Reptilien, Amphibien und Fische – haben größtenteils dieselben Stoffwechsel-Kreisläufe und sind mit identischen Telomer-Sequenzen ausgestattet.

Organismen, die uns ihrer Form und Evolution nach ferner stehen, wie Hefepilze, Bakterien und Viren, mögen anders oder überhaupt nicht altern, aber sie lehren uns dennoch etwas über unser eigenes Altern. Obwohl wir nur ein paar Dutzend Arten näher erforscht haben – ein paar Körperteile des Elefanten – ist uns schließlich klar geworden, daß wir es bei den einzelnen Spezies nicht mit unterschiedlichen Mechanismen des Alterns zu tun haben: Die Mechanismen sind die gleichen, obwohl sie verschiedene Formen annehmen mögen. Wir haben es mit einem einzigen, nahezu universellen Alterungsprozeß zu tun. Es gibt nur einen Elefanten.

Alle Lebewesen stehen vor dem gleichen Problem, ihre Chromosomen zu kopieren, ohne jedesmal Stücke von sich selbst zu verlieren. Mit jeder Reproduktion geht am Ende des Chromosoms ein Stückchen verloren, so daß einer oder zwei der Tochterzellen ein Teil ihres Telomers fehlt. Mit jeder Generation kürzer geworden, droht das Chromosom ganz zu verschwinden. Wie kann das Leben dann weitergehen? Wie können wir überhaupt Chromosomen von unseren Eltern geerbt haben, geschweige denn von einer Ahnenreihe, die sich drei Milliarden Jahre zurückerstreckt?

Die Natur hat mindestens drei Lösungen für das Problem erfunden. Die erste ist, das Problem ganz zu vermeiden, indem man ohne Chromosomen-Endungen auskommt. Wozu legt man sich schließlich überhaupt Endungen zu, wenn es solche Schwierigkeiten macht, sie zu kopieren? Warum nicht ein Chromosom ohne Endstück bilden? Genau dies tun viele Bakterien und Viren – sie bilden kreisrunde Chromosomen. Ihre Chromosomen sind Ringe ohne Endungen, dadurch gehen ihnen bei der Replikation keine Stücke verloren. Die massenhaft in unserem Darm vorkommenden Bakterien, *Escherichia coli*, verfahren genau nach diesem Schema, ebenso das bereits erwähnte Virus, SV 40 [Simian-Virus]. In beiden Fällen bestehen die Chromosomen aus kleinen Ringen, ganz ohne Telomere. Beim Kopiervorgang wandern die DNA-Polymerasen – die Kopierautomaten im Bereich der Genetik, die für die Replikation des ganzen Chromosoms verantwortlich sind – einfach einmal um den ganzen Ring herum, bis sie wieder an ihren Ausgangsort zurückgekehrt sind. Es kommt zu keinem DNA-Verlust, zu keiner Telomer-Schrumpfung und zu keiner Alterung. Diese Organismen – Bakterien, Viren und andere – haben es auf diese Weise geschafft, dem Altern zu entgehen. Sie können zwar zu Milliarden sterben, aber sie sind keiner inneren Uhr unterworfen, die sie abschaltet, sobald sich das Chromosom verkürzt. Ihre Chromosomen bleiben alterslose Ringe ohne Telomer.

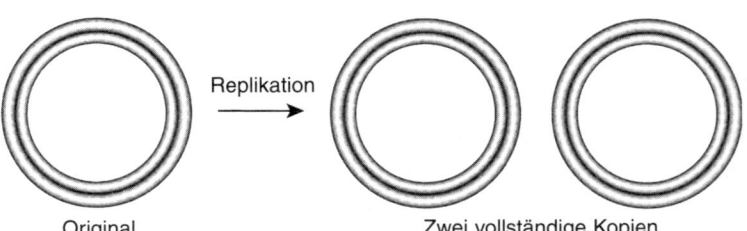

Original　　　　　　　　　　Zwei vollständige Kopien

Die erste Lösung: Ein Ringchromosom

Abb. 4.2

132

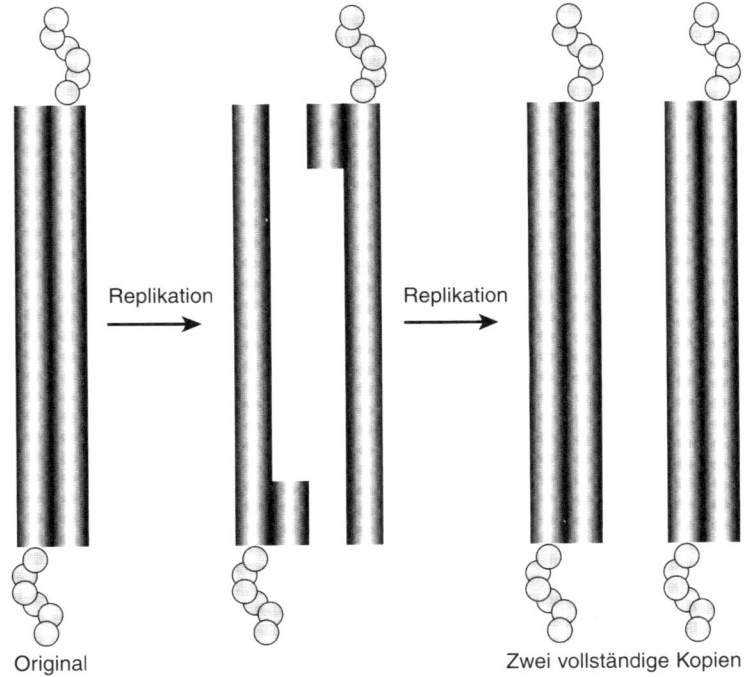

Replikation → Replikation →

Original   Zwei vollständige Kopien

Die zweite Lösung: Ein Schlußprotein

Abb. 4.3

Eine zweite Lösung besteht darin, am Ende des Chromosoms ein spezielles Protein zu plazieren, das den Ausgangspunkt für den Kopiervorgang der DNA markiert und keine Verkürzung gestattet. Die Replikation beginnt an dem speziellen Starter-Protein und schreitet ohne Verlust von Telomeren voran; das Ende des Chromosoms wird jedesmal fehlerfrei kopiert. Dieser Mechanismus ist typisch für bestimmte Viren, etwa die Adenoviren, die Halsschmerzen, Bronchitis und Lungenentzündung verursachen. Ihre Chromosomen haben zwar Endungen, aber diese werden niemals kürzer; sie bleiben »unsterblich«. Unser Immunsystem erkennt sie und macht ihnen zuverlässig den

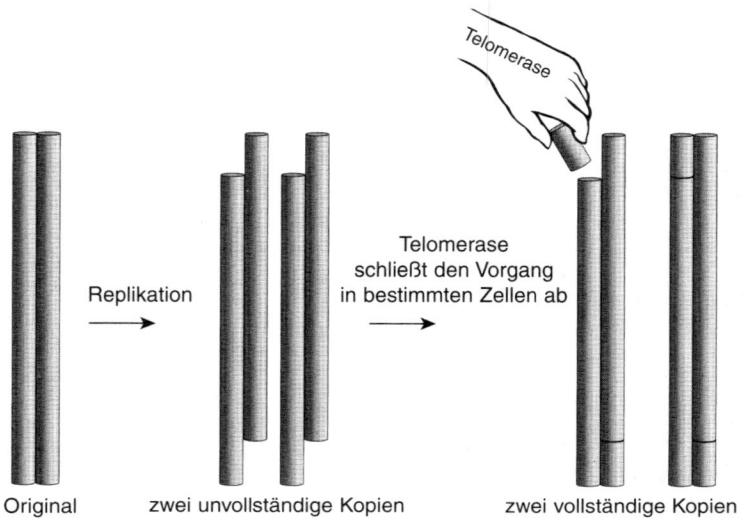

Replikation →

Telomerase
schließt den Vorgang
in bestimmten Zellen ab →

Original   zwei unvollständige Kopien   zwei vollständige Kopien

Die dritte Lösung: Telomerase

Abb. 4.4

Garaus, und dennoch kehren diese Viren mit den Jahreszeiten wieder und werden dies vielleicht auf ewig tun.

Die dritte Lösung – diejenige, deren sich unsere Keimzellen bedienen – ist unter den Organismen mit Zellkernen wahrscheinlich universell verbreitet. Es ist kein Ring oder spezielles Proteinschloß am Ende des Telomers vorhanden, vielmehr wird zugelassen, daß sich das Telomer verkürzt, und die verlorengegangenen Stücke werden dann ersetzt. In diesem Fall enthält das Telomer, das den Abschluß des Chromosoms bildet, absichtlich keine wirklichen Gene; der Verlust kann automatisch und einheitlich mit Hilfe eines Telomerase-»Stempels« ersetzt werden, der genau das verlorengegangene Stück anfügt. Dieser Stempel stellt also eine Reihe von vorhersagbaren und identischen Sequenzen her und ergänzt damit die verlorengegangenen Basen, so daß das Telomer wieder seine ursprüngliche Länge erhält.

Bei vielen Organismen, speziell unsterblichen Einzellern, funktioniert dieser Mechanismus tadellos; er ist in jeder Zelle jedes Organismus der Arten, die ihn benützen, vorhanden. Hefepilze[3] sind zum Beispiel in der Regel »unsterblich« im Sinne von alterslos. Sie haben sich seit den ersten Anfängen des Lebens auf unserem Planeten immer wieder geteilt. Sie scheiden Telomerase aus und verlängern ihre Telomere immer wieder nach Art der oben beschriebenen dritten Lösung. Zumindest ist dies bei normalen Hefen so. Es gibt eine mutierte Form, *est1* (abgekürzt für *ever shortening telomere*), die nach und nach ihre telomere DNA verliert, altert und stirbt.[4] Auch hier gilt wieder die Regel: Telomer-Verlust löst den Alterungsprozeß aus. Auch »unsterbliche« bzw. alterslose Hefen, die seit Anbeginn des Lebens überlebt haben, und deren Telomere wir auf irgendeine Weise verkürzen, unterliegen rasch der Alterung, der sie zuvor mehr als drei Milliarden Jahre widerstanden haben.[5] Die Hefe stirbt an Altersschwäche und zwar – gemessen an ihrer früheren Unsterblichkeit – innerhalb eines Augenblicks. Und das nur, weil sich ihr Telomer verkürzte.

Tetrahymena, eine Verwandte des Pantoffeltierchens, muß ihre verlorengegangenen Telomer-Sequenzen (in diesem Fall TTGGGG, nicht unsere eigene TTAGGG-Sequenz) ständig ersetzen, um am Leben zu bleiben. Wird die Telomerase bei Tetrahymena jedoch inaktiv, dann altert und stirbt der Organismus.[6]

Ob bei Hefen, Tetrahymena oder menschlichen Keimzellen, das Telomer verkürzt sich normalerweise mit jeder Replikation, die Chromosomen verlieren Basen, Telomerase fügt sie wieder an das Telomer an, und der Organismus bleibt funktionsfähig. Der ganze Vorgang ist ein Balance-Akt: Wenn zu viele Basen vorhanden sind, hat der Organismus seine Ressourcen verschwendet, indem er endlose, unnötige Telomer-Basen erzeugte; sind zu wenige Basen vorhanden, stirbt der Organismus, sobald das Telomer aufgebraucht ist und Gene verlorengegangen sind.

Aber es gibt einen noch interessanteren Balance-Akt, der sich in unseren sterblichen Zellen abspielt – nämlich der zwischen der Gefahr, Krebs zu bekommen, und der Gefahr vorschnellen Alterns.

Bei einzelligen Organismen ist dieses Gleichgewicht jedoch elementarer. Eine alterslose Zelle befindet sich in einer ausweglosen Situation, zwischen der »Skylla« eines Telomers, das zu lang ist (und damit Zellressourcen verschwendet) und der »Charybdis« eines zu kurzen Telomers, das mit dem Risiko des Todes durch Zell-Alterung behaftet ist. Sie kann »Unsterblichkeit« garantieren, indem sie ihre Stoffwechselenergie zum Aufbau eines langen Telomers verwendet, aber dann dennoch ihr Leben unnötigerweise an einen Konkurrenten verlieren, der »schlanker und wendiger« ist, oder sie kann ein kurzes, effizientes Telomer haben, aber damit riskieren, ihr telomeres Sicherheitsnetz aufzubrauchen und ebenfalls unnötigerweise, vielleicht inmitten von Überfluß, zu sterben.

Es ist eine schwierige, ungewisse und fortwährende Balance, die die Zelle aufrechterhalten muß: Das Telomer muß genau die richtige Länge, die Telomerase genau die richtige Menge haben. Von Augenblick zu Augenblick justiert sich der Organismus je nach den Rückmeldungen wie etwa metabolischen Gefahrensignalen, DNA-Schäden und vorhandenen Ressourcen, die beachtet werden müssen, damit er seine Gene weitergeben und überleben kann.

Aber vielleicht sind lange Telomere ja keine bloße Verschwendung; vielleicht bedeuten sie für einzellige Organismen irgendeinen anderen Nachteil. Mehr noch, wieviel schwieriger ist es möglicherweise, ein langes Telomer in Schuß zu halten als ein kurzes. Mit jeder telomerverkürzenden Teilung muß die gleiche Anzahl von Basen angefügt werden. Gibt es irgendein wichtigeres Bedürfnis, das ein relativ kurzes Telomer für einzellige Organismen erfüllt? Lange, sperrige Telomere machen es vielleicht schwieriger, das Chromosom zu duplizieren oder es zu veranlassen, einige der Gene zu exprimieren (d. h. die in ihnen festgelegten Eigenschaften auszubilden). Oder vielleicht helfen ihnen kurze Telomere, Zellen mit DNA-Schäden an der Teilung zu hindern. Wie wir sehen werden, würden sie einen ähnlichen Zweck erfüllen wie bei größeren, vielzelligen Organismen wie dem Menschen. Noch weiß niemand die Antworten auf diese Fragen. Worin der Vorteil auch bestehen mag, Stoffwechselersparnis, leichtere

Duplikation, Gen-Expression oder Sicherheitsnetz angesichts von DNA-Schäden, jedenfalls werden Telomere nicht unnötig lang gehalten.

Organismen mit mehr als einer Zelle schlagen sich mit dem gleichen Problem der Verkürzung von Telomeren herum wie Einzeller; aber mehrzellige Organismen haben noch ein weiteres Problem: Krebs. Sie begegnen der Gefahr der Telomer-Verkürzung in etwa derselben Weise wie einzellige Organismen, mit einem Unterschied jedoch: Die Telomer-Basen werden zwar ersetzt, *aber nur in den Keimzellen.* (Falls die Körperzellen ihre Telomere laufend ergänzen würden, könnten diese die Bedürfnisse ihrer Nachbarn ignorieren und auf Kosten des übrigen Körpers unkontrolliert wachsen. Bei einzelligen Organismen stellen unkontrolliert wachsende Zellen bloß eine Konkurrenz füreinander dar; aber wenn die Zellen eines mehrzelligen Organismus unkontrolliert wachsen, dann handelt es sich um Krebszellen.)

Für sich genommen ist Zellwachstum nicht zerstörerisch – de facto ist es für den mehrzelligen Organismus ja unerläßlich. Nicht nur müssen sich Zellgruppen vermehren, um Organe zu bilden, sondern manche müssen fortlaufend ersetzt werden, damit wir überleben. Knochen werden geformt und immer wieder neu gebildet durch die genau ausbalancierte Regulation von knochenbildenden und knochenabbauenden Zellen; kilometerlange Blutgefäße entstehen; Nervenzellen bilden Verbindungen über erstaunliche Distanzen hinweg – bis zur fünfzigtausendfachen Länge ihres Zellkörpers –, und sie tun dies mit Präzision. Hautzellen werden genauso ständig ersetzt wie rote und weiße Blutkörperchen, die Zellen des Darmepithels und andere, durch Traumen oder Infektion beschädigte Zellen.

All diese Zellen müssen in exakter Koordination mit den übrigen Zellen agieren, aus denen der Körper besteht. Jede Zelle besitzt ihren eigenen Satz von Bauplänen – die Chromosomen – und einen Abschnitt von Genen, deren Expression nicht nur ihren eigenen Bedürfnissen entsprechen muß, sondern auch jenen des übrigen Körpers. Hormone, Nährstoffe, elektrische Signale, örtliche Botenstoffe, all dies wirkt auf die Entscheidung der einzelnen Zelle ein, was sie tut und ob sie sich teilen sollte oder nicht. Jede unserer Zellen reagiert auf Befehle und tut dies präzise und gehorsam, wenn wir überleben und konkurrenzfähig bleiben sollen.

Eine Zelle, die nicht korrekt auf diese »sozialen Signale« reagiert, verwandelt sich von einer normalen in eine potentiell gefährliche Zelle, eine Verwandlung, die eintritt, wenn die Regulationsmechanismen, die die Gen-Expression steuern, von Viren, schädlichen Strahlen oder krebserregenden Substanzen beschädigt sind. Diese Zellen, die ihre normalen Nachbarn nicht mehr unterstützen, können sich dann hemmungslos und ungebremst vermehren. Sie schädigen andere Zellen, indem sie dem Körper die Ressourcen nehmen – ohne dafür etwas Nützliches zurückzugeben –, indem sie in andere Organe eindringen, und indem sie die normalen Funktionen stören. Dies sind potentielle Krebszellen.

Wie verhindert unser Körper Krebs? Normalerweise reagieren unsere Zellen auf die sozialen Botschaften anderer Zellen und des Körpers allgemein. Aber was geschieht, wenn eine Zelle nicht mehr reagiert? Zunächst einmal verfügt sie über dieselben Ressourcen, denen wir schon in anderen Zusammenhängen begegnet sind. Ihre erste Schutzmaßnahme besteht darin, die Zellteilung zu bremsen: Die Zelle verweigert die Teilung, sobald sie einen DNA-Schaden feststellt; ein spezielles »Brems-Protein«, p53, stoppt die DNA-Replikation und regt die Reparatur an. Aber was ist, wenn diese Bremse versagt? Jede Zelle hat einen Sicherheitsschalter, eine genetische Zeitbombe, die die Zelle tötet, falls sie sich hemmungslos teilt.[7] Diese Zeitbombe ist das Telomer, das auf zweierlei Weise wirkt: indem es die Zelle abschaltet, sooft es einen DNA-Schaden feststellt, und indem es den Kopiervorgang (mit oder ohne Schaden) einschränkt. Dasselbe »Schaden«-Signal löst das Telomer aus, wenn es sich verkürzt, weil sich die Zelle zu oft teilt (wie das bei Krebszellen geschieht). Die Telomer-Uhr läuft also mit jeder Replikation weiter ab und macht der Zelle schließlich den Garaus.

Die DDBP-Proteine, die sich normalerweise an beschädigte DNA binden, heften sich auch an das Telomer, sobald es sich auf eine gewisse Länge verkürzt, und blockieren die Replikation. Wenn entweder ein gravierender Schaden der DNA oder ein subtilerer Schaden in Form der Unfähigkeit einer Zelle, richtig auf andere Zellen zu reagieren, vorliegt, dann blockieren diese Proteine die DNA-Synthese und die Zellteilung. In beiden Fällen kommt der Zellzyklus zum Stillstand, und die Krebszellen werden stillgelegt bzw. am Weiterwachsen gehindert. Das funktioniert zwar in der Regel, aber nicht immer. Wenn sich die Krebszelle trotz eines verkürzten Telomers weiter teilt, dann tut sie das auch, nachdem das Telomer restlos verschwunden ist, mit der Folge einer umfassenden genetischen Zerstörung und schließlich des Zelltodes. Aber wenn es der Zelle gelingt, das Telomer wiederherzustellen – die Zeitbombe abzuschalten und sich weiterhin zu teilen, ohne ihre Telomere zu verlieren – dann wird sie bösartig.

Die einzelne Zelle überwacht sich selbst in bezug auf DNA-Schäden und Telomerlänge. Ihre Bremsen treten in Aktion, wenn die DNA nicht intakt ist oder kein genügend langes Telomer besitzt. Krebszellen haben nicht nur eine beschädigte DNA[8], sondern umgehen den Kontrollpunkt»Bremse« *und* verlängern ihre Telomere, indem sie Telomerase absondern. Diese zwei Ereignisse – Kontrollpunktumgehung und Telomerase-Expression – sind die zwei Hürden, die Krebszellen überwinden müssen.[9] Mit anderen Worten, sie müssen die Teilungsbremse ignorieren, die normalerweise bei DNA-Schäden einsetzt, und sie müssen eine ständige Verkürzung ihres Telomers verhindern, um»unsterblich« zu werden.

Alltäglicher Schaden reicht nicht aus, um Krebs zu verursachen. Die Zelle kann die erste Hürde nur überwinden, wenn die Bremse, die die Zellteilung überwacht, der Kontrollpunkt, einen *spezifischen* Schaden aufweist. Krebse entstehen durch einen Funktionsausfall oder einen übernommenen Fehler irgendwo in diesem Bremsmechanismus, sei es am Protein p53 – wie es bei 70 Prozent des Dickdarmkrebses, 50 Prozent des Lungenkrebses und 40 Prozent des Brustkrebses der Fall ist – oder an einem der verwandten Proteine, die zusammen eine ungezügelte Zellteilung stoppen.

Die zweite Hürde, die Telomer-Verkürzung, ist für Krebszellen schwerer zu passieren. Nur einer von je drei Millionen Zellen gelingt dies, und sie überlebt. Krebszellen müssen mehr tun, als bloß den wiederholten Verlust von Telomeren und die Signale zu ignorieren, die der Zelle befehlen, die Teilung einzustellen. Wenn sie den Kontrollpunkt umgangen hat, dann verliert das Telomer weiterhin Basen. Bald ist auch das Subtelomer verloren, gefolgt von einem Verlust funktionaler Gene; dann wird die Zelle funktionsunfähig und stirbt schließlich ab. Um lebensfähig zu bleiben, muß die Krebszelle nicht nur dem Kontrollpunkt entgehen, sondern auch Telomerase erzeugen und das Telomer, das die Endstücke ihres Chromosoms bildet, zumindest zum Teil wiederherstellen.

Warum sind Krebszellen so gefährlich? Vielzellige Organismen können diese »soziopathischen« Störenfriede nicht dulden, die ungehindert herumstreunen und ihren Platz in der Gesellschaft der Zellen nicht kennen. Die Bedeutung für den Organismus liegt auf der Hand; er benötigt bekanntlich viele Jahre, um sich zu vermehren und Nachkommen aufzuziehen. Aber anschließend verliert die Evolution das Interesse an ihm. Die telomere Uhr in den Zellen muß kurz genug sein, um in der Jugend einen Ausbruch von Krebs zu verhindern, aber lang genug, um dem Organismus zu gestatten, bis ins Fortpflanzungsalter zu überleben. Die Evolution ist einen Mittelweg gegangen und gibt uns gerade genug Zeit, um Nachkommen zu zeugen und noch hinreichend für deren Erfolg sorgen zu können. Danach beginnen wir zu altern und zu sterben.

Aber derselbe Mechanismus, der die Chancen von Krebs verringert, verursacht auch das Altern. Altern ist demnach eine Begleiterscheinung des Mechanismus, der unverantwortliches Zellwachstum verhindert. Cal Harley bringt es auf die knappe Formel: »Die Zell-Alterung sorgt für strikte Einhaltung der Wachstumskontrolle und reduziert die Wahrscheinlichkeit von Krebs.«[10] Das Altern ist nicht etwas, was einfach geschieht, wenn wir älter werden: Es dient dem Ziel, die Chancen von Krebs einzudämmen.

Aber nicht alle Mehrzeller haben genau dasselbe Uhrwerk eingebaut. Bei der Fliege *Drosophila* zum Beispiel teilen sich die Zellen nicht mehr, sobald sie erwachsen ist; die Fliege hat keine Ersatzteile: Es gibt keine Stammzellen, keine Vorläuferzellen, aus denen andere Zellen hergestellt werden können, die durch Infektion oder Verletzung verlorengingen, und auch ihre Telomere sind deutlich anders. De facto befinden sich die Zellen der Fliege von Anfang an im Alterungsprozeß, und sie hat kein Problem mit Krebs.

Wie unterscheiden sich die Telomere bei den einzelnen Wirbeltieren? Noch weiß das niemand. Aber wir haben guten Grund zu der Annahme, daß das Uhrwerk bei allen Wirbeltieren ähnlich funktioniert, denn die Telomer-Sequenz ist immer dieselbe, und alle haben eine Tendenz zum Krebs. Zwangsläufig gibt es jedoch Unterschiede, aus mehreren Gründen.

Ein Zellaustausch erfolgt zwar bei den meisten Arten, aber die Methoden sind verschieden. Manche Arten wie die Stubenfliege nehmen gar keinen Austausch vor. Bei anderen erfolgt der Zellaustausch, falls es einen gibt, in zwei Formen: Austausch bestimmter Zell-Linien – etwa der roten Blutkörperchen und der Dickdarmzellen – oder Regeneration ganzer Körperteile. Der menschliche Körper ersetzt ständig seine Dickdarm- und Blutzellen durch neue; deshalb ist das Krebsrisiko in diesen sich teilenden Zellen hoch. Die Nervenzellen teilen sich im Gegensatz dazu beim erwachsenen Organismus nicht und haben daher ein geringes Krebsrisiko. Die Regeneration ganzer Körperteile beim Menschen ist bemerkenswert, nicht nur weil sie so selten ist – sie kommt bei uns weitaus seltener vor als bei Amphibien und Reptilien –, sondern auch, weil sie die Zellen vor so enorme Aufgaben stellt. Die für Regeneration verantwortlichen Zellen müssen imstande sein, ihre täglichen Pflichten beiseite zu schieben und ihre Gen-Expression drastisch zu verändern. Zur Wiederherstellung von Gliedmaßen ist zum Beispiel mehr erforderlich, als bloß eine einzige Kategorie von Zellen wie Blut- und Dickdarmzellen zu produzieren; es müssen auch Knochen, Muskeln, Sehnen, Haut und andere Komponenten erzeugt werden.

Sowohl der Zell-Linien-Austausch als auch die Regeneration bringen das zusätzliche Risiko mit sich, daß diese Zellen ihre Grenzen überschreiten und krebsig werden. Die verschiedenen Arten unterscheiden sich in ihren Möglichkeiten der Zellumwandlung, deshalb unterscheiden sie sich wahrscheinlich auch in ihren Mechanismen zur Verhinderung von Zellumwandlung, dem Entwicklungsgrad und der Effizienz ihrer Bremsvorrichtungen und in der Art und Weise, wie die Zelle ihre Telomere »abliest«.

Eine andere Quelle von Krebs, die von Spezies zu Spezies variiert, ist der DNA-Schaden, der durch freie Radikale und andere biochemische Substanzen verursacht wird. Manche Wirbeltiere – zum Beispiel solche mit höheren Stoffwechselumsätzen – erzeugen mehr freie Radikale als andere; manche nehmen mehr Giftstoffe in sich auf, die die gefürchtete »Quervernetzung« *(cross-linking)* bewirken oder ihre DNA auf andere Weise schädigen; und manche sind stärker energiereichen Photonen (elektromagnetischen Strahlen) ausgesetzt. Auch im Hinblick auf Virusinfektionen bestehen bei den einzelnen Arten starke Unterschiede. Röntgenstrahlen schaden jeder DNA, Viren sind dagegen wählerisch. Das Virus, das beim Menschen Gebärmutterhalskrebs hervorruft, ist im Frosch harmlos, und die Viren, die bei der Katze Leukämie auslösen, lassen den Affen ungeschoren.

Weil er dem gleichen Zweck dient, erwarten wir, daß der Telomer-Mechanismus bei anderen Tieren genauso funktioniert wie bei uns. Es sollte eine Korrelation – unter entsprechender Berücksichtigung der etwas unterschiedlichen Zellmechanismen bei den verschiedenen Arten – zwischen Lebensspanne und Telomerlänge vorhanden sein. Bedauerlicherweise wissen wir fast gar nichts über die Telomerlänge bei den meisten Arten.

Selbst bei der Maus – einem Labortier, über das wir eine Menge Informationen haben – kennen wir die Telomerlänge noch nicht. Mäuse haben eine kürzere Lebensspanne, deshalb wäre zu erwarten, daß ihre Telomere kürzer sind als unsere. Andererseits ist ihr Stoffwechselumsatz höher, deshalb liegt ihr Zellumsatz – und damit das Tempo ihrer Telomer-Verkürzung – höher als unserer. Aber das einzige, was wir bisher wissen, ist, daß ihr terminales Restriktionsfragment (TRF), nicht ihr Telomer, länger ist als das des Menschen,[12] obwohl Mäuse kürzere Lebensspannen haben.[13]

Wir vermuten zwar, daß die Telomerlänge bei den verschiedenen Spezies die maximale Lebensspanne bestimmt, sind uns dessen aber noch nicht sicher.[14] Möglicherweise wird sich die Veränderlichkeit der Telomere als wichtiger erweisen als deren durchschnittliche Länge – wie wir früher bereits dargelegt haben (siehe Abbildung 3.8). Vielleicht ist ja auch das Schrumpfungstempo – wieviele Basenpaare pro Teilung verlorengehen – weitaus bedeutsamer als die Länge des Telomers bei der Geburt bzw. Zeugung. Und wenn die Zellen rascher ausgetauscht werden, werden sie auch rascher altern, selbst wenn die Telomere relativ lang sind. Genauso ist möglich, daß bei manchen Tieren die Antriebskräfte für das Altern – zum Beispiel die freien Radikale – so mächtig sind und so rasch wirken, daß ihre Alterung trotz relativ langer Telomere früh einsetzt. Noch weiß niemand, ob das so ist, ebensowenig wissen wir, welche Konsequenzen diese Einflüsse für das menschliche Altern und dessen Umkehrung haben würden. Was wir wissen, ist, wie exakt die Telomerlänge beim Menschen mit dem Altern korreliert und wie gut die Telomere Altern, Krebs und Zellunsterblichkeit erklären.

Ein Meisterwerk

Welch Meisterwerk ist doch der Mensch, ...

(William Shakespeare, Hamlet, II.II)

Einführung

Manche Zellen altern schneller als andere. Nicht jede Zelle altert direkt, aber alle Zellen sind von der Alterung des Gesamtorganismus betroffen. Manche Zellen verlieren ihre Blutzufuhr; andere ertrinken in Ausscheidungsstoffen, die nicht länger von entfernten Zellen gefiltert oder abgebaut werden; wieder andere haben unter Traumen oder Infektionen zu leiden, da ihre Nachbarn die Fähigkeit einbüßen, sie vor solchen Schäden zu bewahren. Gewisse Zellen, etwa die von Kindern mit Progerie (frühzeitige Vergreisung) kommen bereits alt zur Welt; andere altern unmittelbar, sobald sich ihre Telomere verkürzen, oder mittelbar, wenn die Zellen um sie herum altern und versagen. Um Shakespeare, auf die Zell-Alterung angewandt, zu paraphrasieren:»Manche Zellen kommen alt zur Welt, manche erreichen das Alter, und über manche bricht das Alter herein.«

In diesem Abschnitt werden wir uns mit normalem menschlichem Gewebe befassen und uns ansehen, wie das Telomer dessen Alterung *direkt* auslöst, und wir schauen uns eine wichtige Ausnahme an, die Samenzelle, deren Telomere sich nicht verkürzen, und die daher überhaupt nicht altert. Wir werden auch auf verschiedene Krankheiten eingehen, die in einem unmittelbaren Zusammenhang mit Alterung und Telomer stehen – darunter Krebs und die zwei wichtigsten Progerieformen (Werner-Syndrom und Hutchinson-Gilford-Syndrom). Warum wir uns mit Krebs beschäftigen, dürfte sich angesichts der Ausführungen im letzten Abschnitt und angesichts des unmittelbaren Zusammenhangs zwischen Krebs und Altern von selbst verstehen, aber die Relevanz des Alterns für andere Krankheiten wird weniger ins Auge springen. Was hat zum Beispiel das Down-Syndrom (Mongolismus), die häufigste Form von geistiger Behinderung, mit dem Altern zu tun? Was kann uns das AIDS-Virus, das praktisch zur Zerstörung des Immunsystems führt, über das Altern offenbaren? Und kann uns umgekehrt das Verständnis des Alterungsprozesses helfen, AIDS besser zu verstehen, zu behandeln oder gar zu heilen? Wir wissen nur auf einige dieser Fragen Antworten, aber die Beschäftigung mit Krankheiten, bei denen der Vorrat an bestimmten Zellen schwindet, wird Licht in den Alterungsprozeß im allgemeinen bringen.

Bevor wir auf die durch das Altern bewirkten Veränderungen an Körperzellen eingehen, werden wir uns die Samenzellen anschauen, die Keimzellen sind und als solche nicht altern.

Normales menschliches Gewebe

Samenzellen

Es ist wesentlich einfacher, Samenzellen zu untersuchen als Eizellen, weil sie in großer Zahl vorhanden und leichter zugänglich sind als ihr weibliches Gegenstück. Aus diesem Grund wissen wir auch weitaus mehr über Samen- als über Eizellen. Samenzellen haben längere Telomere als Körperzellen,[15] und diese werden auch mit zunehmendem Alter nicht kürzer.[16] Das Telomer in den Keimzellen eines neugeborenen Kindes ist genauso lang wie das eines hundertjährigen Mannes. Weder die Jahre noch das Altern des Körpers wirken sich auf diese Zellen und ihre Telomere aus, obwohl diese im gleichen Umfeld leben, vom gleichen Blut ernährt werden und denselben Alterungseinflüssen ausgesetzt sind wie die Körperzellen. Wie ist es möglich, daß diese Zellen, die dieselben Gene haben und die gleiche Anzahl von Lebensjahren, die den gleichen freien Radikalen, den gleichen Traumen und Infektionen und sonstigen Umwelteinflüssen ausgesetzt sind wie die Zellen des übrigen Körpers, nicht altern? Die Samenzellen teilen sich während der gesamten männlichen Lebensspanne ohne Anzeichen von Telomer-Verkürzung oder Alterung.

Die Tatsache, daß Samenzellen nicht altern, gestattet uns zwei wichtige Schlußfolgerungen: erstens, daß Altern ein Resultat von Telomerase-Expression ist, wie wir bereits gesehen haben; und zweitens, daß Altern auch das Ergebnis von Gen-Expression ist, was weitreichende Konsequenzen hat. Die zweite Schlußfolgerung deutet darauf hin, daß Samenzellen deshalb nicht altern, obwohl sie *dieselben Gene* haben wie Körperzellen, weil die Samenzellen *die Gene anders exprimieren.*

Das Altern – und auch das Überleben – hängt nicht bloß davon ab, welche Gene man hat, sondern auch davon, wie diese aktiviert oder exprimiert werden. Wir altern anders als Schildkröten, weil wir andere Gene haben. Aber menschliche Körperzellen und Keimzellen haben dieselben Gene, und diese altern *trotzdem* unterschiedlich. Unsere maximale Lebenserwartung wird nicht bloß dadurch begrenzt, ob wir die richtigen Gene haben, um uns vor freien Radikalen zu schützen, sondern auch dadurch, wie – und für wie lange – sich diese Gene exprimieren. Die Tatsache, daß Keimzellen niemals altern, ist an sich noch nicht sehr bedeutsam. Interessant ist, daß sie niemals altern, *obwohl sie dieselben Gene wie unsere übrigen Zellen haben.* Die »Ursache« des Alterns ist somit ein bestimmtes Muster der Gen-Expression – altersbedingter Gen-Expression – und der Auslöser für diese altersbedingte Gen-Expression ist die Telomer-Verkürzung. Keimzellen altern nicht, weil sie zuverlässig Telomerase exprimieren und daher ihr normales Muster der Gen-Expression beibehalten.[17] Menschliche Gene sind also bereits der Aufgabe gewachsen, unsere Zellen unbegrenzt vor dem Altern zu schützen. Wir benötigen kein besonderes Gen, ob dieses nun in Schildkröten vorkommt oder im Labor geschaffen wird, um das Altern zu verhindern; wir müssen die Expression dieser Gene modifizieren – was das Telomer in unseren Keimzellen bereits tut.

Am Beispiel der Samenzellen erkennen wir also, daß die Gene, die wir bereits besitzen, wenn sie entsprechend exprimiert werden, unsere Zellen vor dem Altern bewahren könnten.

Fibroblasten

Der Körper besteht überwiegend aus Somazellen, die keine Telomerase absondern und normal altern. Das erste und am gründlichsten studierte Beispiel dafür sind historisch gesehen die Fibroblasten; sie sind der klassische Fall von Zellen, in denen primäre Altersveränderungen stattfinden. Diese in unteren Hautschichten gelegenen Zellen teilen sich so oft wie nötig und erneuern die Hülle, die unseren Körper zusammenhält und uns mit einer soliden und stützenden Schutzschicht umgibt. Und sobald diese Zellen altern, zeigen sie vorhersagbare Funktionsänderungen, deren zuverlässigste eine abnehmende Fähigkeit zur Teilung ist.[18] Ob man sie in Kulturen züchtet oder sie im Körper leben, wachsen und sich teilen läßt, Fibroblasten verlieren etwa zwanzig Telomer-Basen pro Jahr,[19] und ihre Gen-Expression ändert sich, wenn sie an das Ende des Telomers kommen.

Unser Interesse gilt nicht dem chronologischen Alter, sondern dem Alterungsprozeß selbst: Er bestimmt, wie gesund wir sind. Zwischen unserem Alter in Jahren und der Fibroblasten-Alterung besteht keine exakte Korrelation, ebensowenig zwischen unserem Alter in Jahren und der Telomerlänge, aber die Korrelation zwischen Telomerlänge und Fibroblasten-Alterung ist nahezu perfekt.[20] Aber selbst wenn das Telomer der beste Maßstab der Zell-Alterung ist, wovon hängt seine Länge ab? Der wichtigste Faktor ist die Anzahl der erfolgten Zellteilungen, aber was veranlaßt die Zellen denn eigentlich zur Teilung?

Das Alter unserer Zellen wird nicht durch unser Alter in Jahren bestimmt, sondern – um mit George Burns zu sprechen – durch die zurückgelegte Wegstrecke *(mileage)*. Zu dieser Strecke zählen für einen Fibroblasten Sonneneinwirkung, Traumen, Infektionen und alles übrige, was den Stand des »Wegmessers« erhöht – die Anzahl der Teilungen. Die Wegstrecke wird auch von unseren Genen beeinflußt: So haben manche Menschen einen besseren Pigmentschutz gegen ultraviolette Strahlen, zuverlässigere Reflexe oder ein stärkeres Immunsystem. Und auch bei gleicher Anzahl von Teilungen verlieren manche Fibroblasten vielleicht mehr Basenpaare pro Teilung als andere. Unser Alter in Jahren hängt jedoch mit dem Alter unserer Fibroblasten zusammen, da wir mit zunehmendem Alter entsprechend länger Schädigungen ausgesetzt waren. Auch unser Lebensstil – abgesehen vom chronologischen Alter – wirkt sich auf die Alterung unserer Zellen aus, denn je mehr sie geschädigt wurden, desto öfter mußten sie sich teilen, um die Verluste zu ersetzen. Das ist der Grund, warum unsere Haut unterschiedliche Grade der Alterung aufweist: Hautpartien, die der Sonne und dem Wind ausgesetzt sind – am Hals, zum Beispiel – sehen älter aus als andere. Die Fibroblasten altern nicht, weil man sechzig Jahre alt ist oder oft Sonnenbäder genommen hat oder weil man hellhäutig ist. Sie altern, weil sie beschädigt wurden, sich teilten, die Uhr ablief und ihre Gen-Expression sich änderte. Für die Zell-Alterung spielen also die Jahre, die Beschädigungen und die Zellteilungen zwar allesamt eine Rolle, aber das Telomer ist der letzte, gemeinsame Nenner, der universelle Maßstab, für die Fibroblasten ebenso wie für andere Hautzellen.

Rote Blutkörperchen

Blut enthält Flüssigkeit – Wasser, Proteine, Salze etc. – und zwei wichtige Zelltypen – rote und weiße. In normalem, gesundem Blut entfallen auf jedes weiße Blutkörperchen etwa 500 rote. Rote Zellen leben im Schnitt vier Monate und werden ständig aus Stammzellen in unserem Knochenmark ersetzt, die sich so oft wie nötig teilen. Der Ausdruck »wie nötig« bezieht sich auf zahllose Situationen. Durch die Ergänzung der roten Blutkörperchen durch die Stammzellen in unserem Knochenmark wird ein labiles, schwankendes Gleichgewicht aufrechterhalten, abhängig von den Folgen von Blutverlust (durch Menstruation und Verletzungen), der Beseitigung alter Blutzellen (gewöhnlich durch die Milz), der Zufuhr von wichtigen Nährstoffen (z. B. Eisen, Folsäure und Vitamin B_{12}), der Durchblutung der Niere (die Hormone herstellt, welche die Erzeugung von roten Zellen regeln), der Sauerstoffzufuhr zum Körpergewebe (Veränderungen, die zum Beispiel eintreten, wenn man sich in große Höhen begibt), genetische Anomalien (z. B. Sichelzellenanämie), Schwangerschaft und anderen Faktoren. Die Produktion roter Blutzellen kann selbst bei Gesunden, abhängig von diesen Faktoren, bis zum Sechsfachen schwanken, das heißt, der maximale Ausstoß kann sich bis zum Sechsfachen des Minimums erhöhen.[21]

Dieser Vorgang ist nicht einfach, wohl aber das Grundprinzip. Auf der einen Seite sind Kräfte vorhanden, welche die Stammzelle veranlassen, sich öfter zu teilen und damit die Anzahl der roten Zellen im Blut zu vermehren; auf der anderen Seite gibt es Gegenkräfte, die die Stammzellenteilung bremsen. Das Gleichgewicht, das zwischen diesen zwei konkurrierenden Signalen hergestellt wird, bewirkt die tägliche Blutzellenkonzentration (den Hämatokritwert). Es könnte jedoch noch ein anderer Faktor im Spiel sein – die Telomerlänge.

Die Zellen in unserem Knochenmark, die rote Blutkörperchen herstellen, müssen sich unzählige Male geteilt haben, um all die roten Zellen herzustellen, die wir im Laufe unseres Lebens benötigen. Nach den besten derzeitigen Schätzungen haben zwischen 1.000 und 3.500 Zellteilungen stattgefunden, um jedes der Blutkörperchen bei einem Sechzigjährigen herzustellen, verglichen mit nur 20 bis 50 Zellteilungen bis zum Zeitpunkt der Geburt.[22] Aber Fibroblasten können sich nach der Geburt nur etwa fünfzigmal teilen. Umgehen die Stammzellen, die die roten Blutkörperchen erzeugen, das Hayflick-Limit, indem sie nach der Geburt Telomerase erzeugen, oder haben sie einfach ein erstaunlich hohes Hayflick-Limit? Falls sie Telomerase absondern, wäre zu erwarten, daß ihre Telomerlänge die ganzen Jahre über gleichbleibt, aber das ist nicht der Fall. Ihre Telomere verkürzen sich ebenso wie die anderer Zellen, sie verlieren etwa 33 Basenpaare pro Jahr.[23]

Was wäre, wenn dieser Verlust das Ergebnis eines Ausgleichs ist, bei dem zumindest kleine Mengen an Telomerase exprimiert wurden und das Telomer sich langsamer verkürzte, weil die Telomerase den Verlust teilweise wettmachte? In der Forschung ist man dieser Möglichkeit nachgegangen, aber bisher hat trotz deren phänomenaler Umsatzrate noch niemand auch nur eine Spur von Telomerase-Aktivität in den roten Blutstammzellen gefunden.[24]

Die geschätzte Anzahl von Zellteilungen könnte zwar falsch sein, aber wenn sie zutrifft, dann würden die Blutstammzellen ein viel höheres Hayflick-Limit haben als die Fibroblasten. Wenn das stimmt, dann müßten entweder die Stammzellen-Telomere länger sein als die der Fibroblasten – aber Stammzellen scheinen nicht über die Telomerase zu verfügen, die sie benötigen würden, um sie zu verlängern! – oder die Stammzellen müßten pro Zellteilung weniger Basenpaare verlieren als die Fibroblasten – aber sie haben beide dasselbe Problem mit der Duplikation des Chromosomen-Endes, das alle menschlichen Zellen haben, und müßten deshalb Basenpaare im gleichen Tempo verlieren. Vielleicht wird tatsächlich Telomerase exprimiert, aber nur bis zur Geburt; möglicherweise kommen wir mit einer riesigen

Anzahl von Stammzellen zur Welt, die sich viele Tausende Male teilen können, weil sie pränatal Telomerase hatten, und weil jede mit einer vollständig aufgezogenen Uhr versehen und deshalb imstande ist, ein Leben lang rote Blutkörperchen zu erzeugen.

Aber egal, wann unsere Stammzellen Telomerase exprimierten – dies wäre ungeheuer riskant. Falls sie zuwenig Telomerase ausschieden, dann dürften wir vielleicht nicht die Stammzellen haben, die nötig sind, um ein Leben lang rote Blutzellen zu erzeugen. Falls sie zuviel Telomerase exprimierten, dann würde sich unser Krebsrisiko erhöhen, da präkanzerösen Zellen gestattet würde, sich weiter zu teilen. Bei einem Mangel an Telomerase würden wir anämisch; bei einem Überschuß bekämen wir Leukämie. Wieder sehen wir, wie im letzten Kapitel, als wir über den Zusammenhang zwischen Altern und Krebs sprachen, die gefährliche Gratwanderung, die alle mehrzelligen Organismen auf sich nehmen müssen: Auf der einen Seite droht die Gefahr zu weniger und zu alter Zellen, auf der anderen ein Überschuß an Krebszellen.

Weiße Blutzellen

Auf etwa 500 rote Blutkörperchen kommt ein weißes, obwohl die tatsächliche Anzahl weißer Zellen weitaus größer ist, als dies vermuten läßt. Die meisten dieser Leukozyten befinden sich nämlich gar nicht im Blut, sondern im Körpergewebe, außerhalb der Blutgefäße; diejenigen, die wir im Blut antreffen, sind zu anderen Bestimmungsorten unterwegs. Die Leukozyten sind ein buntgemischter Haufen verschiedenartiger Zellen, die alle auf die eine oder andere Weise im Dienste der Immunabwehr stehen. Ihre Aufgabe ist es, Eindringlinge anzugreifen, Fremdstoffe und beschädigte Zellen zu erkennen und Entzündungen zu beseitigen. Sie sind die Schutztruppe und das Wartungspersonal des Körpers.

Weiße Blutkörperchen sterben häufig in Erfüllung ihrer Pflichten, obwohl manche so lange leben können wie der Körper. Ebenso wie die roten Zellen werden auch die weißen von den Stammzellen im

Knochenmark aus ersetzt. Und auch ihre Telomere verkürzen sich mit zunehmendem Alter.[25] Ihre Verlustrate – etwa vierzig Basenpaare pro Jahr – ist mit der anderer Zellen vergleichbar. Dies bildet einen interessanten Hintergrund für Defekte wie Down-Syndrom oder AIDS, bei denen die weißen Blutzellen schneller altern als im Normalfall. Der erstaunliche Umsatz von weißen Blutzellen bei AIDS, der Zu- und Abgang von mehr als einer Milliarde Zellen pro Tag,[26] hat verkürzte Telomere und rapide Alterung zur Folge – und Erschöpfung der Stammzellen, die diesen Verlust wettzumachen versuchen. Wie wir später sehen werden, eröffnet dies verlockende therapeutische Möglichkeiten. Sondern weiße Blutzellen Telomerase ab? Die meisten nicht, aber ein kürzlich veröffentlichter gemeinsamer Bericht von Forschern der McMaster University in Kanada und der Geron Corporation in Kalifornien bestätigt, daß bestimmte, sehr seltene, junge, weiße Blutzellen genau dies tun.[27] Spuren von Telomerase wurden gefunden, nicht in den frühesten Stammzellen, sondern in einer eng begrenzten Untergruppe weißer Zellen im Knochenmark und auch im zirkulierenden Blut.

Trotz dieser seltenen Ausnahme signalisiert das kürzer werdende Telomer in normalen weißen Blutkörperchen der Zelle, ihre weitere Teilung und Zellauswechslung zu verlangsamen, denn das geschrumpfte Telomer ist nicht mehr imstande, das Ende des Chromosoms vor Vernichtung und vor dem »Verkleben« mit anderen Chromosomen zu schützen. Die Folge ist, daß diese Anomalien im Lauf der Jahre zunehmen.[28]

Blutgefäße

Die Zellen, die die Innenwände unserer Blutgefäße auskleiden, sind ständigem Streß ausgesetzt. Diese Belastungen sind zwar geringfügig, aber sie wiederholen sich mit jedem Herzschlag. Ebenso wie ein dicker Draht durch mehrfaches Biegen schließlich bricht, so können auch diese minimalen dauernden Belastungen unseren Blutgefäßen schaden. Unsere Rippen und Fußknochen sind häufig Ermüdungsbrüchen ausgesetzt, die auf ähnliche geringfügige, aber wiederholte Strapazen (zum Beispiel ein Tag mit schweren Hustenanfällen oder ungewohnten Gewaltmärschen) zurückzuführen sind. Unsere Blutgefäße müssen das ganze Leben lang mit dieser Beanspruchung fertigwerden. Mit jedem Herzschlag, der Druckwellen durch die Blutgefäße jagt, werden deren Wände unser ganzes Leben lang im Schnitt einmal pro Sekunde gedehnt und gestreckt. Zellen, die aufgrund dieser Belastungen zugrunde gehen, müssen ausgewechselt werden, ohne die Gefäßwand zu beeinträchtigen. Jeder Fehler bewirkt eine Schwächung der Wand, die entweder einen Riß zur Folge hat – mit Blutung in die Wand – oder ein Aneurysma, eine sackförmige Aufblähung der Arterie. Aneurysmen, welcher Art auch immer, führen allzu häufig zum Tod. Sobald diese Zellen den Belastungen nicht mehr standhalten, müssen sie zuverlässig ausgetauscht werden, weil sich der Organismus keine Defekte leisten kann.

Vom Belastungsgrad dieser Zellen hängt ab, wie oft sie zugrunde gehen, und davon hängt wieder ab, wie oft sie ersetzt werden müssen. Sooft sich eine Zelle teilt und ihre Nachbarin ersetzen muß, verkürzt sich ihr Telomer. Die Zellen der Venen sind zum Beispiel weit geringerem Streß ausgesetzt als die der Arterien und müssen daher weniger beschädigte Zellen ersetzen. Unsere Arterien müssen die andauernde Vibration durch den Blutdruck verkraften, der mit jedem Herzschlag steigt und fällt. Obwohl die Telomere beider Zell-Arten bei der Geburt also gleich lang sind, haben beim Erwachsenen die Zellen, welche die Venen auskleiden, längere Telomere als die Arterienzellen.[29] Die Mechanismen von Gefäßkrankheiten sind zwar komplex, doch diese scheinbar schlichte Beobachtung erklärt unter anderem, warum das Altern mit dieser Krankheit einhergeht: Zellen mit größerem Austauschbedarf haben eine höhere Umschlagrate und kürzere Telomere, und sie altern schneller.

Andere Zellen

Derselbe Prozeß spielt sich in fast jeder Zell-Linie ab. Nierenzellen altern, sobald sich ihre Telomere verkürzen,[30] dasselbe gilt für die Schleimhautzellen des Dickdarms.[31] Zu keinen Verlusten kommt es hingegen bei einigen weißen Blutkörperchen und bei Krebszellen.

In vitro können wir normale Zellen in Krebszellen »umwandeln« – durch Genbeschädigung oder Virusinfektion; dann schrumpfen ihre Telomere nicht, und ebensowenig altern sie. Die bekannteste dieser In vitro-Kulturen ist vielleicht die von einem Tumor abstammende HeLa-Linie (so benannt nach Henrietta Lacks, die vor vierzig Jahren die ursprünglichen Zervixkarzinom-Zellen spendete). Diese Linie unsterblicher Krebszellen kann ohne Anzeichen von Zell-Alterung ewig weitergezüchtet werden.[32] Während normale menschliche Fibroblasten-Kulturen immer wieder von frischen Biopsien neu angesetzt werden müssen, da sie im Labor altern und sterben, können HeLa-Zellen von einem Labor an das andere abgegeben und jahrzehntelang weitergezüchtet werden, offenbar ohne daß der Zahl ihrer möglichen Teilungen Grenzen gesetzt sind. Es sind Krebszellen, und sie sterben deshalb keines natürlichen Todes.

Die gleiche Ausscheidung von Telomerase, die bei HeLa-Zellen vorliegt, ist bei viral »umgewandelten« Zellen zu beobachten (Zellen, die von einem Virus wie *SV40* oder *Ad5* zu Tumorzellen gemacht werden), sobald sie »unsterblich« werden.[33] Eine *SV40*-Virusinfektion reicht zwar aus, um die Lebensspanne der Zellen etwas zu verlängern, aber sie würden dennoch altern und sterben, wenn sie nicht Telomerase ausscheiden könnten; erst dadurch werden sie »unsterblich«. Die Fähigkeit, das Telomer wieder zu verlängern, ist der Schlüssel dazu, wie virus-befallene Zellen unsterblich gemacht werden.

Gefäßkrankheiten

Arteriosklerose, umgangssprachlich Arterienverkalkung, ist in den entwickelten Ländern die Hauptursache von Herz-Kreislauf-Erkrankungen.[34] Obwohl die Faktoren, die dazu beitragen, Legion sind, beginnt der Prozeß mit einer Schädigung, die entweder auf den obenerwähnten wiederholten hämodynamischen Streß,[35] auf eine Infektion oder auf genetische Defekte zurückzuführen ist. Das geschädigte Gebiet reagiert mit einer erhöhten Zellumsatzrate, weil es verlorengegangene und beschädigte Zellen zu ersetzen versucht. Solche Stellen sind besonders anfällig für Zell-Alterung, weil diese hektische Erneuerung zur Folge hat, daß die Telomere dieser Zellen schneller schrumpfen als unter normalen Umständen.

Bluthochdruck, der gefährlichste Dauerstreß für Arterienzellen, bewirkt – ebenso wie andere Verursacher von Gefäßschäden – daß sich die Zellen der Gefäßwände in abnorm hohem Tempo teilen, was zu vorzeitiger Telomer-Verkürzung und früher Alterung dieser Zellen führt.[36] In den häufigsten Fällen bewirken Wandverletzungen nicht nur einen erhöhten Zellumsatz, sondern auch eine erhöhte Anfälligkeit für Entzündungen und die zunehmende Ablagerung von Cholesterin-Plaques.[37] Dadurch verengt sich das Gefäß und führt schließlich zum Absterben des Gewebes, das von der Blutzufuhr abhängig ist. So verengen sich zum Beispiel die Arterien des Herzens, bis sie zu klein werden, um den Anforderungen des Herzmuskels zu genügen, der schließlich funktionsunfähig wird. Sobald lebenswichtige Bereiche oder ein genügend großer Teil der Herzmuskulatur zugrunde gehen, stirbt auch der Patient.

Plaques und Gefäßverengung sind nicht die einzigen Gefäßerkrankungen. Auch die meisten Aneurysmen werden durch Arteriosklerose verursacht.[38] Die Zellen, die diese erkrankten Arterien auskleiden, sind häufig beschädigt und haben eine hohe Umsatzrate.[39]

Wenn man Zellen von gesunden Gefäßwänden mit Zellen von Abschnitten mit Plaques vergleicht, zeigt sich eindeutig, daß Zellen von Regionen mit geringer Belastung und Plaque-Anfälligkeit, wie die innere Brustwandarterie, längere Telomere haben als Zellen von Regionen mit hoher hämodynamischer Belastung und Plaque-Anfälligkeit, wie die Hüftschlagader. Wenn wir Gefäßzellen in Kulturen züchten, dann sterben die Zellen, die von beschädigten Abschnitten stammen, früher ab, und je näher die Zellen den Abschnitten von Plaques und Streß waren, desto weniger sind sie in der Kultur zu normalem Wachstum fähig.[40] Zellen von arteriosklerotischen Zonen haben Telomerlängen, die typisch für alternde Zellen und nicht normal für das Alter der betreffenden Person sind.[41] Wenn jemand erst vierzig Jahre alt ist, aber eine starke genetische Disposition zu Herzerkrankungen hat, dann sind Teile seiner Arterien bereits doppelt so alt.

Diese Schlußfolgerung wird auch durch die Tatsache bestätigt, daß Progerie-Patienten, die ihr Leben bereits mit kurzen Telomeren beginnen, häufig an arteriellen Erkrankungen leiden, die sich bereits vor ihrem zehnten Lebensjahr entwickeln – nicht aufgrund eines jahrzehntelangen hohen Cholesterinspiegels oder durch hämodynamischen Streß, sondern vielmehr aufgrund ihrer verkürzten Telomere. Diese Patienten – mit Arteriosklerose oder Progerie – sind typische Beispiele für eine Gruppe von Krankheiten, die durch außergewöhnlich kurze Telomere bedingt sind. Manche Krankheiten in dieser Gruppe – so die zwei wichtigsten Progerie-Syndrome – sind fast ausschließlich eine Folge dieses Defekts. Bei anderen Krankheitsbildern wie dem Down-Syndrom und AIDS ist nur ein Teil ihrer Pathologie durch die geschrumpften Telomere erklärbar.

Krankheiten infolge kurzer Telomere

Hutchinson-Gilford-Syndrom

Das Hutchinson-Gilford-Syndrom ist eine Krankheit, die von kurzen Telomeren verursacht wird. Die davon betroffenen Kinder – sie erreichen niemals das Erwachsenenalter – leiden an auffälligen krankhaften Veränderungen, von denen die meisten der normalen Alterung entsprechen, aber in extremer und tragisch beschleunigter Form.[42] Die Parallelen stimmen zwar nicht hundertprozentig, sind aber nicht von der Hand zu weisen, so daß diese Krankheit den Eindruck eines außer Rand und Band geratenen Alterungsprozesses macht. Die Zellen von Kindern mit diesem Syndrom sind weniger replikationsfähig[43], und ihre Telomere sind kürzer[44] als die von gesunden Kindern. Ihre Eltern hingegen haben die ihrem Alter entsprechenden normalen Telomerlängen. Höchstwahrscheinlich waren die Telomere des väterlichen Spermas infolge einer Mutation vor der Befruchtung unverhältnismäßig geschrumpft, und das Kind erbte bei der Empfängnis ein kurzes Telomer.[45] Diese Telomere schrumpfen also nicht schneller – sie sind schon von Anfang an kürzer.

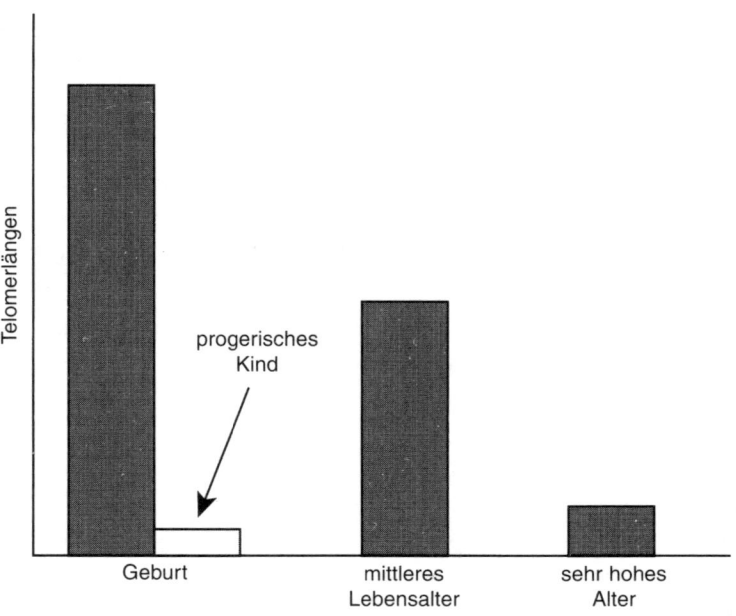

Abb. 4.5 Progeriker haben alte Zellen bei der Geburt. (Nach Allsopp et al., 1992)

Verglichen mit den Telomeren normaler Kinder entsprechen die von Kindern mit Hutchinson-Gilford-Syndrom schon bei der Geburt den Telomeren eines Neunzigjährigen. Dies ist eine grobe Schätzung, die man erhält, indem man die Subtelomer-Länge von der Gesamtlänge des TRF *(terminal restriction fragment)* abzieht und mit den Telomerlängen von Gesunden verschiedener Altersstufen vergleicht. Bisher wurden erst bei wenigen dieser Kinder die TRFs gemessen, und von keinem sind bisher die TTAGGG-Wiederholungen bekannt.[46] Die Angaben über das Zell-Alter von Kindern mit dieser Krankheit mögen zwar ungenau sein, es ist jedoch unübersehbar, daß ihr Körper erschreckend alt ist, bevor sie je eine Chance hatten, jung zu sein.

Das Werner-Syndrom

Es wäre zu erwarten, daß das Werner-Syndrom, bei dem die Alterung in den frühen Erwachsenenjahren beginnt, in Analogie zum Hutchinson-Gilford-Syndrom ebenfalls durch geringfügig verkürzte Telomere verursacht wird. Die Zellen der Betroffenen weisen verglichen mit Zellen normal alternder Menschen sicherlich herabgesetzte Hayflick-Limits auf,[47] aber entgegen unserer Erwartung sind ihre Telomere (zumindest bei manchen Patienten) nicht von Anfang an kürzer. Wahrscheinlich ist es so, daß ihre Telomere sich schneller verkürzen als normal. Ihre Telomer-Uhren beginnen zur selben Zeit zu ticken wie eine normale Uhr, aber sie gehen schneller.

Die Geschichte ist natürlich nicht ganz so einfach. Beim Werner-Syndrom sind die Zellen auch in anderer Hinsicht abnorm. Ihr Zellzyklus läuft langsamer ab; ihre Mutationsraten sind um das Zehn- bis Hundertfache höher; und man kann bei ihnen nicht das übliche Muster von Enzymveränderungen feststellen wie bei normal alternden Zellen.[48]

Als Progerie bezeichnet man oft nur das Hutchinson-Gilford-Syndrom, nicht aber das Werner-Syndrom. Diese Unterscheidung ist vermutlich angebracht, denn obwohl die Werner-Patienten früh gealtert wirken, handelt es sich bei dem Mechanismus, der diese Krankheit verursacht, nicht notwendigerweise um einen Eingriff in die Telomer-Uhr, wie dies bei den Kindern mit Hutchinson-Gilford-Syndrom der Fall ist.

Das Down-Syndrom

Menschen mit Down-Syndrom haben ein zusätzliches Chromosom 21 – daher die andere Bezeichnung dieser Krankheit, Trisomie 21. Sie bleiben in ihrer geistigen Entwicklung zurück. Das typische Kind mit Down-Syndrom hat jedoch noch andere Probleme. Dazu zählen häufige Infektionen, die auftreten, weil die Telomere ihrer Immunzellen – zum Beispiel ihrer weißen Blutkörperchen – sich schneller verkürzen als dies normalerweise der Fall ist.[49] Die weißen Blutzellen dieser Patienten haben kürzere Telomere, und die Patienten erliegen Infektionen so häufig, wie wenn ihre Immunsysteme alt wären. Das Down-Syndrom ist jedoch nicht die Krankheit, die zu den schlimmsten Immundefekten führt. Diese treten vielmehr bei Krankheitsbildern auf, bei denen es zu bestimmten genetischen Löschungen kommt, und bei manchen Virusinfektionen, von denen die schlimmste HIV ist.

AIDS

Bei HIV dringt ein Virus in eine Zelle ein, schreibt einen Teil der genetischen Bibliothek neu und zwingt die Zelle, das Virus in großer Zahl zu kopieren. Dies hat gewöhnlich den Nebeneffekt, daß die Zelle getötet wird. Ich spreche deshalb von einem Nebeneffekt, weil der menschliche Körper über eine sehr große Anzahl von Zellen verfügt, und der Verlust von einigen Zellen bei den meisten Virusinfektionen eine *Nebensache* ist. Die verbleibenden Zellen teilen sich und ersetzen die fehlenden. Das Problem mit dem HI-Virus ist, daß es bestimmte Untergruppen unserer weißen Blutzellen, gewöhnlich die CD4-Lymphozyten, unausgesetzt in einer Größenordnung von über einer Milliarde pro Tag abtötet,[50] bis die Stammzellen, die sie ersetzen, wahrscheinlich zu alt und erschöpft sind, um sich noch richtig zu teilen.

Infolgedessen fällt die Zahl der verfügbaren weißen Blutzellen plötzlich stark ab, der Körper verliert seine Fähigkeit, sich zu verteidigen, und erliegt Infektionen, die anderenfalls trivial wären. Aber die Zerstörung des Immunsystems ist alles andere als nebensächlich oder trivial.

Diese plötzliche Abnahme der Zahl weißer Blutzellen und das Einsetzen ungewöhnlicher Infektionen bestimmt AIDS. Obwohl HIV auch andere Zellen angreift, ist die Krankheit überwiegend eine Folge der Zerstörung des Immunsystems durch den Verlust dieser speziellen weißen Blutkörperchen.

Das Virus verhält sich so, als könne es nur reife weiße Blutzellen erkennen. Die Stammzellen, die diese erzeugen, sind nicht gefährdet, aber sooft sich eine Zelle – zumindest eine CD4-Zelle – als weißes Blutkörperchen zu erkennen gibt und in den allgemeinen Kreislauf eintritt, wird sie prompt überfallen und getötet. Eine Zeitlang, oft über Jahre, können die Stammzellen mit den ständigen Verlusten fertigwerden. Es gelingt ihnen, ein prekäres Gleichgewicht zwischen der Zellvernichtung (eine Milliarde pro Tag) und deren Ersetzung (eine Milliarde neuer Zellen pro Tag) aufrechtzuerhalten. Die Zahl der CD4-Zellen im Blut, die wir messen, ergibt sich aus denselben zwei antagonistischen Kräften: Produktion und Destruktion. Aber diese Zahl ist ein schlechter Maßstab sowohl der Arbeit, die die Stammzellen bei der Erzeugung der weißen Blutzellen zu leisten haben, als auch der Vernichtung weißer Zellen durch das Virus in etwa demselben Tempo.

Es ist vorstellbar, daß wir, auch wenn sich die Vernichtungsrate erhöhen würde, immer noch eine normale Anzahl im Blut zirkulierender Leukozyten messen würden, da deren Produktion genauso zunähme. Was wir an diesem Meßwert nicht ablesen können, sind Zeichen der hektischen Zellteilung oder des gewaltigen Aufwands an Stoffwechselenergie, der nötig ist, um diesen Krieg zu führen. Dies würden wir erst nach mehreren infektionsreichen Jahren merken, wenn die Stammzellen schließlich erschöpft sind: Dann fällt die CD4-Zahl rasant und erschreckend ab, ein Signal, daß trotz aller klinischen

Versuche, den Betroffenen vor Infektionen zu retten, das Ende naht. Ohne Gegenspieler werden die Infektionen häufiger und bedrohlicher, und man stirbt.

Und die offenkundige Ursache der Erschöpfung der Stammzellen ist, daß die telomere Uhr abgelaufen ist und die weitere Zellteilung gestoppt hat. Unter normalen Umständen sind die Stammzellen imstande, mit den Anforderungen der meisten im Laufe unseres Lebens auftretenden Infektionen fertigzuwerden, aber den extremen Belastungen der ständigen Teilung sind sie nicht gewachsen. Dies legt zwei mögliche medizinische Durchbrüche nahe – einen für die Diagnose, den anderen für die Behandlung. Die Messung der Telomerlängen von weißen Blutzellen könnte uns vor der drohenden Erschöpfung der Stammzellen warnen. Dadurch ließe sich wahrscheinlich voraussagen, wann das Immunsystem versagen wird, und wir könnten sich ankündigende gefährliche Infektionen behandeln, bevor sie ausbrechen. Wir haben gewisse Hinweise darauf, daß eine solche Frühwarnung möglich ist. Vorläufige Forschungsergebnisse deuten darauf hin, daß die Telomere kürzer werden, bevor klinische Veränderungen eintreten und bevor die Leukozytenzahlen abnehmen.[51] Die Überwachung der Telomerlängen würde uns rechtzeitig warnen, wann ein HIV-Positiver AIDS entwickeln wird.

Wie wir das Leben des Patienten retten, ist eine andere Frage, die uns zu den therapeutischen Möglichkeiten führt. Was wäre, wenn wir die Telomere der Stammzellen von HIV-Positiven (oder auch von AIDS-Patienten) wieder verlängern könnten? Das würde die Viren zwar ebensowenig töten, wie es die Fähigkeit erneuern könnte, wieder mehr weiße Blutzellen herzustellen. Es würde nicht einmal die unglaubliche Vergeudung von einer Milliarde Leukozyten pro Tag verlangsamen. Es *könnte* jedoch die Erschöpfung der Stammzellen verhüten, was den sterbenden Patienten vielleicht vor dem Tode retten könnte. Der AIDS-Patient würde dann vielleicht »bloß« wieder HIV-positiv werden, ohne klinische Manifestationen, ohne lebensbedrohliche Infekte und vielleicht, ohne an AIDS zu sterben. Selbst wenn dies der einzige Gewinn wäre, würde diese Möglichkeit allein den Versuch rechtfertigen, das Telomer zu verändern. Den Millionen Sterbenden und den Millionen, die vielleicht noch sterben werden, könnte die Telomer-Regeneration möglicherweise eine neue Lebenschance bieten. HIV könnte eine chronische Krankheit wie Diabetes werden, bei der das Risiko eines frühen Todes zwar hoch ist, aber nicht hundert Prozent beträgt, und bei der Komplikationen zwar häufig vorkommen, aber sich oft hinausschieben lassen.

Es gibt nicht nur überzeugende Beweise dafür, daß die Telomere unsere biologische Uhr sind, sondern es knüpfen sich auch unsere Hoffnungen daran. Diese Hoffnungen betreffen alle alternden Menschen. Sie betreffen Kinder, die am Hutchinson-Gilford-Syndrom sterben, Kinder, die bisher noch nie die Chance zu einer normalen Kindheit hatten und sie anderenfalls nie haben werden. Diese Hoffnungen gelten jenen unter uns – unseren Nachbarn, Freunden, Kindern und anderen – mit AIDS, die mit dem dauernden Bewußtsein leben, daß an der nächsten Ecke ein unerfreulicher Tod auf sie lauern kann – morgen oder nächste Woche oder nächstes Jahr. Wie wir im 6. Kapitel sehen werden, sind diese Hoffnungen durchaus begründet; es ist uns bereits gelungen, das Telomer in vitro zu verlängern, und bald werden wir imstande sein, viele jener Krankheiten zu behandeln, die durch kurze Telomere bedingt sind. Aber dies sind nicht die einzigen Krankheiten, die Leiden und Angst auslösen und uns unsere Kindheit, unseren Frieden oder unsere Integrität rauben. Merkwürdigerweise birgt die Entdeckung des Mechanismus der telomeren Uhr auch Hoffnung für Krankheiten wie Krebs, die die entgegengesetzte Ursache haben – Telomere, die zu lang sind.

Krankheiten, die auf überlange Telomere zurückgehen

Krebs

Wir haben bereits von Krebs gesprochen, wenn auch in etwas anderem Zusammenhang. Krebs ist die Krankheit, zu der es kommt, wenn sich die Telomere erneut verlängern. Da unser Körper bemerkenswerte Mühe aufwendet, um sicherzustellen, daß unsere Telomere mit jeder Zellteilung kürzer werden, geschieht genau dies in den meisten Fällen fast ohne Ausnahmen. Tatsächlich schaffen es nur Krebszellen, der Verkürzung zu entgehen, sobald diese einsetzt. Sie haben nicht einmal besonders lange Telomere, aber diese sind dennoch zu lang, als daß der Körper gesund bleiben könnte. Krebs ließe sich heilen, wenn die Telomere bloß kürzer werden würden, wie das bei den meisten präkanzerösen Zellen der Fall ist. Krebs ist also eine Krankheit, die nicht durch besonders lange Telomere verursacht wird, sondern durch *unangemessen lange* Telomere.

Da wir bereits im letzten Kapitel erörtert haben, wie sich Krebs entwickelt, bleibt nur die Frage der Therapie. Können wir die Telomerlänge verändern, vielleicht durch Hemmung der von den Krebszellen ausgeschiedenen Telomerase, und auf diese Weise Krebs heilen? Wie wir im 6. Kapitel sehen werden, können wir das tatsächlich. Wir halten fest: Es eröffnen sich nicht nur Möglichkeiten, viele der schwersten menschlichen Krankheiten zu heilen, sondern das Beweismaterial bestärkt uns in unseren Hoffnungen.

Die menschliche Lebensspanne ändern

Die durchschnittliche menschliche Lebensspanne zu verlängern, ist leicht und trivial. Man braucht nichts weiter zu tun, als sich im Auto anzuschnallen, für regelmäßige Bewegung zu sorgen, gesund (und weniger) zu essen, oxydationshemmende Vitamine zu sich zu nehmen, nicht zu rauchen und sich nicht mit bewaffneten Personen anzulegen. All dies sind wirksame Mittel, um die eigene Lebenserwartung zu erhöhen, aber keines davon wird etwas an unserer maximalen Lebensspanne ändern, weil sie keinen Einfluß auf die Grenzen haben, die uns von unserer genetischen Uhr, dem Telomer, gesetzt werden. Einhundertzwanzig Jahre ist etwa das Maximum dessen, was man erwarten kann, wenn man ein tätiges Leben führt und eine außergewöhnliche Portion Glück hat.

Dennoch ist es möglich, die maximale Lebensspanne ohne Eingriff in das Telomer zu manipulieren. Dies ist bei Fadenwürmern und Fliegen gelungen, die man auf Langlebigkeit hin gezüchtet hat. In jeder Generation werden die Langlebigsten zur Weiterzüchtung ausgewählt, während man die Nachkommen derjenigen, die im üblichen Alter sterben, aus dem Zucht-Pool entfernt. Auf diese Weise läßt sich die Lebensspanne leicht verdoppeln, obwohl man dies beim Menschen bisher nicht erreicht hat. In Robert Heinleins Klassiker *Methuselah's Children* werden jungen Erwachsenen, deren Großeltern noch leben, finanzielle Anreize geboten, untereinander zu heiraten und Kinder zu haben.[52] Bald leben deren Nachkommen länger als der Großteil der Bevölkerung. Obwohl die Lebenszeitspannen in dem Buch rascher zunehmen, als dies in Wirklichkeit der Fall wäre,[53] ist dieser Gedanke im Prinzip richtig. Theoretisch könnten wir die Lebenszeitspannen späterer Generationen strecken, wenn sich langlebige Menschen stärker vermehren würden als andere. Die Aussichten, daß es dazu kommen könnte, sind jedoch sehr gering, weil die gesellschaftlichen Widerstände und die Anzahl der nötigen Generationen, um für Langlebigkeit zu selektieren, einen Erfolg unwahrscheinlich machen. Außerdem würde dies in krassem Widerspruch zu unserer Ethik stehen.

Können wir die Lebenszeitspanne von Geschöpfen verlängern, die weder Würmer noch Fliegen sind, sondern Menschen, und die nicht das Glück haben, in genau die richtige Familie von Heinleins virtueller Welt hineingeboren worden zu sein? Die Keimzellen des Menschen sind alterslos, was beweist, daß zumindest manche menschliche Zellen von sich aus imstande sind, dem Verfall zu entgehen. Wir wissen außerdem, daß es möglich ist, andere Arten auf ein längeres Leben hin zu züchten, woraus hervorgeht, daß die normale Lebensspanne eines vielzelligen Organismus keineswegs unabänderlich ist. Wissenschaftler haben das Telomer bereits verändert, um uns zu befähigen, die biologische Uhr zurückzudrehen bzw. anzuhalten.[54] Bei normalen menschlichen Fibroblasten, die üblicherweise in vitro zuverlässig altern und sterben, wurden die Telomere mit Hilfe von Telomerase wieder verlängert und das Telomer-Ende »verschlossen«, um ein weiteres Abbröckeln zu verhindern. Beide Ansätze, das Zurückdrehen der Uhr durch Telomerase und das Anhalten des Countdowns durch einen »Verschluß«, sind wirksam. In beiden Fällen ist das Ergebnis dasselbe: Zellen, die zuvor zu Senilität und Tod verurteilt waren, fuhren fort, sich zu teilen und normal weiterzuleben. Für eine solche Zelle existierte das Hayflick-Limit entweder nicht mehr, oder sie war in einem Maße außer Kraft gesetzt, daß keine Ähnlichkeit mit normalen Alterungsvorgängen mehr feststellbar war.

Wir müßten, um das Altern zu verzögern oder zu verhindern, unbedingt in der Lage sein, das Hayflick-Limit hinauszuschieben, denn bei einer Spezies nach der anderen zeigt sich, daß es unmittelbar mit der Lebensspanne korreliert.[55] Die Verschiebung des Hayflick-Limit, der »Lebensspanne einer Zelle«, wird bald für den ganzen Organismus möglich sein, und damit wird sich die maximale Lebenszeit des gesamten Körpers verlängern. Sobald wir dies nicht bloß im Labor, sondern auch in den Kliniken schaffen, werden wir möglicherweise das Altern besiegt haben. Nicht heute, aber bald.

Kapitel 5

Die Zeit läuft ab

Die einzige Krankheit

Old age seems the only disease;
all others run into this one.

(Ralph Waldo Emerson, »Circles«)

Das Alter arbeitet sich geduldig von den Telomeren bis zum Totenbett vor, wobei es sich seinen Weg stets entlang unserer genetischen Schwachstellen bahnt. Emerson hatte recht: Alle unsere Krankheiten münden eine nach der anderen in diese eine, letzte. Dennoch ist das Altern – das kurze Telomer und die alte Zelle – seinerseits auch die Ursache von vielen unserer Krankheiten. Ob Herzerkrankung, Arthritis oder Alzheimer, die alternden Zellen sind ein so integraler Bestandteil von Krankheit, daß das Alter genausogut die einzige Krankheit sein könnte – Ursache so vieler, das Ende von allen. Kurioserweise sind wir jetzt an dem Punkt angelangt, wo wir am besten erörtern können, wie sich das Altern eigentlich auswirkt – indem wir auf einzelne Krankheiten eingehen.

Altern ist nicht bloß das Ergebnis der Aktivität von freien Radikalen, von Zellen oder Telomeren. Auch Alltagsprobleme, Krankheit und Leiden wirken daran mit. Körperlich gesehen bringt es Schwäche, Gedächtnisverlust, Gelenkschmerzen, Stürze und brüchige Knochen mit sich; oder Herzkrankheiten, Atemnot, Arthritis, Grauen Star, Krebs und Alzheimer; bis wir schließlich die Namen unserer eigenen Kinder vergessen und nicht mehr gehen können.

Bisher sind wir kaum von bereits Bekanntem abgewichen und haben uns nur wenig in die Zukunft vorgewagt. Jetzt ist es an der Zeit, das Labor zu verlassen und zu unserem Leben und den Krankheiten überzugehen, die uns zu schaffen machen.

Mit zunehmenden Jahren ist das Alter der eigentliche Grund aller übrigen Krankheiten. Die Ursache des Alterns ist auch die Ursache bzw. der Auslöser der meisten Alterskrankheiten. Jede einzelne hat zwar ihre eigenen speziellen Ursachen und ihre eigenen genetischen Faktoren; jede ist auch individuell verschieden und unterscheidet sich von allen anderen. Doch die Erosion des Telomers spielt bei allen eine Rolle – bei der einen Krankheit ist sie die unmittelbare Ursache, die andere beschleunigt sie, und bei einer dritten löst sie Komplikationen aus. Ohne Schrumpfung des Telomers hätten die meisten Krankheiten ein anderes Erscheinungsbild; und einige würden vielleicht überhaupt nie auftreten.

Was führt vom Verlust unserer Telomere zum Verlust unserer Fähigkeit, die Treppe hinaufzusteigen? Wie nimmt das Unheil seinen Lauf, das uns zuerst die Telomere und dann Geist und Seele raubt? Dieses Kapitel verfolgt den Alterungsprozeß von der unsichtbaren Wirkungsweise des Telomers über das leichter beobachtbare Verhalten unserer Zellen bis hin zu seinen unübersehbaren Endresultaten: Verfall und Leiden, Senilität und Tod.

Unsterbliche Zellen, sterbliche Körper

Like one that on a lonesome road
Doth walk in fear and dread,
And having once turned walks on
And turns no more his head;
Because he knows a frightful fiend
Doth close behind him tread.

(Samuel Taylor Coleridge, »The Rhyme of the Ancient Mariner«, VI.10)

Wenn Biologen von Zell-Immortalität sprechen, dann meinen sie Zellen, die nicht altern, keineswegs Zellen, die ewig leben. Schließlich sind auch solche Zellen Verletzungen und Angriffen ausgesetzt; sie mögen zwar alterslos sein, aber sie sind nicht wirklich unsterblich.

Und aus demselben Grund ist Unsterblichkeit beim Organismus als Ganzem genauso unmöglich. Ebenso wie die Zellen stirbt der Organismus trotzdem, auch wenn er nicht altert. Aber selbst wenn wir Zellen hätten, die nicht altern würden, wäre das noch keine Garantie, daß wir selbst nicht altern. Der Mensch ist keine bloße Ansammlung von Zellen, ob alterslos oder nicht; er ist eine Ansammlung von *organisierten* Zellen. Diese Organisation ist höchst wichtig für uns: Es spielt keine so große Rolle, ob eine einzelne Zelle abstirbt und ausgewechselt wird, solange unser Körper insgesamt intakt bleibt. Und solange die einzelne Zelle lebt, sollte sie gut funktionieren – ohne zu altern und zu versagen. Wir benötigen mehr als Alterslosigkeit – was wir brauchen, sind alterslose Zellen, welche die Gesamtorganisation, die den einzelnen Menschen ausmacht, respektieren und in Schuß halten.

Kehren wir noch einmal zum Krebs zurück. Wenn jede unserer Zellen zwar alterslos, aber krebsig wäre, würden wir sterben. Unsere Zellen wären dann zwar im biologischen Sinn »unsterblich«, aber wir würden dennoch sterben. Unser Überleben und das Überleben von allen unseren Zellen hängt vom sozialen Verhalten jeder einzelnen Zelle ab. Es gibt eigentlich gar keine echte Immortalität, vielmehr müssen die Zellen unseres Körpers mehr tun, um zu überleben, als bloß am Leben zu bleiben; sie müssen auch fortfahren, ihre sozialen Rollen zu erfüllen. Allerdings können wir das Ziel eines alterslosen Organismus anstreben. Um das zu erreichen, benötigen wir sowohl alterslose Zellen als auch ein normales Wechselspiel zwischen den Zellen. Mit anderen Worten, wir müssen die Zell-Alterung verhindern, ohne Krebs zu provozieren.

Wir wissen bereits, daß die Lebensspanne eines Organismus mit der »Lebensspanne« seiner Zellen korreliert (mit deren Hayflick-Limit), wenn wir diese in vitro züchten. Wir wissen auch, daß sich diese Grenze bei Zellen hinausschieben läßt – wir können Zellen in vitro alterslos machen. Bevor wir in der Lage sind zu verstehen, wie sich das im ganzen Organismus bewirken läßt, müssen wir nicht nur verstehen, wie Zellen altern, sondern wie der ganze Körper altert. Auf die eine oder andere Weise werden wir das »Zusammenspiel« unserer

Zellen aufrechterhalten müssen, während wir gleichzeitig die Uhr zurückdrehen, deren Aufgabe es ist, sie abzuschalten. Wir müssen klären, auf welche Weise die verkürzten Telomere nicht nur alte Zellen zur Folge haben, sondern auch einen alten Körper – und welche anderen Prozesse, vielleicht unabhängig vom Telomer, dazu beitragen. Schließlich ist das Altern ein Resultat sowohl der telomeren Uhr als auch der Interaktionen zwischen den Zellen, die entgleisen, sobald diese Uhr abläuft.

Zellen verursachen Chaos

»Mord« rufen, und des Krieges Hund entfesseln, ...
(William Shakespeare, Julius Caesar, III.I)

Wir haben bereits einen Überblick bekommen, wie das Altern von den Zellen auf den ganzen Körper übergreift. Die dem Altern zugrundeliegenden Kräfte sind die ewigen zwei Gegenspieler, die sich anfangs im Gleichgewicht befinden: der entropische Verfall und unsere Abwehrkräfte. Die Alterung setzt ein, sobald unsere Abwehr überrannt wird und die Entropie die Oberhand gewinnt.

Am zellulären Anfang des Alterungsprozesses verändert das Telomer in jeder unserer Zellen die Gen-Expression. Die Zellteilung verlangsamt sich, und die Zellen liefern nicht länger die Nährstoffe, die trophischen Faktoren – örtliche »Hormone« einschließlich Wachstumsfaktoren, welche Funktionen, Teilung und sogar Überleben anderer Zellen steuern –, die die benachbarten Zellen benötigen. Der Alterungsprozeß beschränkt sich nicht länger auf eine einzige Zelle; die alternde Zelle schädigt jetzt auch ihre jüngere Nachbarin. Umliegende Zellen, die noch relativ lange Telomere haben mögen, werden durch das Altern anderer Zellen belastet.

Wenn alternde Zellen ihre an sich noch »jungen« und funktionstüchtigen Nachbarinnen zu schädigen beginnen, dann müssen diese Nachbarinnen ihrerseits ihre eigenen Funktionen verändern, um sich gegen den Streß örtlicher Entzündung zu wappnen und die Arbeitslast mitzuübernehmen, die die alternde Zelle nicht länger trägt. Falls die alternde Zelle zum Beispiel für die Produktion von Insulin verantwortlich war, dann wird ihre Nachbarzelle jetzt viel mehr davon erzeugen müssen. Hatte die alternde Zelle die Aufgabe, sich zu teilen und dadurch weiße Blutkörperchen zu reproduzieren, dann muß sich die angrenzende Zelle nun öfter teilen. Falls die alternde Zelle eine Arterie zusammenhielt, dann wird ihre Nachbarin jetzt den doppelten Streß und die doppelte Arbeit haben. Sobald sich diese Einflüsse – Veränderung der Gen-Expression und der Fähigkeit einer Zelle, ihre Aufgaben zu erfüllen, die Belastung der Nachbarzellen, die Schwächung der Organfunktionen – summieren, äußern sie sich schließlich in Form jener Krankheiten, die wir gewöhnlich mit dem Altern verbinden.

Diese Krankheiten haben jedoch viele Mitursachen; es gibt nie einen linearen Verlauf vom Telomerschwund zum Tod. Das Telomer verursacht den Herzinfarkt nicht unmittelbar, und es läßt keine Arterie platzen. Die Aorta kann einreißen, weil der Blutdruck zu hoch oder die Aortawände zu schwach waren, oder aus einem Dutzend anderer Gründe, von denen jeder einzelne zum Teil auf kurze Telomere zurückzuführen sein mag.

Es stimmt zwar, daß schrumpfende Telomere Krankheiten verursachen, aber der Weg vom Telomer zur Krankheit ist komplex und wird durch die Gene und die Ernährung ebenso beeinflußt wie durch Fitneß-Training und Glück. Man stelle sich vor, daß wir nichts über Gehirnschläge wüßten, aber sie verstehen wollten. Auf den ersten Blick würden wir nichts weiter sehen als das dramatische und plötzliche Resultat: Der Betroffene kann nicht mehr gehen oder sprechen. Nach jahrzehntelanger Forschung würden wir erkennen, daß das, was wir als »Schlaganfall« bezeichneten, entweder auf unzureichende Blutzufuhr zum Gehirn (etwa durch verengte Gefäße und ein Blutgerinnsel) oder auf eine Gehirnblutung (durch einen Gefäßriß) zurückzuführen sein kann. Wir würden fortan diese zwei Arten von Gehirnschlägen voneinander trennen und ihnen Namen geben: Infarkt oder Gehirnblutung. Bei näherer Erforschung der einen Kategorie würden wir feststellen, daß die Gefäßwand mißgebildet war. Bei näherer Betrachtung würden wir entdecken, daß bei manchen der Zellen charakteristische Läsionen (Verletzungen bzw. Funktionsstörungen) vorliegen, von denen wir manche auf Bluthochdruck, andere auf Cholesterin, Diabetes, Virusinfektion oder Trauma zurückführen können. Jede Erkenntnis über »die Ursache« eines Gehirnschlags ließe sich ihrerseits in immer kleinere Teilursachen aufspalten, von denen wir jede in ihre feineren Verästelungen weiterverfolgen könnten – bis wir an die Wurzel der Dinge herankommen. Eine solche Wurzel gibt es tatsächlich: Die letztendliche Ursache vieler Gehirnschläge ist das geschrumpfte Telomer. Je besser wir Krankheiten verstehen lernen, desto mehr Faktoren aus unerwarteten und subtilen Quellen, die dazu beigetragen haben, entdecken wir, aber bei vielen davon spielt das Telomer eine Rolle.

Ein Herzinfarkt kann durch eine endlose Liste mitwirkender Faktoren verursacht werden, darunter Cholesterin-Plaques, Erregungsleitungsstörungen am Herzen, Entzündung, Streß, Bewegungsmangel, hoher Blutdruck und Rauchen. Was noch schlimmer ist: Keine dieser Ursachen existiert unabhängig von anderen; die meisten interagieren miteinander. Cholesterin wäre nicht so schlimm, wenn wir nicht rauchen würden. Rauchen wäre weniger gefährlich, wenn wir keinen hohen Blutdruck hätten. Der Blutdruck wäre kein Problem, wenn die Arterienwände nicht durch eine Virusinfektion geschädigt wären, und so weiter.

Herzinfarkte liefern uns dennoch ein gutes Beispiel. Je älter wir werden, desto größer die Wahrscheinlichkeit eines Infarkts. Aber manche Menschen bleiben davon verschont, so alt sie auch werden mögen, und andere trifft es in ihren Zwanzigern. Das Altern allein verursacht zwar keine Herzkrankheit, aber es trägt auf tausenderlei Weise dazu bei. Alternde Zellen tragen zu der Entzündung bei, die zu Cholesterin-Plaques führt; sie beeinträchtigen auch unsere Immunfunktion, die Art und Weise, wie wir Cholesterin verarbeiten, wie sich unser Herzschlag reguliert, wie unsere Gefäße mit dem Blutdruck umgehen, und wie kräftig unser Herzmuskel arbeitet. Alle diese Dinge und viele mehr tragen zum Risiko eines Herzinfarkts bei, ein Risiko, das im Verborgenen liegt, bis ein einzelner Faktor seinen Schwellenwert erreicht und unser Herz an der Aufgabe scheitert, ohne ausreichende Zufuhr von Sauerstoff und Zucker zu schlagen.

Dasselbe gilt für andere Krankheiten, die zu Synonymen des Alterns geworden sind. Sie haben Dutzende, ja Hunderte von Ursachen, und bei jeder einzelnen spielen alternde Zellen eine Rolle. Altern ist wie eine Reihe von Nebenflüssen, die von Jahr zu Jahr stärker anschwellen und jede Krankheit verschlimmern, indem sie zu ihren Ursachen beitragen. Auch ohne Alterung kann man vielen Krankheiten erliegen; aber das Altern macht diese Krankheiten unentrinnbar.

Die meisten Menschen, die in normalem Tempo altern, können an einer Herz-Kreislauf-Erkrankung sterben, die durch eine Reihe von Ursachen (Gene, Tabak, Ernährung etc.) oder durch die Wechselwirkungen mehrerer Ursachen hervorgerufen wird. Je älter wir werden, desto größer die Wahrscheinlichkeit, daß uns eine dieser Ursachen zum Verhängnis wird. Mit den richtigen Genen, der richtigen Kost, dem richtigen Verhalten und ein bißchen Glück werden wir jedoch vielleicht nie eine Herzkrankheit bekommen. Bei progerischen Kindern sind die Belastungen durch ihre alternden Zellen so massiv und unentrinnbar, daß das Herz auch ohne Cholesterin-Überschuß, Rauchen oder Bewegungsmangel erkrankt. Beim normalen Alterungsprozeß greifen die alternden Zellen die Gesundheit weniger unmittelbar an.

Eine Telomer-Therapie hätte keine direkte Auswirkung auf Rauchen, Bewegung, Ernährung, erhöhtes Cholesterin oder eine der anderen Ursachen von Herz-Kreislauf-Leiden. Doch ohne den Anschub durch alternde Zellen und schrumpfende Telomere würde unser Risiko einer Herzerkrankung vielleicht von Jahr zu Jahr gleich bleiben statt anzusteigen, wie es jetzt der Fall ist. Wenn sich Cholesterin ansammelte, dann müßte dies unabhängig von Alterungseinflüssen geschehen. Wir würden vielleicht trotzdem eine Herz-Kreislauf-Krankheit bekommen, aber sie würde erst später auftreten. Dasselbe gilt für andere Krankheiten, die mit dem Altern in Verbindung gebracht werden.

Der Defekt schleicht sich zunächst bei der Zelle ein. Der Schädigungsgrad einer einzelnen Zelle – wie stark sie zu einer altersbedingten Krankheit beiträgt – ist mit dem Wert eines gebrauchten Autos vergleichbar. Es ist nicht bloß eine Frage des Tachometerstandes (bzw. der Telomerlänge in der Zelle), es geht auch darum, wie gravierend die Schäden sind. Wie wirkt die Karre äußerlich und wie gut läuft sie noch? Wie wir mit unserem Auto umgehen, auf welchen Straßen wir es fahren und was ihm zustößt – etwa, wenn ihm ein anderes Auto mit achtzig hineinfährt – davon hängt der Wert unseres Autos teilweise ab. Durch eine solche Havarie verliert unser Auto nicht nur auf der Stelle an Wert, sondern wir verlieren womöglich selbst eine Menge – zum Beispiel das Leben.

Ebenso wie der Wert eines Autos teilweise von äußeren Faktoren wie dem Straßenzustand und den Fahrgewohnheiten anderer abhängt, ist es auch bei unseren Zellen. Selbst ein fast neues Auto ist nicht mehr viel wert, wenn es einen Salzschaden und zwei schwere Unfälle hinter sich hat; auch eine Nervenzelle mit langen Telomeren taugt nicht mehr viel, wenn sie von gealterten Gefäßen und geschädigten Gliazellen umgeben ist. Je mehr sie durch andere Zellen belastet werden, desto schneller verlieren auch junge Zellen an Wert und tragen zur Erkrankung bei. Um noch einmal den Autovergleich zu bemühen, es ist, als ob sich der Tachometerstand bei jeder Kollision mit einem anderen Gefährt um ein paar tausend Kilometer erhöhen würde. Manche Zellen werden durch ihre Nachbarinnen geschädigt; andere sind gezwungen, sich zu teilen, weil Zellen verlorengingen.

Eine Zellteilung findet nicht nach dem Zufallsprinzip statt. Funktionsfähige Zellen teilen sich als Reaktion auf Dutzende von gleichzeitigen und gewöhnlich widersprüchlichen Signalen anderer Zellen. Diese von außen kommenden Signale haben eine Menge damit zu tun, wie oft sich die Zelle teilt und wie schnell somit ihre telomere Uhr abläuft. Jede Zelle registriert die Mitteilungen anderer Zellen, wägt sie im Lichte ihrer eigenen Umstände ab und teilt sich dann – oder auch nicht. Das Altern mag vom Telomer bestimmt sein und läßt sich am besten daran ablesen, aber die Alterungs*rate* wird durch die Bedürfnisse anderer Zellen bestimmt, die eine Zelle zur Teilung drängen oder sie davon abhalten; so gesehen ist das Altern eine Folge des Wechselspiels mit anderen Zellen, nicht nur der schrumpfenden Telomere.

Es gibt noch einen zweiten Zusammenhang, wo Alterung durch andere Zellen bewirkt wird. Junge, gesunde Zellen, die teilungsfähig sind, altern beschleunigt, wenn sie von anderen, älteren Zellen geschädigt werden. Eine alternde Zelle hört vielleicht auf, eine von ihr abhängige jüngere, gesunde Zelle zu unterstützen; die jüngere Zelle benötigt möglicherweise ein Protein oder ein anderes Molekül, das normalerweise von der älteren, versagenden Zelle hergestellt wird; oder eine alternde Zelle schädigt eine andere, jüngere, durch Entzündung oder Freisetzung von Toxinen (aus der Sicht der unschuldigen Zelle ist dies eine Schädigung, keine Alterung, doch sie kann das Altern beschleunigen). Falls die jüngere Zelle mit häufiger Teilung reagiert, werden ihre Telomere schrumpfen, und sie wird noch stärker altern. Wenn zum Beispiel eine Hautzelle zu alt wird, um sich noch zu teilen, werden ihre »jüngeren« Nachbarinnen gezwungen sein, sich schneller zu teilen, um genügend Hautzellen zu produzieren. Ihre Telomere werden sich verkürzen, mit der Folge, daß sie rascher altern als zuvor. Somit kann eine alternde Zelle ihre Schwestern zu beschleunigter Alterung zwingen.

Wenn andererseits eine alternde teilungsfähige Zelle eine jüngere, *nicht teilungsfähige* Zelle schädigt, dann hat dies nur eine Beeinträchtigung, keine Alterung zur Folge. Wenn eine altwerdende Gliazelle die sie umgebenden Neuronen nicht länger unterstützt oder, schlimmer, eine Entzündung verursacht und sie schädigt, dann schränkt sie deren Funktionsfähigkeit ein, aber läßt sie nicht altern. Im Gegensatz zu Hautzellen reagieren Nervenzellen in einem solchen Fall ja nicht mit Teilung, deshalb verkürzen sich ihre Telomere auch nicht schneller als zuvor. Die Nervenzelle versagt jedoch; sie funktioniert nicht mehr, ebensowenig die Schaltkreise, in die sie integriert ist. Das geschädigte Neuron reagiert nicht länger auf Signale von anderen Nervenzellen; es erwidert sie nicht mehr und kappt vielleicht sogar manche seiner Kontakte. Selbst wenn das Neuron nicht »altert«, verringert sich dadurch die Funktionsfähigkeit des Gehirns.

Wenn wir den Alterungsprozeß auf einer eher klinischen und persönlichen Ebene untersuchen, dann erkennen wir, daß noch sehr viel mehr daran beteiligt ist als das Schwinden der Telomere. Wenn Neuronen absterben, weil Gliazellen ihre Telomere verloren haben, dann kann Alzheimer-Krankheit die Folge sein. Ist das altersbedingt? Aus der Perspektive des Betroffenen sicherlich. Die Neuronen mögen zwar nicht gealtert sein, wohl aber die Gliazellen, und das hat genügt, um die Krankheit auszulösen.

Beim Altern und den Krankheiten, die wir damit verbinden, geht es also um mehr als um die Frage, welche Zellen kurze Telomere haben und welche nicht. Die Alterung beginnt zwar bei den Telomeren, aber sie endet nicht dort. Sie ist ein schleichender Prozeß, der den ganzen Körper beeinträchtigt, manchmal in Form alternder Zellen, manchmal in Form von Nachbarzellen, die mit diesen ins Verderben gerissen werden. Der Alterungsprozeß infiltriert unser Gewebe, unterminiert unsere Systeme und schlägt zu, wenn wir nicht darauf gefaßt sind.

Der Wert einer Zelle

Der Wert eines Staates deckt sich auf lange Sicht
mit dem Wert der Individuen, aus denen er besteht.

(John Stuart Mill, »Liberty«)

Der Wert eines Zellverbandes entspricht dem Wert der Zellen, aus denen er besteht. Ob es sich bei dem Verband um ein Gewebe handelt (z. B. Muskeln, Haut oder Nerven), ein Organ (Herz, Leber oder Gehirn) oder ein System (Herz-Kreislauf-, Magen-, Darm- oder Immunsystem), die Funktionsfähigkeit des Ganzen hängt von den einzelnen Zellen ab, aus denen es besteht, und aus der Beziehung zwischen diesen Zellen. Diese Zellen und ihr Zusammenspiel ändern sich mit dem Alter und unterscheiden sich nur darin, wie es sich äußert. Manche Zellverbände ändern sich mit den Jahren kaum; andere erleiden katastrophale Einbußen. Manche bleiben relativ gesund; andere werden ganz offensichtlich krank. Das Altern trägt zu all diesen Veränderungen bei, von der kaum merklichen Abweichung von der Norm bis zur offensichtlichen Erkankung. Die Krankheiten unterscheiden sich voneinander, ebenso die Leiden, die wir ertragen. Bei manchen von uns altert das Herz schneller und versagt als erstes; bei anderen ist es das Gehirn, die Nieren oder die Lunge. Alle unsere Organe altern in unterschiedlichem Ausmaß, und alle Menschen unterscheiden sich im Tempo, mit dem sie altern.

Sobald wir besser verstehen, wie jedes einzelne Organ altert, werden wir auch bald wissen, welche durch Alterungsprozesse ausgelöste Veränderungen – und welche Krankheiten – wir umkehren bzw. verhindern können. Wir werden mit ziemlicher Sicherheit imstande sein, Herzleiden und wahrscheinlich auch die Alzheimer-Krankheit zu verhüten, aber es wird uns nicht gelingen, deren Folgen rückgängig zu machen. Wohl werden wir aber die altersbedingten Schäden der Blutgefäße rückgängig machen können, die zu Herzkrankheiten führen, die Alterung der Gliazellen, die der eigentliche Grund der Alzheimer-Krankheit sein könnten, und die Alterung anderer Zellverbände, von denen aus das Altern im klinischen Sinn seinen Ausgang nimmt. Um zu verstehen, was wir verhüten und was wir rückgängig machen können, müssen wir wissen, wie alterstypische Krankheiten durch diese alternden Zellverbände entstehen.

Blutgefäße

Wenn die Blutgefäße, von denen alle anderen Zellen abhängen, versagen, dann versagen die Zellen jedes Gewebes, Organs oder Systems, das sie versorgen, zwangsläufig ebenfalls. Und weil diese Gefäße mit zunehmendem Alter tatsächlich oft versagen, liegen sie als der eigentliche Grund dem offenkundigen Altern vieler anderer Zellverbände zugrunde.[1] So ist die »Alterung« unseres Herzens meist keine Muskel-, sondern eine Gefäßalterung, und in bemerkenswertem, wenn auch etwas geringerem Maße gilt dies auch für das alternde Gehirn. Viele altersabhängige Erkrankungen des Gehirns – Schlaganfälle sind ein gutes Beispiel – sind auf die gealterten Blutgefäße des Gehirns zurückzuführen.

Die Struktur eines Blutgefäßes unterscheidet sich nach dessen Größe und danach, ob es sich um eine Arterie oder eine Vene handelt. Das Grundprinzip ist immer ein Schlauch, bestehend aus Zellen in mehreren konzentrischen Schichten – von denen uns nur zwei oder drei hier interessieren. Die innersten, die Endothelzellen, gleichen in vieler Hinsicht Hautzellen wie den Fibroblasten: Sie kleiden die Blutgefäße aus, teilen sich und ersetzen verlorengegangene Endothelzellen, und wenn sie sich zu oft geteilt haben, werden sie langsamer und ändern sich – das heißt, sie altern. Sooft eine dieser Zellen abstirbt – aufgrund von Beschädigungen durch hohen Blutdruck, Cholesterin, Entzündung oder Belastung durch den Blutdruck, speziell an den Verzweigungsstellen – wird sie durch Nachbarzellen ersetzt, die sich teilen, um die Lücke zu schließen; die Telomere der Nachbarzellen schrumpfen mit jeder Teilung, bis sie mit dem Bedarf an Ersatzzellen nicht länger Schritt halten können.

Sobald die nächste Schicht – wenn auch nur vorübergehend – exponiert ist, führt dies zu weiterer Entzündung, zu Wachstum der glatten Muskelzellen der Gefäßwand (speziell, wenn diese bestimmte Virusinfekte haben) und zu Ablagerung von Cholesterin. Die Gefäßwand verengt sich und wird narbig, unregelmäßig und klebrig; all dies erhöht die Belastung der Zellen, die das Gefäß auskleiden. Das Blut muß nun ein engeres, aufgerauhtes Gefäß passieren; Turbulenzen und Scherwirkung nehmen zu; mehr wandauskleidende Zellen sterben ab; der Teufelskreis geht weiter und verschlimmert sich.

Wenn die Endothelzellen altern, verlangsamen sie auch ihre Produktion von örtlichen »Hormonen«, den trophischen Faktoren. Der Verlust dieser Faktoren hat zur Folge, daß Thromben leichter haftenbleiben, glatte Muskelzellen wuchern, Leukozyten eindringen, Cholesterin sich ansammelt und eine Unzahl anderer Veränderungen eintreten, die alle zur Plaque-Bildung und zur Gefäßerkrankung beitragen.[2]

Am schnellsten altern die Zellen in den Teilen unserer Gefäße, die den größten Belastungen ausgesetzt sind. Das sind die Stellen, wo die Telomere am kürzesten sind und die Zellen sich nur langsam teilen und es nicht schaffen, normale Mengen an Nährstoffen für die Nachbarzellen zu produzieren. Genau an denselben Stellen, wo die Telomere am kürzesten sind, bilden sich am häufigsten Aneurysmen und Cholesterin-Plaques. Hoher Blutdruck, hoher Cholesterinspiegel, Diabetes und Rauchen – all dies spielt bei Gefäßerkrankungen eine Rolle, weil es die Gefäße belastet und dadurch die Zell-Alterung beschleunigt. Die Folge ist eine weitere Schädigung anderer Nachbarzellen, sobald die Endothelzellen altern und bei diesen anderen Zellen sekundäre Veränderungen hervorrufen.

Dieselbe allgemeine Entwicklung kann selbst ohne einige der Hauptakteure voranschreiten. Kinder mit Progerie weisen zum Beispiel nicht die gleichen Cholesterin-Ablagerungen auf, wie die meisten von uns in höherem oder auch mittlerem Alter haben werden, trotzdem werden ihre Blutgefäße geschädigt, und sie sterben an Herzerkrankungen und Gehirnschlägen. Selbst wenn wir Cholesterin, Bluthochdruck und Entzündung aus dieser Gleichung ausklammern, kann es dennoch zu Gefäßerkrankungen kommen. Aber wenn alle diese

Mitwirkenden vorhanden sind und die Zell-Alterung der Protagonist ist, wird das Drama zu einer kurzen und rasant ablaufenden Tragödie.

Das Altern verursacht Krankheiten in den wichtigsten Gefäßen wie der Aorta, den Koronar- und den Hirnarterien, sobald die gefäßauskleidenden Zellen durch den Telomer-Verlust nicht mehr in der Lage sind, verlorengegangene Zellen zu ersetzen, und an der Gefäßwand sich Plaques ansetzen können. Dieser Prozeß beschleunigt die Alterung in allen benachbarten teilungsfähigen Zellen und zieht nahegelegene Zellen, ob teilungsfähig oder nicht, in Mitleidenschaft. Die Alterung der Zellen in den Gefäßwänden ist schuld an den meisten krankhaften Veränderungen, die in alternden Gefäßen auftreten.[3]

Am anderen Ende des Größenspektrums, ausgehend von der Aorta und anderen großen Arterien, befinden sich die Kapillaren oder Haargefäße – die feinsten und wichtigsten Gefäße. Sie versorgen unser Gewebe mit dem Sauerstoff und den Nährstoffen des Blutes und schaffen den größten Teil des Kohlendioxyds und der Abfallprodukte weg, die unsere Zellen ausstoßen. Im Gegensatz zu größeren Gefäßen wachsen sie nach, wenn das sie umgebende Gewebe verletzt wird. Bei jeder noch so geringfügigen Verletzung wird wahrscheinlich immer auch das Kapillarbett geschädigt und muß erneuert werden.

In dem Maße, wie die Telomere schwinden, versagt der Zellaustausch und mit ihm die Fähigkeit des Körpers, gesunde Kapillaren zu erhalten. Und sobald *diese* versagen, versagt auch unser übriger Körper. Die Haargefäße werden undicht, sie erstrecken sich nicht mehr an so viele Stellen und sie wachsen auch nicht mehr nach. Zellen, die sich auf ein leistungsstarkes Verteilungssystem stützen konnten, müssen sich jetzt damit abfinden, über größere Distanzen hinweg und entsprechend unzureichend mit Nahrung und Sauerstoff versorgt zu werden. Proteine, andere Moleküle und Eindringlinge, die zuvor in den Gefäßen blieben, finden jetzt leichteren Zugang zu Orten, wo sie nicht hingehören.

Das Altern der Kapillaren ähnelt mit ihrer langsameren Zellteilung dem größerer Gefäße. Ob die Kapillar-Alterung wie das Altern der großen Gefäße ebenfalls durch einen Verlust an trophischen Faktoren und die damit einhergehende Pathologie gekennzeichnet ist, wissen wir nicht. Alternde Kapillaren unterscheiden sich jedoch eindeutig in anderer Hinsicht: Sie haben gewissermaßen die Funktion von Kontrollventilen, und die Flexibilität dieser Ventile nimmt mit zunehmendem Alter ab.

Haargefäße sind nicht passiv: sie schrumpfen und dehnen sich je nach den Bedürfnissen der sie umgebenden Zellen. Wenn die Kapillarzellen altern, verlangsamt sich ihre Aktivität, und sie werden weniger effektiv. Im Ruhezustand mögen die Muskeln eines Sechzigjährigen vielleicht genauso gut mit Blut versorgt werden wie die eines Zwanzigjährigen, aber sobald ihre Beanspruchung zunimmt, können die Kapillaren des Sechzigjährigen sie nicht mehr mit allem Nötigen versorgen.

Diese aktive Reaktion auf Gewebsbedürfnisse ist eine Form, wie sich unser Körper an sportliche Betätigung anpaßt – oder auch nur an das tägliche Aufstehen. Mit zunehmendem Alter werden diese Reaktionen weniger zuverlässig, bis sie schließlich zu erhöhtem Blutdruck führen. Sowohl die kleineren als auch die größeren Gefäße sind wesentlich für die Aufrechterhaltung eines normalen Blutdrucks. Obwohl sich die größeren Gefäße nicht zusammenziehen und erweitern können wie die Kapillaren, dient ihre Elastizität dem gleichen Zweck, und diese nimmt im Alter ab. Das Kollagen, das ihnen Festigkeit verleiht, und das Elastin, das sie geschmeidig macht, werden nicht mehr so schnell erneuert wie in der Jugend, und es kommt immer häufiger zu sogenanntem *cross-linking* oder zur Quervernetzung von Kollagen-Molekülen. Die Kombination von alternden, weniger reagiblen Kapillarbetten und unelastischeren großen Gefäßen resultiert in höherem Blutdruck und damit einer höheren Belastung der gefäßauskleidenden Zellen. Bluthochdruck ist also sowohl Ursache als auch Wirkung der Alterung von Zellen in unseren Blutgefäßen.

Die Korrespondenz zwischen Altern und hohem Blutdruck ist so auffallend, daß man das Altern als »stille Hypertonie« (*muted hypertension*) und die Hypertonie als »beschleunigtes Altern« bezeichnet hat.[4] Trotz dieser Wechselbeziehung trifft keine der beiden Beschreibungen wirklich den Kern. Ebenso wie Herzleiden und die meisten anderen mit dem Altern zusammenhängenden Krankheitsbilder ist Bluthochdruck eine Krankheit mit vielen Ursachen, deren Auswirkungen in fast allen Fällen durch das Altern der teilungsfähigen Zellen potenziert werden. Altern ist nicht gleichbedeutend mit Hypertonie, aber je mehr die Telomere schwinden, desto stärker kann der Blutdruck in einer langsamen, aber verhängnisvollen Spirale ansteigen. Und sobald dies geschieht, sobald Kapillaren verlorengehen, Gefäße sich verengen, periphere Zellen mangelhaft mit Blut versorgt werden, der Blutdruck ansteigt und Aneurysmen auftreten, versagt schließlich irgendein Organ: vielleicht das Gehirn, vielleicht die Niere oder das Herz.

Das Herz

Der Herzmuskel altert nicht stark, vielleicht, weil sich die meisten seiner Zellen selten teilen. Die Uhren dieser Zellen bleiben voll aufgezogen. Doch wenn wir an Altern denken, beschwören wir Bilder von Herzinfarkten und dekompensierter Herzinsuffizienz (Stauungsinsuffizienz) herauf, von einem schwachen, schlecht funktionierenden und alten Herzen. Die Herzalterung ist überwiegend auf den Funktionsverlust der Gefäße zurückzuführen, die das Herz und den Rest unseres Körpers versorgen.[5] Mit zunehmendem Alter muß unser Herz mehr leisten und wird schlechter dafür entschädigt. Wenn die Gefäße älter werden, steigt der Blutdruck, und das Herz strengt sich mehr an. Wenn die Herzkranzgefäße, die das Herz versorgen, altern, erhält der Herzmuskel weniger Blut. Mehr Arbeit, schlechterer Lohn: Sobald sich diese zwei Tendenzen überschneiden, versagt das Herz oft dramatisch. Selbst wenn nur ein Gefäß zu eng wird, um den Herzmuskel mit dem nötigen Blut und dessen Sauerstoff zu versorgen, gehen Muskelzellen zugrunde; die Pumpe versagt, das Herz bleibt stehen, der Körper stirbt. Auch unter weniger dramatischen Umständen ist das Ergebnis kumulativ und negativ. Das Herz büßt Teile seines Muskels ein, seine Leistung läßt nach, und der Körper ist nicht mehr zu den gleichen Leistungen fähig wie früher.

Es gibt primäre Herzkrankheiten – zum Beispiel Virus-Myokarditis und angeborene Fehlbildungen – und sekundäre, häufigere Beschwerden – wie Myokardinfarkte und Rhythmusstörungen – die durch die Zell-Alterung in den Gefäßen entstehen. Primäre Herzkrankheiten sind selten – aber wie steht es mit der primären Alterung des Herzens? Altert das Herz unabhängig von seinen alternden Gefäßen? Es hat Fibroblasten, die sich teilen und altern wie die meisten anderen Gewebe; diese Zellen altern, aber sie sind in der Minderheit. Die Herz*muskel*zellen altern wahrscheinlich auch, aber wir wissen noch nicht viel über diesen Prozeß. In den Muskelzellen sammeln sich offensichtlich im Lauf der Jahre Alterspigmente an – und zwar in einem Maße, daß in hohem Alter oft 30 Prozent des Herzgewichts aus Lipofuszin besteht. Aber wir wissen immer noch nicht, ob dies durch die alternden Gefäße bedingt ist (die es für die Zellen schwieriger machen, ihre Abfallprodukte abzubauen und zu oxydieren) oder einfach eine unvermeidliche Ansammlung von Ausscheidungsstoffen (egal, wie gut die Gefäße waren). Die Herzzellen können durch Gefäßalterung geschädigt werden (sekundäres Altern) oder auch durch ein gewisses Maß an primärem Altern der Herzzellen selbst.

Obwohl die Zellalterung mit der Telomer-Therapie rückgängig gemacht werden kann, wird es nicht möglich sein, zugrundegegangene Herzzellen durch Veränderung unserer Telomere zu ersetzen. Leidet das Herz und alle seine Zellen jedoch nur durch die Alterung seiner Gefäße, ohne daß irreversible Schäden eingetreten sind, dann verspricht die Telomer-Therapie, den Trend umzukehren, bevor es zu spät ist.

Das Gehirn

Das Gehirn gilt allgemein als wichtigstes Zellsystem des Körpers, da es den wesentlichen Teil von uns repräsentiert – unseren Geist und unsere Persönlichkeit. Die schätzungsweise hundert Milliarden oder mehr Zellen in unserem Gehirn sind der Sitz unserer sehr persönlichen Weltsicht und Lebensweise. Sie bilden das Substrat unserer Individualität, unserer Erinnerungen und unserer Seele. Und hier, in diesen einenhalb Litern von verletzlicher Masse, wird das Altern oft zur Tragödie; hier gehen wir uns selbst verloren. Obwohl Herz-Kreislauf-Erkrankungen einen großen Prozentsatz der Beschwerden ausmachen, unter denen wir am Ende unserer Tage leiden, gehören die Alzheimer-Krankheit und andere Demenzen zu unseren schlimmsten Alpträumen davon, wie unser Lebensabend beschaffen sein könnte. Das Nervensystem des Körpers besteht aus dem Gehirn, dem Rückenmark und Myriaden von peripheren Nerven. Die Neuronen oder Nervenzellen machen nur etwa 10 Prozent der Gehirnzellen aus, die übrigen 90 Prozent sind Gliazellen, die die Neuronen versorgen; über die Neuronen ist weitaus mehr bekannt als über die Gliazellen, die »anderen Zellen« des Nervensystems. Zu den Funktionen der Gliazellen zählt die sorgfältige Aufrechterhaltung des chemischen Umfelds der Neuronen. Außerdem beseitigen sie überschüssige neurale Botenstoffe und reagieren auf diese; sie regulieren die Nährstoffversorgung, bestimmen die Blutzufuhr und stellen allgemein sicher, daß die Neuronen in einer sorgfältig überwachten und konstant gehaltenen Umgebung gedeihen. Sie bewahren die Neuronen vor unangenehmen Überraschungen, vor Nahrungsmangel oder sonstigen Widrigkeiten. Ohne diese umsichtigen Haushälterinnen würden die Neuronen unzuverlässig werden und bald Schaden erleiden. Zum Beispiel gehen die Neuronen zugrunde, wenn erregend wirkende neurale Botenstoffe wie Glutamat nicht umgehend von den Gliazellen absorbiert werden.[6] Sie sterben auch ohne die Nährstoffe[7], die die Gliazellen erzeugen, und mit denen sie die Neuronen versorgen.[8] Die Gliazellen ermöglichen den Neuronen, ihre fabelhaften Leistungen zu vollbringen.

Zu den Krankheiten, die wir mit dem Nervensystem verbinden – Gehirnschläge, Alzheimer und andere Demenzen, und so weiter – kommt es, weil die Glia, anders als die Neuronen, die sie schützen, altern und sterben. Wir werden anfällig für diese Krankheiten, weil unsere Blutgefäße ebenso »altern« wie unsere Gliazellen. Ebenso wie beim Herz ist es weniger das Nervensystem als solches, das altert, als vielmehr die Gefäße und Zellen – die Glia – die gar keine Nerven sind.

Das Problem alternder Gefäße beschränkt sich zwar nicht auf das Nervensystem, aber – genau wie die Herzzellen und im Gegensatz zu den meisten anderen Körperzellen – gehen die Neuronen fast augenblicklich zugrunde, wenn die sie versorgenden Gefäße versagen. Die Schädigung durch eine mehrere Minuten lang unterbrochene Zirkulation kann danach auch durch jahrelange normale Blutzufuhr niemals mehr wettgemacht werden. Gefäße verstopfen sich, und wir erleiden Schlaganfälle; sie platzen und verursachen Blutungen im Gehirn – in beiden Fällen sind wir nachher nie mehr dieselben, entweder, weil wir große Mengen an Neuronen oder weil wir unser Leben verloren haben. Alternde Gefäße haben Alterskrankheiten zur Folge, die unser Nervensystem in Mitleidenschaft ziehen.

Aber alternde Gefäße sind nur zu einem Drittel für die Gehirnalterung verantwortlich.[9] Die Mehrzahl der Demenzen dürfte auf alternde Gliazellen zurückzuführen sein. Die Gliazellen teilen sich während ihres ganzen Lebens und verkürzen dadurch nach und nach ihre Telomere.[10] Warum erneuern sich die Gliazellen, die Neuronen hingegen nicht?[11] Gliazellen werden häufig beschädigt, gehen zugrunde und werden durch neue ersetzt; es gibt keine unersetzlichen Gliazellen. Gliazellen sind gewissermaßen Stammzellen, Neuronen nicht. Jedes Neuron hat ganz bestimmte, oft weitreichende Verbindungen, die darüber bestimmen, was wir tun, wie gut wir es tun können, und wer wir sind.

Sobald unsere Gefäße altern, werden die Gliazellen ausgetauscht; die verbleibenden Gliazellen teilen sich, ihre Telomere schrumpfen, die Gliazellen altern und sie versagen schließlich bei ihrer einzigen Aufgabe, die Neuronen zu versorgen und zu verwöhnen; dann sterben die Neuronen, und sie *können nicht ersetzt werden*. Unsere Gliazellen altern, unsere Neuronen sterben, unsere Fähigkeiten schwinden. Das Nervensystem altert.

Die Alzheimer-Krankheit läuft nicht ganz so einfach ab. Aber dasselbe gilt auch für die Herz-Kreislauf-Erkrankungen und alle übrigen altersbedingten Leiden. Bei all diesen Krankheiten einschließlich der Alzheimer-Krankheit spielen alternde Zellen und schwindende Telomere eine entscheidende und oft primäre Rolle. Vielleicht würden wir auch ohne alternde Gliazellen der Alzheimer-Krankheit erliegen, auch ohne alternde Zellen in unseren Gefäßwänden Arteriosklerose bekommen; aber ohne alternde Zellen und geschrumpfte Telomere würde dieser Prozeß wahrscheinlich weitaus länger dauern, er wäre stärker von anderen genetischen Einflüssen abhängig, und bei manchen von uns würde es niemals dazu kommen. Die Alzheimer-Krankheit ist eine komplexe Störung, die wir noch nicht verstehen, aber alternde Zellen und verlorengegangene Telomere könnten ihr zugrundeliegen. Möglicherweise wird sich herausstellen, daß Demenzen, besonders die Alzheimer-Krankheit, eng mit den Gliazellen zusammenhängen: Es könnte sich herausstellen, daß deren Entzündung,[13] deren Nährstoffe[14] und deren Zell-Alterung für den Verlust an Neuronen und damit jene Funktionseinbußen, die wir am meisten fürchten, verantwortlich sind.

Die Telomer-Therapie wird Gehirnschläge und vielleicht auch die Alzheimer-Krankheit abwenden können. Wenn wir die Alterung der Gefäße rückgängig machen, können wir zwar Schlaganfälle verhüten, nicht aber ihre Folgen ungeschehen machen; wir können den Untergang von Neuronen verhindern, aber nicht bereits verlorene ersetzen. Die Alzheimer-Krankheit birgt aber, mehr als jede andere, noch so viele Unbekannte. Morbus Alzheimer und andere Demenzen werden – wiewohl komplex und stark von anderen, speziell genetischen Faktoren beeinflußt – wahrscheinlich noch massiver durch den Telomer-Schwund der alternden Zellen gefördert und sind daher verhütbar.

Die Haut

Die Haut ist das Organ, das am offensichtlichsten altert. Auf einen Blick und mit oft unkluger und unverschämter Genauigkeit können wir das Alter unseres Gegenübers schätzen. Gealterte Haut mit ihren Leberflecken, Runzeln, ihrer Durchsichtigkeit und ihrem schlechten Heilungsvermögen ist alltäglich und offensichtlich. Gerade die Tatsache, daß unsere Haut in der Öffentlichkeit so exponiert ist, ist ein Grund für ihr Altern: Die Sonne und alltägliche Traumen beschleunigen ihre Alterung, indem sie Zellen schädigen und töten. Um ihre Verluste wettzumachen, reagieren die Hautzellen mit schneller Teilung. Diese rapide Teilung bedeutet, daß mehr Zellen ihr Hayflick-Limit erreichen; alte Haut hat weniger Zellen, und die verbliebenen leisten schlampige Arbeit.

Der Pool mit Zellen nimmt ab, nicht nur, weil sich alte Zellen nicht mehr so schnell teilen können wie junge, sondern auch, weil Zellen mit zunehmendem Alter leichter verlorengehen. Die Turnover-Rate sinkt auf den halben Wert ab, den sie in unserer Jugend hatte. Und wir verlieren Zellen schneller, weil sie schlechter geschützt und unterstützt werden. Das Abnehmen der Poolgröße gilt für alle Zellen, aus denen unsere Haut besteht, nicht nur für die Fibroblasten. Die Anzahl der Blutgefäße in der Haut nimmt mit zunehmendem Alter ab, deshalb wird die Haut schlechter ernährt. Die Temperaturregelung des Körpers läßt nach, da sich die Kapillaren der Haut nicht mehr so zuverlässig öffnen und schließen, um unsere Körpertemperatur an die Umwelt anzupassen. Uns wird schnell zu heiß, und wir frösteln leicht. In der Haut sind weniger Immunzellen vorhanden, und die vorhandenen sind weniger effektiv, so daß ihr Schutz nachläßt und Bakterien, Viren und Pilze weitere Zellen infizieren und töten können. Unsere Nerven haben weniger Verzweigungen, so daß wir langsamer und unzuverlässiger auf Schmerz reagieren. Wir ziehen uns mehr Verletzungen zu, weil wir uns der Gefahren nicht mehr so bewußt sind. Wir haben weniger Fettzellen, deshalb sind wir schlechter gegen Kälte isoliert und gegen Verletzungen abgepolstert. Durch die Abnahme unserer Pigmentzellen wird unser Haar weiß und, noch gravierender, die UV-Strahlen dringen jetzt tiefer ein und schädigen mit den Jahren unsere Zellen mehr. Die Abnahme der Schweißdrüsen macht es uns schwerer, Hitze durch Verdunstung loszuwerden; durch die sinkende Zahl der Talgdrüsen trocknet unsere Haut aus und ist weniger gegen Schäden und Infektionen geschützt.

All diese Zellverluste erschweren unseren verbliebenen Zellen das Leben. In dem Maße, wie die Schadensrate zunimmt, steigt der Bedarf an neuen Zellen. Bedauerlicherweise fällt es den verkürzten Telomeren sehr schwer, diesen Bedarf zu decken. Solange wir jung sind, wird unsere Haut fest von einer gewellten Mittelschicht zusammengehalten, aber wenn wir altern und unsere Zellen absterben, wird diese Mittelschicht fast so platt wie ein Bügelbrett, und die Verbindungen zwischen den Zellen reißen schließlich bei der geringsten Belastung. Schon bei einem harmlosen Sturz schürft sich unsere Haut in dünnen Fetzen ab, und die Wunde heilt nur langsam oder gar nicht. Um welche Gefahr es sich auch handeln mag – Verletzungen, Kälte, Infektionen oder schädliche Strahlen – sobald die Anzahl unserer Hautzellen mit den Jahren abnimmt, steigt das Risiko für den übrigen Körper unverhältnismäßig an.

Dazu kommt, daß auch die verbliebenen Zellen nicht mehr so leistungsfähig sind. So werden zum Beispiel die Pigmentzellen nicht nur weniger, sie lassen auch in der Herstellung von Melanin und in der Kontrolle ihres Wachstums nach. An bestimmten Stellen vermehren sie sich oft zu Leberflecken, die ein Anzeichen des Alterns sind.

Alte Zellen reagieren nur langsam und ungenau auf Signale anderer Zellen, speziell jene in Drüsen und Gefäßen. Hautzellen fällt die Herstellung von Vitamin D schwerer; ihre Kollagen- und Elastin-Produktion verlangsamt sich ebenso wie ihr Erneuerungstempo. Da sich die Umsatzrate in der alten Zelle verlangsamt, sammeln sich schadhafte Proteine an. Außerhalb der Zelle kumulieren die Defekte in den Proteinen – Kollagen und Elastin –, die zwischen den Zellen liegen. Sie sind zu alt, um sich zu teilen und fehlende Zellen auszuwechseln, und zu alt, um neues Protein zu erzeugen und beschädigtes zu ersetzen.

Solange die verbleibenden Zellen einen Querschnitt durch alle unsere normalen Zelltypen darstellen – solange wir z. B. nicht sämtliche Drüsenzellen eingebüßt haben – sind diese Veränderungen reversibel. Sobald es uns gelingt, die Telomere dieser Zellen zu verlängern, könnten wir fehlende Hautzellen ersetzen und den Proteinumsatz wieder steigern. Die Alterung unserer Haut läßt sich zum größten Teil nicht nur verhindern, sondern auch rückgängig machen.

Das Verdauungssystem

Die Zellen des Darmtrakts sind ebenso von der Zellteilung abhängig wie die Hautzellen und die Zellen unserer Gefäßwände. Das Epithel des Darms wird alle zwei bis fünf Tage komplett erneuert.[15] Um mit diesem schnellen Umsatz Schritt zu halten, müssen sich die Zellen rasch teilen. Die Folge ist, daß das Epithel und die übrigen Schichten der Darmwand mit den Jahren dünner und ineffektiver werden.[16] Die äußere Darmwand wird schwächer, was zu Divertikulose führt, das heißt, in der Darmwand entstehen sackförmige Ausstülpungen (Divertikel), die sich entzünden und auch platzen können. Die Zahl der Drüsen nimmt ab, und die verbleibenden scheiden weniger aus. Dies gilt für die Speicheldrüsen im Mund, die sekretorischen Drüsen im Magen und die Drüsen im Darmtrakt, die eine Vielzahl von Substanzen absondern; in fast allen Fällen nimmt die Anzahl der Zellen ab, wie auch deren Leistung. Die Nahrungsresorption wird unzuverlässiger; bestimmte Vitamine (z. B. Vitamin D) und manche Mineralstoffe (Kalzium und vielleicht auch Eisen) werden mit zunehmendem Alter weniger gut resorbiert.

Dennoch altert der Magen-Darm-Trakt nicht annähernd so stark, wie es zu erwarten wäre. Angesichts der hohen Zellteilungsrate und unserer Kenntnis der Grenzen, die uns die telomerische Uhr setzt, könnte man annehmen, daß er sich irgendwann in seine Bestandteile auflöst – und wir mit ihm. Die Tatsache, daß unser Verdauungssystem auch im Alter noch so gut funktioniert, ist wahrscheinlich eher auf seine bemerkenswerte Redundanz zurückzuführen als auf ein Ausbleiben von altersbedingten Veränderungen.[17] Die Alterserscheinungen, die dennoch auftreten, sind wahrscheinlich sowohl auf die unmittelbare Alterung der Zellen unserer Magen- und Darmwände als auch auf die indirekten Folgen des Alterns der Blutgefäße zurückzuführen, die diese Wände versorgen. In diesen Gefäßen können sich Cholesterin-Plaques und all die anderen Kennzeichen von Gefäßkrankheiten, sogar eine Form von »Darm-Angina«, ansammeln. Und all diese altersbedingten Veränderungen lassen sich ebenso wie jene, die auf das Altern von Zellen und Gefäßen in anderen Regionen unseres Körpers zurückzuführen sind, rückgängig machen, wenn wir die Telomer-Therapie einsetzen, bevor die betreffenden Zellen verlorengegangen sind.

Die Nieren

Unsere Nieren schrumpfen im Lauf der Jahre und filtern das Blut nicht mehr so zuverlässig. Die erste Stufe des Filtersystems – die Glomeruli, d. h. Kapillarknäuel der Nierenrinde – erleidet mit den Jahren den gravierendsten Gewebeverlust. Die übrigbleibenden Glomeruli werden zunehmend leistungsschwach. Wenn die Blutgefäße der Niere altern, beliefern sie nicht nur die Zellen mit weniger Blut, sie neigen auch dazu, ihren Filtrationsapparat kurzzuschließen und ungefiltertes Blut in den Körper zurückzuleiten. Sie werden ihren Aufgaben immer weniger gerecht. Die Alterserscheinungen der Nieren sind wahrscheinlich größtenteils auf Gefäßalterung[18] zurückzuführen und lassen sich deshalb rückgängig machen. Wenn das Problem teilweise darin besteht, daß sich ältere Nierenzellen geteilt haben und das Ende ihrer Telomere naht, dann wird auch dies durch Telomer-Therapie zu beheben sein. Aber sofern diese Alterung einen dauerhaften Verlust der komplexen Strukturen bewirkt, die das Blut immer wieder neu filtern und seine chemische Zusammensetzung justieren, werden wir dieser Entwicklung nur vorbeugen und sie nicht umkehren können.

Die Lunge

Unsere Lunge altert mehr durch Schäden, die wir ihr selbst zufügen, als durch die Einwirkung der Jahre. Aber auch ohne Tabakrauch und Luftverschmutzung altert die Lunge dennoch vorhersagbar und stetig, hauptsächlich aufgrund von Veränderungen im Bindegewebe. Mit den Jahren verlangsamt sich genau wie in der Haut die Regeneration von Kollagen und Elastin, die Schäden häufen sich an und das Bindegewebe wird schwächer und weniger geschmeidig. Unsere Brustwand versteift sich, und es kostet uns mehr Mühe, zu atmen. Die kleinsten Funktionseinheiten unserer Lunge – die Alveolen oder Lungenbläschen, in denen wir Sauerstoff absorbieren und Kohlendioxyd abbauen – sind weniger elastisch und kollabieren leichter. Jeder Atemzug kostet uns mehr Mühe und bringt uns weniger ein. Ebenso wie bei der Haut sind die Fibroblasten die Quelle dieser Bindegewebsveränderungen, und sie teilen sich und ersetzen fehlende Zellen.

Im Gegensatz zu den Fibroblasten der Haut ist die Schädigung der Lunge nicht auf Verletzungen und UV-Strahlen zurückzuführen. Dennoch treten im Lauf der Jahre Defekte auf, und Zellen gehen verloren, aber in der Lunge werden die Fibroblasten durch Luftverschmutzung in Mitleidenschaft gezogen und durch den Sauerstoff geschädigt, dem sie ohne den Schutz ausgesetzt sind, den unsere übrigen Zellen haben. Unsere Haut hat zum Beispiel eine äußere Schicht von toten Zellen, wie die Rinde eines Baumes. Die meisten unserer Körperzellen erhalten Sauerstoff nur in geringen Mengen, die ihnen von unseren roten Blutkörperchen zugemessen werden. Selbst Mund und Rachen sind einigermaßen durch eine dünne Regenerationsschicht geschützt. Unseren Lungenzellen fehlt jedoch selbst dieser geringfügige Schutz: Sie sind diesem schädlichen Einfluß am stärksten ausgesetzt, während sie ihre Aufgabe erfüllen – Sauerstoff aufzunehmen und Kohlendioxyd auszuscheiden.

Sauerstoff ist in kleinen Mengen lebenswichtig; in großer Quantität tötet er Zellen ab, namentlich die Fibroblasten in unserer Lunge. Wenn sie ausgewechselt werden, dann läuft die telomere Uhr in den verbliebenen Zellen ab, die sich dazu teilen müssen. Sobald die Telomere schrumpfen, werden die Zellen weniger leistungsfähig und teilen sich langsamer. Mit steigendem Alter werden demnach weniger unserer Lungenzellen ersetzt; die schwammartigen Strukturen unserer Lunge bestehen aus immer weniger Schwamm und immer mehr Luft; die Lungenbläschen werden größer und undifferenzierter – und je weiter diese Entwicklung voranschreitet, desto weniger sind wir imstande, Sauerstoff aus der Luft in das Blut zu transportieren, weil die Filtrationsfläche abnimmt. Wir alle haben dieses Problem zumindest in geringem Maß schon erlebt, aber bei manchen ist die Lunge zu einem bloßen Schatten ihres jüngeren Selbst geworden. Sobald sie weniger leistungsfähig und effizient geworden ist, verliert sie die Reserven, die es uns erlauben, zu laufen, Treppen zu steigen und schließlich bloß zu gehen. Sobald wir in den Sechzigern sind, merken die meisten von uns, daß wir nicht mehr so gut und so lange laufen können. Aber für andere, die rauchen oder einfach Pech haben, kommt dieser Verlust schon früher und macht sie zum Invaliden.

Die Regeneration der Telomere wird nie den Schaden wettmachen können, den wir uns selbst zufügen: Es gibt keinen Ersatz für einen verantwortungsvollen Umgang mit unserem Körper. Die feinen und komplexen Strukturen unserer Lungenbläschen können, einmal verlorengegangen, nicht wiederhergestellt werden. Dennoch könnte es uns dank Telomer-Therapie gelingen, unsere Lunge bei ihrer täglichen Konfrontation mit dem Sauerstoff – dem unverzichtbaren Feind – unbegrenzt lange funktionstüchtig zu erhalten.

Der Stütz- und Bewegungsapparat: Gelenke, Knochen, Muskeln

Unsere Gelenke beginnen zu schmerzen, unsere Knochen brechen, unsere Muskeln werden schwächer. In jedem dieser Bereiche kommt es zur Alterung, aber aus etwas unterschiedlichen Gründen. Unsere Gelenke bestehen aus Knorpelgewebe, das im Alter abnimmt. Dieser Abbau ist auf Zell-Alterung, Verletzungen und unsere Gene zurückzuführen. Das Ausmaß der Verletzungen und die speziellen Gene, die zu unserer Entwicklung eingesetzt wurden, bestimmen, wie schnell unsere Zellen altern: Dies gilt besonders für das Knorpelgewebe, mit dem unsere Gelenke ausgekleidet sind, und das jeden Ruck, jeden Stoß und jeden Schritt zu spüren bekommt. Wenn wir unsere Tage mit Jogging verbringen, dann altern die Knorpel unserer Knie schneller. Falls unsere Gene dieser Herausforderung gewachsen sind, dann können wir bis in unsere Neunziger weiterjoggen, falls nicht, wird uns das Laufen schon mit dreißig schwerfallen.

Sobald ihre Telomere schrumpfen, verringert sich die Fähigkeit dieser Zellen, Knorpelproteine zu erzeugen und zu ersetzen, und sie schaffen es seltener, sich zu teilen und Zellen auszutauschen, die durch das tägliche Dehnen und Strecken in unseren Gelenken verlorengegangen sind. Wie bei Gefäßkrankheiten – bei denen Cholesterin und hoher Blutdruck auch ohne Alterung einen langsamen Tod herbeiführen – werden die Zellen unserer Gelenke durch den Dauerstreß geschädigt. Und ebenso wie in unseren Gefäßen bringt die Alterung Arthrose mit sich, die sonst später oder überhaupt nie aufträte. Wenn wir unsere Gelenke gut behandeln und die Altersuhr in den Zellen, die die Gelenkflächen bilden, zurückdrehen, dann könnten sie unbegrenzt lange ihren Dienst tun.

Unsere Knochen regenerieren sich ständig. Der eine Zelltypus, die Osteoblasten, erzeugt Knochengewebe, ein anderer, die Osteoklasten oder Knochenfreßzellen, zerstört es. Diese zwei Zelltypen befinden sich in einem schwankenden Gleichgewicht, während sie unser Skelett unablässig erneuern. Zusammen bestimmen sie über die gesamte Knochenmasse unseres Körpers. Wenn die knochenbildenden Zellen vorherrschen, wie das während des Wachstums der Fall ist, dann nimmt die Knochenmasse zu; wenn die knochenzerstörenden Zellen die Oberhand gewinnen, wie das bei Osteoporose geschieht, dann setzt Knochenschwund ein.

Zwischen diesen beiden Kräften sollte Ausgewogenheit herrschen, und dies gilt auch für die allgemeine Regenerationsrate. Eine hohe Erneuerungsgeschwindigkeit bedeutet zwar schnellere Heilung, aber auch Energieverschwendung; langsame Regeneration spart Zell-Energie, verzögert jedoch die Heilung. In höherem Alter heilen unsere Knochen nicht mehr so gut, und sie brechen leicht. In der Jugend brechen wir uns vielleicht ein Bein, wenn wir beim Skifahren bei hoher Geschwindigkeit stürzen, aber es bedarf einer beträchtlichen Krafteinwirkung, um einen Knochen zu brechen, und er heilt rasch wieder. Im Alter kann man sich schon die Hüfte brechen, wenn man stolpert und relativ sanft auf den Teppich fällt; der Bruch erfolgt fast ohne Gewalteinwirkung und heilt langsam und vielleicht auch nie wieder vollkommen. Im Alter haben wir weniger knochenbildende Zellen. Das allein würde genügen, um die Regeneration zu verlangsamen und Osteoporose und schlechtere Heilung zu erklären. Bedauerlicherweise resorbieren wir auch weniger Kalzium (speziell jenseits der siebzig), wir bewegen uns weniger (was die Knochenbildung und Regeneration drosselt) und erzeugen (als Frau) weniger Östrogene. Östrogene verlangsamen die Knochenresorption. Der Östrogenverlust nach der Menopause wirkt, als entferne man die Bremse gegen den Knochenschwund; der Knochenabbau beschleunigt sich, die Knochenneubildung hat sich im Lauf der Jahre verlangsamt, und die gesamte Knochenmasse nimmt unmerklich, aber stetig ab.

Unsere Knochen sind wie das Holzhaus, aus dem wir täglich einen weiteren Nagel herausziehen; alles scheint in Ordnung zu sein, bis der Wind bläst. Mit dreißig muß man sechs Meter tief von einem Baum fallen, um sich einen Wirbel zu brechen; mit siebzig braucht man nur auf der Couch zu sitzen und zu husten, damit der gleiche Wirbel bricht. Die Wirbelsäule beginnt sogar allmählich, unter ihrem eigenen Gewicht zusammenzubrechen, sie schrumpft und wirft auf dem Röntgenbild merkwürdige Schatten, unsere Körpergröße schrumpft, der Rücken wird krumm, unser Gebein ist dem Verfall preisgegeben.

Wir könnten die Telomere der Stammzellen, die unsere knochenbildenden Zellen erzeugen, zwar wieder verlängern, aber der schnelle Knochenabbau hängt wahrscheinlich mit Östrogenmangel und anderen Faktoren zusammen. Aber auch wenn wir die Knochenbildung durch Telomer-Therapie fördern können, werden im Alter wahrscheinlich weiterhin zusätzliche Östrogen-Gaben nötig sein.[19]

Unsere Muskeln sind im Grunde weniger von unmittelbarer Alterung betroffen als von mangelndem Gebrauch und alternden Gefäßen. Die reduzierte Benutzung ist verständlich. Wir ermüden leicht, weil sich unser Herz und unsere Lunge mehr anstrengen müssen. Unsere Muskeln leiden auch durch die Alterserscheinungen in anderen Systemen. Wenn sich unsere Brustwand versteift, bedarf es größerer Muskelarbeit, um die Rippen zu bewegen. Wenn unsere Bänder ihre Elastizität verlieren, dann sind die Muskeln gezwungen, deren Aufgabe mitzuübernehmen. Wenn unsere Lunge Zellen einbüßt, müssen wir angestrengter atmen, um dieselbe Menge an Sauerstoff aufzunehmen. Obwohl die Muskeln härter arbeiten müssen, werden sie weniger dafür belohnt. Sobald die Gefäße altern und das Kapillarnetz schrumpft, haben die Muskeln immer größere Mühe, die Nährstoffe und den Sauerstoff zu bekommen, die es ihnen gestatten würden, die zusätzliche Arbeit zu leisten, die wir von ihnen fordern.

Die endokrinen Systeme

Lange Zeit glaubte man, das Hormonsystem sei schuld daran, daß wir altern. Das ist zwar weitgehend falsch, aber auch nicht völlig von der Hand zu weisen. Die Östrogenzyklen scheinen zum Beispiel einer Uhr zu gehorchen, die von der Zell-Alterung unabhängig ist; sie werden durch hormonelle Regelkreise im Laufe unseres Lebens gesteuert und nicht durch verkürzte Telomere.

Zu den endokrinen Systemen zählen das Insulin, die Schilddrüsenhormone, die Steroidhormone, die Wachstumshormone und unzählige andere. Manche Hormone nehmen mit dem Alter ab; andere sind trotz des Alterns in denselben Konzentrationen zu finden, lediglich ihr Umsatz verlangsamt sich.[20] Unsere Reaktion auf die Hormone stumpft oft mit den Jahren ab: manchmal, weil sich die Zahl der Hormonrezeptoren verringert, häufig aus anderen, unbekannten Gründen.

Auch die Reaktionszeiten auf Insulin verlangsamen sich. Gewöhnlich produziert der Körper mehr Insulin, sobald der Blutzucker steigt; dasselbe geschieht auch im Alter, aber unsere Reaktion verzögert sich und ist weniger fein abgestimmt. Die Zellen reagieren nicht mehr so zuverlässig auf Insulin. Insulin wird produziert, und die Zellen empfangen die Botschaft:»Nehmt Zucker auf«, aber sie reagieren nur schlapp.

Die Schilddrüsenhormone bestimmen – zusammen mit mehreren Dutzend anderen Faktoren – unseren Stoffwechselumsatz, und auch ihre Konzentrationen werden im Alter unzuverlässiger.[21] Das Gehirn überwacht die Schilddrüsenfunktionen weniger genau, die Zellen unseres Körpers reagieren anomal, und unser Immunsystem läßt im Lauf der Jahre nach.

Die Steroidhormone zerfallen von Natur aus in zwei Hauptgruppen: Die Sexualhormone wie Östrogen und Testosteron regeln die Sexualfunktionen, und die Nebennieren-Steroide steuern unseren Kohlenhydrat-, Protein-, Mineral- und Wasserstoffwechsel.[22] Die Steroidhormone wirken unmittelbar auf die Gen-Expression, aber wir wissen noch nicht, in welchem Maß sich das durch Alterung verändert. Während die Nebennieren-Steroide auch im Alter in den gleichen Konzentrationen vorhanden sind, sinkt der Blutspiegel der Sexualsteroide ab.

Die Abnahme der Sexualsteroide erfolgt bei Frauen und Männern nach unterschiedlichen Mustern. Bei Frauen ist das Muster zyklisch und zuverlässig, bis sie sich der Menopause nähern, dann beginnt das System zu stottern, und ihr Steroidspiegel fällt drastisch ab. Wir wissen noch nicht, inwieweit die Menopause von einer telomeren Uhr reguliert wird, aber ihr Einsetzen resultiert höchstwahrscheinlich aus dem Schwund an Eizellen; Frauen in den Wechseljahren haben nur noch wenige oder gar keine Eizellen übrig.[23] Obwohl Frauen ihr Leben mit weitaus mehr Ova beginnen, als für den monatlichen Eisprung benötigt werden, verlieren sie mit jeder Ovulation eine zunehmende Anzahl von Eizellen, bis zur Menopause schließlich alle aufgebraucht sind.

Die verbreitetsten Annahmen über die Ursachen der Menopause sind entweder der restlose Verbrauch der Eizellen oder die kumulative Östrogen-Einwirkung. Bekannt ist, daß Frauen jeden Monat Ova verlieren, und zwar mit jeder Monatsblutung immer mehr, bis keine Eier mehr vorhanden sind und die Menses aufhören. Aber ebenso klar ist, daß es im Gehirn oder in den Eierstöcken oder in beidem Zellen gibt, die ihre Östrogen-Exposition im Lauf der Jahre »addieren« und ihre Menstruationen stoppen, sobald in der Lebensmitte ein bestimmter Schwellenwert überschritten wird. Keine dieser beiden Theorien führt die Menopause auf Alterung bzw. auf alternde Zellen zurück.

Dennoch könnten alternde Zellen eine Rolle spielen. Die jedes Ovum umgebenden Zellen könnten sich im Lauf der Jahre teilen und altern und dadurch ihre Fähigkeit verlieren, die Eizellen gut zu ernähren und zu versorgen. Dies könnte auch erklären, warum die Rate des Eiverlustes im Laufe der Jahre zunimmt. In diesem Fall würde die Zell-Alterung eine indirekte Rolle bei der Menopause spielen. Dasselbe könnte auch für jene Zellen gelten, die über die Östrogen-Exposition »Buch führen«; diese Zellen könnten sich im Eierstock teilen oder durch Zellen versorgt werden, die sich im Gehirn teilen. Falls die menopausale Uhr auch nur entfernt von teilungsfähigen Zellen beeinflußt wird – deren Telomere demnach schrumpfen – dann könnte sich das Klimakterium durch die Telomer-Therapie verzögern lassen.

Der Verlust an Sexualsteroiden bei Männern wird gewöhnlich auf alternde Zellen in den Hoden zurückgeführt und als langsamer, stetiger Rückgang von der Jugend bis ins Alter angesehen. Obwohl wir auch in diesem Bereich noch vieles nicht durchschauen, ist kaum anzunehmen, daß das System eine zusätzliche komplexe Uhr hat, die die Funktionseinbuße regelt. Wahrscheinlicher ist, daß der Hormonspiegel parallel zur normalen Zell-Alterung entweder in den Kapillaren oder den Versorgungszellen in den Hoden absinkt und sich daher rückgängig machen ließe.

Ein weiteres Sexualsteroid, Dehydroepiandrosteron – oder DHEA – fasziniert die Gerontologen schon seit dreißig Jahren.[24] DHEA ist das häufigste Steroid in unserem Blut. Seine Konzentration nimmt mit dem Alter in ziemlich linearer Weise ab, seine Funktion ist unklar und sein angeborenes Fehlen ist offenbar tödlich. Manche Rattenstämme leben mit DHEA-Gaben länger, aber diese Wirkung ist nicht hundertprozentig. Obwohl die wenigen Fakten, die wir kennen, aufregend sind,[25] ist die Abnahme von DHEA im Alter höchstwahrscheinlich auf das Altern der Nebennieren zurückzuführen, die den größten Teil unseres DHEAs herstellen. Wenn DHEA die Hauptursache des Alterns wäre, dann könnte man erwarten, daß die Nebennierenfunktion bei Progeriepatienten gestört ist, was nicht zutrifft.

Die Nebennieren sind auch wesentlich beteiligt an unserer Reaktion auf Streß. Robert Sapolsky, Professor an der Stanford University, vertritt die Auffassung, daß wir in jeder Streßsituation bestimmte Gehirnzellen und mit ihnen Gedächtnisinhalte verlieren.[26] Sooft wir unter Streß stehen – was zur Ausschüttung von Steroiden aus den Nebennieren führt – riskieren wir, Neuronen zu verlieren, die wir für unser Gedächtnis benötigen. Jeder zusätzliche Streß, sei es durch Sauerstoffmangel, unzureichenden Blutzucker, schlechte Blutzirkulation etc., tötet weitere für unser Gedächtnis wichtige Neuronen ab. Erhöhter Streß schwächt nicht nur unser Gedächtnis, sondern wir verlieren nach und nach auch die Fähigkeit, das Steroid abzuschalten, das den Schaden verursacht, so daß sich die Schadensrate erhöht. Mit jedem zusätzlichen Streß verschlimmert sich die Situation; weitere Neuronen gehen verloren, und die Demenz greift um sich.

Die Neuronen sterben nicht allein aufgrund der Nebennieren-Steroide; sie gehen zugrunde, sobald irgendein zusätzlicher Streß auftritt. Gehen diese vom Streß an den Rand des Abgrunds getriebenen Neuronen verloren, weil Gefäßkrankheiten und damit schrumpfende Telomere sie hinunterstoßen? Gestatten die alternden und beschädigten Gefäße unseres Gehirns dem Streß, Demenz hervorzurufen, der für ein junges Gehirn folgenloser Streß bleiben würde? Oder sterben die Neuronen vielleicht ab, weil die sie umgebenden Gliazellen gealtert sind und nicht länger die Gefahren abpuffern können, wenn die Neuronen unter Streß stehen? Falls Sapolsky in bezug auf Streß recht hat, was wird sich dann ändern, wenn wir die zellulären Uhren des Alterns zurückstellen? Wir wissen es noch nicht. Es bleibt Raum für Optimismus, aber dies könnte sich als weiteres Beispiel von »endgültigem Altern« erweisen: ein Prozeß, der ebenso wie andere, auf die wir im 7. Kapitel eingehen müssen, unumkehrbar und vielleicht überhaupt nicht veränderbar ist.

Das Hormon, dem am häufigsten nachgesagt wird, das Altern beeinflussen zu können, ist das Wachstumshormon. Es spielt zwar eine entscheidende Rolle im Alterungsprozeß, es ist aber eine »Vermittlerrolle«. Ein Mangel an diesem Hormon bewirkt keine unmittelbare Alterung, vielmehr liegt das Hormon in der Mitte der Alterungskaskade. Durch Verabreichung von zusätzlichem Wachstumshormon an den alternden Organismus läßt sich zwar verlorene Muskelmasse wiederherstellen und das Fett anders verteilen, viele andere häufige Alterserscheinungen bleiben jedoch davon unberührt – und die Zufuhr von Wachstumshormon verursacht gravierendere Probleme wie Diabetes. Das Hormon wird wie viele andere von der Hypophyse an der Unterseite des Gehirns produziert. Wir wissen immer noch nicht, warum diese Gehirnzellen im Alter ihre Produktion von Wachstumshormon verlangsamen; wir wissen lediglich, daß sie weniger empfänglich für Signale aus dem Gehirn werden und immer weniger Wachstumshormon absondern. Dieser Rückgang gleicht dem der Sexualsteroide: Er erfolgt bei Männern allmählich und stetig, bei Frauen aber erst um die Menopause.[27]

Die Telomer-Therapie sollte also imstande sein, jene Aspekte dieses Rückgangs umzukehren, die auf verkürzte Telomere in den Gliazellen zurückzuführen sind.

Melatonin, ein Hormon, das von der Zirbeldrüse am oberen Ende des Hirnstamms ausgeschieden wird, ist in jüngster Zeit ebenfalls mit dem Altern in Verbindung gebracht worden.[28] Ebenso wie DHEA nimmt seine Konzentration mit den Jahren ab. Die tägliche Einnahme von Melatonin könnte ebenso wie die von DHEA dazu beitragen, manche der klinischen Probleme des Alterns hinauszuschieben, aber auch Melatonin stellt die zellulären Uhren, die für diese Probleme verantwortlich sind, nicht zurück, und ebensowenig kann es die maximale Lebensspanne verlängern.[29]

Das Immunsystem

Unser Immunsystem ist die Polizei und die richterliche Gewalt unseres Körpers. Es besteht überwiegend aus Zellen mit langem Gedächtnis, die sich erinnern, welche Zellen verantwortliche Mitbürger sind und welche Eindringlinge; sie wissen, ob es sich bei den Missetätern um Viren, Bakterien, Parasiten oder Krebszellen (die Soziopathen unseres Körpers) handelt. Unsere Immunzellen spüren die Feinde auf, sprechen ihr Urteil und vollstrecken an Ort und Stelle die Hinrichtung. Das Grundprinzip der Immunfunktion ist, zuverlässig und schnell zwischen Freund und Feind zu unterscheiden. Normale Zellen in Ruhe zu lassen, ist genauso wichtig, wie abnorme und körperfremde anzugreifen. Mit zunehmendem Alter versagt unser Immunsystem in beiden genannten Aufgaben. Es neigt immer mehr dazu, gesunde Zellen zu attackieren und dafür Krebszellen und eindringende Organismen unbehelligt zu lassen. Es wird nachlässig und langsam, und sein Gedächtnis versagt.

Diese Unzuverlässigkeit unserer Körperpolizei ist zum Teil darauf zurückzuführen, daß weniger Kräfte im Einsatz sind – so nimmt zum Beispiel die Anzahl der Immunzellen in unserer Haut ab. Teilweise ist auch ihre mangelhafte »Ausbildung« daran schuld: Aus beiden Gründen sind im Alter weniger T-Lymphozyten reif und funktionsfähig.[30] Ebenso wie bei anderen Zellen ist auch dieser zahlenmäßige Rückgang höchstwahrscheinlich dadurch bedingt, daß verkürzte Telomere die weitere Teilung und Auswechslung der Zellen verhindern. Die geringere Funktionsfähigkeit dieser alternden Zellen resultiert aus veränderter Gen-Expression, zu der es kommt, sobald sich Telomere der vollständigen Erosion nähern. Und sowohl die Teilungsfähigkeit als auch die normale Funktionsfähigkeit wird vermutlich durch Telomer-Therapie zu beeinflussen sein.

Durch die Umkehrung des Alterungsprozesses im Immunsystem

werden sich zahlreiche Probleme lösen lassen, vielleicht sogar solche, die wir bisher noch nicht dem Altern des Immunsystems zugeschrieben haben. Ausfälle des älteren Immunsystems führen zu höherer Sterblichkeit durch Infektionen, die in jüngeren und mittleren Jahren bloß lästig gewesen wären; dazu zählen Lungenentzündungen sowie Zellulitis (Entzündung des Unterhautbindegewebes), Virusgrippe und Dutzende anderer.

Bei Alterungsprozessen erhöht sich durch jede versagende Komponente die Wahrscheinlichkeit eines weiteren Versagens an anderer Stelle, und dies gilt speziell für das Immunsystem. Die altersbedingten Veränderungen in unserer Lunge erhöhen das Risiko, an Lungenentzündung zu erkranken; das Altern unseres Immunsystems erhöht die Wahrscheinlichkeit, dadurch zu sterben. Das Altwerden der Blutgefäße macht es für unser Immunsystem schwieriger, Bakterien aufzuspüren und zu töten; unsere dünner gewordene Haut erleichtert es den Bakterien, überhaupt in den Körper einzudringen. Unser alterndes Nervensystem läßt es wahrscheinlicher werden, daß wir stürzen und uns die Haut aufschürfen.

Ein alterndes Immunsystem allein würde uns zwar die Bekämpfung von Infektionen erschweren; aber ein alterndes Immunsystem zusammen mit einem alternden Körper verringert drastisch unsere Überlebenschancen. Unser Körper unterläßt es nicht nur, äußere Eindringlinge unschädlich zu machen, er bekommt auch immer mehr Probleme mit seinen inneren Feinden. Das Immunsystem ist für die Vernichtung von Krebszellen verantwortlich; es kommt dieser Aufgabe so gut nach, daß wir von der Mehrzahl der bösartigen Zellen, die uns sonst töten würden, überhaupt nichts merken. Bedauerlicherweise ist diese Überwachung mit zunehmendem Alter lückenhaft. Nicht nur die Anzahl von Krebszellen nimmt im mittleren Alter zu, sondern auch unsere Fähigkeit, sie zu erkennen und zu töten. Gleichzeitig fällt es unseren Zellen schwerer, unsere DNA zu reparieren – und es sind DNA-Fehler, die Krebszellen entstehen lassen. Kurz, wir haben jetzt mehr Krebszellen und können sie nicht mehr mit derselben Zuverlässigkeit vernichten. Das klinische Resultat ist, daß Krebs im Alter häufiger vorkommt, und das gilt auch für Krebs als Todesursache. Wenn wir diese Situation umkehren könnten, würden wir die Sterblichkeit durch Krebs signifikant vermindern.

Ebenso katastrophal ist die zunehmende Tendenz, gesunde Zellen mit feindlichen zu verwechseln. Die Autoimmunerkrankungen, bei denen das Immunsystem unsere eigenen, normalen Zellen angreift, nehmen im Alter zu. Sklerodermie, progrediente Polyarthritis, Lupus und Dutzende anderer Krankheiten sind die Folgen eines amoklaufenden Immunsystems. Doch der Fehler liegt möglicherweise nicht nur beim alternden Immunsystem.

Obwohl das Immunsystem im Alter kurzsichtig wird, verändern sich mit den Jahren auch die Zellen, die es attackiert. Unsere Gelenke leiden, aber das ist teilweise auf Infektionen, Traumen oder schlechte Zirkulation zurückzuführen, Folgen alternder Zellen in den Blutgefäßen, den Gelenkknorpeln und den Bändern, die uns festen Halt geben sollten. All diese Faktoren sind mit den Defekten in Verbindung gebracht worden, die in alternden Gelenken auftreten; alle lassen sich auf alternde Telomere zurückführen, und alle ermuntern das Immunsystem, die Gelenkoberfläche zu attackieren.

Obwohl AIDS keinesfalls altersbedingt ist, kann man es als eine Krankheit ansehen, bei der ein kleiner, aber wesentlicher Teil des Immunsystems, die CD4-Zellen, durch das HI-Virus, das AIDS verursacht, durch Teilung zu rapider Alterung genötigt wird. Was bei AIDS mit den CD4-Zellen geschieht, läuft bei der normalen Alterung auf weniger dramatische Weise in unserem gesamten Immunsystem ab.

Mit zunehmendem Alter haben wir nicht nur weniger und schlechter ausgebildete Polizeikräfte, sondern die Mitglieder des Gemeinwesens unseres Körpers benehmen sich rücksichtsloser. Die Zahl der Übeltäter nimmt täglich zu, und die sozialen Probleme ufern in jeder Kommune des Körpers, auf allen Ebenen aus. Die Regierung des Körpers fordert mehr von ihren Bürgern und gibt ihnen weniger dafür; die Reserven schwinden dahin, und der Unterschied zwischen Mitbürgern und innerem Feind wird schwankend und unklar. Je mehr wir über den alternden Körper – und das alternde Immunsystem – wissen, desto augenfälliger sind die Ähnlichkeiten mit einer alternden Zivilisation.

Zwischen den Zellen

Die meisten von uns haben die Vorstellung, daß die Zellen Ellbogen an Ellbogen ohne Zwischenraum im Körper zusammengepfercht sind. Tatsächlich sind unsere Zellen oft eng aneinandergedrängt, aber der verbleibende Raum ist eine weitere kritische Komponente des Alterns. Diese Randzone, die Matrix zwischen den Zellen, ist vollgepackt mit Proteinen und einer Mixtur aus Molekülen mit vielen Aufgaben und Funktionen, die vielfach weniger bekannt sind als die der sie umgebenden Zellen. Diese Moleküle sind die Nägel und Sparren, die die Zellen zusammenhalten und einen großen Teil der Strukturen stützen, die diese benötigen. Die Proteine und anderen Moleküle stellen ebenfalls eine Materie dar, die von unseren Zellen im Laufe der Jahre in einem langsamen, kontinuierlichen Prozeß recycled wird.

Wenn die Zellen altern, verändert sich sowohl ihr Zusammenspiel mit ihren Schwesterzellen als auch mit den sie umgebenden Proteinen und anderen Molekülen. Sie bauen immer mehr von dem sie umgebenden Substrat ab, brauchen aber länger, um es zu ersetzen, oder sind gar nicht mehr dazu imstande. Alternde Zellen sind nicht nur unfähig, die Matrix zwischen sich zu erneuern, sondern sie senden Entzündungssignale aus und veranlassen dadurch das Immunsystem, weiteren Schaden anzurichten.

Der Niedergang verläuft zwar schleichend, aber universell: Wo auch immer die biologische Uhr von Zellen abläuft, weist die Matrix Veränderungen auf, und die benachbarten Zellen werden in Mitleidenschaft gezogen. Altern ist kein örtlich begrenztes Phänomen. Der Prozeß des Alterns einer Zelle wird zum Problem für die ganze Nachbarschaft und zuletzt auch für entfernte Schwesterzellen.

Unser Körper

Ich bin bereit, meinen Schöpfer kennenzulernen,
aber ob mein Schöpfer auf die große Prüfung vorbereitet ist,
mich kennenzulernen, ist eine andere Frage.

(Winston Churchill)

Das Altern ist kein örtlicher, sondern ein universeller Vorgang. Die Telomere verkürzen sich; der Körper altert. Es ist nicht nur die einzelne Zelle, die altert, es sind ganze Zellverbände. Und es altern nicht einmal Zellverbände, sondern der ganze Körper. Jede Zelle ist anders. Manche haben sich nicht geteilt, seit wir zum erstenmal die Augen aufschlugen; andere teilen sich stündlich. Manche haben lange Telomere, andere kurze, wieder andere fast gar keine. Manche Zellen leben und gedeihen und manche sterben, aber alle unsere Zellen in allen Teilen des Körpers sind während unseres ganzen Lebens voneinander abhängig. Der Mensch ist keine bloße Ansammlung von Zellen, sondern ein komplexes und wunderbares System von Hunderten von Billionen Zellen in einer Anordnung, die es kein zweites Mal geben wird und die niemals gleichbleibt.

Unser Körper altert aus tausend Gründen, aber zum größten Teil kann unser Altern auf die Uhren zurückgeführt werden, die sich in jeder unserer Zellen verbergen, jene 92 separat tickenden Uhren. Manche unserer Zellen altern, weil ihre Zeit abläuft, andere, weil ihre Nachbarzellen altern. Manche unserer Systeme sind alt, weil ihre Zellen alt sind, andere aufgrund des Alterns anderer Systeme. Diese Mitbetroffenen, die indirekt altern, tun dies nicht auf simple, einheitliche Weise; vielmehr leiden sie unter dem Abfall anderer alternder Zellen und Systeme und treiben einem ungeregelten, aber sicheren Ruin entgegen. Sie bekommen Risse, werden schwächer und rosten, sei es aufgrund ihrer eigenen, langsamer gehenden Uhren oder weil anderswo die Uhren abgelaufen sind. Die Kaskade des Niedergangs ist so global und umfassend, daß sie sich – bis jetzt – einer Erklärung entzogen hat und wir uns dennoch ihrer Unvermeidlichkeit gewiß sind.

Unsere *tatsächliche* Lebensspanne wird nicht nur von unseren Telomeren bestimmt, sondern auch von all den Genen, die zwischen den Telomeren liegen. Wenn ein Kind bei der Geburt ohne Einwirkung von außen stirbt, dann waren seine Gene daran schuld, nicht die Telomere. Je älter wir werden, desto mehr wird unsere Lebensspanne von unseren Telomeren bestimmt. Unsere *maximale* Lebensspanne hängt von *unseren Telomeren* ab. Es ist dies das Höchstalter, das jeder einzelne von uns erreichen könnte, wenn ihm seine Gene und die Umwelt nicht vorher den Garaus machten.

Je mehr es uns gelungen ist, unsere Lebenserwartung zu steigern, desto maßgeblicher wurden schließlich die Telomere für unser Schicksal. Sie entscheiden nicht nur, wann wir sterben werden, sondern an welchen Krankheiten wir leiden und schließlich sterben werden, jetzt, da wir lang genug leben, um sie ins Spiel bringen. Die Telomere sind die Uhren, die die Bemühungen unserer Gene, uns vor äußeren Gefahren zu beschützen, unterminieren. Bei dieser Wühltätigkeit sind die Telomere jedoch nicht allein. Wenn wir ihren Schwund rückgängig machen könnten, dann bekämen wir es mit einer Unzahl bisher noch unbekannter Schwachstellen zu tun, die in unseren Genbibliotheken enthalten sind, Schwachstellen, die kein Problem darstellen, solange der Tod so früh kommt, wie er es jetzt tut.

Viele dieser genetischen Schwachstellen sind noch nicht evident, weil unsere Telomere gegenwärtig die letzte Hürde bilden, die niemand von uns überwindet. Auf unserem Lebensweg passieren wir ein Hindernis nach dem anderen, bis uns der Boden unter den Füßen wegrutscht, weil unsere inneren Uhren abgelaufen sind. Diese Uhren wieder aufzuziehen, wird uns nicht zu ewigem Leben verhelfen; es wird uns bloß erlauben, den Hindernislauf fortzusetzen, bei dem wir mit denselben Problemen konfrontiert sein werden wie alle Lebewesen, selbst unter den günstigsten Umständen.

Bei diesem Hindernislauf müssen wir die verschiedensten Hürden überwinden. Nicht nur muß jede Zelle ihr eigenes labiles Gleichgewicht halten, dasselbe gilt auch für die Zellverbände und den ganzen Körper. Eine Zelle muß mehr leisten, als bloß zu überleben; sie muß ihr Überleben mit Hunderten von Billionen anderer Zellen koordinieren. Jeder Fehler kann, wenn er groß genug ist, dieses Gleichgewicht stören. Zu genau diesen Störungen kommt es beim Altern. Die Balance wird immer mehr gestört, je mehr Zellen ihre Funktionsfähigkeit verlieren und gesunde Zellen in Mitleidenschaft ziehen. Jede versagende Zelle erhöht das Risiko, daß auch ihre Nachbarin versagt. Jedes versagende Organ erhöht das Risiko eines Versagens an anderer Stelle. Jedes Versagen erhöht das Risiko unseres Ablebens. Altern ist ein universeller Prozeß. Es schadet allen Zellen, allen Systemen und allen Organen. Es erhöht die Gefahr, die von jedem schlechten Gen ausgeht, das wir in uns tragen, und es vermindert die Schutzfunktion jedes guten Gens. Es erhöht unser Risiko, an nahezu jeder Krankheit zu sterben.

Der Tod ist fast immer auf eine Erkrankung zurückzuführen, und die wird mit zunehmendem Alter immer wahrscheinlicher. Selten ist der Tod allein durch Entropie bedingt; aber wenn wir mit entsprechender Wucht von einem Auto angefahren werden, dann sind unsere Telomere, unser Alter und unsere homöostatischen Abwehrkräfte irrelevant. Unter weniger katastrophalen und alltäglicheren Umständen tragen unsere Telomere jedoch stark zu unserer Chance bei, den Tag zu überleben.

In manchen Fällen werden die Telomere jedoch massiv überstimmt. Manche Gene sind so mangelhaft, daß der Betroffene nicht lange genug überlebt, um die Telomere überhaupt ins Spiel zu bringen. Kinder mit schwerem Immundefekt sterben nicht aus Mangel an Telomeren, sondern aufgrund ihrer Abwehrschwäche. Jedes gravierende genetische Problem kann unsere Telomere zu einer rein akademischen Frage machen. Auch kleinere Probleme hängen manchmal nur am Rande mit den Telomeren zusammen. Im Alter verlieren wir manchen Zahn. Der Zeitpunkt könnte von unseren Telomeren beeinflußt sein, aber so lang diese auch sein mögen, wir bekommen nur zweimal im Leben ein neues Gebiß. Die Verlängerung unserer Telomere ist kein Ersatz für gesunde Ernährung und ausreichende Zahnpflege.

Telomere verschaffen uns weder neue Zähne noch neue Gene, aber sie beeinflussen, wie unsere Gene wirksam werden und, noch wichtiger, wieviel Zeit uns bleibt, um sie wirken zu lassen. Die Telomere äußern sich nicht darin, ob wir gute oder schlechte Gene haben, sondern ob diese die Chance bekommen, auch in höherem Alter noch normal zu funktionieren. Sie bestimmen nicht, ob wir am Leben bleiben oder nicht, sondern ob wir altern oder nicht. Unser Alter wird durch alternde Zellen verursacht und alternde Zellen durch alternde Telomere.

6. Kapitel

Die Uhr zurückstellen

Eine neue Zeit

»… Ein Verborgenes, Gilgamesch, will ich dir enthüllen,
Und ein Unbekanntes will ich dir sagen:
Es ist ein Gewächs, dem Stechdorn ähnlich,
Wie die Rose sticht dich sein Dorn in die Hand.
Wenn dies Gewächs deine Hände erlangen,
Findest du das Leben!«

(Gilgamesch-Epos, 3000 v. Chr.)

Für die meisten Menschen sind akademische Theorien über das Altern irrelevant. Wenige von uns wollen Einzelheiten darüber erfahren, wie es zu einer Krankheit kommt oder ob sich die Wissenschaft über den Mechanismus des Alterns einigen kann. Und was die Therapien betrifft, die den Alterungsprozeß umkehren sollen, so interessieren sich die meisten von uns einfach für deren Wirksamkeit. Die Ursachen von Krebs beschäftigen uns weniger als dessen Heilungschancen. Wir wollen wissen, was funktionieren wird.

Naturgemäß wird es bei jedem Versuch, die menschliche Lebensspanne durch Veränderung des Telomers zu erhöhen, um einen Eingriff in die Chromosomen und allgemein gesagt in die Gene gehen. Es gibt verschiedene Formen von Gentherapie, jede mit ihren eigenen ethischen Implikationen. Setzt die Therapie zum Beispiel an den Körper- oder den Keimzellen an? Zielt sie auf die Behebung einer genetisch bedingten Krankheit ab, oder geht es nur um ein kosmetisches Problem?

Die Debatte um Körper- versus Keimzellentherapie ist deshalb wesentlich, weil es dabei um den Unterschied geht, ob nur man selbst davon betroffen ist (Körperzellen) oder künftige Generationen (Keimzellen). Genetische Veränderungen unserer Körperzellen rufen weniger oder zumindest andere Einwände hervor als der Eingriff in unsere Keimzellen. Schließlich werden diese künftigen Generationen, die von Veränderungen in den Keimzellen betroffen sind, bei unserer Entscheidung nicht gefragt.

Es wird auch die verschwimmende Unterscheidung zwischen Eingriffen zum Zweck der Heilung oder Vorbeugung von Krankheiten und Eingriffen zu rein kosmetischen Zwecken getroffen, zwei Motive, die als die Pole eines moralischen Spektrums gelten. Krebs ist eine Krankheit; ihr vorzubeugen und sie zu heilen ist gut. Augen- und Haarfarbe sind keine Krankheiten, sondern äußerliche Eigenschaften; sie zu verändern, nicht zu »heilen«, ist weder gut noch schlecht. Wenn man es tut, provoziert man Fragen: die nach den Kosten, die nach den Risiken und jene nach der »Unantastbarkeit«. Was die Kosten betrifft, so ist es ethisch keinesfalls vertretbar, wenn begrenzte Mittel für kosmetische Veränderungen aufgewendet werden, auf Kosten von Eingriffen, die Krankheiten verhindern und heilen könnten. Was das medizinische Risiko betrifft, müssen wir, falls der Eingriff in unsere Gene mit einem hohen Risiko verknüpft ist, dieses gegen den Wert der erwünschten Resultate abwägen. Ein hohes Risiko mag bei der Behandlung eines anderenfalls tödlichen Krebses ethisch akzeptabel sein, aber nicht, wenn es nur um eine kosmetische Korrektur geht. Die Frage der »Unantastbarkeit« unserer Gene ist die schwierigste und problematischste, mit der wir uns in Zusammenhang mit der Möglichkeit von Genmanipulationen auseinandersetzen müssen. Diese Unantastbarkeit wird in Diskussionen über diese Thematik zwar vorausgesetzt, aber selten offen angesprochen. Die meisten Menschen finden wohl, jeder genetische Eingriff müsse aus einem hinreichend wichtigen Grund erfolgen, um nicht nur die beteiligten Kosten und Risiken zu rechtfertigen, sondern auch die Keckheit, die Baupläne des Lebens zu ändern. Zum Beispiel haben Nelson Wivel, Leiter des Office of Recombinant DNA Activities am Nationalen Gesundheitsinstitut der USA, und LeRoy Walters, Professor für Ethik an der Georgetown University, in einem Artikel über die Ethik der Genmanipulation in der Zeitschrift *Science* die Sorge geäußert, daß sich »genetische Modifikation... gegen gesunde Menschen richten könnte, die keine Anzeichen genetischer Mangelkrankheiten aufweisen«.[2] Sie vertreten die Auffassung, daß man an den Genen nicht herumpfuschen sollte, sofern keine Mangelkrankheit vorliegt.

Ein Problem mit diesem Grundsatz ist, daß sowohl »Mangel« als auch »Krankheit« schwammige Begriffe sind. Immunschwäche ist eine Krankheit, der generelle Mangel an Melanin, das heißt Pigmenten, bei Angehörigen der weißen Rasse dagegen wahrscheinlich nicht. Aber wie steht es mit einem Defizit an Nervenverbindungen im Gehirn? Wie niedrig muß der IQ sein, um als Mangel bezeichnet zu werden? Wie steht es mit der Körpergröße? Wie niedrig muß unser Wachstumshormonspiegel – oder irgendein anderer Faktor – sein, um als genetische Mangelkrankheit definiert zu werden?

Und wie verhält es sich mit der Menopause? Sie ist bei Frauen, die lange genug leben, ein universeller, natürlicher und normaler Vorgang. Es scheint klar, daß sie keine Krankheit ist; dennoch lassen die damit verbundenen medizinischen »Komplikationen« sie uns als Krankheit erscheinen. Durch die Menopause erhöht sich das Risiko von Osteoporose und, als weitere Folge, von Frakturen. Gebrochene Knochen schmerzen und können Operationen erforderlich machen, und das Todesrisiko steigt sowohl durch die Fraktur als auch durch den chirurgischen Eingriff. Durch die Menopause nimmt auch das Risiko anderer potentiell tödlicher Erkrankungen wie der der Herzkranzgefäße zu, die zum Herztod führen. Mit den durch die Menopause bedingten Hitzewallungen und Veränderungen der Schleimhäute finden sich die meisten Frauen ab; das Herzrisiko setzt dagegen ganz allmählich ein und wird nur entfernt auf die Menopause zurückgeführt. Viele Frauen und Ärzte sind jedoch ernsthaft daran interessiert, die Menopause und den mit ihr einhergehenden Anstieg an Morbidität und Mortalität zumindest teilweise rückgängig zu machen.

Die Frage, ob die Menopause eine Krankheit ist, wird kontrovers diskutiert. Als universeller, natürlicher, unvermeidlicher und genetisch bedingter Vorgang ist sie eigentlich keine Krankheit. Aber sie ist auch oft mit manchmal gefährlichen, in seltenen Fällen tödlichen Komplikationen verbunden, und sie läßt sich manipulieren, und insofern ist sie eine Krankheit, deretwegen sich bereits viele Frauen in Behandlung begeben. Wonach sollte sich unsere Definition also richten, nach unseren Worten oder nach unseren Handlungen? Man könnte argumentieren, die Menopause sei eine Krankheit, weil Menschen sie als solche behandeln; sie lehnen sie ab und versuchen etwas dagegen zu unternehmen.

Ganz ähnlich können wir uns fragen, ob das Altern eine Krankheit sei. Wir haben das Altern traditionell nie als Krankheit betrachtet. Es ist ein universelles, natürliches, unvermeidliches und genetisch bedingtes Phänomen. Obwohl sich viele Biologen und Biologinnen heftig dagegen wehren, Altern als Krankheit zu definieren, ist leicht einzusehen, daß man es als solche betrachten könnte. Wenn wir selbst darunter leiden, wenn wir miterleben, wie unsere Eltern ihm langsam erliegen oder unser Partner von den damit einhergehenden Schmerzen und Komplikationen geplagt wird, beginnen wir an dem sachlichen Gehalt einer engen Definition zu zweifeln, deren Verdienst rein oberflächlich bleibt. Die Frage, ob Altern eine Krankheit ist, stellt kein genetisches oder biologisches, ja nicht einmal ein medizinisches Problem dar; sie ist eine menschliche Grundfrage.

Letztlich entscheidend ist, ob wir Menschen es wie eine Krankheit behandeln werden, sobald wir Gelegenheit erhalten, den Verlauf des Alterns zu verändern. Beklagen sich die Menschen darüber und versuchen sie, ihm zu entgehen? Versuchen sie, es zu behandeln, und wollen sie es verhindern oder rückgängig machen? Daran gibt es keinen Zweifel.

Nicht überall, nicht immer, nicht ohne Bedenken, aber überwiegend begegnen Menschen dem Altern so, als ob es eine Krankheit wäre. Durch ihr Verhalten definieren sie es als die ultimative, allem zugrunde liegende, universelle Krankheit. Es ist weder ansteckend noch zufallsbedingt noch die Folge eines genetischen Defekts. Im Gegenteil, unsere Gene vollstrecken es mit unbarmherziger Konsequenz. Es ist ein natürlicher und normaler Bestandteil unserer Biologie. Aber es ist nicht leicht zu ertragen und erscheint den meisten Menschen nicht wünschenswert. Obwohl das Altern nicht der biologischen Definition von Krankheit entspricht, wird es durch unsere Emotionen und Aktionen als solche definiert.

Den Lauf der Dinge umkehren

Wir sind hier, um das Leben soviel wie möglich zu bereichern, nicht, um soviel wie möglich von ihm zu bekommen.

(William Osler)

Das Altern ist zunehmende Unordnung – es zerstört allmählich die Ordnung des Lebens. Das beginnt beim Telomer und kulminiert in allseitigem Zerfall und Tod. Auf welcher Ebene sollen wir also das Altern behandeln? Wir könnten auf der Makroebene beginnen, ein neues Herz einsetzen, Dialyse statt junger Nieren verwenden und Titan und Plastik implantieren, wo einst Knochen wuchsen und uns trugen. Diese Interventionen sind Schlachten, die wir verlieren, denn sie würden schnell von einem Körper zunichte gemacht, dessen Funktionen mit den Jahren zunehmend schwinden. Außerdem sind sie teuer und unwirksam, und sie reichen nicht aus.

Wir könnten tiefer in unseren Organismus eindringen und Mittel suchen, um DNA-Defekte wirksamer zu reparieren, undichte Membranen wieder funktionsfähig zu machen und alte Mitochondrien zu ersetzen. Dies würde immer noch nicht tief genug ansetzen. Auf noch tieferen Ebenen könnten wir die freien Radikale beseitigen, die Isomerisation unserer Moleküle rückgängig machen und unsere Abwehr gegen energiereiche Photonen stärken. Aber keine dieser Strategien wäre imstande, dem universellen und allgegenwärtigen Ticken unserer inneren Uhren Einhalt zu gebieten.

Das Telomer ist der einzige Ort, wo alle Mechanismen des Alterns zusammenlaufen, und wo wir die mannigfaltigen Funktionsstörungen am wirksamsten verhüten oder rückgängig machen können, die sich als Alterserscheinungen äußern. Das Telomer ist der Schalter, mit dem wir die Altersuhr zurückdrehen können.

Die zwei wichtigsten methodischen Ansätze der Telomer-Manipulation bestehen darin, die Uhr anzuhalten oder sie neu aufzuziehen. Beides ist in Zellen bereits gelungen. Forscher am Southwest Medical Center der Universität von Texas können die Telomer-Uhren in Fibroblasten zurückstellen. Diese Techniken, die Telomer-Uhren wieder »aufzuziehen« oder sie zu stoppen, gestatten uns, die Fibroblasten endlos weiterzuzüchten. Bevor wir uns überlegen, wie dies in unserem ganzen Körper bewerkstelligt werden könnte, müssen wir untersuchen, was in einzelnen Zellen getan werden kann.

Das Telomer wird kürzer, weil die Zelle bei jeder Teilung die Enden ihrer Chromosomen nicht mitkopiert. Die Chromosomen-Replikation beginnt bei einem sogenannten Primer oder Starter, der oft unterhalb des Telomer-Endes bindet. Wenn er sich ablöst, wird das darunterliegende Telomer nicht kopiert und verkürzt sich dadurch. Was wäre, wenn wir am Ende jedes Telomers einen dauerhaften Starter installierten, so daß der Kopiervorgang immer bei diesem »Schloß« beginnen und stets das vollständige Telomer (einschließlich des Schlosses) kopieren würde? Die Adeno- und Pockenviren tun dies bereits. Die Folge wäre, daß sich das Telomer nicht verkürzen würde. Die noch vollständig aufgezogene Uhr würde nicht ablaufen.

Forscher an der Universität von Texas haben dies bereits bei menschlichen Zellen in vitro erreicht, indem sie »Kappen« aus denselben Nukleinsäuren bildeten, aus denen das Chromosom besteht.[3] Diese Zellen haben keine Hayflick-Limits mehr. Sie altern nicht. Andererseits werden sie auch nicht jünger. Eine junge Zelle bleibt für immer jung, eine alte Zelle bleibt ewig alt. Gibt es keine bessere Methode, als die Uhr bloß zu stoppen? Könnten wir sie nicht neu »aufziehen«?

Wir brauchen nichts weiter zu tun, als das Telomer zu verlängern – das würde die Gen-Expression rückgängig machen, so daß die verjüngte Zelle wieder ihrem normalen Zyklus folgen könnte. Und sobald dieser im gleichen Tempo wie beim ersten Mal erneut abgelaufen ist, könnten wir die biologische Uhr ein weiteres Mal aufziehen. Wir könnten sogar versuchen, sie danach im aufgezogenen Zustand zu erhalten. Damit hätten wir eine verjüngte Zelle, die jung bleibt.

Die einfachste Methode zur Verlängerung der Telomere in Zellkulturen besteht in der Zufuhr von Telomerase, die bewirkt, daß sich die Zelle genauso verhält wie zu Beginn ihrer Kultivierung: Sie teilt sich normal und erzeugt programmgemäß Protein. Wenn die Zelle eine Lebensspanne von fünfzig Teilungen hätte und wir ihre Uhr wieder aufziehen, wenn sie nur noch fünf Teilungen übrighat, dann würde sie mit weiteren fünfzig Teilungen von vorn beginnen. Und beim zweiten Durchgang würde sie nicht schneller altern als beim ersten. Ihre innere Uhr wäre vollständig neu aufgezogen.

Telomerase ist nicht von Natur aus in den meisten menschlichen Zellen vorhanden, obwohl das Gen dafür in jeder Zelle zu finden ist.[4] Wissenschaftler in Cold Spring Harbor und in der Geron Corporation sind nahe daran, die komplette menschliche Telomerase-Struktur zu entschlüsseln. Bis jetzt wird sie allerdings noch aus den wenigen Organismen isoliert, die Telomerase in ausreichend großen Mengen erzeugen, wie die Tetrahymena (Spezies der Pantoffeltierchen). Während es keine Schwierigkeiten macht, Telomerase in Zellen in einer Petrischale zu infundieren, ist dies bei normalen Zellen in einem ganzen Körper eine ganz andere Sache. Telomerase ist fragil und wird leicht durch die normalen Enzyme in unserem Blut abgebaut. Ihre Halbwertzeit im menschlichen Blut ist so kurz, daß es nicht funktionieren würde, Telomerase einfach zu injizieren; kaum daß sie bei den Zellen angekommen wäre, wäre sie schon wieder aus dem Blut verschwunden und würde die Chromosomen gar nicht erreichen.

Während venös verabreichte Telomerase also unsere Billionen von Zell-Uhren nicht neu aufziehen könnte, gibt es andere Mittel und Wege zur Verlängerung des Telomers: Wir könnten entweder ein Telomerase-Äquivalent verwenden oder ein Gen, das Telomerase exprimiert, oder einen Induktor, der unser eigenes Telomerase-Gen einschaltet. Ein Telomerase-Äquivalent wäre eine künstliche Telomerase, die robuster und haltbarer als die natürliche ist. So verfährt man gewöhnlich bei Antibiotika, Steroiden und anderen nützlichen Molekülen, indem man kleine chemische Veränderungen am ursprünglichen Molekül vornimmt – zum Beispiel Fluor oder eine Methylgruppe hinzufügt. Moleküle einer »synthetischen Telomerase«, die der Körper stunden- oder tagelang nicht abbaut, könnten unsere Telomere wirksam verlängern. Sie würden der Zerstörung entgehen und das Leben unserer Zellen verlängern. Die synthetische Telomerase könnte durch Injektion verabreicht werden und würde sich lange genug halten, um in die Zellen einzudringen und deren Telomere zu verlängern, bevor sie schließlich abgebaut würde. Eine einzige Behandlungsreihe würde unsere Telomere verlängern und anfangen, die Alterserscheinungen unseres Körpers rückgängig zu machen. Die Arbeit an diesem Ansatz hat eben erst begonnen: Die Forscher in der Geron Corporation haben erst 1995 die Struktur des RNA-Teils der menschlichen Telomerase (der Proteinteil ist noch unbekannt) veröffentlicht.[5] Wir müssen zuerst in der Lage sein, menschliche Telomerase im Labor zu erzeugen, bevor wir sie verändern können, um ein stabileres Molekül und eine wirksame Behandlung zu entwickeln. Doch bereits jetzt könnten wir bestimmten Zellen mit Alterungsproblemen Telomerase zuführen, zum Beispiel den Endothelzellen unserer Blutgefäße. Wir könnten einen »Doppelballonkatheter« in die Gefäße einführen, den Blutkreislauf vorübergehend unterbrechen, das kleine Gefäßstück zwischen den zwei blockierenden Ballonen mit Telomerase ausspülen und den Katheter dann wieder entfernen. Das würde die Telomere der Endothelzellen in diesem Teil des Blutgefäßes verlängern. Wir könnten Gefäßkrankheiten heilen und damit Herzerkrankungen entgegenwirken.

Das zweite Verfahren sieht vor, Gene herzustellen, die Telomerase in normalen Körperzellen erzeugen. Da die menschlichen Telomerase-Gene normalerweise unterdrückt sind und deshalb keine Telomerase erzeugen, könnten wir neue Gene in unsere Zellen einschleusen, die diese Aufgabe wahrnehmen. Bei diesem Ansatz könnten wir der

Telomerase den Spießrutenlauf durch die Blutgefäße in die Hunderte von Billionen Zellen im Körper ersparen. Dank der neuen Gene würde jede Zelle ihre Telomerase selbst herstellen und damit ihre eigene Lebensspanne verlängern. Dieser methodische Ansatz enthält zahlreiche Probleme, die hauptsächlich daher rühren, daß wir die Sequenzen der menschlichen Telomerase gegenwärtig erst zum Teil kennen. Wie können wir Gene für das ganze Enzym nachbilden, solange wir noch nicht die ganze Sequenz kennen? Sobald wir die vollständigen DNA-Sequenzen entschlüsselt haben, müssen wir ein künstliches Gen konstruieren, das Telomerase produziert. Wir müssen die Sequenzen in einen viralen Vektor oder ein Liposom einschleusen[6], die dem Körper injiziert werden und dann alle unsere hundert Billionen Zellen infizieren, damit diese zuverlässig Telomerase erzeugen.[7]

Was die Einschleusung eines Telomerase-Gens betrifft, sollten wir nicht allzu optimistisch sein. Zwar ist es uns gelungen, Virusgene in kleiner Anzahl in Zellen einzuschmuggeln, aber nicht, indem wir das Virus in den Blutkreislauf injizieren oder anstreben, jede Zelle im ganzen Körper zu erreichen. Gegenwärtig besteht die Technik zur Heilung genetisch bedingter Krankheiten mit Hilfe viraler Vektoren darin, dem Körper Zellen zu entnehmen, sie mit einem Virus zu infizieren, das das nötige Gen in sich trägt, und die veränderten Zellen dann wieder einzubringen. Manchmal wird das Virus auch in begrenzte Geweberegionen appliziert, wie z. B. die Lunge (durch Inhalation).

Die Forschung auf diesem Gebiet macht genügend schnelle Fortschritte, so daß wir wahrscheinlich die gesamten Sequenzen der menschlichen Telomerase einschließlich ihres Proteinanteils innerhalb der nächsten zwei Jahre entschlüsseln werden. Die Gene nachzubauen, die dafür kodieren, ist schon jetzt relativ leicht. Einen brauchbaren Vektor (Transportwirt) zu finden ist noch etwas schwieriger, aber innerhalb von fünf Jahren werden wir dieses Verfahren wahrscheinlich schon bei alterndem Gewebe wie den Herzkranzarterien anwenden. Ebenso wie bei der Telomerase könnten wir einen Doppelballonkatheter benutzen, um das Virus in die beschädigten Arterien einzuschleusen, deren Telomere zu regenerieren und die Schäden an den Gefäßwänden zu beheben.

Bei diesem zweiten Verfahren gilt es jedoch noch eine letzte Nuß zu knacken. Auch wenn der virale Träger imstande ist, das Gen bei jeder einzelnen Zelle abzuliefern – wieviel Telomerase wird die Zelle dann erzeugen? Wird das neue Gen ausreichend oder vielleicht zuviel Telomerase herstellen? Es genügt nicht, in jede Zelle funktionierende Telomerase-Gene einzubringen; wir müssen auch kontrollieren können, wieviel Telomerase sie produzieren. Die Zelle könnte sonst vielleicht Riesentelomere herstellen. Was wäre, wenn sich die Zelle nicht teilen oder nicht normal an ihre Gene herankommen könnte, weil das überlange Telomer im Weg ist? Und was ist mit dem erhöhten Krebsrisiko, wenn die Telomere zu lang sind? Wir müssen nicht nur das Telomerase-Gen in jede Zelle praktizieren, wir müssen auch gleichzeitig eine Genregulierung einbauen. Es muß uns nicht nur gelingen, in jeder Zelle Telomerase auszuprägen, wir müssen diese Ausprägung auch kontrollieren können.

Die dritte und vielleicht beste Strategie wäre, unsere eigenen Gene zur Produktion von Telomerase zu veranlassen. Schließlich *besitzt* jede einzelne unserer Somazellen bereits Telomerase-Gene. Obwohl jeder der beiden erstgenannten Wege begehbar sein könnte und wir uns in den kommenden Jahrzehnten vielleicht für einen davon entscheiden, ist der zuletzt genannte Ansatz der eleganteste. Warum nicht einfach die Gene »anschalten«, die bereits vorhanden sind?

In der Genforschung wird gegenwärtig an allen drei Ansätzen gearbeitet. Das erste Verfahren – die synthetische Herstellung von Telomerase – erfordert die vollständige Entschlüsselung der menschlichen Telomerase-Sequenz; das zweite – Nachbau und Einbringung eines neuen Gens – setzt voraus, mehr über diese Sequenz und über virale Vektoren in Erfahrung zu bringen; während das dritte – unsere eigenen Gene »anzuschalten« – nur zähe Arbeit und Glück erfordert. Beim dritten Ansatz werden Hunderttausende von Verbindungen geprüft, um jene zu finden, die das Telomerase-Gen erregt bzw. aktiviert. Das ist genau das gleiche Verfahren, durch das wir eine der zwei

Gruppen von Telomerase-Hemmern zur Behandlung von Krebs gewonnen haben. Von der Dosierung der Substanz, ihrer Wirksamkeit und der Schnelligkeit, mit der sie abgebaut wird, würde abhängen, wieviel Telomerase wir erzeugen und, indirekt, um wieviel sich unsere Telomere verlängern.

Ein Problem könnte auftauchen, das aber möglicherweise hilfreich wäre. Die Zelle unterdrückt aktiv ihre Telomerase-Gene.[8] Das könnte sich für uns als vorteilhaft erweisen, weil es uns vielleicht die Kontrolle über sie erleichtert. Wenn wir einen Telomerase-Induktor einsetzen, wird die Zelle Telomerase produzieren, aber sobald wir dessen Einsatz stoppen, wird die Produktion von selbst auslaufen, als habe sie sich selbsttätig ausgebremst, und wird ohne weiteres Eingreifen unsererseits zum Stillstand kommen.

Unser Mittel der Wahl zur Verlängerung unserer Gesundheitsspanne wäre also ein Telomerase-Induktor. Intensive Forschungsprogramme in dieser Richtung sind am Southwestern Medical Center der Universität von Texas und am Cold Spring Harbor Laboratory in Zusammenarbeit mit biotechnischen und pharmazeutischen Unternehmen im Gang. Die meisten großen Pharmakonzerne verfügen über »Arzneistoff-Bibliotheken«, die Hunderttausende von Substanzen – und deren Formeln – enthalten, welche therapeutisch verwendbar sein könnten, was aber nur für die wenigsten zutrifft. Jede Substanz ist zwar chemisch identifiziert, aber ihre potentiellen Anwendungen bleiben unbekannt, bis sie auf eine bestimmte therapeutische Wirkung hin geprüft werden kann. Wissenschaftler durchforsten gegenwärtig diese Bibliotheken sowohl auf Telomerase-Hemmer – für die Krebstherapie – als auch auf Telomerase-Induktoren – gegen Alterung und altersbedingte Krankheiten. Dieses Screening ist zwar mühsam, aber unkompliziert und hat bereits mehrere Telomerase-Hemmer erbracht. Die Suche nach Telomerase-Induktoren wird aller Wahrscheinlichkeit nach innerhalb eines Jahres ebenso erfolgreich sein.

Noch ein weiterer Ansatz ist erwähnenswert. Warum koppeln wir die Uhr nicht einfach ab und bewahren uns so vor ihren Folgen? Könnten wir nicht irgendeinen Hemmer der DDBP-Proteine (beschädigte DNA-bindende Proteine) finden, die das Ende des Telomers feststellen? Warum setzen wir den Zeitgeber nicht außer Kraft? Ein solches Vorgehen ist nicht praktikabel, weil die Natur es den Zellen nicht gestattet, ohne Telomere zu überleben. Selbst Krebszellen können das Uhrwerk nicht umgehen; sie werden alterslos, indem sie ihre Uhren zurückstellen, das heißt ihre Telomere wieder verlängern. All jene, die das nicht tun, sterben. Alle bösartigen Zellen exprimieren Telomerase, um zu überleben.[9]

Die Regeneration des Telomers ist somit der einzige Mechanismus, den die Natur zu bieten hat, um diese Zellen über ihre normale Anzahl von Teilungen hinaus weiterleben zu lassen. Bei manchen Lebewesen finden sich Zellen, die keine Uhren haben. In anderen Lebensformen sind Zellen mit Uhren vorhanden, die nicht ablaufen. Es gibt jedoch keine Organismen, welche die Uhr einfach ablaufen lassen und dennoch überleben. Sobald die gesamte Telomer-Struktur verschlissen ist und die Gene selbst zu schrumpfen beginnen, stirbt die Zelle ab. Wenn wir den Alterungsprozeß rückgängig machen wollen, tun wir am besten daran, dem Beispiel der Natur zu folgen und zu versuchen, die Telomere zu regenerieren.

Die Behandlung von Krankheiten

Die ersten Krankheitsbilder, die man mit Hilfe von Telomer-Manipulation behandeln wird, werden wahrscheinlich Progerie, Gefäßkrankheiten und Krebs sein. Dafür gibt es im Fall von Progerie drei Gründe: Die Krankheit wird durch kurze Telomere verursacht, es besteht Einigkeit darüber, daß es eine Krankheit *ist*, und es gibt keine andere Behandlungsmethode. Während die genauen Mechanismen mancher altersabhängiger Krankheiten – zum Beispiel Alzheimer-Demenz – unklar sind, scheint der Zusammenhang im Fall von Progerie auf der Hand zu liegen: kurze Telomere, kurzes Leben. Außerdem besteht Einigkeit darüber, daß Progerie, Gefäßerkrankungen und Krebs Krankheiten sind und deshalb einer Behandlung bedürfen, während gegen die Behandlung des Alterns von mancher Seite zunächst eingewandt werden wird, daß es keine Krankheit sei. Schließlich gibt es gegen Progerie im Gegensatz zu Krebs oder Gefäßkrankheiten gegenwärtig *keinerlei* Behandlung; die Telomerase-Induktion verspricht, das zu ändern.

Das erste Kind mit Progerie wird man innerhalb der nächsten zehn Jahre mit einem Telomerase-Induktor behandeln. Dieses Kind wird wahrscheinlich in eine Forschungsklinik aufgenommen werden – vielleicht unter Leitung von Dr. Ted Brown in New York, gegenwärtig die weltweit führende Kapazität für Progerie –, wo man es einer Reihe von Tests unterziehen wird – Blut, EKG, Röntgen, Lungenfunktion, Urin und so weiter –, um vor der Behandlung die Ausgangswerte festzustellen. Die erste Dosis eines Telomerase-Induktors wird man dem Kind im Laufe von einigen Stunden über einen gewöhnlichen intravenösen Tropf verabreichen. Die Wirkungen werden zumindest mehrere Tage lang undramatisch sein. Wenn sie eintreten, werden die ersten Veränderungen zwar bescheiden, aber doch wahrnehmbar sein: Das Energieniveau des Kindes wird ansteigen, sein Appetit wird sich bessern, es wird weniger Beschwerden haben. Das Kind wird aus dem Krankenhaus entlassen werden und nur einmal wöchentlich zu einer Nachuntersuchung zurückkehren. Deutlichere Fortschritte wird man dann innerhalb weniger Wochen feststellen können, sobald sich der Zustand der Haut, des Kreislaufs, der Nieren und anderer Organe allmählich bessert. Nach mehreren Monaten wird sich die Herztätigkeit normalisieren, werden die arthritischen Gelenke zu heilen beginnen. Nach einem Jahr wird sich die Gesundheit des Kindes dem Normalzustand nähern. Aber lange bevor das Jahr zu Ende ist, werden andere Kinder mit diesem Leiden ihre Therapie beginnen, und die Möglichkeiten, die sich damit für die Behandlung normaler Alterungsprozesse mit Telomerase-Induktoren eröffnen, wird man nicht mehr ignorieren können.

Gefäßkrankheiten wird man voraussichtlich im Laufe der nächsten zwei Jahre zunächst bei Tieren mit einem Telomerase-Induktor behandeln – Tiere erkranken nicht an Progerie, aber manche von ihnen leiden an Gefäßkrankheiten. Bald danach werden sich die ersten

Therapieversuche am Menschen anschließen. Anfangs wird man einen Katheter direkt in das erkrankte Gefäß einführen, statt dem Organismus das Medikament über den gebräuchlichen intravenösen Tropf zuzuführen.

Gerinnselauflösende Substanzen wie Streptokinase wurden ursprünglich in der gleichen Weise angewandt, das heißt über einen Katheter in die Koronararterien infundiert, und erst später intravenös über den normalen Tropf verabreicht. Sobald wir über die Wirksamkeit und Sicherheit der Telomerase-Therapie Bescheid wissen, werden wir mit ihrer Erprobung an anderen mit der Zell-Alterung zusammenhängenden Krankheiten beginnen. Das Ergebnis wird eine Fülle von klinischen Anwendungsmöglichkeiten sein.

Die Arbeit an Telomerase-Hemmern ist schon weiter fortgeschritten als die Arbeit an Induktoren; die Krebstherapie hat Vorrang vor der Verjüngungstherapie. Zwei Gruppen von Telomerase-Hemmern werden gegenwärtig an Versuchstieren getestet. Die erste Erprobung am Menschen wird nicht lange auf sich warten lassen: Nach übereinstimmenden Schätzungen der an diesen Verbindungen arbeitenden Wissenschaftler wird dies vor 1998 geschehen.[10] Diesen Quellen zufolge werden wir, falls das gegenwärtige Entwicklungstempo anhält, für die meisten Krebsarten bis zum Jahr 2005 oder bald danach über Heilverfahren zur klinischen Anwendung verfügen. Ein Krebspatient wird am Tag nach der Diagnosestellung mit der Behandlung beginnen und innerhalb weniger Wochen mit klinischen Ergebnissen rechnen können. Telomerase-Hemmer werden normale Zellen voraussichtlich nicht in Mitleidenschaft ziehen; falls überhaupt, ist mit wenigen Nebenwirkungen zu rechnen. Die bisher unvermeidlichen Begleiterscheinungen der Krebstherapie wie Erbrechen, Haarverlust und Immunsuppression werden der Vergangenheit angehören. Die Therapie wird wahrscheinlich aus mehreren intravenösen Behandlungen bestehen, die mehrere Wochen lang täglich oder vielleicht einmal wöchentlich stattfinden werden, bis der Krebs verschwunden ist. In manchen Fällen mag eine Zusatztherapie nötig sein: Einzelne Tumoren lassen sich vermutlich ebenso wie heute leicht operativ entfernen;

die Telomerase-Hemmer wirken unter Umständen besser oder schneller, wenn sie durch andere Medikamente, ähnlich wie wir sie jetzt benützen, unterstützt werden.

Aber könnte dann Krebs zu einer größeren Gefahr werden, wenn wir die Alterungsprozesse mit einem Telomerase-Induktor behandeln? Prämaligne Zellen würden vielleicht eher die Chance bekommen, vollends bösartig zu werden, wenn man ihnen einige Zellteilungen mehr gestattet. Doch die therapeutische Anwendung von Telomerase macht prämaligne Zellen nicht unsterblich und verwandelt sie nicht in Krebszellen. Bösartige Zellen würden ebenfalls einige Zellteilungen mehr durchmachen, obwohl sie sich bereits endlos teilen; ihre eigene Ausprägung von Telomerase gestattet ihnen ja eine zwar prekäre, aber dauerhafte Immortalität. Durch die Telomerase-Therapie wird ihnen nichts geschenkt, was sie nicht bereits haben.

Die Behandlung des Alterungsprozesses mit Telomerase-Induktoren könnte zwar unser Risiko, Krebs zu bekommen, leicht erhöhen; aber vor Beginn der Telomerase-Therapie könnte man eine Behandlung mit einem Telomerase-Hemmer durchführen, um Krebszellen abzutöten. Und wir hätten auch die Mittel, um später auftretende Krebszellen gefahrlos und zuverlässig zu erledigen. Durch Telomerase-Hemmer wird die Telomerase-Produktion in den Krebszellen stillgelegt, und deren Uhren werden beschleunigt, bis sie absterben. Dies ist im Labor bei krebsigen He-La-Zellen bereits gelungen, indem man sie zur Herstellung ihres eigenen Telomerase-Hemmers zwang – einer sogenannten »Gegensinn-RNA« (Antisense-RNA), die die Wirkung der normalen Telomerase blockiert.[11] Nach dieser Behandlung werden sich die Krebszellen zu Tode altern, ohne die normalen Zellen in Mitleidenschaft zu ziehen, die üblicherweise ohnehin keine Telomerase ausprägen. Krebs wird nicht nur bald heilbar sein, sondern wir werden vom Krebs auch wenig zu fürchten haben, wenn wir die Alterung in unseren normalen Zellen rückgängig machen.

Progerie und Krebs sind jedoch nicht die einzigen Krankheitsbilder, die mit dem Telomer zusammenhängen. Wir werden künftig verschiedene Dinge tun können, die bisher unmöglich waren. Eines der größten Hindernisse, das dem Züchten von Organen – zum Beispiel der menschlichen Haut – im Wege steht, war stets das Hayflick-Limit: Zellen konnten in vitro nur zu einer begrenzten Anzahl von Teilungen veranlaßt werden, bevor sie abstarben. Wir werden bald imstande sein, diese Grenze zu überschreiten und – »ex vivo«, außerhalb des Körpers – jedes Gewebe in jeder benötigten Menge züchten, dessen Zellen wir zur Teilung anregen und entsprechend ernähren können. Auf diese Weise werden wir menschliche Haut zur Transplantation bei Verbrennungen bereitstellen können. Diabetiker werden neue Pankreaszellen bekommen, Hepatitis-Patienten neue Lebern; vielleicht werden wir eines Tages auch ein neues Herz, eine neue Lunge und neue Blutgefäße zur Verfügung stellen können. AIDS-Patienten werden vielleicht neue Stammzellen für weiße Blutkörperchen erhalten, andere für neue rote Blutzellen; das sind ungeheure Möglichkeiten, aber sie sind noch hypothetisch und noch unerforscht.

Die Aussichten für den einzelnen

Stellen Sie sich vor, daß Sie siebzig Jahre alt sind und die für dieses Alter typischen Blutgefäße und Organe haben. Sie sind zwar aktiv und gesund, aber die Jahre haben ihre Spuren hinterlassen. Wie lange wird es dauern, sie rückgängig zu machen? Zunächst würde man vielleicht annehmen, daß die Beseitigung der Schäden ebensoviel Zeit in Anspruch nimmt wie ihre Entstehung. Schließlich haben Ihre Telomere lange gebraucht, um zu verschleißen; die verschiedenen Zellgruppen benötigten unterschiedliche Zeitspannen, um dem Alter zum Opfer zu fallen. Aber die Regeneration Ihrer Telomere wird ein einheitlicher, eher gleichzeitig ablaufender Vorgang sein; möglicherweise werden sie alle schon wenige Tage nach Behandlungsbeginn neu eingestellt sein. Obwohl sich die Uhren ziemlich gleichzeitig und rasch zurückstellen ließen und obwohl die dafür benötigte Zeit unabhängig davon sein könnte, wie lange Sie und Ihre Zellen brauchten, um zu altern, sagt dies noch nichts darüber aus, wie lange es dauern würde, bis an Ihnen Veränderungen sichtbar würden. Die Zellen sind eine Sache, die Person eine andere.

Eine einzelne Endothelzelle in Ihren Blutgefäßen, die zuvor außerstande gewesen war, sich zu teilen und Ihre Gefäßwand zu schützen, wäre jetzt fast auf der Stelle, vielleicht schon wenige Stunden nach der Behandlung, erneut zur Teilung fähig. Sie würde sich teilen und damit die Auskleidung der Gefäßinnenwand verbessern. Aber wie lange würde es dauern, bis die Cholesterin-Ablagerungen, die Makrophagenzellen und andere Anzeichen von Entzündung sich zurückbilden, so daß das Gefäß wieder durchlässig und glatt wird? Das vorauszusagen ist etwas riskant, aber höchstwahrscheinlich würde es zwischen Wochen und Jahren dauern. Unser bisheriges Wissen in dieser Frage resultiert aus den Erfahrungen mit einer drastischen Ernährungsumstellung, wie wir sie zum Beispiel in Europa während des Zweiten Weltkriegs hatten. Ob wir es auf medizinischem Wege erreichen, oder ob es durch Nahrungsmangel bedingt zustandekommt, die Gefäße erholen sich allmählich, und das Risiko von Herz-Kreislauf-Krankheiten nimmt ab. Aber diese Besserung benötigt Zeit; normalerweise viele Monate. Die Veränderungen treten bei einer Nulldiät schneller auf als bei einer teilweisen Ernährungsumstellung, aber das Endergebnis ist dasselbe: Der Cholesterinspiegel sinkt, und ebenso sinken die Todesfälle aufgrund von Gefäßerkrankungen.

Die auf andere Organsysteme abzielende Telomer-Therapie wird wahrscheinlich ähnliche Zeiträume benötigen. Die Telomere lassen sich zwar fast von heute auf morgen verlängern, aber die klinischen Veränderungen nehmen mehr Zeit in Anspruch. Wie wir im nächsten Kapitel sehen werden, ist mit einer bestimmten Reihe klinischer Fortschritte niemals zu rechnen. Wir können nicht erwarten, abgestorbene Gehirnzellen zu regenerieren, aber wir können erwarten, keine weiteren durch Krankheiten einzubüßen, die durch Zell-Alterung verursacht werden.

Ein weiterer positiver Aspekt der Telomer-Therapie ist, daß kein »dickes Ende« nachkommt. Wir brauchen uns keine Sorgen zu machen, daß wir im Alter von hundertfünfzig Jahren plötzlich an einem einzigen Tag oder in einem Jahr altern. Der Alterungsprozeß, sei es der ursprüngliche oder der nach einer Telomer-Therapie, vollzieht sich langsam. Er braucht seine Zeit, weil sich unsere Zellen über Jahrzehnte hinweg je nach Bedarf teilen. Die Telomer-Therapie verändert nicht die *Geschwindigkeit* der Zell-Alterung; sie ändert bloß die Anzahl von Jahren, die unser Körper benötigen wird, um alt zu werden. Auch bei Kindern mit Progerie, deren Alterung beschleunigt erscheint, läuft der Alterungsprozeß im gleichen Tempo ab wie bei gesunden, aber ihre Zellen sind *bereits bei der Geburt alt*. Diese Kinder wirken schon nach wenigen Jahren alt, weil alle ihre Telomere bereits bei der Geburt kürzer sind – deshalb scheint ihre Alterung verkürzt.

Wenn die Telomer-Therapie unsere Telomere genügend verlängert, dann wird es faktisch länger als normal dauern, bis sich an unserem Körper Zeichen des Alters zeigen. Unsere Zellen werden sich genauso schnell teilen, unsere Telomere werden genauso schnell schrumpfen, aber wenn unsere Uhren im Gegensatz zum normalen jungen Erwachsenen frisch aufgezogen sind, dann wird es länger dauern, bis wir alt werden.

Ob die Wirkung Jahrzehnte oder ein Jahrhundert anhält, die Behandlung wird wiederholt werden müssen, wenn es uns nicht gelingt, die Telomere zu fixieren, was das Krebsrisiko erhöhen könnte. Der konservative Ansatz wird zumindest anfangs wahrscheinlich einfach darin bestehen, das Telomer in Abständen immer wieder zu verlängern. Wenn man bedenkt, wie lange unser Körper gegenwärtig braucht, um heranzureifen, und wie lange, um zu altern, dann kann man sich vorstellen, daß alle paar Jahrzehnte eine Nachbehandlung nötig werden könnte.

Die Behandlungen werden sich wahrscheinlich nach dem folgenden Szenarium abspielen: Trotz der unbekannten Faktoren, die im Spiel sind, entscheiden Sie sich im Alter von siebzig Jahren, Ihre erste Behandlung auszuprobieren. Sie haben mittelschwere Arthrose. Treppensteigen ist unmöglich, morgens aus dem Bett zu kommen ein Problem. Ihr Herz ist auch nicht mehr das, was es einmal war: Sie nehmen etwa einmal in der Woche Nitroglyzerin-Pillen wegen eines lästigen Engegefühls in der Brust, das Sie bei jeder Überanstrengung verspüren; Sie ermüden leicht, geraten schon auf dem Weg zur Bushaltestelle außer Atem und müssen gewöhnlich ein paarmal innehalten, um es zu schaffen. Beim Einsteigen in den Bus sind Sie im letzten Moment gestürzt und mußten am Arm genäht werden; diese Wunde ist immer noch nicht verheilt. Trotz alledem schätzen Sie sich, verglichen mit vielen Ihrer Freunde, noch glücklich.

Dennoch hätten Sie gern mehr vom Leben als Atemnot, Gelenkbeschwerden und Brustschmerzen, deshalb lassen Sie sich einen Termin geben. Am ersten Tag werden Sie durchuntersucht, und es werden ein paar Bluttests gemacht. Am zweiten Tag bekommen Sie eine Tablette; die Krankenschwester überprüft Ihren Blutdruck und beobachtet Sie eine halbe Stunde, bevor sie Sie nach Hause schickt. Noch bevor Sie zu Hause sind, hat sich die Tablette bereits aufgelöst, und der Wirkstoff – ein Telomerase-Induktor – ist bereits in Ihren Kreislauf übergegangen. Innerhalb einer Stunde haben manche Ihrer Zellen angefangen, Telomerase auszuscheiden. Bevor es Nacht wird, haben Ihre Zellen begonnen, ihre eigenen Telomere zu regenerieren. Eine Woche später sind Sie wieder in der Klinik. Sie haben keine Veränderungen festgestellt. Ihr Blutdruck ist der gleiche, ebenso Ihre übrigen Untersuchungsergebnisse. Die Ärzte weisen Sie darauf hin, daß die Wunde an Ihrem Arm endlich schön abgeheilt ist, und Sie merken, daß Ihre Leberflecken etwas verblassen und Ihre Haut straffer ist und gesünder aussieht. Ein Monat vergeht bis zu Ihrem nächsten Besuch, und Sie haben schon seit einer Woche keinen Druck mehr auf der Brust verspürt. Ihre Arthritis hat Ihnen in den letzten zwei oder drei Tagen nicht mehr so viel zu schaffen gemacht, aber das Wetter ist auch wärmer gewesen. Nach der Untersuchung kommen Sie auf die Idee, auf dem Nachhauseweg in der Bibliothek vorbeizuschauen; seit ein paar Jahren hatten Sie nicht mehr die Energie, dort hinzugehen, aber Sie haben in dieser Woche auch mehr gegessen, da sich Ihr Appetit gebessert hat. Dann überlegen Sie es sich anders und beschließen, statt in die Bibliothek in ein Restaurant essen zu gehen.

Ein halbes Jahr ist vergangen, in dem Sie Ihren Arzt nur ein einziges Mal gesehen haben. Sie haben vorbeigeschaut, um ihm zu danken, nachdem Sie zum erstenmal seit zehn Jahren wieder Tennis gespielt hatten. Mit einer Freundin haben Sie erneut zu reisen begonnen. Auch nach Ihrer Rückkehr hatten Sie so viele andere Dinge vor, daß Sie den Arztbesuch aufgeschoben haben. Vielleicht nächsten Monat, wenn das Fahrrad kommt, das Sie bestellt haben, werden Sie hinüberfahren, um zu hören, wie der Doktor über Sie denkt. Vielleicht – falls Sie zwischen Ihren Tennisterminen dafür Zeit finden.

Vorbeugung

When I was one, I had just begun. When I was two, I was nearly new.
When I was three, I was hardly me. When I was four, I was not much more.
When I was five, I was just alive. But now I am six, I'm as clever as clever.
So I Think I'll be six now for ever and ever.

(A. A. Milne, Now we are six)

Die Alterungsvorgänge umzukehren ist schwieriger, als sie zu verhindern. Es ist leichter, Schäden vorzubeugen, als sie zu reparieren. So viel ist sicher: Wenn wir zu lange warten, dann wird die Therapie nicht so wirksam sein, wie sie hätte sein können. Aber gibt es für ihre Anwendung auch eine untere Altersgrenze?

Es wird wenig vorteilhaft sein, Kinder zu behandeln, mit Ausnahme von Kindern mit Progerie; außerdem besteht die Gefahr, dadurch ihre Entwicklung zu stören. Aber die kindliche Entwicklung ist nicht von den Telomeren abhängig. So schreitet der Reifungsprozeß bei Kindern mit Progerie in der normalen Folge von Entwicklungsschritten voran, obwohl ihre Telomere zu kurz sind. Längere Telomere werden weder an der Folge der Entwicklungsschritte noch am Tempo der Entwicklung etwas ändern.

Obwohl uns die Telomer-Therapie den Körper eines voll entwickelten jungen Erwachsenen bescheren wird, wird sie nicht Reifungsprozesse verhindern oder einen erwachsenen Körper in den eines Kindes zurückverwandeln. Die Länge der Telomere entscheidet nicht über Reifungsprozesse, sondern über das Altern. Durch Verlängerung der Telomere wird sich der Körper in den eines jungen Erwachsenen zurückverwandeln; manche Funktionen werden jedoch eher denen eines Kindes gleichen. Zum Beispiel laufen Heilungsvorgänge beim Erwachsenen bekanntlich langsamer und weniger vollständig ab als bei Kindern. Bei Säuglingen sind manchmal schon ganze Finger nachgewachsen; das kommt bei Erwachsenen niemals vor. Nach der Telomer-Therapie könnten wir damit rechnen, den bescheidenen Grad an Regenerationsfähigkeit eines durchschnittlichen gesunden Kindes wiederzugewinnen.[12] Aber selbst diese Möglichkeit könnte von Zellen abhängen, die vielleicht verlorengehen, wenn wir uns mit der Telomer-Therapie zu lange Zeit lassen.

Die Telomer-Therapie wird dem Kind wahrscheinlich nur wenig, dem jungen Erwachsenen manchen, dem älteren Menschen jedoch einen beträchtlichen Gewinn versprechen. Die günstigsten Altersstufen für eine solche Therapie, wenn wir Altern und altersbedingte Krankheiten verhindern wollen, werden zwischen sechzehn und vierzig liegen. Sechzehn ist wahrscheinlich etwas zu früh, um Nutzen daraus zu ziehen, und vierzig ist ein bißchen zu spät, um dem Risiko *gewisser* irreversibler Veränderungen zu entgehen. Alle älteren Jahrgänge werden zwar enorme Vorteile daraus ziehen, aber nicht so viel, wie es der Fall gewesen wäre, wenn sie die Alterung von vornherein verhindert hätten, statt sie *nahezu* vollständig rückgängig zu machen. Das optimale Alter für die Behandlung hängt weitgehend vom individuellen Alterungsprozeß jedes einzelnen ab. Ein Kind mit Progerie wird man so schnell wie möglich behandeln müssen, vielleicht schon im Alter von zwei Jahren. Manche Erwachsene, deren Gene es ihnen gestatten, langsamer zu altern als ihre Altersgenossen, werden die Behandlung vielleicht hinausschieben, bis sie sehen, wie es anderen damit ergeht. Dies ist jedoch ein riskantes Spiel, das sie verlieren werden, falls ihre Zellen sie unerwartet im Stich lassen. Denn optimale Wirkung entfaltet die Telomer-Therapie nicht in der Umkehr von Alterungsprozessen, sondern in ihrer Verhütung.

Sein eigenes Leben retten

Wer dieses Leben nicht in vollen Zügen genießt,
der führt eine Schattenexistenz ...
Unsterblich wird man, indem man täglich stirbt.

(Thomas Browne)

Die Telomer-Regeneration wird sich zwar überaus günstig auf Ihre Gesundheit und Ihre Lebenserwartung auswirken, aber sie ist kein Allheilmittel. Sie wird uns nicht gegen Verkehrsunfälle und physische Gewalt immunisieren, sie wird nicht garantieren, daß wir nicht an einer auf anderem Wege erworbenen Krankheit sterben werden, und sie wird unsere Gene nicht besser machen können, als sie jetzt sind. Zwar verringert die Telomer-Therapie die Wahrscheinlichkeit eines Herzinfarkts, aber das bedeutet nicht, daß wir dagegen gefeit sind. Sie wird es auch nicht unbedingt gefahrloser machen, cholesterinreiche Kost zu sich zu nehmen; sie macht ein Herzversagen nur weniger wahrscheinlich. Es wird immer noch genauso gute Gründe geben, für körperliche Bewegung zu sorgen, gesättigte Fette zu vermeiden, das Rauchen einzustellen und weiterhin so gesundheitsbewußt zu leben, wie wir es inzwischen tun (sollten).

Versetzen Sie sich in die Lage eines Baumes. Er könnte von einem starken Wind gefällt werden oder weil man ihm mit einer Axt oder einer Säge an die Borke geht. Würden all diese Dinge gleichzeitig geschehen, dann würde der Baum bald stürzen. Aber auch eine dieser Kräfte allein wird ihn schließlich zu Fall bringen. Wenn Sie dieser Baum wären, dann wäre der Wind das Altern, die Axt das hohe Cholesterin und die Säge der hohe Blutdruck. Wenn der Wind zum Sturm wird, dann braucht die Axt oder die Säge nicht lange, um den Baum genügend zu schwächen, damit er umstürzt. Wenn sich der Wind legt, dann wird der Baum zwar immer noch umstürzen, aber Axt und Säge werden länger brauchen, um ihn zu fällen. Das gleiche gilt für das Altern. Auch wenn wir dem Wind Einhalt gebieten, der an dem Baum zerrt und ihn beugt – wenn wir weiterhin mit einem Überschuß von Cholesterin auf ihn einhacken oder mit erhöhtem Blutdruck an ihm sägen, dann werden unsere Arterien früher oder später versagen, unser Herz wird sterben und wir mit ihm. Auch Windstille schützt unseren Körper nicht vor Äxten, Sägen oder unklugem Verhalten. Und Cholesterin und hoher Blutdruck sind nur zwei von tausend Feinden wie Infektionen, Verletzungen, Krebs und eine Unzahl anderer.

Auch mit Telomer-Therapie werden wir immer noch dieselben Gene haben wie zuvor. Manche davon prädisponieren für Krebs, manche für Herzleiden und manche für Krankheiten, für die wir ohne Telomer-Therapie gar nicht lange genug leben würden, um ihnen zum Opfer zu fallen.

Um unser Leben zu verlängern und unsere Gesundheit zu erhalten, müssen wir nicht nur unsere Telomere regenerieren, sondern eine faserstoffreiche und fettarme Kost unter Einschluß von viel Obst und Gemüse essen,[13] uns ausreichend bewegen, Streß meiden und jede Gelegenheit ergreifen, um Krankheiten, die wir uns eines Tages zuziehen könnten, zu meiden, zu entdecken und zu behandeln. Wir sollten genau die gleichen Dinge tun, die wir auch ohne Telomer-Therapie tun würden.

Man kann sich die Entropie als eine abwärtsfahrende Rolltreppe vorstellen, auf der die Homöostase – das sind wir – hinaufsteigt. Das Gleichgewicht haltend, bleiben wir an derselben Stelle, bis unsere langsamer werdende Uhr uns hindert, weiterzusteigen, und die Rolltreppe uns nach unten trägt. Auch wenn wir die Uhr wieder aufziehen, wäre es nicht sinnvoll, sich bewußt umzudrehen und die Rolltreppe *hinunterzusteigen*. Genau das tun wir aber, wenn wir uns ungesund ernähren, Krankheiten eine Chance geben und unsere Gesundheit aufs Spiel setzen.

Gegenwärtig gibt es tausende vernünftige Empfehlungen, um ganz ohne Veränderung unserer Telomere länger zu leben. Wenn eine leichte Erhöhung unserer Vitamin-E- und -C-Zufuhr wirklich unser Risiko von Gefäßkrankheiten senkt – was wahrscheinlich zutrifft, aber es gibt auch vorsichtigere Stimmen[14] –, dann wird dies auch nach einer Telomer-Therapie der Fall sein. Wenn Vitamin A gegen Falten wirksam ist, dann wird das auch so bleiben; wenn Meditation unseren

Streßpegel senkt und uns gesünder macht, dann wird sich auch daran nichts ändern; und wenn irgendeine als jung erhaltend angepriesene Therapie faktisch gefährlich ist, dann wird sie es auch sein, wenn unsere Telomere verlängert und fixiert sind.

Den Alterungsprozeß können wir auf verschiedenen Ebenen beeinflussen, aber die Resultate hängen davon ab, wo wir eingreifen. Wenn wir die Uhr zurückdrehen, können wir im Prinzip den gesamten Prozeß zurückdrehen. Wenn wir nur die Umsatzrate unserer Proteine verändern, dann verändern wir nur jene Dinge, die von dieser Umsatzrate betroffen sind. Wenn wir nur gegen die freien Radikale vorgehen, werden wir nur den Aspekt des Alterns verändern, der durch freie Radikale bedingt ist. Wenn die Vitamine E und C den durch freie Radikale verursachten Schaden verringern, dann wird sich das auf einen Teil des Alterungsprozesses auswirken, aber nicht auf den ganzen; es wird den Abbau nicht stoppen, aber es könnte günstige Auswirkungen haben.

Was ist jedoch, wenn die Einnahme von zusätzlichen Vitaminen auch ungünstige Nebenwirkungen hat? Was ist, wenn sie faktisch Schäden verursacht, dies jedoch angesichts der äußerst positiven Wirkungen auf das Altern gewöhnlich übersehen wird? Wenn wir unsere biologische Uhr zurückdrehen und den Schaden durch freie Radikale minimieren könnten, so daß wir vielleicht keine zusätzlichen Vitamingaben *benötigten*, warum sollten wir sie dann fortsetzen? Über genügend lange Zeiträume – da wir ja jetzt ein paar hundert Jahre länger leben werden – könnten die Nebenwirkungen hoher Dosen ins Gewicht fallen, ja tödlich wirken. Vielleicht erweisen sich die geringfügigen nachteiligen Auswirkungen von Vitamin C auf die Nierenfunktion – die Steinbildung zum Beispiel – als fatal, wenn man fünfzig Jahre lang regelmäßig hohe Dosen einnimmt. Die Retinoide (synthetische Derivate der Vitamin-A-Säure) könnten unser Risiko von Nierenkrankheiten erhöhen; Vitamin C und Betakarotin könnten das Herz schädigen und Vitamin E das Risiko eines Gehirnschlags erhöhen.[15] Diese »Nebenwirkungen« würden in den Vordergrund rücken, sobald wir Gefäßkrankheiten erfolgreich durch Telomer-Therapie verhüten könnten, so daß wir keinen Grund mehr hätten, die schädlichen Folgen zusätzlicher Vitamingaben hinzunehmen.

Die gleichen Bedenken gelten für DHEA, Melatonin, Wachstumshormon und verschiedene Geriatrika. Sie könnten sich kurzfristig (ein paar Jahrzehnte) günstig auswirken, aber auf längere Sicht (ein paar Jahrhunderte) katastrophal sein. Wir werden wahrscheinlich auf neue Krankheiten und Probleme stoßen, wenn wir die menschliche Lebensspanne verlängern, aber gegenwärtig können wir diese noch nicht voraussagen.

Wenn die Telomer-Therapie unsere Lebenserwartung tatsächlich erhöht, wie wir das erwarten, dann wird es noch wichtiger, verantwortungsvoll mit unserem Körper umzugehen. Bei einem Auto, das man sechs Monate least, muß man einen Ölwechsel durchführen, aber wenn der Wagen zehn Jahre halten soll, dann werden sich jeder Kratzer und Rostfleck, jeder lose Bolzen, jeder Tropfen von schmutzigem Öl und jedes schlecht ausgewuchtete Rad auf seine Funktionsfähigkeit auswirken. Um das Jahr 1900 betrug die menschliche Lebenserwartung 25 Jahre, und niemand scherte sich um hohe Cholesterinwerte. Im Bewußtsein, 250 Jahre alt werden zu können, werden wir die Wichtigkeit erkennen, von Anfang an pfleglich mit unseren Arterien und anderen Organen umzugehen. Sie werden über unsere Lebensspanne entscheiden; jedes einzelne könnte zu unserer Schwachstelle werden.

Um unser Leben zu verlängern und so lange wie möglich gesund zu bleiben, werden wir nicht nur alles tun müssen, was jetzt sinnvoll ist, sondern noch mehr. Wenn wir unsere Uhren zurückdrehen, um unsere Lebensspanne zu verlängern, dann werden all die Ratschläge und Empfehlungen, an die wir (oft törichterweise) so inbrünstig glauben – Fitneßtraining, der richtige Speisezettel, Streßvermeidung –, noch ausgefuchster oder dümmer werden. Wie weit wir unsere Lebensspanne ausdehnen können, wird von der Pflege abhängen, die wir unserem Körper angedeihen lassen, und auch davon, wie gut wir zwischen Fakten und Moden unterscheiden können.

Werden wir es schaffen?

*Die Zeiten, in denen die Lebenserwartung in den
entwickelten Ländern emporschnellte, sind vorbei. ...
Ein enorm hoher Zugewinn würde sich erst ergeben,
wenn wir die Krankheitsanfälligkeit der alten Zellen
auf das Niveau junger Zellen zurückschrauben könnten.*

(Leonard Hayflick, »Auf ewig jung«)

Unsere Lebensspanne kann um mehrere hundert Jahre verlängert werden. Die technischen Schwierigkeiten scheinen riesig, aber das galt auch für die Fahrt zum Mond, den Bau eines Computers oder die Sequenzierung eines menschlichen Gens. Auch diese Hindernisse auf dem Weg zu einer erfolgreichen Lebensverlängerung werden irgendwann im Lauf der nächsten zehn Jahre überwunden werden.

Überlegen wir, welche Hürden es zu nehmen gilt. Wir müssen Mittel und Wege finden, um alle 92 Telomere in jeder unserer 100 Billionen Zellen zu verlängern. Dazu brauchen wir nichts weiter zu tun, als an jedes der etwa 10 Billiarden (10×10^{15}) Moleküle in unserem Körper ein paar tausend DNA-Basen anzuhängen. Wie läßt sich das bewerkstelligen? Es gibt zwar nur wenige Methoden, aber sie sind aussichtsreich.

An früherer Stelle in diesem Kapitel haben wir die Methoden erörtert, mit denen wir das Telomer regenerieren und den Alterungsprozeß umkehren könnten. Schauen wir uns jetzt die Methode etwas näher an, die sich am ehesten realisieren läßt. Erinnern wir uns an den Vergleich mit der Bibliothek: Irgendeines der chromosomalen Bücher in jeder der genetischen Bibliotheken in jeder Zelle unseres Körpers enthält ein paar Sätze, die das Rezept für die Herstellung von Telomerase darstellen.[16] Wir wissen, daß sie vorhanden sind; obwohl fast keine unserer Somazellen Telomerase erzeugt, tun es diejenigen, die sich in Krebszellen verwandeln, regelmäßig. Das Rezept, beziehungsweise der Bauplan für die Herstellung von Telomerase, ist in jeder unserer Zellen enthalten und wartet auf seine Verwendung. Wir müssen nur den Schlüssel finden, dieselbe Art von Schlüssel, die Telomerase in den Keimzellen freisetzt.

Es wird nicht nötig sein, alle 10 Billiarden Telomere zu behandeln; es genügt vielleicht, 100 Billionen Zellen zu erfassen, und jede Zelle kann dann ihre eigenen 92 Telomere regenerieren. Kann dies gelingen? Auf die einfachste Formel gebracht: Die meisten chemischen Substanzen, die man sich einverleibt, gelangen überall hin; wie schnell sie eindringen und ihre letztendliche Konzentration hängen davon ab, ob sich die Substanz besser in Wasser oder in Fett löst, wie säurehaltig sie ist, welche Form die Moleküle haben und wie groß sie sind. Aber wenn man genügend Zeit hat und die Substanz hoch genug dosiert, wird man sie hinbefördern können, wo man will. Die entscheidenden Fragen betreffen inzwischen nicht die Einbringung, sondern das Problem, ob das Präparat wirken wird, und ob wir es uns leisten können.

Die Telomer-Therapie wird zu teuer sein, um allen zur Verfügung zu stehen, und zu billig, um glaubwürdig zu sein. Die meisten Menschen in der entwickelten Welt würden ein längeres Leben in Gesundheit fast zu jedem Preis als Geschenk ansehen. Wir würden wahrscheinlich unsere Häuser verpfänden und uns in Schulden stürzen, um uns ein gesünderes, längeres Leben zu erkaufen. Aber auch in den Vereinigten Staaten, in Europa, Japan und Australien sind den Menschen finanzielle Grenzen gesetzt. Wenn die Behandlung die Hälfte des Durchschnittseinkommens kostete, so wäre das dennoch mehr, als viele sich leisten können. In den ärmeren Ländern der Welt ist für große Teile der Bevölkerung nicht einmal die Tetanus-Impfung erschwinglich, geschweige denn die Telomer-Therapie. Wie hoch auch immer der Preis sein wird, manche werden ihn unmöglich finden, der großen Mehrzahl wird er jedoch mehr als angemessen erscheinen. Wahrscheinlich wird sich der Preis in Grenzen halten. Die Hauptkosten werden durch die Grundlagenforschung und die klinische Erprobung entstehen; die Kosten der Produktion und des Vertriebs werden weitaus geringer sein. Die gegenwärtigen Forschungskosten sind bescheiden, verglichen mit den meisten Entwicklungen im

Bereich der Arzneimittel und der Gentherapie. In gentechnischen Begriffen ausgedrückt, müssen wir das Telomer verlängern oder das Telomerase-Gen aktivieren, wir brauchen es nicht in unsere Gene einzuschleusen. All diese Faktoren werden den Preis des Medikaments beeinflussen, der für eine einmalige Behandlung mit dem Telomerase-Induktor vermutlich zwischen 50 und 1000 Dollar liegen wird.[17]

Ein weiterer Grund, weshalb die Telomer-Therapie kostengünstig sein wird, ist der potentiell riesige Markt. Manche werden sie nicht wollen, manche werden an anderen Krankheiten sterben, bevor sie eine Verjüngung benötigen, aber der Markt wird trotzdem groß sein. Je umfangreicher der Markt, desto niedriger die Kosten pro Kopf. Eine vollständige Behandlung mit den meisten heute gebräuchlichen Medikamenten kostet in der Regel weniger als 100 Dollar. Viele davon sind deshalb so billig, weil sich ihre Forschungskosten längst amortisiert haben. Je größer der Markt für ein Arzneimittel, desto rascher kommen die Forschungskosten wieder herein, und der Preis kann reduziert werden. Je größer außerdem der potentielle Markt ist, desto eher wird sich ein Pharmakonzern bereit finden, die nötige Forschung und Entwicklung zu finanzieren, um das Mittel auf den Markt zu bringen.

Hohe Preise für Medikamente sind durch kleine Märkte oder große Forschungsauslagen bedingt. Keines von beidem wird vermutlich auf die Telomer-Therapie zutreffen. Der potentielle Markt für einen Telomerase-Hemmer zur Behandlung von Krebs umfaßt allein in den Vereinigten Staaten etwa zwei Millionen Patienten pro Jahr;[18] der potentielle Markt für einen Telomerase-Induktor zur Behandlung des Alterns und altersbedingter Krankheiten umfaßt in den USA über 100 Millionen Menschen.[19] Man vergleiche dies mit *Pulmozyme*, einem Medikament zur Behandlung von Mukoviszidose, für das es in den USA einen Markt von 20 000 Patienten gibt.[20] Noch kleiner ist der Markt für *Actimmune*, ein Pharmakon, das bei Immundefekten eingesetzt wird; der gesamte Markt in den Vereinigten Staaten wird auf nur 400 Patienten geschätzt.[21] Der Markt für Telomerase-Präparate wird dagegen weitgespannt sein: Weder die Hemmer noch die Induktoren werden »Exotica« darstellen. Die Kosten werden zum Teil diesen größeren Markt widerspiegeln.

In den ersten ein oder zwei Jahren wird der Preis von Telomerase-Präparaten etwas höher liegen, aber nach und nach wird er fallen. Die Preisnachlässe werden von den Markteinführungskosten, bedingt durch amtliche Auflagen und Haftpflicht, abhängen, aber zu diesen Nachlässen wird es wahrscheinlich sehr rasch kommen, sobald sich der Markt ausweitet und alternative – illegale – Produkte angeboten werden. Mit alternativen Angeboten ist sowohl in den Vereinigten Staaten als auch in anderen entwickelten Ländern zu rechnen, selbst dort, wo auf die Einhaltung des Patentrechts geachtet wird. Ebenso wie LSD und viele andere Drogen in den sechziger Jahren in College- und Privatlabors hergestellt wurden, werden ähnliche Einrichtungen versuchen, Telomerase-Präparate zu produzieren, sobald die Grundzüge des Herstellungsprozesses bekannt sind. De facto wird dies wahrscheinlich noch häufiger passieren, als es bei den halluzinogenen Drogen der sechziger Jahre geschehen ist. Der Markt für solche Drogen war relativ klein; der Markt für die Telomer-Therapie hat fast globale Dimensionen. Andererseits wird ein Telomerase-Hemmer oder -Induktor nicht so häufig angewendet werden, wie es bei den Halluzinogenen der Fall war. Viel wichtiger ist jedoch, daß es in den sechziger Jahren keine legale und sichere Quelle für LSD und ähnliche Drogen gab. Die Telomer-Therapie wird eine sichere, legale Bezugsquelle haben. Die Nachfrage nach illegalen Produkten wird gering bleiben, wenn das Präparat erschwinglich und aus einer legitimen pharmazeutischen Quelle zu beziehen ist.

Es wird auch nicht möglich sein, daß irgendeine Interessengruppe die Technologie unterdrückt oder für sich behält. Jedes technisch entsprechend ausgestattete Labor könnte in wenigen Jahren zu den gleichen Ergebnissen gelangen. Die Gefahr ist gering, daß sich irgendeine Gruppe oder ein Land das Monopol auf diese Techniken aneignet.[22]

Forschung, Herstellung und Vertrieb sind nicht die einzigen Kostenfaktoren bei der Vermarktung eines Arzneimittels. Die juristischen, haftungsrechtlichen und durch amtliche Auflagen bedingten Kosten sind ebenfalls zu bedeutenden Faktoren für die Gestaltung der Endverbraucherpreise geworden. Diese drei letztgenannten Faktoren stellen einen zusätzlichen Kostenpunkt dar, der in einigen Ländern wie den Vereinigten Staaten erheblich ins Gewicht fällt, in anderen Teilen der Welt dagegen fast überhaupt nicht. Wir nehmen diese Zusatzkosten in kauf, um Sicherheit und Zuverlässigkeit zu garantieren und Wiedergutmachung für Schäden zu ermöglichen, die in vielen anderen Ländern keine Beachtung fänden. Noch wissen wir nicht, in welchem Ausmaß diese Kosten bei der Telomer-Therapie eine Rolle spielen werden.

Telomerase-Hemmer, die zur Krebsbehandlung dienen, werden einen Vorzug gegenüber den meisten anderen Arzneistoffen und speziell gegenüber Telomerase-Induktoren haben. An Krebstherapien wird seitens der amerikanischen Gesundheitsbehörde FDA ein anderer Maßstab in bezug auf Sicherheit, ja sogar auf Wirksamkeit, angelegt als an andere Arzneimittel. Wegen des Charakters der Krankheit, für die sie gedacht sind, können sie das Labyrinth der amtlichen Auflagen rascher durchlaufen. Sowohl die Patienten als auch die FDA sind sich bewußt, daß bestimmte Arzneistoffe, darunter Krebspräparate, eine Sonderstellung einnehmen.[23] Wir nehmen hier Nebenwirkungen und Risiken in Kauf, die, sagen wir, bei einem Antibiotikum nicht geduldet würden. Würden Sie Penicillin nehmen, wenn es Haarausfall verursachen, Ihr Immunsystem schwächen und Sie blutarm machen würde? Die meisten Krebstherapien haben bisher diese und noch schlimmere Nebenwirkungen gehabt. Dennoch hat sich trotz aller Beschwernisse der Therapie ihr Einsatz gelohnt, weil die verheerenden Auswirkungen durch den Krebs noch viel furchtbarer sind.

Aus diesem Grund sind die amtlichen Auflagen bei Krebspharmaka geringer, und die Schwelle für Rechtsstreitigkeiten liegt höher. Telomerase-Hemmer werden also relativ geringe Einführungsnebenkosten verursachen. Sie werden rasch in die Erprobungsphase und anschließend in den klinischen Gebrauch übergehen. Die Haftungskosten werden relativ gering sein; von fast jedem Blickwinkel aus wird ihr Preis günstig erscheinen, speziell verglichen mit den gegenwärtigen Kosten für Behandlungen, die noch dazu weniger wirksam sind.

Andererseits wird ein Telomerase-Induktor, der dazu dient, Alterungsprozesse zu verhindern oder rückgängig zu machen – im Gegensatz zu einem Telomerase-Hemmer zur Krebsbehandlung –, eine Therapie auf der Suche nach einer Krankheit sein. Alterungsprozesse sind so universell und so akzeptiert, daß es schwierig sein wird, für ihre Behandlung die behördliche Zulassung zu erreichen. Doch da alle Menschen altern und die meisten sich einen Wirkstoff wünschen werden, um den Altersabbau zu verhindern und rückgängig zu machen, wird enormer öffentlicher Druck für die Genehmigung eines solchen Wirkstoffs entstehen. Weil das Altern aber nicht als Krankheit gilt, könnte die FDA Schwierigkeiten haben, Medikamente zu seiner »Heilung« zuzulassen.

Wie an früherer Stelle ausgeführt, umfaßt das Altern eine ganze Reihe von Krankheiten, von denen jede einzelne ein legitimes Zielobjekt einer von der FDA zugelassenen Therapie sein könnte. Zum Beispiel wird niemand behaupten, daß Koronarsklerose keine Krankheit sei. Ein Medikament, das den Anspruch erhebt, das Altern zu behandeln, könnte auf unüberwindbare Hürden stoßen, aber eines, das Herzerkrankungen, Demenz oder Gelenkarthrose behandelt, wird die gleichen Zulassungschancen haben wie andere Arzneistoffe.

Im Fall eines achtjährigen Progerie-Patienten hat die Alterung auch bei engster Definition eindeutig den Charakter einer Krankheit. Eine Arznei, die einem Achtjährigen, der sonst morgen an Herzversagen oder nächsten Monat an einem Gehirnschlag sterben könnte, seine Gesundheit und die gestohlene Kindheit zurückgibt, wird sicherlich leichter zugelassen werden. Sobald ein solcher Telomerase-Induktor für die Behandlung eines Achtjährigen genehmigt ist, kann er auch bei einem Achtzigjährigen angewandt werden.

Es gibt noch andere Mittel und Wege, um die behördlichen Hürden für eine Therapie gegen den Altersabbau zu nehmen. Wenn zum Beispiel nachgewiesen werden kann, daß ein Induktor imstande ist, das Immunsystem eines AIDS-Patienten wiederherzustellen, dann wird er bald verfügbar sein. Auch wenn sich der legitime Gebrauch auf die Behandlung von AIDS beschränken würde, aber die Technik sich zur Behandlung altersbedingter Krankheiten, ja selbst von Alterungsprozessen bewährte, würden die meisten Menschen auch ohne offizielle Zulassung der Gesundheitsbehörden danach greifen.

Wie steht es mit den Haftungskosten bei der Behandlung mit einem Telomerase-Induktor? Wie können wir *irgendwelche* Risiken bei einem Medikament tolerieren, das etwas »heilt«, was keine Krankheit ist? Natürlich sprechen unsere Handlungen dafür, daß Altern sehr wohl eine Krankheit ist: Wir werden bei einem solchen Medikament Risiken und Nebenwirkungen schon hinnehmen, wenn auch in geringerem Maße, als es vielleicht bei einer offiziellen »Krankheit« der Fall wäre. Wenn die Telomer-Therapie imstande ist, den Altersabbau zuverlässig rückgängig zu machen, aber generell Haarausfall bewirkt, würden sich die meisten von uns dennoch für diese Therapie entscheiden. Wenn sich der Haarverlust auf eine Person von tausend beschränkte, dann würde diese eine Person wahrscheinlich klagen und den Prozeß gewinnen. Was wäre, wenn das Präparat bei einem von tausend Anwendern Krebs hervorriefe? Was wäre, wenn es Todesfälle verursachte? Wir akzeptieren diese Risiken routinemäßig beim Einsatz von Krebsmedikamenten, wären aber weniger geneigt, sie in Zusammenhang mit dem Kampf gegen das Altern zu tolerieren, einem langsameren, aber viel gewisseren Weg zum Tod, als es Krebs ist. Vielleicht ist es das Tempo des Krankheitsverlaufs, vielleicht der universelle Charakter des Alterns, was uns im ersten Fall toleranter macht.

In dem Maße, wie sich die Risiken herauskristallisieren, werden die haftungsbedingten Kosten des Medikaments sinken und sich schließlich stabilisieren, obwohl gewisse Haftungsrisiken vielleicht erst nach Jahrzehnten zutage treten, wie wir im letzten Kapitel sehen werden.

Wann werden wir Telomerase-Induktoren allgemein zur Verfügung haben? Innerhalb der nächsten zwei Jahrzehnte werden Sie die Chance haben, mit Hilfe der Telomer-Therapie Ihr Leben zu verlängern und Ihre Gesundheit zu verbessern. Dies ist zwar eine vage Voraussage, dennoch bemerkenswert definitiv, wenn man bedenkt, daß es uns in der gesamten Menschheitsgeschichte noch *niemals* gelungen ist, die maximale menschliche Lebensspanne auch nur um ein einziges Jahr zu erhöhen. Wir können eine so präzise Prognose wagen, weil wir jetzt, da wir den Mechanismus des Alterns durchschaut haben, endlich auch über das Instrumentarium verfügen, um in ihn einzugreifen. Nun, da wir uns dem Ende unseres Jahrtausends nähern, haben wir endlich die Schlüssel gefunden, um die biologischen Uhren neu aufzuziehen.

Wir wissen, daß Telomerase unsere zellulären Uhren zurückstellt, aber sie ist bisher erst in geringen Mengen verfügbar und erweist sich nur bei einer kleinen Anzahl isolierter Zellen als wirksam. Wie bereits dargelegt, wird gegenwärtig intensiv nach Telomerase-Induktoren gesucht. Jeder Induktor muß auf seine Fähigkeit hin geprüft werden, in Zellen einzudringen und lange genug zu überleben, um effektiv zu sein, und daraufhin, welche Nebenwirkungen er hat. Eine Substanz, die unsere Zellen zwar verjüngt, aber sie gleichzeitig schädigt, wäre nutzlos für uns. Es muß eine »therapeutische Marge« geben – eine Dosis, die groß genug ist, um die Telomere zu verlängern, die aber keine Nebenwirkungen verursacht. Wie hoch eine solche ungefährliche Dosis auch sein mag, sie muß es dem Wirkstoff gestatten, in ausreichender Menge in alle unsere Zellen einzudringen und dies rasch genug, damit der Körper die Substanz nicht abbaut oder ausscheidet, bevor sie wirkt.

Angesichts dessen, was wir über andere Arzneimittel und Forschungsvorhaben und über die gegenwärtig verfolgte Strategie und die eingesetzten Mittel wissen, sollte die Suche nach einem sicheren und wirksamen Telomerase-Induktor nur ein paar Jahre dauern, etwa dieselbe Zeitspanne, die nötig war, um einen Telomerase-Hemmer zu finden. Aber wird seine Anwendung in einem menschlichen Organismus wirksam und ungefährlich sein? Unsere Suche ist der erste Schritt; als nächstes werden wir beweisen müssen, daß ein Telomerase-Hemmer wirksam und sicher in der Anwendung für Sie ist.

Tierversuche werden wohl vor dem Jahr 2000 beginnen; ihr Zweck wird sein, festzustellen, ob wir die Abbauprozesse alter und kranker Tiere umkehren und sie jünger und gesünder machen können. Wer werden die ersten Menschen sein, die bald danach die Telomer-Therapie ausprobieren? Werden wir sie Kindern mit Progerie als experimentelle Therapie zur Behandlung einer ansonsten tödlichen Krankheit anbieten? Es gibt nur wenige Kinder mit Progerie, und es wird schwierig sein, die Sicherheit und Wirksamkeit des Medikaments zu beweisen, wenn man nur einen kleinen Kreis von Patienten behandelt. Aber wenn wir es in einer größeren Population erproben wollen, welche Krankheit sollten wir dann behandeln? Wir werden wahrscheinlich nicht das Altern als solches therapieren können, wegen des Vorurteils, es als Krankheit anzusehen.

Die ersten Versuche an Menschen werden zweifellos Patienten betreffen, die an so schweren Krankheitsbildern wie denen der Herz-Kreislauf-Erkrankungen leiden. Die ersten Probeläufe werden ex vivo durchgeführt werden, das heißt, man wird Zellen aus den Gefäßwänden entfernen, sie im Labor züchten, sie verändern (das heißt ihre Telomere mit Hilfe eines Induktors regenerieren) und sie wieder einsetzen; oder es wird sich um Versuche handeln, bei denen wir den Telomerase-Wirkstoff zur örtlichen Anwendung bringen. Wie bereits erwähnt, könnte man einen Katheter in eine der Herzkranzarterien einführen und diese mit dem Telomerase-Präparat ausspülen, um die örtliche Schädigung rückgängig zu machen und einem Herzinfarkt *vorzubeugen*. Nach diesen einleitenden Versuchen wird man den Induktor bald dem ganzen Patienten verabreichen. Die Studien werden sich auf Demenzen, Gelenkarthrose und eine Unzahl anderer Krankheitsbilder ausdehnen. Neue Verfahren werden erprobt, neue Erfolge errungen werden. Das Tempo wird sich beschleunigen.

Wir werden Erfahrungen mit Telomerase-Hemmern sammeln, bevor Telomerase-Induktoren eingesetzt werden. Krebs wird der erste und leichteste Ansatzpunkt für die Therapie sein. Die Erprobung neuer Arzneistoffe zu diesem Zweck dürfte innerhalb der nächsten zwei Jahre beginnen.[24] Ein klinisch wirksamer Telomerase-Hemmer dürfte vor Ablauf von zehn Jahren und nach optimistischen Schätzungen bis zum Jahr 2002 zur Verfügung stehen. Krebs wird, gerade wenn wir anfangen, uns an das neue Jahrtausend zu gewöhnen, heilbar werden.

Im Laufe der nächsten paar Jahre werden wir mit wachsender Spannung den Einsatz von Telomerase-Induktoren zur Vorbeugung gegen Herzerkrankungen, Schlaganfälle, Alzheimer-Demenz und Alterungsprozesse miterleben, aber es wird zunächst nur wenige greifbare Resultate geben. Die therapeutischen Möglichkeiten und die gesellschaftlichen Auswirkungen dieser Revolution werden im Mittelpunkt naturwissenschaftlich-medizinischer und öffentlicher Diskussionen stehen. Von Zeit zu Zeit wird über Durchbrüche berichtet werden – über den ersten Induktor, den ersten Nachweis seiner Ungefährlichkeit, die ersten Tierversuche. Bis zum Jahr 2005 wird vermutlich schon die Erprobung am Menschen begonnen haben und zeigen, daß es möglich ist, die Telomere in den Zellen unseres Körpers zu regenerieren. Kurz danach, vor 2015, wird die Telomer-Therapie allen Menschen zur Verfügung stehen. Damit wird die folgenreichste biologische Manipulation in der Geschichte der Menschheit begonnen haben.

Kapitel 7

Gewonnene Lebenszeit

The moving finger writes; and, having writ,
Moves on: nor all your piety nor wit
Shall lure it back to cancel half a line,
Nor all your tears wash out a word of it.

(Omar Khayyam, »The Rubaiyat«)

In gewissem Sinn wird Omar Khayyam nie widerlegt werden. Manche Dinge lassen sich nicht wiedergutmachen. Die Telomer-Therapie wird zwar unsere Zell-Uhren neu aufziehen und eine Reihe von Krankheiten verhindern, aber nicht alle. Wir werden mit unseren Tränen zwar manche Zeilen tilgen können, aber nicht alle. Wohl haben wir Grund zum Optimismus, aber bestimmte Krankheiten und Gene werden »festgeschrieben« bleiben oder, nachdem sie »getilgt« wurden, uns später in unserem verlängerten Leben erneut zu schaffen machen.

Von drei Variablen wird es abhängen, wie erfolgreich die Telomer-Therapie Alterungsprozesse rückgängig machen und Krankheiten verhindern kann: vom Alter des Patienten zum Zeitpunkt der Behandlung, von seiner genetischen Ausstattung und von der Wechselwirkung zwischen der Telomer-Therapie und Krankheiten. Junge Menschen werden besser auf die Telomer-Therapie ansprechen als alte. Genauer gesagt, Menschen, die durch den natürlichen Alterungsprozeß erst geringe physiologische Verluste erlitten haben, werden besser darauf ansprechen als bereits gealterte. Die Telomer-Therapie wird die Zelle befähigen, sich länger zu teilen und verlorengegangene Zellen an Stellen zu ersetzen, wo noch Reserven vorhanden sind, etwa bei Blut- und Hautzellen. Sobald die Reserven erschöpft sind, wird das klinische Ergebnis enttäuschend sein; am gealterten Aussehen und der eingeschränkten Funktionsfähigkeit wird sich wenig ändern. Organe, die über keine Reserven an ihren wichtigsten Zellen verfügen, werden ihre Einbußen nicht mehr wettmachen können. Die Telomer-Therapie kann die Lebensspanne fehlender Gewebe oder Organe nicht verlängern; sie kann nicht Gewebe wiederherstellen, die im Laufe der Jahre unwiderruflich verlorengingen. Das ist am häufigsten bei Geweben der Fall, deren Zellen sich nicht teilen, wie die Nervenzellen des Gehirns und die Muskelzellen des Herzens.[1] So kann sich eine Zwanzigjährige, die sich gegen Alterungsschäden behandeln läßt, für lange Zeit oder immer vor Herzerkrankungen schützen, während die Achtzigjährige, die bereits zwei Herzinfarkte erlitten und drei Viertel ihrer Herzmuskelmasse dabei verloren hat, auch mit der Telomer-Therapie diese niemals wieder aufbauen wird.

Stellen wir uns das Hautgewebe von zwei Patienten vor, die Telomer-Therapie erhalten: Der eine wird mit 20 Jahren behandelt, bevor erhebliche Verluste eingetreten sind, der andere mit 75, nachdem ein Teil des Gewebes bereits geschwunden ist. Der mit 20 behandelte Patient wird seine Hautelastizität länger behalten, weil sich seine Zellen regenerieren und danach imstande sind, ihre Verluste zu ersetzen. Bei dem im Alter von 75 Jahren behandelten Patienten wird man dagegen vermutlich keine so bedeutende Besserung feststellen, weil bei ihm manche Zell-Arten unwiederbringlich verlorengegangen sind. In unterschiedlichem Ausmaß gilt dies für jedes Organ und System. Manche Zellen gehen mit zunehmendem Alter verloren, manche lassen sich prinzipiell nicht ersetzen. Patienten, die sich erst in hohem Alter behandeln lassen, werden vielleicht ihre Funktionen nahezu völlig regenerieren können, dennoch wird der Behandlungserfolg niemals so durchschlagend sein wie bei einer früher einsetzenden Therapie.

Eine weitere Variable ist, daß jeder Mensch andere Gene hat und wir deshalb in unterschiedlicher Weise altern. Trotzdem wird es keine großen Unterschiede darin geben, wie jeder einzelne auf die lebensverlängernde Therapie anspricht. Der Telomer-Mechanismus, der das Altern steuert, ist universell, nicht nur beim Menschen, sondern bei allen Wirbeltieren, und er ist bei allen mehrzelligen Organismen fast identisch. Auf der Telomer-Ebene altern wir alle in genau derselben

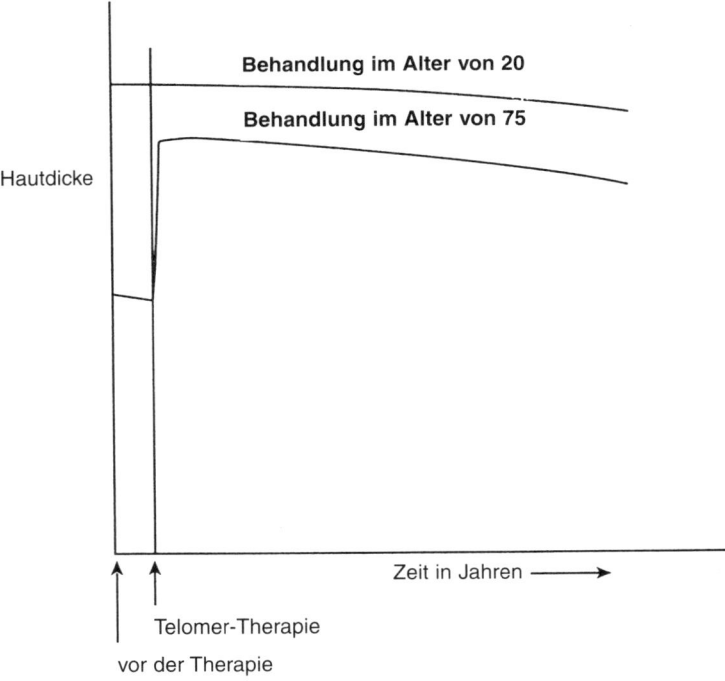

Behandlung im Alter von 20

Behandlung im Alter von 75

Hautdicke

Zeit in Jahren ⟶

Telomer-Therapie

vor der Therapie

Abb. 7.1

Weise; der primäre Mechanismus für das Phänomen und der zeitliche Ablauf des menschlichen Alterns gelten für unsere gesamte Spezies und gestatten in ihrer initialen Ausprägung keine Individualität.

Sekundäre Mechanismen oberhalb der Telomer-Ebene sind jedoch eine andere Sache. Das Telomer mag zwar universell die Gene steuern, aber die Gene selbst unterscheiden sich von Mensch zu Mensch. Auf der klinischen Ebene altern keine zwei Personen in genau derselben Weise. Wenn die lebensverlängernde Therapie diese Unterschiede aufheben und rückgängig machen kann, dann sollte es nicht besonders ins Gewicht fallen, daß Sie anders altern als andere. Aber falls etwas vorhanden ist, das die Telomer-Therapie nicht völlig wiedergutmachen kann, etwa ein Herzinfarkt, dann wird es wohl Unterschiede geben, wie der einzelne darauf anspricht. Wenn die meisten Menschen erst in ihren Sechzigern von einer Herzerkrankung betroffen sind, aber Ihre Gene Sie schon in Ihren Zwanzigern anfällig für ein solches Leiden machen, dann wird Ihre Reaktion auf die Telomer-Therapie vielleicht enttäuschend ausfallen. Auch im Alter von dreißig könnte es zu spät für Sie sein, ein gutes Resultat zu erzielen, falls Ihr halber Herzmuskel durch einen Infarkt geschädigt wurde.

Und obwohl sich die DNA-Reparatur fast in allen Fällen hervorragend bewähren dürfte, werden manche geringfügige Unterschiede in Tempo und Treffsicherheit auftreten. Falls ein DNA-Fehler nicht repariert wird und Bestandteil der Zelle bleibt, kann weder der Fehler selbst noch der Schaden, den er verursacht, durch die Telomer-Therapie korrigiert werden. Nicht behobene DNA-Schäden – wie sie sich im Lauf der Zeit ansammeln – sind bloß ein Beispiel. Die Wirksamkeit unserer Abwehrmechanismen, die uns vor Entropie schützen, variiert von Person zu Person. Manche Organismen sind besser imstande, DNA zu reparieren als andere, und manche werden mit freien Radikalen besser fertig als andere. Die individuelle Alterung ist zum Teil Glückssache – die Folge davon, wie oft wir zufallsbedingten Schäden ausgesetzt sind – und zum Teil auf genetische Unterschiede in unserer Fähigkeit zurückzuführen, die erlittenen Schäden zu reparieren.

Obwohl manche Menschen bessere Abwehrmechanismen haben als andere, ist keine Abwehr vollkommen. Kurz, so leistungsfähig unsere sekundären Mechanismen auch sein mögen, Schäden werden sich über entsprechend lange Zeiträume dennoch ansammeln, und wir werden trotz Telomer-Therapie allmählich altern. Individuelle genetische Unterschiede werden sich selbst bei optimaler Telomer-Therapie im individuellen Tempo unseres Alterns äußern. Wir werden Schäden davontragen; die Entropie wird eine Herausforderung und ein Widersacher bleiben.

Trotz dieser Beimischung von realistischem Pessimismus wird die Telomer-Therapie tiefgreifende und positive Auswirkungen auf unsere Lebenserwartung und auf die Krankheiten haben, die Ausdruck unseres Alterns sind. Obwohl manche Verluste nicht rückgängig zu machen sind, werden andere Facetten des Alterns – zum Beispiel Stoffwechselveränderungen und die meisten Hautschäden – wahrscheinlich durchaus zu verhüten oder rückgängig zu machen sein. In den folgenden Abschnitten werden wir die medizinischen Folgen der Verhinderung des Alterns für jedes Organsystem untersuchen, beginnend mit denjenigen, bei denen Zuversicht angebracht ist, gefolgt von solchen, die zu vorsichtigem Optimismus berechtigen, bis hin zu jenen, bei denen die Ergebnisse wahrscheinlich enttäuschend sein werden.

Was wir heilen können

Jede Wahrheit durchläuft drei Stadien. Zuerst wird sie lächerlich gemacht.
Dann wird sie erbittert bekämpft. Schließlich wird sie als selbstverständlich
akzeptiert.

(Arthur Schopenhauer zugeschrieben)

Wir haben zwei Informationsquellen, um voraussagen zu können, was die Telomer-Therapie vermutlich verhindern oder rückgängig machen wird: unsere Kenntnis der Krankheitsmechanismen und unser Wissen über die vorzeitige Alterung, wie sie beim Hutchinson-Gilford-Syndrom eintritt.

Die Entstehung mancher Krankheiten wird maßgeblich durch die telomeren Uhren in unseren Zellen beeinflußt und wird sich daher auch durch lebensverlängernde Behandlungen entsprechend beeinflussen lassen. Anderen Krankheiten, die nicht von der Alterungskaskade abhängen, wird man kaum in gleichem Maße beikommen können. Zum Beispiel ist der Verlust unserer zweiten Zähne wahrscheinlich durch Verschleiß bedingt und nur entfernt abhängig vom Zustand unserer Telomere. Diese Unabhängigkeit gilt nicht nur für die Zellen der Zähne, sondern auch für die des Zahnfleisches, der Speicheldrüsen und des Immunsystems. Diese Zellen und ihre Telomere spielen zwar sicherlich eine Rolle für den Festigkeitsgrad unserer Zähne, beziehungsweise ihren Schutz gegen Karies, aber in den meisten Fällen ist die Langlebigkeit unserer Zähne eher eine Frage der Hygiene, der Ernährung und der zahnärztlichen Versorgung als des Telomer-Verlusts.

Aufgrund unseres Wissens über die körperlichen Funktionen könnten wir zwar unsere Rückschlüsse fortsetzen, wie sich die lebensverlängernde Therapie auf verschiedene Krankheiten auswirken wird, und diese Schlüsse wären auch einigermaßen zutreffend. Doch erst wenn wir die Telomer-Therapie in die Praxis umgesetzt haben, werden wir mit Sicherheit wissen, was funktioniert und was nicht. Dennoch hätten die meisten von uns gern eine Vorstellung davon, worauf wir uns da möglicherweise einlassen. Gibt es einen besseren Weg, um abzuschätzen, was die lebensverlängernde Therapie leisten könnte, als bloße Hochrechnungen unserer Kenntnisse über Altern und Krankheit?

Ein Mittel, um festzustellen, welche Krankheiten sich durch Verlängerung der Telomere beeinflussen lassen, ist, sich zu fragen, was geschieht, wenn das Gegenteil eintritt, wenn die Telomere zu kurz sind, wie es bei der Progerie der Fall ist. Die progerischen Syndrome, insbesondere das Hutchinson-Gilford-Syndrom, geben uns eine Vorstellung davon, was geschieht, wenn die Alterungskaskade beschleunigt abläuft, und damit, welche Krankheiten unmittelbar vom Telomer abhängen. Die rasante Alterung bei Progerie wirft ein Schlaglicht auf die »altersabhängigen« Krankheiten, denn wir erkennen daran, welche dieser Krankheiten durch Verlängerung der Telomere höchstwahrscheinlich verhindert werden können. Falls eine Krankheit früher oder häufiger auftritt, wenn die Telomere – wie bei der Progerie – zu kurz sind, dann könnten wir das Auftreten dieser Krankheit hinausschieben oder sie ganz verhindern, wenn es uns gelingt, die Telomere zu regenerieren.

Obwohl eine solche Schlußfolgerung verlockend ist, können wir immer noch nicht sicher sein, daß »altersabhängige« Krankheiten wie

Herzleiden und Gehirnschläge, nur weil sie bei Kindern mit Progerie früh und häufig auftreten, bei normal alternden Menschen durch Telomer-Therapie beeinflußt oder verhindert werden können. Vielleicht verändert die Tatsache, daß sich die Alterungsprozesse bei Progerie in einem kindlichen Organismus – und viel schneller als normal – abspielen, den Verlauf der »altersabhängigen« Krankheiten, an denen sie leiden, in unerwarteter Weise. Dennoch werden unsere Mutmaßungen wahrscheinlich auf eine solidere Basis gestellt, wenn wir in Betracht ziehen, was bei Progerie geschieht.

Was wird nach Anwendung der Telomer-Therapie mit einer Krankheit geschehen, die bei Kindern mit Progerie einen schnelleren Verlauf nimmt? Pessimistisch und realistisch gesehen könnte diese Krankheit immer noch auftreten, wenn auch langsamer, sobald wir die telomere Uhr anhalten oder zurückstellen. Und selbst wenn sie verhütet werden kann, wird sie vielleicht nicht rückgängig zu machen sein, sobald der Betroffene daran erkrankt ist. Aus einer eher optimistischen Sicht könnte die Verlängerung der Telomere den Ausbruch der Krankheit völlig verhindern. Sie könnte sowohl völlig reversibel sein, beziehungsweise gar nicht erst auftreten. Eine Reihe von Krankheiten würden wahrscheinlich nicht entstehen, wenn wir unsere Telomere wieder verlängern könnten. Und ein Großteil des Schadens, der durch diese Krankheiten verursacht wird, läßt sich vermutlich rückgängig machen.

Die Logik, unser Wissen über Telomere und Krankheiten wie die Progerie: Was sagen sie uns über die zu erwartenden Veränderungen, wenn wir unsere Telomere regenerieren? Kinder mit Hutchinson-Gilford-Progerie haben eine Lebenserwartung von höchstens zweieinhalb Jahrzehnten, aber die meisten sterben vor dem 13. Lebensjahr. Man könnte sagen, daß sie an Altersschwäche oder kurzen Telomeren sterben, aber in Wirklichkeit sterben sie an Herzerkrankungen und Gehirnschlag. Kinder mit Progerie leiden in der Regel an Koronarsklerose und generell an Gefäßkrankheiten. Sie sind kahlköpfig und haben eine dünne, durchscheinende Haut, keine nennenswerte Fettschicht und »Altersflecken«. Manchmal leiden sie auch an

Osteoporose und Arthritis, nicht aber an Krebs oder Alzheimer-Demenz.

Wir bekommen deshalb nicht mehr Krebs zu sehen, weil sie nicht lange genug leben, um nennenswerte Tumore zu entwickeln, ja der Charakter ihrer Krankheit selbst verhindert die meisten Krebsarten. Bevor wir einen Tumor entdecken können – der ein oder zwei Jahrzehnte benötigen würde, um klinisch nachweisbar zu sein – stirbt das progerische Kind bereits an einem Herzinfarkt. Selbst schnell wachsenden Karzinomen kommen andere Todesursachen zuvor. Aber was vielleicht noch wichtiger ist: Die Telomere sind bei Kindern mit Progerie so kurz, daß kaum je auch nur eine einzige präkanzeröse Zelle lange genug überleben kann, um sich zu einer Krebszelle zu entwickeln; diese Zellen sterben ab, bevor es ihnen je gelingt, Telomerase auszuscheiden.

Warum Kinder mit Progerie keine Demenz entwickeln, wissen wir nicht so genau. Während sich sowohl Krebs als auch Herzerkrankungen bei normaler Alterung gewöhnlich in den Vierzigern, Fünfzigern und Sechzigern zeigen, entwickelt sich die Alzheimer-Krankheit langsamer, ihre Symptome treten selten vor dem 70. Lebensjahr zutage und zeigen sich häufig erst, wenn wir hoch in den Neunzigern sind.[2] Diese zusätzlichen etwa drei Jahrzehnte, die die Alzheimer-Demenz für ihre Entwicklung benötigt, fehlen den progerischen Kindern wahrscheinlich. Sie leben einfach nicht lange genug, um dem Alzheimer-Syndrom zu erliegen.

Es gibt noch andere, bei Progerikern häufig vorkommende Krankheiten, die durch Telomer-Therapie sicherlich nicht auftreten werden. An erster Stelle sind die Gefäßkrankheiten zu nennen, die durch Zell-Alterung verursacht werden. Die Telomere der gefäßauskleidenden Zellen schrumpfen; die Folge sind Herzinfarkte, dekompensierte Herzinsuffizienz, Schlaganfälle, Bluthochdruck, Aneurysmen, Krampfadern und eine Vielzahl von peripheren Gefäßkrankheiten. Sie alle sind durch erneute Verlängerung der Telomere potentiell abwendbar und weitgehend rückgängig zu machen.

Herzinfarkte lassen sich verhüten, solange die gefäßauskleidenden Zellen noch zu normaler Teilung fähig sind, wie es mit längeren Telomeren der Fall wäre. Doch auch unter diesen Umständen könnte es immer noch zu einem Infarkt kommen, etwa durch eine Infektion unserer Schrittmacherzellen, eine genetische Disposition zur Bildung von Thromben, die dann in eine der kleineren Herzarterien wandern, oder durch Verletzungen der Gefäße beziehungsweise des Herzens selbst. Weder Infektionen, noch Mangelkrankheiten, noch genetische Defekte, noch Traumen lassen sich durch die Telomer-Therapie ausschalten. Und es werden wahrscheinlich immer noch da und dort Plaques entstehen, die zu einem Infarkt führen können, falls Cholesterinspiegel oder Blutdruck hoch genug oder die Gefäßwände durch Viren beschädigt sind. Die Telomer-Therapie beseitigt nur eine Hauptursache von Gefäßerkrankungen, eine Ursache, die auch bei den meisten anderen Ursachen eine Rolle spielt; sie garantiert nicht gesunde Gefäße, bloß jüngere. Die Gefahr eines Herzinfarkts würde sinken, aber nicht auf Null.

Dasselbe wird für Gehirnschläge gelten, die durch Telomer-Therapie sicherlich vermeidbar wären. Obwohl auch junge Leute Schlaganfälle erleiden können, setzt das gewöhnlich Kokainkonsum, größere Verletzungen oder einen Gendefekt bei den Gerinnungsfaktoren voraus. Gehirnschläge werden sich durch längere Telomere und »jüngere« Zellen zwar nicht völlig verhindern lassen, aber ihre Auftretenswahrscheinlichkeit wird sich ungeachtet des Alters verringern. Doch obwohl es uns gelingen mag, sowohl Herzinfarkte als auch Gehirnschläge abzuwenden, werden wir nicht imstande sein, deren Folgen rückgängig zu machen. Sobald die Herzmuskelzellen oder die Neuronen abgestorben sind, ist dieser Verlust endgültig.

Hoher Blutdruck ist komplexer, und die Beiträge, die alternde Zellen dazu leisten, sind subtiler Art. Wahrscheinlich sind jedoch die meisten der Faktoren, die mit zunehmendem Alter die Entstehung von Bluthochdruck begünstigen – wie verringertes Kapillarvolumen, Veränderungen des Nierenkreislaufs, nachlassende Elastizität der Gefäßwände, Plaque-Bildung und funktionelle Veränderungen des Herzmuskels – letztlich durch schrumpfende Telomere bedingt und werden deshalb behandelbar sein.

Sobald das Kapillarnetz schrumpft und die Versorgung der Zellen mit Sauerstoff und Nahrung gefährdet ist, kompensieren manche Organe die Situation, speziell die Niere, durch den Versuch, den Blutdruck zu erhöhen, um sich eine ausreichende Versorgung mit Blut zu sichern. Die Niere tut dies sowohl durch die Steuerung des Elektrolyt- und Wasserhaushalts als auch durch Entsendung von hormonellen Botenstoffen an das Herz und an die Gefäße. Sobald sich die Telomere der Endothelzellen verkürzen, lassen diese Zellen im Recycling der Proteine und anderer Moleküle nach, die den Blutgefäßen Stärke und Elastizität verleihen. Die Plaque-Bildung wird begünstigt, sobald die Zellen ihre Fähigkeit verlieren, die Innenwand der Arterie auszukleiden. All diese Faktoren tragen zur Entstehung von Bluthochdruck bei, und jeder könnte sich durch Verlängerung der Telomere vermeiden lassen. Natürlich würde es immer noch zu Bluthochdruck kommen; der Blutdruck wird auch durch Gendefekte, Ernährung, körperliche Betätigung, Verletzungen, Infektionen, Diabetes und andere Probleme beeinflußt, die Wechselwirkungen entfalten, gleichgültig, wie lang unsere Telomere sind.

Aneurysmen sind eine Störung, von der alte Zellen betroffen sind. Wie wir bereits gesehen haben, kommt es nur dort zur Schwächung der Arterienwand, wie sie bei Aneurysmen vorliegt, wo den Zellen fast keine Telomere mehr geblieben sind. Die meisten Aneurysmen würden gar nicht entstehen, wenn man den Zellen die Möglichkeit gibt, sich zu teilen und wieder normal zu funktionieren; längere Telomere werden jüngere Zellen und weniger Aneurysmen zur Folge haben. Dennoch wird es unerwartet immer noch zu diesen sackartigen Erweiterungen der Gefäßwände kommen; dies kann die Folge von genetisch defekten Arterien, extremer Belastung eines sonst harmlosen und kleinen Aneurysmas oder eines frontalen Zusammenstoßes bei einer Geschwindigkeit von 100 Stundenkilometern sein.

Wenn unsere Blutzirkulation im Alter nachläßt, dann wirkt sich das nicht nur auf die Nieren und damit den Blutdruck, sondern auch auf alle anderen Organe aus. Die Endothelzellen, die unsere Kapillaren bilden, können ihre täglichen Verluste nicht mehr wettmachen und sind außerstande, die weitverzweigte Infrastruktur aufrechtzuerhalten, die jede einzelne Zelle versorgt. Der Umfang unseres Kapillarnetzes schrumpft. Zellen, die sich früher in der Nähe einer zuverlässigen Sauerstoff- und Nahrungsquelle befanden, stehen jetzt – da Kapillaren absterben und nicht ersetzt werden – auf verlorenem Posten in einem zellulären Hinterland, sie bekommen zuwenig Sauerstoff, und auch ihre Nahrungszufuhr funktioniert nur planlos und stotternd. Je weiter sich die Kapillaren zurückbilden, desto stärker sind unsere peripheren Zellen gefährdet; Infektionen nehmen zu, das Wahrnehmungsvermögen schwindet, Funktionen gehen verloren, die Haut wird zu einem schwachen Schutzwall. Die Telomer-Therapie kann die Kapillarzellen befähigen, sich wieder zu teilen, so weit zu verzweigen wie zuvor und entfernte Zellen und Gewebe erneut zu versorgen.

Herzinsuffizienz ist ebenso wie Bluthochdruck eine Krankheit mit vielen Quellen und ebenso wie Herzkrankheit eigentlich eine Fehlbezeichnung. Herzinsuffizienz ist nur teilweise eine Herzkrankheit; ebensosehr ist es eine Krankheit des geschrumpften Kapillarnetzes und unelastischer Arterien, deren Alterung das Herz zwingt, mehr zu arbeiten und weniger dafür zu bekommen: Es muß kräftiger pumpen, während seine eigene Blutzufuhr abnimmt. Die Schuld liegt also eigentlich bei den Gefäßen. Und wo auch immer es zu diesen Vorgängen kommt – alternde Zellen tragen zum Herzversagen bei. Die Regeneration dieser Zellen durch Telomer-Therapie wird wahrscheinlich Herzinsuffizienz verhüten oder rückgängig machen können.

Gefäßkrankheiten – Herz-Kreislauf-Leiden, Gehirnschlag, hoher Blutdruck, Aneurysmen, periphere Gefäßstörungen und Herzinsuffizienz – werden zu den ersten Anwendungen der Telomer-Technologie zählen.

Wenn uns die Telomer-Therapie nur das zu bieten hätte, dann würde das schon genügen, doch sie verspricht auch in anderen Bereichen große Erfolge.

Arthritis

Die rheumatoide Arthritis ist, vereinfacht gesagt, eine Erkrankung des Immunsystems, während die Gelenkarthrose – auch als degenerative Gelenkerkrankung bezeichnet – durch Verschleiß entsteht. Als Ursachen der rheumatoiden Arthritis hat man Bakterien (einschließlich TBC-ähnlicher Erreger), Virusinfektionen und eine Autoimmunkrankheit angesehen, von denen jede das Gelenk zerstört und Entzündung und Schmerzen hervorruft. Was auch immer die rheumatoide Arthritis auslöst, die treibende Kraft des Vernichtungswerkes ist auf jeden Fall das Immunsystem. Die Zellen im Gelenk werden in Mitleidenschaft gezogen, was auf ein überreagierendes Immunsystem hindeutet. Zur Gelenkentzündung kommt es durch die Überreaktion des Immunsystems auf ein bereits angegriffenes Gelenk. Wenn die rheumatoide Arthritis auf die Telomer-Therapie anspricht, dann wird dies nicht aufgrund einer direkten Einwirkung auf die Zellen des Gelenks geschehen, sondern weil das Immunsystem durch die Telomer-Therapie zuverlässiger funktionieren wird. Dieser Mechanismus ist indirekter als jener, mit dem wir es bei der Arthrose zu tun haben dürften. Wir werden darauf im folgenden eingehen.

Arthrose wird von vielen Menschen als natürliche Alterserscheinung angesehen; die Gelenkoberfläche verschleißt sich nach allzu vielen Jahren ständiger Beanspruchung. Das Gelenk verliert sein glattes Widerlager aus Knorpelgewebe und nutzt sich bis auf den gröberen Knochen ab. Es ist nicht länger imstande, reibungslos zu gleiten und sich zu drehen und entzündet sich zeitweise, wird deformiert, und jede seiner Bewegungen wird schmerzhaft.

Eine Verkürzung der Telomere ist höchstwahrscheinlich die eigentliche Ursache der Arthrose. Die Zellen des Gelenks verlieren ihre Fähigkeit, sich zu teilen und zu erneuern; je öfter ein Gelenk belastet wird, desto öfter sind die Zellen genötigt, sich zu teilen und verlorengegangene Gelenkzellen zu ersetzen. Die am meisten beanspruchten Gelenke nutzen sich am schnellsten ab, und ihre Zellen werden schließlich die kürzesten Telomere haben. Diese alternden Zellen können die Proteine nicht mehr so gut ersetzen, die das Gelenk umgeben, und ihm Elastizität verleihen und glattes Funktionieren gewährleisten. Mit fortschreitendem Alterungsprozeß erhöhen die Zellen, die noch zur Proteinsynthese fähig sind, zwar ihre Produktion, aber sie stehen auf verlorenem Posten, denn der Verschleiß überwiegt gegenüber der Regenerationsfähigkeit, deshalb geht immer mehr Knorpelgewebe verloren. Gleichzeitig nimmt die Nahrungs- und Sauerstoffversorgung des Gelenks – die auch unter günstigsten Umständen prekär und aus zweiter Hand ist – mit zunehmendem Alter ab. Jeder dieser Vorgänge ist durch Telomer-Erosion bedingt und wird daher auf Telomer-Therapie ansprechen. Unsere Gelenke werden sich zwar bei entsprechender Beanspruchung immer noch verschleißen, aber die Telomer-Therapie wird den Beginn der Abnutzung hinausschieben.

Das Immunsystem

Das Immunsystem altert ganz sicher, aber es wird im Lauf der Zeit auch erfahrener. Ebenso wie das Gehirn speichert es im Laufe der Jahrzehnte eine phänomenale Anzahl von Antigenen im Gedächtnis und ist darauf vorbereitet, den Kampf mit ihnen aufzunehmen. Im frühen Erwachsenenalter sind wir gegenüber den häufigsten Viruserkrankungen der Kindheit immun; in unseren Siebzigern sollten wir gegenüber einer enormen Anzahl von Schnupfen- und Grippeviren resistent sein; natürlich tauchen jedes Jahr neue Virenstämme auf, die dem Körper noch nicht bekannt sein können, und selbst der übliche Schnupfen tritt in unzähligen Varianten auf. Mit zunehmendem Alter wird unser Immunsystem sowohl nachlässiger als auch weniger leistungsfähig. Es kann den Feind zwar erkennen, aber die Identifizierung erfolgt langsamer und weniger präzise, und es kann seine Truppen nicht mehr so schlagkräftig mobilisieren, wie das in unserer Jugend der Fall war.

Ältere Lymphozyten teilen sich nicht mehr so rasch und so zuverlässig wie jüngere. Sie scheiden geringere Mengen von verschiedenen Proteinen aus, die für eine wirksame und koordinierte Reaktion wesentlich sind. Viele Zellen sind nicht mehr so gut wie früher imstande, Eindringlinge aufzufressen und zu töten. Andere Zellen funktionieren aber noch gut.[3] Ebenso wie die gefäßauskleidenden Zellen sind manche stark beansprucht worden und haben sich unzählige Male geteilt, während andere ein ruhiges Leben führten und sich nur ein paarmal teilten. Manche Lymphozyten mußten sich häufig teilen, um Feinde zu bekämpfen; mit jeder Teilung haben sich ihre Telomere weiter verkürzt, so daß viele inzwischen nicht mehr teilungsfähig sind. Und die übrigen vervielfältigen sich inzwischen zu langsam, um wirkungsvoll zu sein. Ihre Teilungsrate nimmt immer mehr ab, und die Wahrscheinlichkeit, auch nur eine leichte Grippe zu überleben, wird geringer. Alternde Lymphozyten werden zu unserer Achillesferse.

Nicht alle unsere Lymphozyten sind alt; manche sind selten gefordert gewesen und haben sich weniger oft geteilt. Diese Zellen sitzen auf ihren kompletten Telomeren, fähig, schnell und effizient auf eine Herausforderung zu reagieren, die vielleicht niemals ihren Weg kreuzt. Aber auch diese Zellen verlieren, wenn wir älter werden, ihre Unterstützung; sie wurden zwar vielleicht in Reserve gehalten, aber sie sind von anderen Lymphozyten abhängig, die inzwischen vergreist sind.

In gewisser Hinsicht wird die Telomer-Therapie unser Immunsystem besser machen, als es je war. Die Zellen werden ihre Feinde nicht nur im »Gedächtnis« behalten, sie werden auch ebenso rasch, präzise und kraftvoll reagieren wie die eines jungen Immunsystems. Die Lymphozyten werden sich wieder schneller teilen und die nötigen Immunfaktoren produzieren. Unser Immunsystem wird über die Energie der Jugend und die Erfahrung des Alters verfügen.

Aber was kann die Telomer-Therapie für das Immunsystem nicht bewirken? Wie bei jedem System kann es abgestorbene Zellen nicht wieder zum Leben erwecken. Nehmen wir an, ein ganzes, gegen einen einzigen Feind gerichtetes Lymphozyten-Geschwader ist durch eine

Reihe von Gefechten mit diesem Feind und durch Zell-Alterung aufgerieben worden. Die Telomer-Therapie kann diese Truppeneinheit nicht ersetzen. Falls wir – wie es meist gegeben ist – über andere Zell-Linien verfügen, die genauso imstande sind, mit einer Gefahr fertigzuwerden, dann werden wir gesund bleiben, auch wenn wir wieder auf den gleichen Feind stoßen. Falls nicht, müssen wir mit einer klaffenden Lücke in unserer Abwehr leben, in die eine einzige Halsentzündung eine gefährliche Bresche schlagen könnte.

Das Nervensystem

Das Nervensystem wird oft mit dem Immunsystem verglichen. Der Vergleich ist angebracht, speziell im Hinblick auf das Altern. Beide Systeme verfügen über ein »Gedächtnis«, das mit zunehmendem Alter leidet; beide Systeme wissen dann zwar eine Menge, aber keines von beiden kann das gespeicherte Wissen noch zuverlässig abrufen. Das Nervensystem unterscheidet sich hauptsächlich darin von der Immunfunktion, daß sich seine Neuronen nicht teilen und nicht altern; der Abbau, zu dem es auch im Nervensystem kommt, ist eine Begleiterscheinung des Alterns der Gliazellen und der sie versorgenden Gefäße.

Es gibt jedoch äußerst seltene Fälle, wo sich Neuronen doch teilen und altern. Dies sind die olfaktorischen Neuronen – die Geruchsrezeptoren, deren Zellen sich unser ganzes Leben lang teilen und verlorengegangene Riechneuronen ersetzen – aber wenn die Zellen älter werden und sich zu oft geteilt haben, verkürzen sich ihre Telomere, und die Fähigkeit zur Zellteilung nimmt ab. Weil die Anzahl der Rezeptorzellen abnimmt, hat man im Alter weniger Riechrezeptoren und einen schwächeren Geruchssinn.

Wenn wir ihre Telomere wieder verlängern, können sich die Zellen unserer Riechrezeptoren erneut teilen, unsere Riechschleimhaut erneut besiedeln und unseren Geruchssinn wieder schärfen. Da jedes dieser Neuronen spezialisiert ist, werden wir, falls wir zum Beispiel alle Zellen verloren haben, die auf Apfelblüten ansprechen, diese freilich nicht zurückgewinnen können. Zum Glück besitzen wir nicht nur eine einzige Zelle oder auch Zell-Linie, die nur für einen einzigen Geruch zuständig ist. Vielmehr haben wir Zellen, die auf einige Duftnoten stark, auf andere weniger stark, auf dritte noch schwächer und auf manche gar nicht reagieren. Die Telomer-Therapie wird unseren Geruchssinn wahrscheinlich weitgehend wiederherstellen können, aber mit einigen unvorhersagbaren Änderungen in unseren Wahrnehmungen und Präferenzen, da sich die übriggebliebenen Riechneuronen aufs neue teilen und um so stärkere Signale abfeuern werden, während die unwiderruflich untergegangenen nicht länger im olfaktorischen Orchester mitspielen.

Die Haut

Die Haut ist das Organ, bei dem die Telomer-Therapie die offensichtlichsten Wirkungen erzielen wird. Unsere Einschätzung der Telomer-Therapie fällt im großen ganzen eindeutig aus. Das ändert sich, sobald wir erwägen, welche Möglichkeiten für Haut und Haar darin stecken; da wird es wichtig, zwischen kosmetischer und medizinischer Anwendung zu unterscheiden. Die Telomer-Therapie bietet uns beides. Obwohl unsere Haut jünger aussehen wird, reicht dieser Grund allein nicht aus, um sie gutzuheißen oder abzulehnen. Jung wirkender Haut wird zwar gesellschaftliche Bedeutung beigemessen; der Antrieb, sich einer Telomer-Therapie zu unterziehen, bzw. diese anzuwenden, sollte jedoch sein, die Hautzellen nicht bloß jünger aussehen zu lassen, sondern sie faktisch *jünger* und *funktionsfähiger* zu machen. Die Haut ist der vorgeschobene Posten unseres Immunsystems. Ältere Haut ist anfällig für Pilz- und Bakterieninfektionen, heilt langsam und bekommt leicht Druckgeschwüre, manchmal mit fatalen Folgen. Kleinere Verletzungen, die bei einem Zwanzigjährigen in einer Woche verheilen, benötigen bei Älteren manchmal einen Monat. Die Haut älterer Menschen kann so papierdünn sein, daß sie schon bei einem leichten Sturz einreißt; sie läßt sich möglicherweise nicht nähen und verheilt vielleicht niemals richtig. Die genannten Funktionen könnten durch Telomer-Therapie wieder auf den Stand ihrer jugendlichen Vitalität und Leistungsfähigkeit zurückgebracht werden.

Krebs

Alle bisher in diesem Abschnitt besprochenen Krankheiten können von der Verlängerung des Telomers profitieren. Aber es gibt andere Leiden, die man durch *Verkürzung* der Telomere heilen können wird. Sowohl Krebs als auch Parasitenerkrankungen wird man durch die selektive Anwendung von Telomerase-Hemmern kurieren können. Durch einen Telomerase-Hemmer kann man Zellen daran hindern, sich endlos zu teilen. Falls diese Zellen Krebs- oder Parasitenzellen sind, werden sie altern und absterben.

Im Fall von Krebs wird ein Telomerase-Hemmer eingesetzt werden, der darauf zugeschnitten ist, die Wirkung der menschlichen Telomerase zu blockieren. Es ist bereits gelungen, Telomerase-Hemmer zu isolieren, die die Verlängerung der Telomere in malignen Zellen verhindern. Da diese Zellen gewöhnlich nahe daran sind, ihre Telomere einzubüßen – ihre Uhren werden ständig auf die »elfte Stunde« zurückgestellt – treibt sie der Telomerase-Hemmer in rapide Vergreisung und Tod. Auch bei Krebszellen, die längere Telomere haben,[4] verhindert der Hemmer ein weiteres Anwachsen.

1994 gelang Forschern der Geron Corporation in Kalifornien erstmals die Isolierung von Telomerase-Hemmern.[5] Die ersten Ergebnisse zeigen, daß diese »Antisense-RNA« in vitro gegen Krebszellen des Eierstocks wirksam ist, ohne normale Fibroblastenzellen zu schädigen.[6] Die Arbeiten werden fortgesetzt, sowohl in vitro an anderen Zelltypen als auch an Tieren mit Krebs.[7]

Abgesehen von Krebszellen gibt es zwei Zellarten, die Telomerase absondern: Keimzellen und einige seltene weiße Blutkörperchen. Sowohl Eizellen – die sich nur vor der Geburt teilen – als auch Samenzellen – die das ganze Leben lang erzeugt werden – haben genügend lange Telomere, um zu überleben, während wir Krebszellen mit Telomerase-Hemmern behandeln.[8] Einer Krebszelle bleiben nach

Anwendung eines Telomerase-Hemmers[9] vielleicht Telomere, die nur noch für zehn Teilungen reichen, während eine Keimzelle noch genügend Telomere für mehrere hundert Teilungen hat. Die Krebszellen sterben dann innerhalb von Tagen oder Wochen ab, während die Keimzellen weiterhin normal funktionieren. Ein Telomerase-Hemmer könnte also bösartige Zellen bei geringer Nebenwirkung auf die Keimzellen[10] und fast ohne Folgen für unsere übrigen Zellen ausschalten.[11] Was ist mit den seltenen weißen Blutkörperchen, die ebenfalls Telomerase ausscheiden? Wir wissen fast nichts über sie. Erstmals ist 1995 über sie berichtet worden,[12] und sie wurden bisher noch nicht näher identifiziert. Falls sie sich langsam teilen oder verglichen mit Krebszellen lange Telomere haben, wird man sich wenig Sorgen zu machen haben, wenn man dem gesamten Organismus zur Heilung von Krebs einen Telomerase-Hemmer verabreicht. Was ist aber, wenn sie relativ kurze Telomere haben, sich oft teilen und gerade genug Telomerase exprimieren um zu überleben? Diese Fragen – um welche Zellen es sich handelt, wie schnell sie sich teilen und wie lang ihre Telomere sind – müssen beantwortet werden, bevor wir die Risiken einschätzen können.

Die Telomerase-Blocker werden nur bei Krebsarten wirken, die ihre Zell-Uhren ständig mittels Telomerase zurückstellen. Welche Krebsarten sind das? Bisher hat jedes Karzinom, das untersucht wurde, früher oder später Telomerase ausgeschieden.[13] Aber gilt das für alle Krebsarten? Wahrscheinlich, obwohl die Antwort von unserer Definition einer Krebszelle abhängt. Bei manchen präkanzerösen Zellen, bestimmten gutartigen Tumoren und einigen Neuroblastomen (aus nicht ausgereiften Nervenzellen hervorgehenden Tumoren) mit günstiger Prognose hat sich bisher noch keine oder sehr wenig Telomerase-Aktivität nachweisen lassen.[14] Krebsarten, die keine Telomerase absondern, sind weniger bösartig als solche, bei denen das der Fall ist. Sie sprechen auch eher auf die gängigen Therapien an und sind selbst bei unterlassener Behandlung weniger tödlich als die obengenannten Arten.

Wird sich Krebs durch Telomerase-Hemmung schnell genug heilen lassen? Könnte ein Karzinom genügend wachsen, um tödlich zu sein, bevor ihm der Telomerase-Hemmer Einhalt gebietet? Bei manchen Krebszellen sind die Telomere relativ lang; wie groß kann der Tumor werden, bevor er den Patienten tötet? Bestimmte Krebsarten der Kindheit beginnen möglicherweise mit »voll aufgezogenen« Telomer-Uhren und lassen bedenkliche bösartige Tumoren entstehen, bevor sie sich zurückbilden. Diese Tumoren würden zwar auf die Telomerase-Hemmer ansprechen, aber zu langsam. Sie würden zusätzliche Behandlungsformen wie Operation oder Chemotherapie erfordern. Falls sich der Tumor an einer kritischen Stelle befindet, kann man ihn, selbst wenn er klein ist, nicht überleben. Herzschlag, Blutdruck und Atmung werden von der Medulla, der markartigen Substanz an der Unterseite des Gehirns, gesteuert; selbst kleine Tumoren wären dort tödlich. Das Erregungsleitungssystem des Herzens kontrolliert jeden Schlag; an dieser Stelle hätte ein kleines Karzinom ebenfalls tödliche Auswirkungen. Wir wissen noch nicht, wie groß ein Tumor ohne Telomerase werden kann, aber erste Berechnungen lassen vermuten, daß die Antwort etwa vier Gramm lautet – ein Teelöffelchen voll Gewebe.[15] Ein Knoten dieser Größe – in der Brust, im Dickdarm oder an den Eierstöcken – ist nicht lebensbedrohlich, aber in der Medulla oder im Herzen können wir uns nicht einmal eine so kleine Geschwulst leisten. Obwohl die Telomerase-Therapie Krebs heilen wird, dürfte es dennoch manche Fälle geben, die zu ihrer Heilung noch mehr erfordern als ein Telomerase-Hemmer.

Parasitenerkrankungen

Telomerase-Hemmer können zumindest noch eine weitere klinische Rolle spielen. Die meisten Parasiten, etwa die Protozoen, die Malaria verursachen, haben zwar Telomere, aber ihre Telomer-Basen sind etwas anders aufgebaut. Während die Telomer-Sequenz des Menschen TTAGGG lautet (siehe 3. Kapitel), besteht diese Sequenz beim Malaria-Erreger aus TTTAGGG.[16] Diese zusätzliche T-Base könnte gerade ausreichen, um die Krankheit zu heilen. Wenn wir einen Antikörper oder Hemmer auf diese spezielle Telomerase zuschneiden könnten, würde er die Zellen des Malaria-Erregers altern lassen. Dasselbe trifft auch für die meisten anderen Parasiten potentiell zu; man könnte sie nicht mehr durch Antibiotika, sondern durch Antitelomerase-Wirkstoffe ausschalten. Bisher sind die Erfolge in der Bekämpfung der Malaria enttäuschend gewesen. Wir haben Verbindungen gefunden, die eine Weile wirkten, bis der Erreger resistent wurde. Zwar haben wir die Stechmücken, die ihn übertragen, fast ausgerottet, aber auch sie sind schließlich resistent geworden und zurückgekehrt. Selbst die noch wirksamen Präparate helfen nicht bei jedem Menschen bzw. bei jeder Form von Malaria. Vielleicht gelingt es uns bald, den Alterungsprozeß selbst zur Bekämpfung von Parasitenerkrankungen nutzbar zu machen, die sich bis jetzt nur mühsam, vorübergehend und partiell zurückdrängen ließen. Wir werden Telomerase-Hemmer einsetzen, um Parasiten beschleunigt altern und absterben zu lassen.

Die meisten Bewohner entwickelter Länder haben keine Vorstellung davon, wieviele Menschen in den übrigen Teilen der Welt an Parasitenerkrankungen leiden und ihnen zum Opfer fallen. Allein mit Malaria sind 270 Millionen Menschen infiziert, eine Zahl, die etwa der Bevölkerung der Vereinigten Staaten entspricht. Die sechs häufigsten Parasitenerkrankungen haben jährlich nicht nur über eine Million Todesfälle zur Folge, weitere Hunderte von Millionen Menschen haben unter ihnen zu leiden, außerdem verursachen sie wirtschaftliche Probleme, wo immer sie auftreten.[17] Schlimmer noch, die Armut, zu der diese Krankheiten beitragen, verhindert ihre Heilung: Die weltweit für Parasitenforschung eingesetzten Mittel sind weitaus geringer als das Budget für Herzkrankheiten in den Vereinigten Staaten. Wenn es uns gelingt, eine Therapie – sei es durch Telomer-Technologie oder andere Mittel – zu finden, wäre das ein enormer Gewinn. Diese Teile der Welt würden nicht nur finanziell und durch gerettetes Leben profitieren, sondern noch viel mehr Menschen würden nicht länger leiden müssen.

Parasitenerkrankungen wie Malaria, Schlafkrankheit, Onchozerkose (eine Wurminfektion) und Dutzende andere sind potentiell heilbar, weil ihre Erreger Telomere haben, die verlängert werden müssen, damit sie überleben können. Bakterien benutzen allerdings nicht denselben Mechanismus – und sind deshalb nicht für Telomerase-Hemmer anfällig – doch Pilze haben Telomere und bieten sich daher als Angriffsziele für Hemmer an. Vielleicht werden wir eines Tages über Telomerase-Hemmer verfügen, die – möglicherweise oral eingenommen – imstande sind, alles vom Fußpilz bis zu lebensgefährlicher Kryptokokken-Meningitis ohne gefährliche Nebenwirkungen zu heilen. Pilzinfektionen sind ziemlich verbreitet und verursachen nicht nur Hautprobleme, sondern Lungenentzündung, Hirnhautentzündung, Speiseröhrenentzündung und Herzkrankheit. Die Mehrzahl der Pilze sind zwar harmlos, aber die meisten großen städtischen Krankenhäuser müssen sich mit tödlichen Pilzinfektionen herumschlagen, speziell bei Patienten mit geschwächter Immunabwehr. Vielleicht werden wir Pilze bald zwingen können, sich zu Tode zu altern.

Was wir heilen könnten

Denn alles Interesse für Tod und Krankheit ist nichts
als eine Art von Ausdruck für das am Leben...
(Thomas Mann, Der Zauberberg, Sechstes Kapitel,»Schnee«)

In diesem Abschnitt werden Krankheiten erörtert, über die wir noch nicht genug wissen, zu deren Entstehung aber auch alternde Zellen entfernt beitragen könnten, und die sich daher möglicherweise durch Telomer-Veränderungen heilen ließen. Ob diese Hoffnung trügt, wird sich erst herausstellen, wenn wir sehr viel mehr über diese Krankheiten wissen, beziehungsweise wenn wir Versuche mit Telomer-Therapie unternommen haben.

Das wichtigste dieser Leiden ist die Alzheimer-Krankheit, die häufigste einer Reihe von Demenzen, die uns in höherem Alter zerstören können. Keine dieser Demenzen, schon gar nicht Morbus Alzheimer, ist eine unvermeidliche Alterserscheinung. Es gibt keine eindeutigen Beweise, daß sie die Folge des Alterns selbst sind, obwohl sie nur bei älteren Menschen auftreten. Der geistige Verfall setzt fast niemals vor dem 45. Lebensjahr ein und kommt auch bis zum Alter von 65 selten vor. Selbst nach dem 65. Lebensjahr treten Demenzen nur bei 10 Prozent und nach dem 90. Lebensjahr bei 50 Prozent der Bevölkerung auf.

Etwa 15 Prozent der Demenzen sind auf Gefäßerkrankungen zurückzuführen, die sich durch Telomer-Therapie werden verhüten lassen. Weitere 15 Prozent sind die Folge von Chorea Huntington, Parkinson-Krankheit, Infektionen, Fehlernährung oder Stoffwechselstörungen.

Etwa 70 Prozent aller Demenzen gehören dem Alzheimer-Typ an. Wir wissen zwar eine Menge über dieses Leiden, aber weder genug, um ihm vorzubeugen, noch um festzustellen, ob Telomere dabei eine Rolle spielen.

Wenn die Alzheimer-Krankheit bei Progeriepatienten gefunden würde, könnten wir daraus schließen, daß sie durch Telomer-Therapie abwendbar wäre, aber Progeriepatienten erkranken nicht daran. Der Grund dafür könnte entweder sein, daß eine Demenz zu langsam voranschreitet, um sich zu zeigen, bevor diese Kinder sterben, oder daß Alzheimer nicht mit den Telomeren zusammenhängt. Alzheimer könnte auch eine reine Neuronenkrankheit sein – in den einschlägigen Diskussionen wird sie gewöhnlich als solche behandelt – die mit nichts anderem zusammenhängt als den progressiven Schäden irgendeines verhängnisvollen genetischen Fehlers auf die Nervenzelle und ihre Verbindungen, und der zuletzt das Leben des Betroffenen zerstört. In diesem Fall hätte die Telomer-Therapie – da sich Neuronen nicht teilen und ihre Telomere nicht kürzer werden – Alzheimer-Patienten wenig zu bieten außer mehr Jahren, in denen ihre Gewißheit wächst, daß sie daran erkranken werden.

Es könnte aber auch sein, daß Kinder mit Progerie deshalb davon verschont bleiben, weil sich der Zusammenhang mit dem Altern bei Demenz langsamer bemerkbar macht als bei Gefäßkrankheiten. Sicherlich gilt dies für das normale Altern; Demenz tritt viel später im Leben auf als Gefäßkrankheiten. Vielleicht beschleunigen die kurzen Telomere von Kindern mit Progerie ihre Gefäßerkrankung viel stärker als die Entstehung von Demenz. Vielleicht nimmt es weitere Jahrzehnte in Anspruch, von alternden Gefäßen über Gliazellschäden zu Alzheimer zu gelangen. Weitaus wahrscheinlicher ist jedoch, daß die Alzheimer-Demenz – auch ohne Gefäßalterung – einfach von alternden Gliazellen zu geschädigten Neuronen voranschreitet; eine Progression, die ebenfalls Jahrzehnte benötigt, um klinisch auffällig zu werden. Kinder mit Progerie leben einfach nicht lange genug, um Alzheimer zu bekommen.

Die Forschungsarbeit von Dr. Susan Croll, einer führenden Wissenschaftlerin von Regeneron Pharmaceuticals in Tarrytown, New York, läßt erkennen, daß die Neuronen von Alzheimer-Patienten, wenn man ihnen in Laborkulturen die nötigen Nährstoffe zuführt – und Gliazellen sind normalerweise die Quelle vieler Nährstoffe – normaler aussehen, sich regenerieren und länger überleben.[18] Kann die Telomer-Therapie die Fähigkeit der Gliazellen wiederherstellen, Nährstoffe in ausreichenden Mengen zu produzieren, wie sie es in ihrer »Jugend« taten? Würde das die Alzheimer-Krankheit abwenden? Menschen mit Down-Syndrom, deren Immunzellen kürzere Telomere haben als die Immunzellen von Gesunden, erkranken schon in jungen Jahren an Morbus Alzheimer.[19] Vielleicht gibt die Tatsache, daß sie länger leben als Progeriepatienten, ihren alternden Gliazellen genügend Zeit, um den Neuronen jene Schäden zuzufügen, die zur Alzheimer-Krankheit führen. Falls die Gliazellen-Telomere eine wichtige Rolle bei der Alzheimer-Demenz spielen, dann werden wir deren Folgen abwenden können.

Natürlich können wir eine entstandene Demenz nicht rückgängig machen und zerstörte geistige Fähigkeiten nicht wiedergewinnen. Es ist schwer zu sagen, ob wir jemals in der Lage sein werden eine verlorengegangene Persönlichkeit wiederherzustellen. Eines Tages werden wir vielleicht neue Nervenzellen ins Gehirn einbringen können, aber sie würden nicht über dieselben komplexen Verbindungen verfügen wie die ursprünglichen und könnten die verlorengegangene Persönlichkeit nicht wieder zum Leben erwecken. Die menschliche »Seele« läßt sich nicht ersetzen. Eine Persönlichkeit könnte auf diese Weise zwar wieder aufblühen, aber das wäre eine neue Person.

Prophylaxe ist ein weiteres Thema. Nehmen wir einen Augenblick lang an, daß Alzheimer, ebenso wie Gefäßerkrankungen, zwar viele Ursachen hat, aber daß die Wurzel jeder dieser Ursachen in kürzer werdenden Telomeren liegt. Man könnte sich vorstellen, daß genetische Faktoren eine große Rolle spielen. Alzheimer korreliert eindeutig mit bestimmten Genen – speziell mit einem Apolipoprotein E4-Gen – aber die Krankheit kann auch ohne dieses Gen auftreten und umgekehrt bei Trägern des Gens fehlen.[20] Manchmal kommt Alzheimer gehäuft in Familien vor, manchmal nicht.[21] Trotz der genetischen Präferenz spielen alternde Gliazellen – vergleichbar mit der Rolle von Endothelzellen bei Gefäßerkrankungen – bei Alzheimer-Demenz wahrscheinlich eine wichtige auslösende und fördernde Rolle. Andere genetische Faktoren mögen nicht ausreichen, um für sich genommen eine Alzheimer-Demenz zu verursachen, oder, falls doch, erst viele Jahrzehnte oder Jahrhunderte später, falls wir es schaffen, die Telomere zu verlängern.

Dies steht nicht in Widerspruch zu unseren Erkenntnissen über die Alzheimer-Krankheit. Obwohl dies bisher nur eine *Möglichkeit* ist, könnten die Telomere der Auslöser der Demenz sein und die Telomer-Therapie sie verhüten. Möglicherweise fügen alternde Gefäße und speziell alternde Gliazellen den Neuronen die Schäden zu, wie wir sie bei der Alzheimer-Demenz feststellen. Die Gliazellen altern und stellen ihre Produktion von Nährstoffen ein, die Neuronen reagieren durch Veränderung ihrer eigenen Produktion von verschiedenen Proteinen,[22] und schließlich degenerieren die Nervenzellen und sterben ab.

Wenn dies zutrifft, dann sollte Morbus Alzheimer auf Telomer-Therapie ansprechen. Stimmt es aber, wäre dann nicht jeder ältere Mensch von dieser Krankheit betroffen? Weder Herzleiden noch Gefäßerkrankungen noch Osteoporose noch Immundefekte sind bei der gesamten älteren Generation zu finden. Im Gegenteil, bei alternden Organismen sind gewaltige Unterschiede festzustellen. Der eine hat vielleicht eine schwere Herzerkrankung, aber normale Gelenke; der andere eine ihn schwer behindernde Arthrose, aber sein Herz ist gesund. Alterungsprozesse können vom Telomer ausgelöst und verstärkt werden, aber wie sie sich äußern, ist verschieden und hängt von unseren Genen ab. Die allmähliche Zunahme der Demenz in höherem Alter könnte aber auch darauf hindeuten, daß früher oder später alle davon betroffen wären, wenn sie nur lange genug lebten, um sie zu bekommen. Die meisten älteren Menschen sterben vorher an etwas anderem. Jedenfalls haben wir keinen Grund für die Annahme, daß die Telomer-Therapie wirkungslos bliebe.

In bezug auf eine Form von Demenz haben wir allerdings Ursache, pessimistischer zu sein. Robert Sapolsky, Professor an der Stanford University, hat in seinem Buch *Stress, the Aging Brain and Age Mechanisms of Neuron Death* überzeugend begründet, weshalb Streß als Ursache für Demenz in Frage kommt. Sapolsky hat nachgewiesen, daß im Hippokampus, einem für das Gedächtnis unerläßlichen Gehirnareal, Neuronen absterben, wenn wir gestreßt sind. Streß veranlaßt unsere Nebennieren, Steroide abzusondern, die diese Zellen in Mitleidenschaft ziehen. In Zeiten der Belastung, wenn unser Steroidspiegel hoch ist, kann selbst ein geringfügiger zusätzlicher Streß wie Unterzuckerung, Sauerstoffmangel etc. die Hippokampus-Zellen töten. Diese sind ihrerseits ein Bestandteil des Schaltkreises, der die Streßreaktion unserer Nebennieren abschaltet; je mehr Streß wir also im Lauf unseres Lebens durchmachen, desto länger brauchen wir, um unsere Reaktion darauf abzuschalten, und desto mehr Schaden kann er anrichten. Daraus entsteht, wenn auch langsam, ein Teufelskreis. Im Lauf der Zeit verlieren wir immer mehr Neuronen, und gleichzeitig erhöht sich für uns die Gefahr der Demenz, alles aufgrund von Streß.

Nichts an diesem Streßmechanismus wird sich, wenn Sapolsky recht hat, vermutlich durch Telomer-Therapie ändern lassen, es sei denn, die Alterung der umliegenden Glia- und Gefäßzellen trägt zu diesem Prozeß bei. Die Telomere in den Glia- und Gefäßzellen könnten aber auch zusätzlich zu dem streßbedingten Neuronentod die Situation verschärfen und den Prozeß mit zunehmendem Alter beschleunigen. Wenn dem so ist, dann würde die Telomer-Therapie das Problem abwenden oder zumindest hinausschieben. Gegenwärtig können wir noch nicht entscheiden, was wahrscheinlicher ist.

Zusammenfassend kann man sagen, daß bei Demenz – und speziell Alzheimer-Demenz – Grund zum Optimismus besteht, aber die Frage ist noch offen und unsere Unwissenheit groß. Die Chancen, daß wir der Alzheimer-Demenz vorbeugen können, betragen nach Auffassung mancher Forscher etwa 50 Prozent, ich selber würde sie für etwas günstiger einschätzen.

Andere Krankheitsbilder

Es gibt auch noch andere Leiden, von denen ungewiß ist, ob und wie sie auf eine Telomer-Veränderung ansprechen werden. So wird die rheumatoide Arthritis – im Gegensatz zur Gelenkarthrose – nur in dem Maß auf die Telomer-Therapie reagieren, wie die verbesserte Treffsicherheit des Immunsystems schädliche Entzündungen abklingen läßt. Da sich das Immunsystem durch Telomer-Therapie bessert, das heißt seine Schläge gezielter ausführt, wie das in jüngeren Jahren der Fall war, könnte sich die Arthritis beheben lassen.

Die Menopause hängt wahrscheinlich nicht mit der Zell-Alterung zusammen und wird deshalb von der Telomer-Therapie unbeeinflußt bleiben, aber genau wissen wir es nicht. Ein Großteil der gynäkologischen Literatur neigt zu der Vorstellung, daß eine unabhängige Uhr existiert, die die Eisprünge und die Östrogen-Einwirkung[23] im Laufe eines Frauenlebens registriert – nicht die Zellteilungen und die Telomer-Länge; aber unsere Erkenntnisse über die Telomere sind neu und haben in der Fachliteratur noch keinen Niederschlag gefunden. Der

Zeitgeber für die Menopause befindet sich wahrscheinlich im Hypothalamus, einem schmalen Gewebeband in der Mitte der Unterseite des Gehirns, knapp hinter und über dem Rachen. Die dort vorhandenen Nervenzellen führen über die Östrogenmenge Buch, der der Körper über Jahrzehnte durch die Ovulationen ausgesetzt ist. Jede Frau hat eine für das ganze Leben geltende Obergrenze – das Produkt aus ihrem monatlichen Östrogenausstoß, multipliziert mit der Anzahl ihrer bisherigen Menstruationsperioden. Außerdem stoßen die Eierstöcke – die am Beginn des Lebens über weitaus mehr Eier verfügen, als je benötigt werden – die vorhandenen Eizellen von Monat zu Monat verschwenderischer ab, bis zur Menopause keine mehr übrig sind. Wir wissen noch nicht mit Sicherheit, wie diese zwei Uhren interagieren; obwohl sie möglicherweise auf irgendeine Art mit der telomeren Uhr verbunden sind, ist ihr Zusammenspiel mit dem Telomer noch unklar. Zum Beispiel könnte das Tempo, in dem die Eizellen aufgebraucht werden, vom Alter der sie umgebenden und versorgenden Zellen abhängen – vergleichbar mit der Auswirkung, die das Altern der Gliazellen auf die Gesundheit unserer Neuronen haben könnte. Falls das zutrifft, dann könnte die Telomer-Therapie das Tempo verlangsamen, mit dem die Eizellen aufgebraucht werden, und dadurch die Menopause verzögern.

Osteoporose ist eng mit der Menopause verknüpft. Mit der Verzögerung von vielleicht einem Jahrzehnt[24] korreliert der Knochenschwund so auffallend mit dem Östrogenspiegel – und in geringerem Maß mit körperlicher Bewegung, Kalziumzufuhr etc. – daß die Östrogen-Ersatztherapie[25] wahrscheinlich wirksamer ist, als es die Telomer-Verlängerung sein würde. Aufgrund unseres gegenwärtigen Wissensstandes lautet die Antwort auf Osteoporose also immer noch Hormontherapie, gesunde Ernährung und ausreichende Bewegung und nicht irgendeine Form von Telomer-Therapie. Falls wir jedoch feststellen, daß Osteoporose teilweise auf die Alterung unserer knochenbildenden Zellen, der Osteoblasten, zurückzuführen ist, dann könnte die Telomer-Therapie die dadurch verursachten Probleme lindern. Wir sehen dies als Möglichkeit an, weil beim Werner-Syndrom, der Progerie, von der Erwachsene betroffen sind, nicht nur die Alterung um Jahrzehnte früher einsetzt als normal, sondern auch die Osteoporose. Das könnte darauf zurückzuführen sein, daß Telomer-Anomalien bei Werner-Patientinnen die Menopause früher auslösen und die Menopause wiederum Osteoporose nach sich zieht, aber es könnte auch eine direkte Folge der Telomer-Verkürzung bei den Osteoblasten sein. Auch Erwachsenen-Diabetes, bei dem der Patient lange Zeit keine Insulin-Injektionen benötigt, kommt beim Werner-Syndrom vor. Falls dieser Diabetes auftritt, weil die alternden Zellen auf das vom Körper produzierte Insulin weniger ansprechen, dann könnte die Telomer-Therapie das Problem beheben.[26] Und falls das Problem in erster Linie auf Zellen zurückzuführen ist, die sekundär altern – wie die der Muskeln[27] – dann könnte die Telomer-Therapie den Diabetes ebenfalls heilen, da sie die Telomere der primär alternden Zellen, etwa in den Gefäßen, die die Muskeln versorgen, erneut verlängert. Die Schuld am Erwachsenen-Diabetes wurde sogar zum großen Teil dem Bewegungsmangel älterer Menschen gegeben. Eine allgemeine Verbesserung der Gesundheit und des Wohlbefindens durch die Telomer-Therapie könnte die Menschen zu mehr körperlicher Betätigung veranlassen, was wiederum dem Diabetes entgegenwirken würde. Falls Erwachsenen-Diabetes dagegen auf unwiderruflichen Zellverlust zurückzuführen ist – z. B. der insulin-produzierenden Zellen – dann wird die Telomer-Therapie nichts ausrichten können.

Zu den weiteren Möglichkeiten der Telomer-Therapie zählen die Verhinderung von Makula-Degeneration (eine Form von Altersblindheit infolge einer Netzhauterkrankung), Gehörverlust und anderen Formen von Sehschwäche. Grauer Star hat wahrscheinlich nichts mit Zellalterung zu tun, aber wir wissen es nicht mit Sicherheit.[28] Veränderungen in der Brennweite – der Sehschärfe – könnten teilweise durch Zell-Alterung bedingt sein und würden deshalb auf Telomer-Therapie ansprechen. In bezug auf die vielen Erkrankungen des Alters gibt es eine Menge offener Fragen und sehr wenig feste Anhaltspunkte dafür, ob man ihnen mit Telomer-Therapie beikommen wird oder nicht. Wir wissen nicht, welche von Dutzenden von Krankheiten teilweise durch alternde Zellen – mit ihren schrumpfenden Telomeren – bedingt sind und welche einfach aufgrund von Zellverlust und Zellschäden durch den langen Gebrauch entstehen.

Die Telomer-Therapie hat drei weitere Anwendungsmöglichkeiten, obwohl diese nicht eindeutig mit dem normalen Altern zusammenhängen. Die erste, die Behandlung von AIDS, ist bereits in früheren Kapiteln angesprochen worden. Falls unsere Erkenntnisse weiterhin diese Möglichkeit stützen, könnte die Telomer-Therapie bei AIDS-Patienten zur Wiederherstellung der CD4-Lymphozyten-Population eingesetzt werden. Obwohl die Infektion dadurch nicht geheilt würde, könnte sie sich vorübergehend bessern und den AIDS-Patienten vor Infektionen und einem frühen Tod bewahren.

Es könnte uns auch gelingen, Zellen und Gewebe nach Bedarf zu züchten. Telomerase-gesättigte Kulturen könnten uns dazu dienen, Endloszellen für klinische Anwendungen zu züchten. Eines der Haupthindernisse für die Kultivierung von Zellen ist, daß sie durch die Vermehrung in der Petrischale altern. Um eine genügend große Ernte zu ermöglichen, müssen sie sich sehr oft teilen, und nach der entsprechenden Anzahl von Generationen läuft ihre Uhr ab, und sie stellen die Teilung ein. Wenn es uns jedoch gelingt, diese Barriere zu überwinden, könnten wir meterweise Haut zur Transplantation bei Verbrennungen züchten, insulin-produzierende Zellen kultivieren und damit Diabetes heilen und aus den körpereigenen Zellen des Patienten ohne die Probleme der Gewebeunverträglichkeit und -abstoßung sogar ganze Organe züchten.

Die dritte Möglichkeit ist, daß uns Telomerase gestatten wird, Gewebe zu regenerieren. Aus unveröffentlichten Arbeiten geht hervor, daß viele Tiere, die zur Regeneration fähig sind, in ihrem normalen Gewebe oder in Geweben, die sie regenerieren, Telomerase erzeugen.[29] Wenn das zutrifft, dann wird es uns vielleicht gelingen, verlorengegangene Gliedmaßen nachwachsen zu lassen und Rückenmarksschäden zu beheben, was gegenwärtig noch unsere Möglichkeiten übersteigt.

Was wir nicht heilen können

Neither all the king's horses nor all the king's men will ever put Humpty together again...

(Mother Goose)

Die Liste dessen, was die Telomer-Therapie nicht bewirken kann, ist noch länger als die erstaunlich lange Liste ihrer möglichen Einsatzgebiete. Das ist keine Überraschung, denn die meisten unserer gesundheitlichen Probleme sind nicht altersbedingt. Das Altern ist nicht verantwortlich für Fehlernährung, Infektionen, Verletzungen, genetische Erkrankungen, psychiatrische Störungen und tausend andere individuelle Beschwerden. Manche dieser Störungen gehen auf einen unwiderbringlichen Verlust von Zellen, nicht den Verlust von Jugend zurück. Manchmal ist das Immunsystem außerstande, mit der Herausforderung eines besonders bösartigen Bakteriums oder Virus fertigzuwerden; manchmal ist das Problem auf Nahrungsmangel, ein schweres Trauma oder ein gefährliches Gen zurückzuführen. Längere Telomere werden niemals fehlende Zellen, ungesunde Ernährung, versäumte Impfungen, offengebliebene Sicherheitsgurte oder ein defektes Genom wettmachen können.

Von der langen Liste von Krankheiten, gegen die Telomer-Therapie nichts ausrichten kann, sind die meisten auf Zelluntergang (den »Humpty-Dumpty-Effekt«) oder auf fehlerhafte Gene und nicht auf kurze Telomere zurückzuführen. Humpty-Dumpty-Effekte – infolge von Krankheiten, die zu unwiederbringlichen Zellverlusten führen – kommen ziemlich häufig vor. Zum Beispiel fällt nach einem Herzinfarkt ein bestimmter Anteil an Herzmuskelzellen – schlimmer noch, des Erregungsleitungssystems – aus. Diese Zellen teilen und erneuern sich nicht, deshalb kann die Veränderung des Telomers auch ihren Verlust nicht kompensieren. Sobald sich die Gefäße verschließen und wir einen Herzinfarkt erleiden, läßt sich das untergegangene Gewebe nie wieder ersetzen. Die Telomer-Therapie wird jedoch die Funktionsfähigkeit des verbliebenen Muskels und der Gefäße verbessern, so daß sich das Risiko eines zweiten Infarktes sicherlich verringert. Andererseits ist nicht auszuschließen, daß man nach einem solchen Infarkt – obwohl ansonsten fit und bei bester Gesundheit – immer von Kurzatmigkeit und Brustschmerzen geplagt sein wird.

Die geschädigte Leber eines Alkoholikers wird sich bis zu einem gewissen Grad regenerieren können, aber sobald ein bestimmter Punkt überschritten ist, wird die Leber untergegangene Zellen nicht mehr ersetzen und verlorene Funktionsfähigkeit nicht wiederherstellen können, selbst wenn der Betroffene aufhört zu trinken. Durch die Telomer-Therapie wird sich diese Grenze wahrscheinlich um einiges, aber nicht endlos hinausschieben lassen.

Das gleiche gilt für Emphyseme. Die Zellen der Lunge sind bis zu einem gewissen Grad teilungsfähig, aber sie sind nicht imstande, die *Struktur* der Lunge wiederherzustellen, sobald diese zerstört ist. Wir können uns die Lunge als ein riesiges, wabenartiges Gebäude vorstellen, das der Tabakrauch allmählich zerfrißt. Solange nichts weiter gelitten hat als der Putz und die Möbel, wird die Telomer-Therapie es wahrscheinlich wiederherstellen können. Aber sobald die Zwischenwände und Tragebalken zusammengebrochen sind, werden die verbleibenden Zellen – selbst mit langen Telomeren – niemals wieder etwas aufbauen können, was einer funktionsfähigen Struktur gleicht.

Das gilt auch für traumatisierende Ereignisse wie den Verlust von Gliedmaßen und den zweiten Zähnen bis zur Trübung der Linsen durch UV-Strahlen. Sobald das tragende Gerüst, beziehungsweise ein Organ fehlt und keine Zellen mehr vorhanden sind, um den Verlust zu kompensieren, wird uns die Telomer-Therapie nicht helfen können.

Ihre Wirkungslosigkeit gegenüber dem Humpty-Dumpty-Effekt ist nur ein kleiner Teil dessen, was die Telomer-Therapie nicht leisten kann. Telomere sind kein Ersatz für schlechte Gene. »Schlechte Gene« ist zwar eine etwas naive Fehlbezeichnung, aber dennoch eine nützliche Kategorie, denn kein Gen ist an sich schlecht, außer im Kontext unserer übrigen Gene und unseres gesamten Umfeldes. Manche Gene sind gefährlich, wenn man sie sich selbst überläßt, aber nützlich, wenn ein anderes Gen da ist, mit dem sie im Tandem arbeiten können. Manche Gene sind in einer bestimmten Umgebung gefährlich, können einem aber in einer anderen das Leben retten. Gene agieren nicht unabhängig; sie agieren im Wechselspiel mit dem Organismus – mit allen seinen Zellen, allen anderen Genen und mit unserer Umgebung. Ein geeigneteres Konzept als »schlechte Gene« wäre vielleicht »ungünstiger Gen-Mix« oder sogar »Mißverhältnis zwischen Genom und Umwelt«.

Wie auch immer wir sie etikettieren – bestimmte Krankheiten gehen offensichtlich zu Lasten einer unzulänglichen genetischen Ausstattung im Kontext unseres Lebensumfeldes. Ob es sich dabei um komplexe genetische Interaktionen oder einfach die Auswirkung eines einzigen Gens handelt – die Schuld für viele Krankheiten liegt nicht beim Telomer, sondern bei dem, was sich zwischen unseren Telomeren befindet: Milliarden von Genen, von denen die meisten nützlich, manche aber unheilbringend und gefährlich sind. Diese Gene verursachen Krankheiten oder tragen zu ihnen bei, die sich durch Telomer-Therapie niemals heilen – in manchen Fällen nicht einmal verändern – lassen werden.

Zu diesen Krankheiten zählen nicht nur solche, die wir gewöhnlich als genetisch bedingte Störungen ansehen, sondern auch bakterielle und virale Infektionen, Immun- und Autoimmunkrankheiten und die meisten Geisteskrankheiten. Obwohl die Telomer-Therapie, wie bereits erörtert, unsere Immunfunktion verbessern kann, sollten wir uns in diesem Abschnitt klar darüber werden, was sie nicht vermag. Sie kann unser Immunsystem nicht zu Leistungen veranlassen, für die es genetisch nicht ausgestattet ist. Falls unser Immunsystem dazu neigt, rasch allergisch zu reagieren, wird sich daran nichts ändern. Wenn jemand für eine Autoimmunerkrankung, z. B. Multiple Sklerose, anfällig ist, wird er das auch weiterhin sein. Und falls eine Immunkrankheit nicht mit dem Altern unserer Immunzellen zusammenhängt, wird sie nicht auf die Telomer-Therapie ansprechen. Keines der Probleme, die auf »schlechte Gene« und daraus resultierende unzulängliche oder unangemessene Immunfunktion zurückzuführen sind, wie Schuppenflechte, Reizkolon, bakterielle und virale Infektionen und hundert andere Krankheitsbilder, wird sich durch Telomer-Therapie bessern lassen. Telomer-Therapie kann weder die meisten ansteckenden Krankheiten noch die meisten Autoimmunerkrankungen heilen. Bei einigen speziellen Störungen, z. B. Trisomie 21 (Down-Syndrom), ist das Immunsystem möglicherweise bloß aufgrund kurzer Telomere gestört; in solchen Fällen wird sich die Telomer-Therapie als wirkungsvoll erweisen.

Früheren Ausführungen war zu entnehmen, daß wir Telomer-Therapie zur Heilung von Pilz- und Parasiteninfektionen einsetzen könnten, aber selbst wenn das gelänge, würde es keinen Einfluß auf die Abtötung jener Bakterien und Viren haben, die weder Telomere noch Telomerase aufweisen. So könnte uns die Telomer-Therapie zwar helfen, Fußpilz oder Malaria zu besiegen, aber abgesehen davon, daß sie unser Immunsystem verjüngt, wird sie uns keine Arznei gegen eine Streptokokken-Infektion oder einen Schnupfen liefern. Diese Erreger lassen sich nicht einfach durch Telomerase-Hemmer abtöten, wie wir sie im Fall von Pilzinfektionen und Malaria einsetzen könnten. Selbst ein gesundes, jugendliches und dabei erfahrenes Immunsystem hat Schwachstellen.

Fast alle genetisch bedingten Krankheiten mit Ausnahme von Progerie[30] sind unabhängig von der Telomer-Länge und werden sich daher durch Telomer-Therapie nicht beeinflussen lassen. Gene werden nicht »neu geschrieben«, bloß weil wir die Zell-Uhren zurückstellen. Zu dieser langen Liste von genetischen Krankheiten zählen Gaumenspalte, angeborene Herzdefekte, Sichelzellenanämie, Muskeldystrophie, seltene Stoffwechselstörungen und Mukoviszidose.[31]

Möglicherweise sind auch viele Geisteskrankheiten genetisch bedingt, aber die gegenwärtigen Diskussionen darüber, was anlage- und was umweltbedingt ist, zeigen, wie komplex und ungeklärt diese Frage noch ist. Wir wissen lediglich, daß die Schuld an den meisten dieser Krankheiten wohl zum geringsten Teil bei unseren Telomeren liegt. Einige psychiatrische Probleme – je nachdem, wie weit wir den Begriff psychiatrisch fassen – lassen sich jedoch auf Zell-Alterung zurückführen, darunter einige Formen von Depression. Aber die meisten Fälle von Depression, Psychose, Schizophrenie und Demenz – zum Beispiel die Parkinson-Krankheit – sind wahrscheinlich völlig unabhängig von der Zell-Alterung.

Auch Ernährungsmängel können nicht durch Telomer-Therapie behoben werden. Ob es sich um Unterernährung oder bloß einen leichten Mangel an einem einzelnen Vitamin oder Mineral handelt – keine der durch Fehlen entsprechender Nährstoffe verursachten Krankheiten wird sich durch Verlängerung des Telomers bessern. Auch andere Probleme sind wahrscheinlich vom Telomer unabhängig. So ist Kahlköpfigkeit wahrscheinlich durch einen genetischen Zeitgeber bedingt, der das Haarwachstum abschaltet, sobald er genügend Testosteron gemessen hat. Diese biologischen Uhren ticken zwar von Mann zu Mann verschieden, aber die Uhren stehen wahrscheinlich in keinem Zusammenhang mit der Zell-Alterung und der Telomer-Länge.

Die Telomer-Therapie verheißt uns zwar eine ganze Menge, aber sie wird nicht alle Leiden kurieren, mit denen wir geschlagen sind, und sie kann uns auch nicht zu besseren oder vernünftigeren Menschen machen.

Unerwünschte Wirkungen

»Angenommen, wir treffen ihn versehentlich?«, fragte Piglet besorgt.
»Oder angenommen, du verfehlst ihn versehentlich«, erwiderte Eeyore.
»Überlege dir alle Möglichkeiten, Piglet, bevor du dich hinsetzt und es dir
gutgehen läßt.«

(A. A. Milne, »The House at Pooh Corner«)

Jeder Arzneistoff hat multiple Wirkungen. So tötet Penicillin bestimmte Bakterien durch Störung eines einzigen Schrittes beim Aufbau der bakteriellen Zellwände. Wenn die Wand kollabiert, sterben die Bakterien. Aber Penicillin bewirkt natürlich auch noch viele andere Dinge. Wenn eine geringe Menge von Penicillin in direkten Kontakt mit Hirngewebe kommt, löst es einen Krampfanfall aus. Aber Penicillin gelangt nicht so leicht ins Gehirn, deshalb ist eine solche unerwünschte Wirkung kein Problem. Damit Penicillin oder jedes andere Molekül seine Wirkung entfalten kann, muß es nur mit einem von mehreren Millionen Enzymen zusammenpassen und dabei die normale Wirkungsweise dieses Enzyms verändern. Es kann die Wirkung dieses Enzyms entweder steigern oder völlig blockieren. Die meisten Arzneimittel wirken wahrscheinlich auf Tausende von verschiedenen Enzymen ein, aber nur wenige dieser Wirkungen sind von Bedeutung, die überwiegende Mehrzahl ist es nicht. Arzneistoffe wirken auch auf andere Moleküle, nicht bloß auf Enzyme ein, aber ihre Wirkung ist selten so tiefgreifend und weitreichend, wie dann, wenn sie ein essentielles Enzym verändern, von dem wir oder das Bakterium, das uns befällt, abhängen.

Alle Arzneimittel haben beabsichtigte Wirkungen, alle haben unerwünschte Wirkungen, und alle müssen überprüft werden, damit gewährleistet ist, daß die unerwünschten Wirkungen harmlos genug sind, um das Präparat überhaupt einsetzen zu können. Es ist fast unmöglich, alle Nebenwirkungen eines Medikaments vorherzusagen, das die Telomere verlängert, aber einige können wir benennen und sie in Risikokategorien einteilen.

Das Präparat wird sich bestimmt – indirekt und vielleicht auch direkt – auf die Gen-Expression auswirken. Wenn wir das Telomer verlängern, verändert sich das Muster der Gen-Expression, so daß sich die Zelle wieder jung verhält. Diese indirekte Veränderung der Gen-Expression ist jedoch keine unerwünschte Wirkung; es ist die Hauptwirkung. Was ist, wenn das Präparat, mit dem wir das Telomer verlängern wollen, dies erreicht, indem es unser eigenes Gen für Telomerase aktiviert? Jeder Arzneistoff, der dies bewirkt, könnte neben seinem Hauptziel (dem Gen, das die Bauvorlage für Telomerase enthält) auch die Expression anderer Gene beeinflussen. Da unsere Gene alle Vorgänge in den Zellen steuern, könnten die unerwünschten Wirkungen grenzenlos sein. Ein Telomerase-Induktor muß daher äußerst präzise wirken; er muß sich so punktgenau binden, daß er die Produktion von Telomerase in Gang setzt, ohne andere Gene zu aktivieren. Falls der Arzneistoff kein Induktor ist, sondern eine ähnliche Substanz wie Telomerase, wird das Risiko einer direkten Änderung der Gen-Expression geringer sein; dennoch muß er die spezifische Wirkung haben, das Telomer zu verändern, ohne unerwünschte Wirkungen hervorzurufen.

Neben diesem grundsätzlichen Vorbehalt gibt es jedoch auch einige spezifische Nebenwirkungen der Telomerase. Einige davon werden günstig sein – sozusagen Bonuseffekte – andere ungünstig. Schauen wir uns einige dieser möglichen Effekte in Zusammenhang mit Krebs, den Stammzellen, Regenerationsproblemen und dem Risiko von Fehlpaarungen genauer an.

Verursachen längere Telomere Krebs?

Krebszellen verfügen bereits über Telomerase, sie werden also durch eine künstliche Telomerase oder einen Telomerase-Induktor nicht besser wachsen als vor der Behandlung. Die Verlängerung der menschlichen Lebenserwartung durch die Telomer-Therapie wird kein verstärktes Wachstum der Krebszellen auslösen. Deren Uhren werden zwar zurückgestellt, aber die Krebszellen hatten schon vor der Therapie ihre Uhren neu aufgezogen, dadurch daß sie ihre eigene Telomerase exprimierten.

Die Telomerase-Therapie wird normale Zellen nicht in Krebszellen verwandeln, und sie wird das Risiko einer normalen Zelle zu entarten nicht vergrößern.

Präkanzeröse Zellen sind anders. Die meisten Menschen tragen eine unbekannte Anzahl von prämalignen Zellen in sich, die angefangen haben, sich zu teilen, und die ihr Hayflick-Limit noch nicht erreicht haben. Normalerweise würden sich fast alle diese Zellen zu Tode altern. Selten, vielleicht in einem von drei Millionen Fällen, vollendet eine Zelle die zweite Mutation, die nötig ist, um bösartig zu werden. Wenn diese »soziopathische« Zelle Telomerase absondert, kann sie sich unbegrenzt teilen, bösartig werden und einen Krebs in Gang setzen.

Aber die Telomerase-Therapie wird präkanzerösen Zellen gestatten, am Leben zu bleiben und sich zu teilen. Solange eine Zelle unbeschädigt ist, wird die Telomer-Therapie kein Problem darstellen; wenn die Zelle geschädigt ist *und* gelernt hat, ihre eigene Telomerase auszuscheiden und sich endlos zu teilen, wird die Telomerase-Therapie kein zusätzliches Problem verursachen. Nur Zellen, die sich ansonsten selbst zerstören würden, werden zum Problem, weil die Telomer-Therapie sie retten und ihnen gestatten wird, etwas länger zu überleben. Nur in diesem einzigen Fall könnte die Telomer-Therapie das Krebsrisiko erhöhen.

Leider wissen wir nicht mit Sicherheit, wie häufig diese Zelltypen vorkommen. Doch selbst wenn wir ihr Leben verlängern, sollten sie eigentlich mit jeder Teilung weiter altern, bis sie schließlich absterben. Wenn das zutrifft, dann müssen wir unsere Zell-Uhren vorsichtig zurückdrehen und dürfen das Telomer nicht so langfristig regenerieren, daß präkanzeröse Zellen Gelegenheit erhalten, sich *ad infinitum* zu teilen. Wir müssen es schaffen, unsere normalen Zellen zu verjüngen, ohne abnormen Zellen zuviele Entfaltungsmöglichkeiten zu geben.

Aber warum sollten wir uns überhaupt Sorgen machen, daß wir Krebs auslösen könnten, wenn wir doch imstande sind, ihn mit einem Telomerase-Hemmer zu heilen? Die durchschnittlichen Krebszellen führen eine unsichere Existenz, ihre inneren Uhren bewegen sich immer am Rande des Hayflick-Limit. Einem Telomerase-Hemmer sollte es ziemlich leicht fallen, eine solche Zelle an der weiteren Teilung zu hindern. Aber was ist, wenn die Telomer-Therapie auch unsere präkanzerösen Zellen – die sonst absterben würden, da sie keine Telomerase ausscheiden – in einem Maße regeneriert, das sie weit vom Hayflick-Limit entfernt? Diese Zellen könnten sich dann noch oft teilen und damit zum Tumorwachstum beitragen. Sie würden zwar schließlich eingehen, wenn ihre Uhren abgelaufen sind, aber da ihre Telomere jetzt regeneriert sind, wird die Telomerase-Hemmung bei ihnen wenig bewirken. Der Telomerase-Blocker wird zwar das Ableben normaler Krebszellen beschleunigen, die nahe dem Limit sind, aber er wird solange nichts gegen Krebszellen ausrichten, deren Uhren dank Telomer-Therapie frisch aufgezogen sind, bis ihre Telomere wieder kürzer werden.

Das Fazit ist, daß es notwendig sein könnte, Telomerase-Hemmer – und notfalls auch andere Krebstherapien – vor einer Telomer-Therapie einzusetzen. Telomerase-Verbindungen sollten überlegt eingesetzt werden, und es wird sorgfältig zu beobachten sein, ob sich nach Beginn der Telomer-Therapie womöglich die Anzahl von Krebszellen erhöht. Das Ausmaß des Risikos ist nicht bekannt; die Möglichkeit existiert, und nur die Zeit wird nähere Aufschlüsse bringen.

Andererseits könnte die Krebshäufigkeit stark zurückgehen. Ein Großteil der genetischen Schäden, die dem Krebs vorausgehen, wird durch Alterungsprozesse verursacht. Zum Beispiel verliert der Körper im Lauf der Jahre seine Fähigkeit, die freien Radikale zu bekämpfen, die unsere Gene attackieren, und er ist weniger gut imstande, eingetretene Schäden zu reparieren. Ältere Haut ist dünner und läßt ultraviolettes Licht tiefer in den Körper eindringen, wodurch sich ebenfalls das Krebsrisiko erhöht. Auch die Art und Weise, wie wir bestimmte Karzinogene verstoffwechseln, könnte sich ändern, so daß diese mehr DNA-Schäden anrichten können, als dies in jüngeren Jahren der Fall war. Kurz, der Körper wird anfälliger für Schäden, die mit geringerer Wahrscheinlichkeit behoben werden; die Gene neigen stärker zu Fehlern und die Zellen werden eher präkanzerös.

Wenn wir altern, erhöht sich unser Krebsrisiko. Die Umkehrung des Alterungsprozesses auf der Zell-Ebene wird jene Beschädigungen verringern, die Krebs verursachen. Diese »Nebenwirkung« der Telomer-Therapie wäre sicherlich willkommen. Sie könnte sich als die beste Krebsprophylaxe erweisen, und die Verwendung von Telomerase-Hemmern als bester Behandlungsansatz gegen Krebs. Vielleicht gelingt es uns, die meisten Krebsarten durch Verlängerung des Telomers zu verhüten, und die meisten Tumoren zu behandeln, indem wir dafür sorgen, daß es sich verkürzt.

Auswirkungen auf die Keimzellen

Wie werden sich Telomerase-Hemmer, die man zur Behandlung von Krebs einsetzt, auf normale Zellen auswirken, die Telomerase absondern? Zu den Keimzellen zählen Ei- und Samenzellen. Die Ova oder Eizellen[33] stellen ihre Teilung vor der Geburt ein und sind nicht von Telomerase abhängig; deshalb werden Hemmer des Enzyms die weibliche Fruchtbarkeit voraussichtlich nicht beeinträchtigen. Die Situation ist jedoch grundlegend anders bei den Spermien, die sich ständig neu bilden, und die Telomerase benötigen, um Telomer-Verkürzung und Zell-Alterung zu verhüten. Die Behandlung eines Mannes mit einem Telomerase-Hemmer wird zur Folge haben, daß sich die Samenzellen-Telomere verkürzen und sich die Spermienbildung verlangsamt, so daß er möglicherweise unfruchtbar wird. Schlimmer noch, wenn ein Spermium mit einem kurzen Telomer ein Ei befruchtet, könnte das Kind in jeder Zelle kurze Telomere haben. Männer, die sich mit Telomerase-Hemmern behandeln lassen, werden ihre Kinder sorgfältig auf Progerie untersuchen lassen müssen. Falls andererseits nur die Spermienzahl erniedrigt wird – und nicht die Telomerlänge betroffen ist – könnte sich die Telomerase sogar als wirksames Mittel zur Geburtenkontrolle erweisen.

Keine dieser möglichen unerwünschten Wirkungen – Nachkommen mit Progerie oder Unfruchtbarkeit – stellt ein Problem dar, sofern der betroffene Mann keine Vaterschaft anstrebt. Falls er auf Sex verzichtet oder einer der beiden Partner ohnehin routinemäßig Schwangerschaftsverhütung betreibt, werden diese Nebenwirkungen kaum auffallen. Sicherlich sind sie nicht so gefährlich, daß man eine Krebstherapie ausschließen muß. Selbst wenn die Telomerase-Hemmung dem Sperma bleibenden Schaden zufügte, bliebe Männern immer noch die Option, vor der Therapie Samen zu spenden.

Soweit wir wissen, wird Telomerase fast niemals von Körperzellen ausgeschieden; die Telomerase-Hemmung sollte deshalb die Funktionsfähigkeit der meisten Zellen nicht beeinträchtigen. Was die seltenen weißen Blutkörperchen betrifft, die Telomerase absondern,[34] so kennt noch niemand wirklich die Gefahren. Die meisten Krebszellen bewahren sich kurze Telomere und erhalten sich nur mit Mühe und Not am Leben. Weiße Blutkörperchen, die Telomerase exprimieren, könnten sich längere Telomere erhalten als Krebszellen. Wenn dem so ist, dann wären sie durch Telomerase-Hemmung nicht gefährdet. Falls sie sich andererseits rasch teilen und ihre Telomere kürzer sind als die von Krebszellen, dann besteht ein erhebliches Risiko, daß diese Zellen während einer Krebsbehandlung rapide »altern«. Vielleicht würden wir sie und ihre spezielle, bisher noch unerforschte Immunfunktion sogar verlieren. Wir müssen noch weitaus mehr über diese Zellen in Erfahrung bringen, bevor wir beurteilen können, wie gravierend das Risiko ist.

Das gleiche Risiko existiert für Zellen, die nur vorübergehend Telomerase ausscheiden. Vielleicht scheiden bestimmte Zellen normalerweise keine Telomerase aus – und sind deshalb noch nicht entdeckt worden – sondern tun dies nur, wenn sie sich schnell teilen müssen. Bei jeder Teilung verkürzen sich die Telomere, und die Teilungsrate verlangsamt sich, so daß diese Zellpopulation automatisch abnimmt. Wenn der Körper mehr von diesem Zelltypus benötigt, dann sendet er ein Hormonsignal aus, und die Zelle scheidet kurzzeitig Telomerase aus; anschließend wird die Telomerase-Ausschüttung wieder abgeschaltet, aber bevor dies geschieht, verlängert sich das Telomer gerade genug, um einige weitere Zellgenerationen zu ermöglichen. Wenn wir zur Behandlung von Krebs einen Telomerase-Hemmer anwenden, töten wir diesen speziellen Zelltypus möglicherweise ab. Und wenn wir einen Telomerase-Induktor einsetzen, zwingen wir diese speziellen Zellen vielleicht zur Teilung, wenn diese nicht angebracht ist. Es besteht also die Gefahr, daß wir durch Anwendung der einen oder der anderen Therapie eine seltene und vielleicht bisher unbekannte Krankheit auslösen.

Unverträglichkeitsprobleme

Das Problem therapeutischer Unvereinbarkeit tritt immer dann auf, wenn wir Körperfunktionen, zum Beispiel durch Telomer-Therapie, rasch verändern. Problematisch könnte es im Grunde werden, wenn ein Teil des Körpers schon zu alt ist für einen anderen Teil. Zu fehlender Übereinstimmung kann es auch bei normalen Alterungsvorgängen kommen; wenn z. B. die Herzarterien eines Menschen alt und seine Muskeln noch jung sind, dann kann er sich kräftig genug fühlen, um fünfzehn Kilometer zu laufen, aber auf halbem Weg von einem Herzinfarkt ereilt werden. Im allgemeinen schwächt uns das Alter generell, wenn auch nicht gleichmäßig. Im Alter haben wir nicht mehr die Gefäße, die Lunge, die Muskeln, aber auch nicht mehr das Bedürfnis, all die Dinge zu tun, die einen Fünfjährigen immer wieder aufs Neue entzücken.

Wenn wir die Zell-Alterung rückgängig machen, werden manche Zellen den Schaden schneller beheben als andere. Zellen, die sekundär alterten, haben ihre Funktionsfähigkeit langsamer verloren und werden sie vielleicht auch langsamer zurückgewinnen. Während zum Beispiel die gefäßauskleidenden Endothelzellen sich vielleicht innerhalb von Stunden oder Tagen verjüngen, kann es Monate dauern, bis die anderen Schäden am Gefäß behoben sind. Falls sich die Herzarterien zwar bessern, aber immer noch weitgehend durch Cholesterin-Plaques verstopft sind, der übrige Körper jedoch seine normale jugendliche Spannkraft wiedergewonnen hat, könnte der Patient versucht sein, zehn oder fünfzehn Kilometer zu laufen – und dies vielleicht nicht überleben.

Oder nehmen wir an, daß sich die Muskelmasse wieder aufbaut und die Aktivität zunimmt; beides stellt eine zusätzliche Belastung für die Nieren dar, die das Blut filtern und Urin ausscheiden, und damit würde sich das Risiko des Nierenversagens beträchtlich erhöhen.

Wenn die Reflexe, die unseren Blutdruck steuern, nachhinken, erhöht sich das Risiko von Gehirnschlägen und Ohnmachten. Vielleicht nimmt der Appetit zu, aber der Dickdarm hat noch Divertikulitis (Entzündung der Divertikel). Oder der Patient nimmt ein intensives körperliches Training auf – mit Knochen, die noch osteoporotisch sind. Gehirnschläge, Herzinfarkte, Nierenversagen, hormonelle Unausgeglichenheit, Brüche und Dutzende anderer Probleme können auftreten, wenn man dem Organismus nicht genügend Zeit läßt, sich zu koordinieren und an die Veränderungen anzupassen.

Sooft durch die erhöhte Beanspruchung vieler Organe einem einzelnen Organ eine zusätzliche und ungewohnte Last aufgebürdet wird, werden therapeutische Unverträglichkeitsprobleme auftreten. Um inmitten zunehmender Gesundheit Verletzungen, Organversagen, ja ironischerweise sogar den Tod abzuwenden, müssen wir uns auf das Problem einstellen und dürfen die Kapazität des gefährdetsten Organs nicht überschreiten.

Zu einer subtileren Form von Unverträglichkeit kann es im Bereich der Ernährung kommen. Unser Nahrungsbedarf verändert sich zwischen dem 20. und dem 80. Lebensjahr. Die Telomer-Therapie wird diese Entwicklung ziemlich rapide umkehren. Die zunehmende Muskelmasse wird eine höhere Proteinzufuhr erfordern; wir werden auch mehr Mineralstoffe (einschließlich so häufiger Elektrolyte wie Natrium und Kalium), Vitamine, Fette, Ko-Faktoren und schlichte Kalorien benötigen. Der Körper kann auch nur geringe Mengen an wasserlöslichen Vitaminen, z. B. Thiamin (Vitamin B_1), speichern. Eine rasche Wiedergewinnung von Masse und jugendlicher Funktionsfähigkeit könnte große Mengen an Vitaminen für den Aufbau neuer Zellen und den steigenden Stoffwechselbedarf erfordern. Wenn die Nahrung unzureichend ist oder der Darm die nötigen Nährstoffe nicht resorbieren kann, wird der Patient Mangelkrankheiten bekommen. Skorbut, Sprue, Kwashiorkor, Blutarmut, Marasmus (Protein-Energie-Mangelsyndrom), Kropf, Beriberi [Thiamin-Mangelkrankheit, tritt speziell bei ausschließlicher Ernährung mit maschinell geschältem und poliertem Reis auf; in Europa gelegentlich im Winter bei ausschließlicher Ernährung mit weißem Mehl – A.d.Ü.], Pellagra [Maisesser-Krankheit] und andere Formen der Mangel- und Fehlernährung könnten die vorübergehenden Kosten der Telomer-Therapie bilden. Der Speisezettel wird auf die speziellen Erfordernisse der Verjüngung zugeschnitten werden müssen, wie dies auch während der Schwangerschaft, der Stillzeit und in der Kindheit geschieht.

Unverträglichkeitsprobleme werden eher bei einem älteren Menschen auftreten, der Telomer-Therapie erhält, seltener bei jungen und gesunden Leuten. Überhaupt kein Risiko dürften sie für Patienten darstellen, die mit Telomerase-Hemmern gegen Krebs behandelt werden. Insgesamt werden die Unverträglichkeitsprobleme wahrscheinlich geringfügig sein, aber sie sollten in die Überlegungen einbezogen werden. Wir können von unserem Körper nicht erwarten, daß er unsere Versuche, ihn über Nacht zu verjüngen, problemlos übersteht.

Regenerationsrisiken

Sollen wir alle unsere Zell-Uhren neu aufziehen, auch diejenigen, die wir lieber nicht zurückstellen würden? Die Uhr für das Altern ist nicht dieselbe wie die Uhr für die kindliche Entwicklung, es besteht also keine Gefahr, daß sie wieder auf »Kindheit« zurückgestellt wird. Diese zwei Uhren sind nicht nur verschieden, sondern völlig unabhängig voneinander. Es besteht nicht die Gefahr, daß uns die Telomer-Therapie eine zweite Pubertät beschert, ebensowenig die Menarche [erste Monatsblutung], frühkindliche Wachstumsschübe oder kindliche Verhaltensmuster.

Sollten die Uhren wider Erwarten doch zusammenhängen, dann wäre es wichtig, sie nur teilweise zurückzustellen. Mit einiger Schwierigkeit könnten wir sie wahrscheinlich auf das Alter von sagen wir vierzig Jahren einstellen. Die Schwierigkeit bestünde darin, unsere Zellen zu veranlassen, gerade genug Telomerase auszuscheiden – oder ihnen gerade genug zuzuführen – und nicht mehr. Eine so genaue Dosierung wäre zwar ein Problem, aber kein unüberwindliches. Unter Umständen könnte dann der einzelne selbst entscheiden, wie weit er seine biologische Uhr zurückstellt. Höchstwahrscheinlich wird uns die vollständige Regeneration der Telomere in das junge Erwachsenenalter von etwa zwanzig Jahren zurückversetzen und nicht noch jünger machen.

Obwohl damit das Problem aus der Welt ist, sich auf »Null« zu verjüngen, besteht eine andere mögliche Nebenwirkung des Zurückstellens der Uhren darin, daß in Zellen, deren Uhren stehengeblieben waren, neues Wachstum aktiviert werden könnte. Was ist, wenn eine Zelle dazu bestimmt ist, sich in unseren Entwicklungsjahren rasch zu teilen und dann die Teilung einzustellen? Durch das Zurückstellen ihrer Uhr könnte sie unerwünschterweise wieder anfangen, sich zu teilen. So erfolgt das Wachstum unserer langen Knochen, etwa der Beinknochen, nur an den sogenannten Epiphysenfugen. Die Zellen in diesen Regionen teilen sich während der Wachstumsphase rasch, aber nicht gleichmäßig oder pausenlos, und verlängern dabei unsere Knochen. Nach und nach – das genaue Alter hängt vom einzelnen Knochen ab – hören sie auf, sich zu teilen, und beenden damit das Knochenwachstum. Die Zellen, die für die Verlängerung zuständig sind, stellen nicht nur ihre Funktion ein, sondern werden beseitigt; die Epiphysenfugen verschwinden völlig. Es gibt gute Gründe für die Annahme, daß das Zurückstellen der Uhr das Knochenwachstum nicht reaktivieren wird, weil die dafür verantwortlichen Zellen längst verschwunden sind. Auch wenn man davon ausgeht, daß das Telomer ursprünglich den Knochenzellen signalisiert, wann sie sich zurückbilden sollen, sind sie jedenfalls verschwunden, wenn wir erwachsen werden.[35]

Ein anderes Beispiel könnten die Zellen der Brüste sein; insbesondere die Fettzellen, aus denen das Volumen der Brust überwiegend besteht, teilen sich in der Jugend rasch, später nicht mehr. Aber die Brust spricht in jedem Alter auf den Östrogenspiegel an. Die Einstellung des Wachstums ist nicht auf ein Absterben der Zellen zurückzuführen, sondern darauf, daß das Östrogen und andere Hormone während der ganzen Erwachsenenjahre nicht weiter zunehmen. Die Brüste werden auf die Telomer-Therapie wahrscheinlich im gleichen

Maße ansprechen wie jedes andere Gewebe. Wenn die Therapie ihre Zellen verjüngt, wird sich ihre Blutzufuhr und ihre zelluläre Unterstützung durch die Fibroblasten verbessern, aber es besteht kein Grund zur Annahme, daß sie sich gegenüber den jungen Erwachsenenjahren vergrößern werden.

Die Stammzellen machen ihre Entscheidung, wann sie sich in verschiedene Zelltypen differenzieren sollen, möglicherweise von der Länge ihrer Telomere abhängig. Nehmen wir an, daß sich die Stammzellen, sobald sich das Telomer auf eine bestimmte Länge verkürzt hat, entweder in weiße oder rote Blutkörperchen differenzieren. Wird das Telomer noch kürzer, dann differenzieren sich die Leukozyten in eine bestimmte Unterart. Wenn wir das Telomer zur vollen Länge regenerieren, dann könnten uns die roten Blutkörperchen ausgehen, denn alle Stammzellen wären dann »wieder im Kindergarten«, das heißt, außerstande, rote Blutzellen herzustellen. Wir wären zwar jung, aber blutarm und ohne zelluläre Immunabwehr.

Aber der Zeitpunkt der Blutzell-Enentwicklung steht in keinem offenkundigen Zusammenhang zum Telomer. Die Telomere sind beim Neugeborenen sehr lang und beim alten Menschen fast völlig aufgebraucht, doch stellen beide ausreichend Blutkörperchen her. Tatsächlich wird die Regeneration der Telomere wahrscheinlich Probleme in jenen Stammzellenpopulationen verhüten, wo die Telomere, wie bei älteren Menschen, bereits zu kurz geworden sind. Die Telomer-Therapie kann verschiedene Regenerationseffekte hervorrufen, aber zumindest in den Stammzellen, die unser Blut beliefern, werden dies günstige Wirkungen sein.

Auf längere Sicht gesehen, wird die Telomer-Therapie wenige unerwünschte Nebenwirkungen haben. Bei den meisten davon wird es sich eher um eine Frage des Grades als des Auftretens handeln. Selbst diejenigen, die uns am bedenklichsten erscheinen – speziell Krebs – werden begrenzt und behandelbar sein.

Endgültig alt werden

Nur den Göttern ist des Alters Bürde fremd und auch der Tod;
Das andre unterliegt der Macht der Zeit.

(Sophokles, »Ödipus auf Kolonos«)

Vor 65 Millionen Jahren ist unsere Welt in den frühen Morgenstunden auf der heutigen Halbinsel Yukatan beinahe untergegangen. Ein Asteroid – ein kleiner, nach Asteroiden-Maßstäben, aber groß für alles, worauf er landete – geriet auf unsere Umlaufbahn und bohrte sich in unseren Planeten. Wahrscheinlich schlug er, wie die meisten Meteore, auf jener Seite der Erde ein, auf der die Sonne aufging. Die Morgendämmerung war noch ein paar Stunden entfernt – eine Dämmerung, die nie anbrach. Für die Dinosaurier und alles übrige, was an jenem Morgen kreuchte und fleuchte, spielte es keine große Rolle, wie es zur Alterung kommt oder ob es diese überhaupt gibt. Obwohl das Leben damals nicht völlig von der Erde verschwand, ging doch ein großer Teil davon ungeachtet des Zustands seiner Telomere zugrunde.

Dieselbe Priorität gilt auch bei weniger weltbewegenden Unfällen. Wenn unser Auto mit hundert Stundenkilometern gegen eine Betonmauer knallt, dann ist die Verfassung unserer Telomere der unwesentlichste Faktor für die Prognose unserer Überlebenschancen.

Wir werden imstande sein, die meisten der Vorgänge, die wir Altern nennen, zu verändern. Wir werden manche Dinge rückgängig machen oder verhüten und andere heilen können. Manche Dinge werden sich durch die Telomer-Therapie nicht ändern, doch wir werden sie in der Zukunft vielleicht durch irgendeine andere Therapieform beheben können. An manchen Dingen, wie dem Tod, wird sich jedoch nie etwas ändern.

Das Leben besteht aus einer Reihe von Kraftakten und Kämpfen: die Ausbildung des Körpers im Mutterleib, das Überleben der Geburt, das Heranreifen zum Erwachsenen. In jedem Stadium müssen wir potentiell tödliche Hürden überwinden. Wir entgehen Krupp, aber werden von den Masern niedergeworfen; wir überleben den Sturz von

288

einem Baum, aber nicht Leukämie. Mit knapper Not entrinnen wir einer Gefahr nach der anderen, oder es ist um uns geschehen. Schließlich erliegen wir unserem schwächsten Glied, gleichgültig, wie gut es uns gelungen ist, alle anderen Hürden zu nehmen. Jede Prüfung, die wir nicht bestehen, kann tödlich enden.

Historisch gesehen sind Infektionen immer unsere fatalsten Schwachstellen gewesen. Kleine Wunden führten zu Tetanus, verschmutztes Wasser zu Ruhr; Dinge, die wir heute ignorieren, rafften Millionen unserer Vorfahren hinweg. Der Cholera, Malaria und Viruserkrankungen fallen arme Menschen auch bei uns immer noch zu Hunderten zum Opfer, obwohl diese Krankheiten in reichen Ländern nicht länger die schwächsten Punkte darstellen. Stattdessen sterben wir an Gefäßkrankheiten, die zu Herzinfarkten und Gehirnschlägen führen, und an Krebs. Wir lernen, viele Krankheiten unter Kontrolle zu halten, zu behandeln und zu verhüten, aber wir gewinnen niemals völlig die Oberhand.

Endgültig alt werden ist eine einfache Vorstellung, in der noch vielzuviel Unvorhersagbares steckt. Wenn wir das Altern, wie wir es heute kennen, überwinden, werden wir immer noch auf irgendeine neue, weniger vertraute Weise altern. Auch wenn wir unsere Telomere unbegrenzt verlängern, werden wir zwar vielleicht nicht die Krankheiten bekommen, die wir jetzt mit dem Alter verbinden, aber wir werden uns dennoch irgendwann endgültig verbrauchen und sterben.

Die Kurven der Lebensdauer in Abb. 7.2 zeigen, daß zu Beginn der menschlichen Geschichte die meisten Menschen jung gestorben sind; die wenigsten schafften es bis zum mittleren Alter von heute, und das durchschnittliche Alter, in dem sie starben, lag niedrig. Gegenwärtig ist die erste Hälfte der Kurve abgeflacht; wenige sterben jung, viele überleben bis zum mittleren Alter, aber dann fällt die Kurve, je mehr sie sich der Obergrenze der menschlichen Lebensdauer nähert, immer steiler ab. Ohne den grundlegenden Alterungsprozeß zu verändern, können wir die Kurve bestenfalls am Anfang noch flacher, den Winkel im Alter spitzer und den Abschwung senkrechter machen.

Wenn wir den Alterungsprozeß umkehren, wird die Kurve dennoch

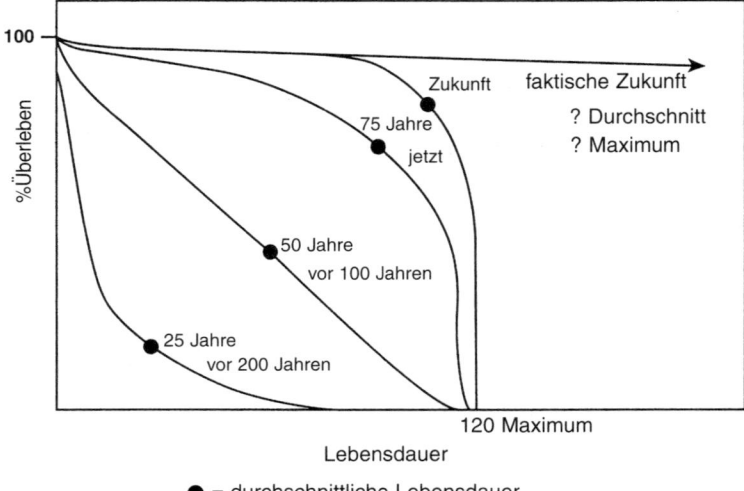

120 Maximum
Lebensdauer

● = durchschnittliche Lebensdauer

Abb. 7.2 Telomerase-Therapie verändert das Höchstalter

nicht horizontal verlaufen. Kein Mensch wird ewig leben; die Kurve wird immer einen absteigenden Ast haben, der sich vielleicht langsam einem neuen »Höchstalter« zuneigt. Was wird dieses Höchstalter sein, und wovon wird es abhängen? Was wird die Kurve abfallen lassen? Eine Reihe unterschiedlicher Prozesse wird zu einer absteigenden Kurve führen.

Nehmen wir den Tod durch Unfälle: Er ist zwar nicht mit dem Altern gleichzusetzen, sorgt aber sicherlich dafür, daß die Kurve nach unten zeigt, und kann daher als einer von vielen Prozessen der »endgültigen Alterung« gelten. Der Unfalltod schlägt willkürlich zu und kann fast jeden treffen, obwohl er eine Vorliebe für die Waghalsigen, Ungeschickten und Schwachen hat. Was würde mit der durchschnittlichen menschlichen Lebensdauer geschehen, wenn Verletzungen die einzige Todesursache wären, wenn wir an nichts anderem sterben könnten als an Stürzen, Verkehrsunfällen, Körperverletzungen, und so weiter?

290

Bevor wir diese Frage beantworten, müssen wir drei Dinge über unsere durchschnittliche Lebensdauer verstehen – ihre kulturellen Bedingungen, die altersspezifische Unfallrate und die Formulierung dieser Frage. Die kulturellen Bedingungen beziehen sich auf das Jahr, in dem die Daten gesammelt wurden, und auf die Vereinigten Staaten: Die versicherungsmathematischen Annahmen basieren auf den Gebräuchen und Verhaltensweisen in den USA zu einem bestimmten Zeitpunkt. Ein gewisser Prozentsatz der US-amerikanischen Bevölkerung fuhr Autos, schnallte sich an oder besaß Badewannen, in denen sie stürzen konnten; soundsoviel Prozent benutzten Feuerwaffen oder überquerten die Straße, ohne zu schauen. Alle diese Zahlen treffen für die Vereinigten Staaten Mitte bis Ende des 20. Jahrhunderts zu, haben aber für frühere oder spätere Zeiträume oder andere Länder keine Aussagekraft.

Die »altersspezifische« Unfallrate stellt in Rechnung, daß verschiedene Altersgruppen unterschiedlich hohe Risiken haben. Nicht viele Neunundsechzigjährige fahren rasant, aber ihre Reaktionszeiten sind länger, und sie überleben einen Unfall mit geringerer Wahrscheinlichkeit als ein Neununddreißigjähriger. Wenn wir also fragen wollen, wie lange es dauern wird, bis wir einen tödlichen Unfall haben, dann müßten wir eigentlich fragen, wie lange es dauern würde, wenn wir für immer das Risiko eines Neununddreißigjährigen oder eines Neunundsechzigjährigen hätten.

Das dritte, was wir verstehen müssen, ist die Bedeutung von »durchschnittlicher menschlicher Lebensdauer« für diese Frage. Anders gefragt würde sie lauten: Wie lange würde es dauern, bis die Hälfte der Bevölkerung (der Durchschnitt) gestorben ist? Wenn wir von einer Million Menschen ausgehen, wie lange dauert es dann, bis 500.000 davon eines gewaltsamen Todes gestorben sind? (Statistisch gesehen würde derjenige von diesen 500.000, der als letzter stirbt, den Mittel- oder Durchschnittswert repräsentieren.)

Die Antwort lautet, daß unsere durchschnittliche Lebensdauer, wenn wir niemals alterten, aber den Körper und die Gewohnheiten eines Neunundsechzigjährigen hätten, 693 Jahre betragen würde.

Wenn wir der Telomer-Therapie noch mehr zutrauen und unser Unfallrisiko auf das eines Neununddreißigjährigen beschränken, dann läge unsere durchschnittliche Lebenserwartung bei 1.777 Jahren.[36] Das Entscheidende an diesen eindrucksvollen Zahlen ist, daß unsere Lebenszeit, so hoch sie auch sein mag, dennoch Grenzen hat.

Es ist natürlich äußerst unwahrscheinlich, daß wir alle Krankheiten besiegen und schließlich nur noch von Unfällen bedroht sein werden. Auch wenn wir das Altern überwinden, zumindest soweit es vom Telomer erzwungen ist, wird es immer noch Dutzende anderer Schwachstellen geben, die als nächste in Frage kommen, von der Lipofuszin-Ansammlung bis zu Mitochondrien-Schäden, kumulativen DNA-Fehlern, virusbedingter DNA-Veränderung, Ansammlung von Toxinen und vielem mehr. Sobald wir das eine Problem überwunden haben, erwartet uns ein neues.

Die Lipofuszin-Ansammlung ist ein typischer Prozeß, der unsere Lebensdauer begrenzen, und der vom Telomer unabhängig sein könnte.[37] Im Laufe der Jahre sammelt sich soviel Lipofuszin im Herzmuskel an, daß es im Alter schließlich über 10 Prozent des Herzgewichtes ausmachen kann. Obwohl noch nicht nachgewiesen wurde, daß es die Funktionsfähigkeit des Herzens beeinträchtigt, liegt doch die Frage nahe, wie weit wir diese Akkumulation treiben können, bevor nichts anderes mehr übrig ist als Lipofuszin.

Stellen Sie sich vor, daß Sie in einem Landhaus leben, das nächstes Jahr abgerissen werden soll, um einem Einkaufszentrum Platz zu machen. Neben dem Haus ist eine Grube, die den Müll von zwei Jahren fassen kann. Wenn die Grube voll ist, wird das Haus verschwunden sein und Sie ebenfalls. Warum Geld und Zeit in den Abtransport des Mülls stecken, wenn Haus und Grundstück in ein paar Monaten doch mit dem Bulldozer plattgewalzt werden? Diese kurzsichtige Planung könnte genau der Grund sein, warum es mit zunehmendem Alter zu Lipofuszin-Ansammlung und zu anderen »Schwachstellen« kommt. Es erscheint unserem Organismus vielleicht einfach nicht sinnvoll,»den Müll fortzuschaffen«, wenn der Körper doch nicht lange genug am Leben bleibt, als daß das noch ins Gewicht fallen würde. Aber würden wir Müllberge anwachsen lassen, wenn wir das Haus behalten und noch weitere zehn Jahre darin wohnen wollen? Das einzige, was wir wissen, ist, daß die Leistungsfähigkeit unserer Abwehr gegen freie Radikale teilweise darüber bestimmt, wieviel Lipofuszin sich ansammelt, und daß die Zuverlässigkeit dieser Abwehr von der Telomerlänge abhängt. Es könnte also sein, daß uns die Verlängerung der Telomere ermöglichen wird, mit freien Radikalen so gründlich aufzuräumen, wie wir es in jungen Jahren konnten. Dann werden wir die Ansammlung von Lipofuszin auf unbegrenzte Zeit verhindern können. Denkbar ist auch, daß die Ansammlung anderer Stoffwechselabfälle und -gifte auf die Telomer-Therapie ansprechen wird, aber mit Sicherheit werden wir es erst wissen, wenn wir sie ausprobiert haben.

Die Mitochondrien sind die Kraftwerke in jeder unserer Zellen. Ohne sie würden wir sofort sterben. Falls sie im Laufe der Zeit zugrunde gehen, wäre dies ein weiteres Beispiel endgültigen Alterns. Wie lange können sie sich halten? Als Schadensraten könnten wir bei den Mitochondrien in den ersten hundert Jahren vielleicht 0,1 Prozent veranschlagen, und der Prozentsatz an Schaden, der für eine Zelle tödlich ist, wäre etwa bei 70 Prozent anzusetzen.[38] Falls diese Schätzungen richtig sind und falls der Schaden unabhängig vom Telomer ist, dann wäre zu erwarten, daß wir an Mitochondrien-Verlust in etwa 7000 Jahren sterben. Obwohl das kein allzu beengender Zeithorizont ist, hat er andererseits auch den Nachteil, nicht allzu präzise zu sein. Nicht alle Zellen sind gleich; manche besitzen viele Mitochondrien, andere wenige. Manche Zellen haben einen großen Spielraum für mögliche Fehler; andere einen geringen. Die Schadensrate ist bei manchen Zellen hoch, bei anderen niedriger. Mitochondrien können sich teilen, aber welche Folgen hat dies für ihre akkumulierten Schäden und ihre Schadensraten? Obwohl die Mitochondrien ihre eigenen Chromosomen haben (Ring-Chromosomen ohne Telomere), sind sie für ihr Überleben dennoch vom Rest der Zelle und deren Chromosomen abhängig. Vielleicht entstehen die sich häufenden Schäden durch Veränderungen der Gen-Expression im Zellkern und damit durch

Telomere, die die Gen-Expression beim Altern verändern. Mit anderen Worten, die Defekte der Mitochondrien könnten sich möglicherweise durch Verlängerung der Telomere verhüten lassen.

Wenn man die Mitochondrien bis zur Befruchtung zurückverfolgt, erkennt man, daß sie von der Mutter ererbt wurden. Die Samenzellen des Vaters brachten keine Mitochondrien mit. Trotz freier Radikale, trotz all der möglichen Schäden seit über mehr als einer Milliarde von Jahren, funktionieren die Mitochondrien, die wir erben, immer noch ohne Anzeichen des Alterns – zumindest, bis sie Bestandteil der Körperzellen werden.[39] Vielleicht ist die »Alterung«, die bei den Mitochondrien im Körper eintritt, nur dadurch bedingt, daß die sie umgebenden Zellen altern. Wenn wir die Telomere wieder verlängern, dann werden die Mitochondrien unserer Gesundheit und unserer Lebensdauer vielleicht keine Grenzen mehr setzen.

Etwas, womit wir sicher nicht rechnen dürfen, ist die vollständige Reparatur unserer gesamten DNA, jedes Isomers und jedes anderen Fehlers, der sich einschleicht. Unsere Reparaturen sind zwar effizient und beinahe vollkommen, aber nur beinahe. Nach und nach verlieren wir unersetzliche Moleküle durch Schäden und Verschleiß, gleichgültig, was wir mit unseren Telomeren machen. Die Feststellung, daß es unserer Keimzell-Linie gelungen ist, seit mehreren Milliarden Jahren – trotz sich ansammelnder molekularer Schäden – zu überleben, ist irrelevant. Die meisten dieser »unsterblichen« Keimzellen sind ja gestorben. Es ist, als ob eine Million Menschen mit verbundenen Augen durch ein Minenfeld gegangen wären. Die Tatsache, daß wir der eine Mensch sind, der am anderen Ende unverletzt herauskam, bedeutet nicht, daß das Minenfeld nicht gefährlich ist; es bedeutet, daß wir der einzige von einer Million waren, der Glück hatte. Die DNA-Schäden – die Mutationen – sind das Minenfeld, und sie sind gleichzeitig die Triebkräfte der Evolution. Aber die meisten Mutationen sind nachteilig, ja tödlich. Das Ganze stellt einen erbarmungslosen Ausleseprozeß dar. Von beiden Eltern haben wir eine Keimzelle geerbt, deren DNA-Schäden – die beträchtlichen Mutationen – nicht ausreichten, um sie zu töten. Aber wenn wir lange genug leben, werden sich genügend Schäden ansammeln, um jede einzelne unserer Körperzellen zu erledigen. Und wenn wir lange genug leben, werden genügend molekulare Schäden und Verluste an unersetzlichen Zellen, zum Beispiel Neuronen, entstehen, um auch uns auszusieben. Die endgültige Alterung wird auch auf höherer Ebene mit Defekten nicht nur von Molekülen, sondern von Organen eintreten. So können Viren zum Beispiel unser Herz, die Netzhaut der Augen, die Nieren, das Gehirn und zahlreiche andere Organe schädigen. Deren Untergang wird sich durch die Telomer-Therapie nicht beeinflussen lassen, außer insofern, als sie unser Immunsystem effizienter macht. Der Herzmuskel kann allmählich – aber kumulativ – durch Toxine in gekochtem Fleisch leiden, und die Nieren können durch die gängigen Schmerzmittel Schaden nehmen. Tausend Substanzen, die wir täglich essen, mögen harmlos sein, bis wir lange genug leben, um ihre längerfristige Gefährlichkeit zu spüren zu bekommen. Wir werden durch Lochstanzen Finger, durch Schneeschleudern Hände und durch Kettensägen Arme einbüßen. Alle diese Verluste – durch Viren, Gifte und Verletzungen – sind weitgehend unabhängig von der Länge unserer Telomere. Ihre Risiken sammeln sich mit den Jahren an.

Noch schwieriger zu ersetzen, aber dennoch potentiell ersetzbar, sind genetische und strukturelle Information. Unsere Gene sind nicht nur in zahlreichen Kopien vorhanden, sondern ein Großteil der genetischen Information ist in den Genen der Menschen um uns herum vervielfältigt – in Verwandten zum Beispiel. Theoretisch könnte es uns gelingen, fast jede verlorengegangene genetische Information zu ersetzen. Strukturelle Information wie die Daten, die sich auf die Struktur unserer Lunge beziehen oder auf die Verbindungen zwischen unseren Nerven und unseren Muskeln, könnten, sehr theoretisch, ebenfalls ersetzbar sein. Irgendwann lernen wir vielleicht, eine Lunge oder ein Rückenmark von Grund auf neu zu züchten. Bedauerlicherweise sind die in unserem Gehirn gespeicherten Informationen nicht einmal theoretisch ersetzbar. Einmal verlorengegangen, läßt sich unsere Persönlichkeit – was wir gelernt und erfahren haben, der Kern unserer Identität – niemals wieder herstellen.[40]

Unsere Grenzen sollten uns nie davon ablenken, was wir in ihrem Rahmen erreichen können. Wir werden viele der schwersten Krankheiten verhüten können, die uns heimsuchen. Viele Menschen, die jetzt leiden, werden nie wieder leiden müssen. Krebs wird für die kommenden Generationen seinen Schrecken verlieren. Wir können uns stärker und gesünder machen und unser Leben verlängern.

Kapitel 8

Interessante Zeiten

Mögest du in interessanten Zeiten leben.

(Chinesisches Sprichwort)

In den nächsten zwei Jahrzehnten wird es uns gelingen, viele der Krankheiten abzuwenden, die unseren Körper, unseren Geist und unser Leben zugrunde richten. Wir werden gesünder sein und länger leben. Wir werden die Chance haben, vital und unabhängig zu sein. Jeder Mensch wünscht sich, gesund und frei von Krankheiten und Schmerzen zu sein. Dies ist die Verheißung der nächsten paar Jahrzehnte, eine Verheißung, die zum Greifen nahe zu sein scheint. Was wird dies für uns, für unsere Welt und für unsere Kultur bedeuten?

Das Leben selbst ist uns nicht immer so lieb und teuer. Während uns Krankheiten die Gesundheit um so mehr schätzen lassen, ist in bezug auf das Leben selbst oft das Gegenteil der Fall. Wer glücklich und zufrieden ist, weiß das Leben gewöhnlich zu schätzen; wer sein Leben in Gewalt, Angst, Langeweile und Elend zubringt, mißt ihm gewöhnlich geringeren Wert bei.

Wer sich zur Telomer-Therapie entschließt, möchte nicht bloß sein Leben verlängern, sondern auch Krankheiten entrinnen. Wenn man Krankheiten behandelt, lebt man länger. Durch die Entscheidung für die Telomer-Therapie beeinflußt man nicht nur den Zeitpunkt des Ablebens, sondern auch, welchen Krankheiten man sich aussetzen und welche man abwenden will. Es geht nicht in erster Linie um unsere Lebensspanne, sondern um unsere Gesundheitsspanne.

Die Verlängerung unserer Gesundheitsspanne wird uns sowohl Vitalität als auch die Zeit für ein erfülltes Leben bescheren, und sie bringt für den einzelnen keine Einschränkungen oder Nachteile mit sich. Wir sind im Begriff, uns von vielen der Plagen zu befreien, die uns einengen und Angst machen: Krebs, Schmerzen, Gebrechlichkeit, Abhängigkeit, Verlust der geistigen Klarheit. Wir werden die Chance haben, uns als Individuen zu entfalten und die Energie und Muße zu gewinnen, um all das zu tun, wofür uns bisher die Zeit fehlte. Wird dies ebenso gut für uns als Gesellschaft und Spezies sein? Manche Aspekte werden günstig, andere problematisch sein, doch insgesamt wird es einen Fortschritt darstellen, nicht nur für jeden einzelnen von uns, sondern für uns alle. Wir haben in dieser Hinsicht natürlich keine Gewißheit – wir müssen die Entwicklungen abwarten. Wie können wir uns inzwischen unsere Zukunft ausmalen? Obwohl sie schwer vorauszusagen ist, werden manche Dinge mit einer gewissen Wahrscheinlichkeit eintreten. Die Bevölkerung wird zunehmen, oder? Vermutlich. Unser Sozialversicherungs- und Rentensystem wird sich verändern, nicht wahr? Ja, aber wie? Gesundheitswesen, Versicherungen, Arbeitsmarkt und Familie werden doch sicher betroffen sein? Und wird das eine günstige Entwicklung sein? Auf lange Sicht gesehen, ja.

Sooft es in der Geschichte Fortschritte gegeben hat, waren auch Verluste zu verzeichnen, aber der Gewinn war gewöhnlich größer. Langsam und allmählich verbessert sich unsere Lebensqualität – nicht in allen Einzelheiten, aber insgesamt. Armut hat es immer gegeben; das wird auch weiterhin so sein. Krankheiten hat es immer gegeben; es wird sie weiter geben. Dennoch wird die Welt zu einem lebenswerteren Ort, und diese Entwicklung wird weitergehen. Jetzt ist es an der Zeit, Fortschritte in Richtungen zu machen, von denen wir lange nur geträumt haben.

Die Zukunft voraussagen

Dewey siegt

(Schlagzeile am Tage, an dem Harry S. Truman
in der Präsidentschaftswahl über Thomas Dewey siegte)

Die gesellschaftlichen Auswirkungen einer lebensverlängernden Therapie sind weit schwieriger vorherzusagen als die medizinischen Folgen. Gesellschaftliche Voraussagen haben sich in der Geschichte fast immer als falsch erwiesen oder haben bestenfalls durch schieren Zufall ins Schwarze getroffen. Das Problem ist, daß die Soziologie eine deskriptive Wissenschaft ist, die keine Prognosen abgibt: Die Folgen auch nur geringfügiger Veränderungen können gewaltig sein und nicht voraussehbar.

Unsere besten Voraussagen beruhen oft auf bloßer Intuition und sind deshalb schwer logisch zu begründen. Dennoch nehmen wir an, daß wir die Zukunft aufgrund unserer Kenntnis der Vergangenheit zumindest in groben Umrissen voraussagen können. Das gelingt uns gut bis mittelmäßig, wenn es sich um schematische Dinge wie zum Beispiel versicherungsmathematische Tabellen handelt. Die Gesellschaft gründete immer auf ein paar zuverlässigen biologischen Annahmen, zum Beispiel, daß wir in einer voraussagbaren Anzahl von Jahren altern und in einem voraussagbaren Alter an voraussagbaren Krankheiten sterben werden.

Bisher ging man davon aus, daß das Altern sich auf unsere Lebenserwartung auswirkt, und diese Annahme war auch bestimmend. Wir haben einen Großteil unseres Verhaltens auf dieses Spezifikum gegründet: Nicht nur sterben wir, sondern ein bestimmter Prozentsatz von uns wird an Herzkrankheiten sterben, ein gewisser Prozentsatz an Krebs, ein anderer durch Körperverletzungen, und so weiter. Die Prozentsätze haben sich im Laufe der Zeit verändert, da sich die medizinische Versorgung und die gesellschaftlichen Bedingungen insgesamt gewandelt haben. Sie haben auch je nach Standort variiert, wenn man ein Land mit dem anderen und die Regionen innerhalb eines Landes untereinander verglich. Sie sind sicher zwischen den einzelnen Bevölkerungsgruppen verschieden gewesen, ob man diese nach kulturellen, genetischen, geschlechtlichen oder religiösen Kriterien unterschied. Insgesamt ist es uns gelungen, für jede bestimmte Periode, jeden Standort und jede Gruppe zuverlässige Voraussagen über Sterberaten und Todesursachen zu machen. Verläßliche Informationen über die medizinische Vorgeschichte einer Gruppe hat verläßliche Voraussagen über deren Zukunft ermöglicht. Unsere Prognosen sind präzise genug gewesen, um lange vor der Pensionierung, der Erkrankung oder dem Tod Ruhestandsgelder, medizinische Erfordernisse und Nachlaßregelungen einzuplanen.

Nicht viele Menschen haben diesen Prognosen sonderliche Beachtung geschenkt. Tatsächlich könnte man meinen, daß sehr wenige von uns sich darum gekümmert haben oder davon betroffen waren. Damit hätte man halb recht: zwar kümmern sich wenige von uns darum, aber wir sind alle davon betroffen. Oft ohne es zu wissen, sind wir in alltäglichen Dingen von präzisen Voraussagen abhängig. Die meisten Menschen haben keine Ahnung von den Auswirkungen, die prognostische Daten auf ihr Leben haben. Doch unsere Gesundheits- und Versicherungskosten – speziell der Lebens-, Kranken-, Unfall- und Erwerbsunfähigkeitsversicherung, aber in gewissem Maß auch der Auto- und Hausratsversicherung – unsere Renten, unsere Investitionen und unsere Steuern, all dies hängt von präzisen Voraussagen über Krankheit und Tod ab.

Über die versicherungsmathematischen Prognosen hinaus machen wir alle Voraussagen bezüglich unserer eigenen Lebensdauer und der Komplikationen und Ereignisse, mit denen wir rechnen. All diese Voraussagen basierten bisher auf den biologischen Annahmen, daß wir etwa in derselben Weise altern und sterben werden, wie es bei unseren Vorfahren seit Generationen der Fall war. Aber die Dauer des normalen menschlichen Lebens könnte bald unvorhersagbar werden. Die Menschen werden zwar weiterhin sterben, aber wir werden weniger Gewißheit darüber haben, *wann* sie sterben werden. Menschen werden von Krankheiten heimgesucht werden, aber wir werden keine

Gewißheit haben, wieviele, in welchem Alter und an welchen Krankheiten.

Zunächst kaum merklich wird sich die Unzuverlässigkeit unserer versicherungsmathematischen Tabellen bemerkbar machen, sobald die ersten Telomer-Behandlungen bei Krebs und anderen Krankheiten Wirkung zeigen. Diese Fehler werden zunehmen, je mehr wir die maximale Lebensspanne verlängern. Anfangs wird man die Tabellen jedes Jahr korrigieren müssen, und die Schwierigkeiten der Vorhersage werden Jahrzehnte, möglicherweise Jahrhunderte, anhalten, bis wir allmählich wieder zuverlässige versicherungsmathematische Tabellen ausarbeiten und zu einem neuen Verständnis von Krankheit unter neuen Bedingungen gelangen können.

Dies mag uns nicht anders erscheinen als bei medizinischen Fortschritten der Vergangenheit, aber es stellt einen qualitativen Sprung dar. Es gibt mindestens zwei Hauptunterschiede: erstens, die meisten »Durchbrüche« in der Vergangenheit haben den Behandelten nur ein paar zusätzliche Jahre beschert und ihre Lebenserwartung nicht um Jahrzehnte oder gar Jahrhunderte erhöht, wie es durch die Telomer-Therapie geschehen wird. Zweitens, die meisten früheren Durchbrüche beschränkten sich auf den sehr kleinen Prozentsatz der Bevölkerung, der an einer bestimmten Krankheit litt, und betrafen nicht die Allgemeinheit, wie es bei der Telomer-Therapie der Fall sein wird.

Unsere Finanzwelt ist sehr abhängig von zutreffenden Prognosen. Was wird mit Darlehen, Investitionen und Pensionsfonds geschehen, wenn sich die Lebenserwartung plötzlich in einem Quantensprung erhöht? All diese Bereiche basieren auf Voraussagen über die Zukunft. Sie gehen davon aus, daß sich an der menschlichen Lebensspanne und den altersbedingten Krankheiten nichts ändern wird oder doch nur ganz allmählich, wie diese Veränderungen in der Vergangenheit erfolgten.

Bevor wir vorherzusagen versuchen, auf welche zugegebenermaßen unvorhersagbare Weise sich die Gesellschaft durch die Telomer-Therapie verwandeln könnte, sehen wir uns an, wann sie uns zur Verfügung stehen wird. Kurz nach dem Jahr 2000 werden Telomerase-

Hemmer zur Behandlung von Krebs verfügbar sein, und mit der Telomer-Therapie zur Verlängerung der Lebensspanne können wir zwischen 2005 und 2015 rechnen. Obwohl Arzneistoffe auf dem Weg vom Labor zur Klinik gewöhnlich mehr als zehn Jahre brauchen, könnten Präparate, die die Telomere verändern, aufgrund der Möglichkeiten, die sie für eine Behandlung vorrangig von Krankheiten wie Krebs und AIDS bieten, schneller freigegeben werden. Berichte über die Aussichten, mit Hilfe der Telomer-Therapie Krebs zu heilen, sind bereits durch die Medien gegangen. Wenn sich diese häufen, wird man auch verstärkt über die Behandlung anderer Krankheiten und die Verlängerung der Lebensspanne von Menschen, die sich gegenwärtig guter Gesundheit erfreuen, diskutieren. Es werden auch andere Krankheiten wie Progerie und Herzleiden für therapeutische Versuche mit Telomerase-Induktoren ausgewählt werden. Trotz verschiedener Bedenken wird die Überzeugung wachsen, daß die Auswirkungen auf unsere Kultur insgesamt positiv sein werden.

Wir werden nicht nur in Form von Gesundheit und längerem Leben davon profitieren, sondern auch spirituell. Die Telomer-Therapie wird uns lehren, wieder zu staunen. Wir werden zwar nicht wissen, wie lange wir leben werden, aber haben wir das denn je gewußt? Die allgemeine Erwartung wird sich anfangs darauf richten, die Spanne des gesunden, vitalen Lebens auf ein Mehrfaches ihrer gegenwärtigen Länge zu erhöhen.

In der kurzen verbleibenden Zeit, bevor die Telomer-Therapie auf den Markt kommen wird, sollten wir uns auf die Veränderungen vorbereiten, die schon fast vor der Türe stehen. Leonard Hayflick – der Entdecker der Zell-Alterung – faßte die Möglichkeit ins Auge, daß wir die menschliche Lebensspanne eines Tages ausdehnen könnten, und er war sich der Notwendigkeit bewußt, in eine Diskussion über die Konsequenzen einzutreten.

Gegenwärtig ist es uns noch nicht möglich, am Phänomen des menschlichen Alterns zu rütteln und unsere Lebensspanne zu verlängern. Nach meiner Auffassung haben diejenigen, die glauben, daß dies möglich ist oder bald geschehen wird, eine Verpflichtung, jetzt einen öffentlichen Dialog über diese Frage in Gang zu bringen. Bisher ist erst wenig über die sozialen, psychologischen und ökonomischen Folgen der Verlangsamung des Alterungsprozesses und der Verlängerung unserer Lebensdauer gesagt worden. Noch weniger wurde über deren Auswirkungen auf Institutionen wie Sozialkassen, Lebensversicherungen, Renten und Pensionen sowie das Gesundheitswesen gesagt.[2]

Der Rest dieses Buches stellt einen Versuch dar, eine solche Debatte in Gang zu setzen – über die zu erwartenden Auswirkungen nicht nur auf die Bevölkerung, sondern auf die gesellschaftlichen Institutionen und den einzelnen. Über die Folgen für unsere Familie, für Ehen, Scheidungen und unsere Kinder, für die Geschlechterrollen, für Industrie und Justiz, für das Bildungswesen und die Medizin. Und was wird mit unseren Hoffnungen und unseren Träumen geschehen, mit unseren Religionen, unseren Legenden und unserer Ethik? All diese Entwicklungen werden sich letzten Endes als günstig erweisen, aber es wird Übergangsschwierigkeiten geben. Wir werden neue Aufgaben übernehmen und uns dem Geschenk, das man uns gibt, dem Geschenk des Lebens, geistig und menschlich gewachsen zeigen müssen.

Gedanken von Malthus

Die Bevölkerung wächst, wenn nichts dagegen unternommen wird, in einem geometrischen Verhältnis an. Die Lebensgrundlagen lassen sich aber nur in einem arithmetischen Verhältnis steigern. Ein Blick in die Statistiken wird einem die Größenordnung des erstgenannten Faktors im Vergleich mit dem zweiten klarmachen.

(Thomas Malthus, »An Essay on the Principle of Population«)

Die Erdbevölkerung beträgt inzwischen etwa sechs Milliarden Menschen, und sie wird sich in den nächsten fünfzig Jahren voraussichtlich verdoppeln.[3] In den meisten Bevölkerungsprognosen flacht die

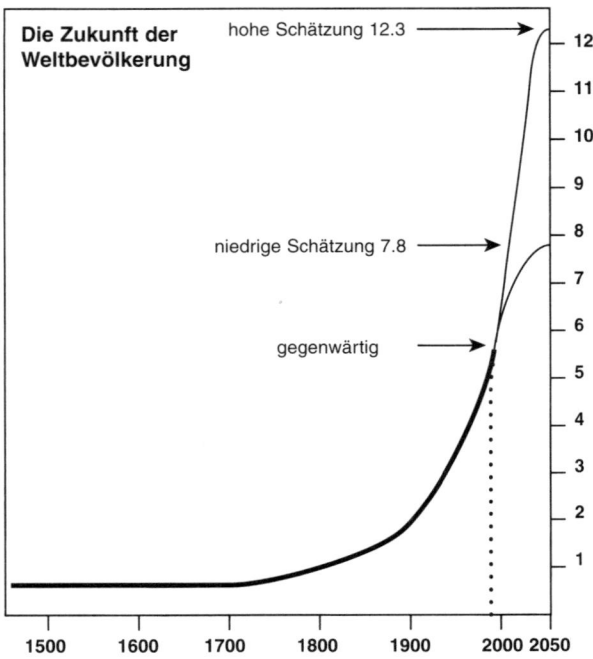

hohe Schätzung 12.3

niedrige Schätzung 7.8

gegenwärtig

1500 1600 1700 1800 1900 2000 2050

Abb. 8.1

Kurve danach ab. Das Bevölkerungswachstum ist bereits von seinem Höchststand von 2,0 Prozent pro Jahr Ende der sechziger Jahre auf etwa 1,6 Prozent jährlich zurückgegangen und wird vermutlich weiter sinken. Wenn wir die menschliche Lebensspanne verlängern, werden sich diese Schätzungen ändern, aber nicht so stark, wie man zunächst annehmen würde.

In den letzten fünfhundert Jahren hat die Bevölkerung dramatisch zugenommen(siehe Abbildung 8.1). Wie so viele andere Reservoirs wird die Bevölkerung durch zwei Variablen, die Geburts- und Sterberate, bestimmt. Was geschieht, wenn wir jeden Tod um 100 oder 200 Jahre aufschieben? Die Bevölkerung könnte sich um genau die Anzahl von Menschen, die in diesem Zeitraum geboren werden, vergrößern, aber das wird wahrscheinlich nicht geschehen: Viele Men-

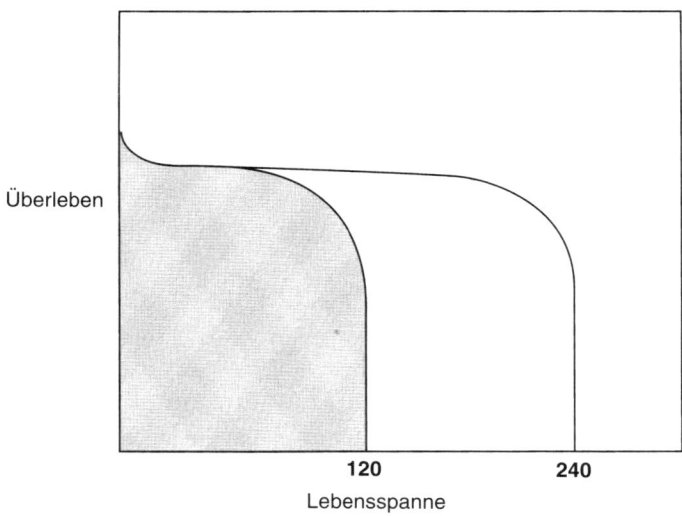

Überleben

120 240
Lebensspanne

Abb. 8.2 Wenn sich die Lebensspanne verdoppelt, dann steigt die Bevölkerung (anfangs) fast ebenso stark an.

schen werden immer noch an Krankheiten sterben, die nicht altersabhängig sind, und die Geburtenrate könnte sich ebenfalls ändern.

Bis vor kurzem benutzte man das Konzept des »demographischen Übergangs«, um zu erklären, weshalb die Bevölkerung mit der wirtschaftlichen Entwicklung zunächst zunimmt und sich dann stabilisiert. In dem Maße, wie sich die Nationen mit hohen Geburten- und Sterberaten modernisierten, gingen zunächst die Sterberaten zurück, und die Geburtenraten folgten mit unterschiedlicher Verzögerung, die über das Bevölkerungswachstum entschied.[4] In manchen Ländern – z. B. Frankreich – dauerte dieser Übergang zweihundert Jahre, während andere – so China – nur siebzig Jahre benötigten.[5] Staaten wie Mexiko befinden sich gegenwärtig im Übergang. Erst wenn die Geburtenrate auf dasselbe niedrige Niveau absinkt wie die Sterbeziffer, stabilisiert sich die Bevölkerung schließlich – wie das jetzt in den meisten westeuropäischen Ländern geschehen ist.[6] Die Telomer-Therapie wird die Todesrate vorübergehend niedriger ausfallen lassen und dadurch einen zweiten demographischen Übergang auslösen.

Die globale Geburtenrate wird davon wahrscheinlich nicht betroffen sein, weil die Telomer-Therapie Bevölkerungen mit hohen Geburtenraten wenig zu bieten hat. Die höchsten Geburtenraten sind gewöhnlich in Entwicklungsländern zu finden – zum Beispiel in Ägypten oder Peru – wo die häufigsten Todesursachen unabhängig vom Altern sind und durch Telomer-Therapie nicht beeinflußt werden können. Die stärkste Zunahme bei der Gesundheit und der Lebenserwartung verspricht die Telomer-Therapie den Menschen in Ländern mit niedrigen Geburtenraten. In Schweden, Deutschland, den Niederlanden und Italien liegen zum Beispiel die Geburtenraten unter der Erhaltungsquote, das heißt, bei weniger als zwei Kindern pro Frau; die Zahl der Todesfälle übersteigt die der Geburten[7], und die häufigsten Todesursachen in diesen Ländern sind Gefäßkrankheiten und Krebs. Länder mit niedrigen Geburtenraten werden auch den stärksten Rückgang bei der Zahl der Todesfälle haben. Die Telomer-Therapie wird deshalb geringere Folgen für das globale Bevölkerungswachstum haben, als wenn die Lebensspanne durch sie überall einheitlich verlängert würde.

Die Bevölkerungsdichte spielt eine zentrale Rolle bei der Bestimmung der Umweltqualität, dasselbe gilt aber auch für unseren Umgang mit den Ressourcen. Als die menschliche Population noch klein war, konnten wir unsere Umwelt weniger schädigen, heute wird dagegen die von unserer Bevölkerungsdichte verursachte Gefahr durch unsere Fähigkeit, verändernd in unsere Welt einzugreifen, verschärft. Die moderne Technologie hat eine Pandorabüchse von Techniken hervorgebracht, die der Umwelt schaden können. Wir sind jetzt imstande, radioaktive Elemente zu produzieren, neue Moleküle zu erschaffen, aus Erz Metalle zu gewinnen und all diese Dinge mit Methoden und in Mengen in unsere Umwelt einzubringen, die sich nicht mehr überblicken lassen. Vor fünftausend Jahren waren wir zu wenige und zu schwach, um großes Unheil anzurichten. Vor fünfzig Jahren besaßen wir die Macht zu verheerenden Eingriffen in die Ökologie der Welt, aber wir verschlossen unsere Augen davor. Heute wirken bei einer ständig anwachsenden Bevölkerung und der zunehmenden Fähigkeit, Schäden anzurichten, zwei Faktoren dieser Gefahr entgegen: Verantwortungsbewußtsein und Weitblick.

Die Umweltbewegung ist nur ein Reflex von etwas Tiefergehendem: einem zunehmenden Bewußtsein unserer eigenen Verantwortung. Wir sind dabei, unsere Verwaltungsaufgaben in dieser Welt zu akzeptieren und damit die Notwendigkeit, uns genügend Klugheit und Kenntnisse anzueignen, um diese Aufgaben zu meistern. Diesen Verwaltungsaufgaben können wir jedoch nur gerecht werden, wenn wir die ökonomischen Mittel dazu besitzen. Die Armen sorgen sich um das Brennholz, die Reichen um den Rauch. Die entwickelten Länder verursachen zwar in absoluten Zahlen mehr Umweltverschmutzung als die nicht entwickelten, aber nicht mehr pro Kopf. Die Belastung pro Kopf ist in den nichtentwickelten Ländern die höchste der Welt. Durch wirtschaftliche Entwicklung und die damit verbundene Verantwortung könnte sich das Problem verringern.[8] Wenn die Verlängerung der menschlichen Lebensspanne die Wirtschaftskraft stärkt, dann sollte dies sowohl den Armen als auch der Umwelt zugute kommen. Wir werden dann vielleicht über die nötigen Mittel verfügen, um die Kinder im Tschad zu ernähren und in China Recycling-Methoden einzuführen.

Die Telomer-Therapie verspricht, der Umwelt auch dadurch zu nützen, daß sie uns zu größerem Weitblick verhilft. Ein Großteil der schlimmsten Umweltschäden sammelt sich langsam im Laufe von Jahrzehnten an, und es fällt uns schwer, Belastungen abzuschätzen, die erst in Jahrzehnten sichtbar sein werden. Hätten wir vor zweihundert Jahren in Nordamerika gelebt, dann würden wir uns an seine Bisonherden und großen Vogelschwärme, seine Urwälder und die Sauberkeit des Wassers und der Luft erinnern. Das Bewußtsein, zweihundert Jahre leben zu können, sollte ein neuer Ansporn für uns sein, zu bewahren, was wir noch haben. Wenn wir lange genug leben, werden wir uns in der Zukunft häuslich einrichten, statt in ihr nur eine ständig wachsende Müllhalde zu sehen. Längere Lebenszeiten könnten eine Entwicklung erzwingen, in die wir eben erst eingetreten sind.

Die menschliche Tätigkeit

Kann sich irgend jemand an Zeiten erinnern, die nicht hart waren,
und wo das Geld nicht knapp war?

(Ralph Waldo Emerson, »Works and Days«)

Arbeit und Ruhestand

Wir können nicht vierzig Jahre arbeiten und uns dann für zweihundert zur Ruhe setzen. Jemand muß Lebensmittel erzeugen, Computer herstellen und die unzähligen anderen Dienstleistungen erbringen, von denen wir alle abhängig sind. Wir könnten Arbeit und Freizeit als Teile eines Zyklus verstehen, aber wir werden uns sicher nicht weiterhin mit 65 zur Ruhe setzen können.

Im Jahr 1900 starben die Menschen im Schnitt mit 50 Jahren, der Ruhestand ab 65 wäre vertretbar gewesen. 1935, als in den USA die Sozialversicherung eingeführt wurde, betrug die Lebenserwartung erst 61 Jahre.[9] Inzwischen haben die Amerikaner eine durchschnittliche Lebenserwartung von 75; mit Umsicht und Vorsorge können wir immer noch mit 65 in den Ruhestand treten. Es gibt nach wie vor genügend Menschen, um die Pensionisten und Rentner zu versorgen. Gegenwärtig entfallen in den USA auf jeden Ruheständler etwa fünf Berufstätige;[10] im Jahr 2030 werden es nur noch drei sein.[11] Diese Zahlen gehen von keiner erheblichen Veränderung unserer Lebensspanne aus. Was geschieht, wenn sich das durchschnittliche Sterbealter auf weit über hundert erhöht?

Manchmal denken wir, daß »die Firma bzw. die Sozialversicherung unseren Ruhestand schon finanzieren wird«. Diese Institutionen mögen Ihre Beiträge für Sie verwaltet haben, aber es war Ihr Geld. Bei manchen Rentensystemen – z. B. dem US-amerikanischen Social Security System – werden die laufenden Beiträge für die monatlichen Rentenzahlungen verwendet, wobei man hofft, daß das auch in Zukunft funktionieren wird. Der einzige Vorzug der staatlichen Ruhestandsregelung ist, daß sie individuelle Unterschiede in der Lebensdauer ausgleicht. Ob man nach der Pensionierung bzw. Verrentung noch fünf oder fünfzig Jahre lebt, man wird immer seinen – wenn auch kleinen – monatlichen Scheck erhalten. Viele Unternehmen arbeiten jetzt mit »fixen Beiträgen« und nicht mit »fixen Ruhegeldern«. Das Unternehmen zahlt jedes Jahr für jeden Mitarbeiter einen Beitrag in den Pensionsfonds ein; was der einzelne am Ende erhält, hängt von der Höhe seiner Beiträge ab.[12] Ob man 66 oder 96 Jahre alt wird, die Bezüge bleiben gleich. Dieses System der fixen Beiträge macht die Sache für das Unternehmen einfacher, für die einzelnen Mitarbeiter jedoch riskanter.

Rentensysteme, die mit fixen Ruhegeldern operieren, sind dagegen nur dann kalkulierbar, wenn die Zahl der Teilnehmer sehr groß ist. Solange wir die durchschnittliche Lebensspanne kennen, lassen sich die Kosten der Ruhebezüge im voraus berechnen. Das Pech ist nur, daß die Beschäftigten trotz der relativ geringfügigen Zunahme unserer Lebensspannen in diesem Jahrhundert diese Kalkulation in der Regel überlebt haben. Wenn wir die Telomer-Therapie hinzunehmen, kann kein Rentenplan groß oder weitblickend genug sein, um zu berechnen, wieviel für die anfallenden Ruhegelder zur Seite gelegt werden muß. Ein Unternehmen kann es sich bei der Planung seiner Betriebsrente nicht leisten, auf Vermutungen angewiesen zu sein, und falls es sich davon leiten ließe, könnten wir uns die Beiträge nicht leisten. Dennoch wird man weiterhin mit festen Beitragssätzen arbeiten, mit der Folge, daß die Unsicherheit bei uns, den Beitragszahlern, liegen wird.

Da wir nicht wissen, wie stark unsere Lebenserwartung steigen wird und welche Krankheiten seltener vorkommen werden, müssen wir selbst die Verantwortung übernehmen und unseren Lebensabend durch eigene Ersparnisse sichern. Vielleicht werden wir abwechselnd arbeiten und uns »zur Ruhe setzen«, das heißt alle paar Jahrzehnte in unseren Beruf zurückkehren oder in ein neues Arbeitsverhältnis einsteigen. Von der Bescheidenheit unserer Ansprüche wird das Verhältnis von Arbeit zu Freizeit abhängen. Ich kenne einen Mann, bei dem dieser Prozentsatz weniger als ein Zehntel beträgt: Er arbeitet einen Monat im Jahr und treibt sich während der übrigen elf Monate als Strandläufer herum. Für die meisten von uns wird dieses Verhältnis jedoch eher vier zu eins oder bestenfalls zwei zu eins betragen: vierzig Jahre Arbeit und dann zehn oder zwanzig Jahre Ruhestand.

Historisch gesehen ist der Ruhestand – wie wir ihn heute kennen – ein neuartiges Konzept. Der Gedanke, ihn mit 65 Jahren beginnen zu lassen, war willkürlich – das Pensionsalter hat in verschiedenen amerikanischen Bundesstaaten und in anderen Ländern zwischen 60 und 70 Jahren geschwankt.[13] Während des größten Teils der Menschheitsgeschichte haben die Leute gearbeitet, bis sie nicht länger dazu imstande waren. Als Kind tat man, was man konnte, als Erwachsener hatte man einen herkömmlichen Beruf, bis man, bei Krankheit oder im Alter, wieder – wie als Kind – tat, was man konnte, und von der Unterstützung der Angehörigen abhängig war, sobald man nicht mehr konnte. Das war einer der Hauptvorteile, eine große Familie und viele Kinder zu haben.

Welchen Zwängen sind wir ausgesetzt, uns zur Ruhe zu setzen oder länger zu arbeiten? Neben unserem Wunsch, uns Ruhe und Entspannung zu gönnen – und unserem Gefühl, sie verdient zu haben – werden wir auch von der nachwachsenden Generation unter Druck gesetzt. Das hat zwei Gründe: ihr Drang, aufzusteigen, und der Leistungsabfall älterer Beschäftigter. Jeder von uns möchte die Chance bekommen, im Pilotensitz Platz zu nehmen, und ältere Mitarbeiter sind nicht immer so produktiv wie jüngere.

Im ersten Fall wollen jüngere Kollegen in der Firmenhierarchie aufsteigen, und dabei sind ihnen die älteren Mitarbeiter nach ihrem Empfinden im Weg. Die Älteren haben aus Sicht der Jüngeren ihre Chance in der jeweiligen Position gehabt, und nun will der jüngere Kollege die gleiche Chance bekommen. Diese Einstellung leitet sich aus der Hoffnung des Postsortierers ab: »Heute bin ich zwar bloß Postsortierer, aber morgen werde ich vielleicht der Chef sein.« Obwohl dies nur in seltenen, unwahrscheinlichen Fällen geklappt hat,[14] ist dieser Traum mächtig und in gewissem Sinne ein Bestandteil unserer Entschädigung für die Arbeit. Wir werden sowohl mit Aufstiegsaussichten wie mit Geld bezahlt. Diese Aufstiegschancen machen einen Teil der Entlohnung des Postsortierers aus. Der Dozent wird nicht nur mit einem Gehalt honoriert, sondern auch mit der Hoffnung auf einen künftigen Lehrstuhl. Die neue Kraft am Fließband wird auch mit der Hoffnung entlohnt, zum Vorgesetzten aufzusteigen. Wir haben alle unsere Ambitionen, und sie sind ein Teil dessen, was unsere berufliche Situation – ja unser Leben – nicht bloß erträglich, sondern lustvoll und aufregend macht. Was ist aber, wenn der Firmenchef hundert Jahre lang an seinem Sessel klebt, wenn Lehrstühle besetzt bleiben und wenn unser Chef niemals einem Jüngeren Platz macht? Auf eine nicht meßbare und nicht in Zahlen ausdrückbare, aber sehr reale Weise schmälert dies unser Entgelt. Unsere Aufstiegschancen verringern sich, unsere Arbeit ist weniger lohnend. Wenn andererseits das wirtschaftliche Wachstum zunimmt, wird es mehr Führungspositionen geben, in die man aufrücken kann.

Der betriebsinterne Druck, seinen Arbeitsplatz zu räumen, wurzelt auch in dem Bedürfnis, ältere Mitarbeiter loszuwerden, sobald ihre Leistungsfähigkeit nachläßt. Die Ruhestandsregelung ist für den einzelnen Betrieb und für die Wirtschaft insgesamt sinnvoll. Während manche Menschen in ihrem Beruf vielleicht immer kompetenter und produktiver werden, halten viele nicht Schritt mit den Entwicklungen im Bereich der Märkte, Konsumenten oder Technologie. Und ältere Mitarbeiter kosten oft auch mehr: sie sind anfälliger für Krankheiten und Gebrechen; die Kosten, sie zu versichern, zeugen von diesen zunehmenden gesundheitlichen Problemen. Bisher hat die einheitliche Ruhestandsregelung einen willkommenen Ausweg geboten, wenn die Kosten den Nutzen zu übersteigen drohten.

Werden wir noch nützlich sein, wenn wir länger leben und dabei gesund und von den Verheerungen des Alters verschont bleiben? Vielleicht werden wir dann um so besser in den Tätigkeiten sein, die wir seit hundert oder mehr Jahren ausgeübt haben. Aber manche von uns werden auch abstumpfen oder sich nach neuen Herausforderungen und einer neuen Laufbahn sehnen, und andere werden zurückfallen und in den Ruhestand versetzt werden müssen, da sie nicht länger konkurrenzfähig sind oder ihrem Arbeitgeber nicht produktiv genug erscheinen. Wenn man Leute zwingen wird, ihren Abschied zu nehmen, dann wird es in den meisten Fällen deshalb sein, weil sie ihr Interesse verloren haben, nicht ihre Gesundheit und Vitalität. Andererseits werden viele Menschen mit ihren Aufgaben wachsen und sich in nie gekannter Weise vervollkommnen; sie werden Meister ihres Faches werden, die auf beispiellose Jahrzehnte – vielleicht Jahrhunderte – der Erfahrung zurückblicken. Wir werden alt genug sein, um alles zu wissen, und geistig fit genug, um souverän darüber zu verfügen.

Viele von uns wechseln den Arbeitsplatz; wenige wechseln den Beruf. Aber was wäre, wenn wir wüßten, daß wir noch zweihundert Jahre leben können? Vielleicht würden wir mit fünfzig noch Medizin studieren; uns zehn Jahre Zeit lassen, um malen zu lernen; oder ein Jahrzehnt darauf verwenden, um uns zur Physikerin, zum Gärtner, zur Technikerin oder zum Koch auszubilden. Mehrere Laufbahnen zu verfolgen, würde unseren Durchblick und unseren Horizont erweitern und uns ein umfassenderes Verständnis dafür verschaffen, was uns in jedem unserer Berufe leistungsfähiger machen würde. Wir könnten alle paar Jahrzehnte die Laufbahn wechseln und die in früheren Berufen gesammelte Erfahrung dazu nutzen, um in den später eingeschlagenen Karrieren um so tüchtiger zu werden. Ein Politiker könnte viel mehr leisten, wenn er zuvor Zimmermann, Salatpflücker, Lehrer, Geschäftsmann, Wirtschaftsprüfer und Vater gewesen ist. Eine Ärztin wird vielleicht mehr menschliches Verständnis aufbringen, wenn sie zuvor Sozialarbeiterin, Polizistin und Fließbandarbeiterin war. Gegenwärtig sind solche Berufswechsel sehr schwierig zu bewerkstelligen, aber sie könnten bald viel leichter möglich sein oder gar von uns verlangt werden. In den letzten Jahren hat man vielerorts als Voraussetzung für ein Aufbaustudium in Betriebswirtschaft mehrere Jahre Berufserfahrung verlangt. Vielleicht wird man für die Ausbildung in verschiedenen Berufen eine breitgefächerte praktische Berufserfahrung fordern.

Auch wenn wir uns nicht zur Ruhe setzen, werden wir weiterhin etwas beiseite legen, und wir werden unsere Ersparnisse über längere Zeiträume wachsen lassen können. Gegenwärtig plagt uns die Angst, daß unsere Rente zu gering ausfällt, wenn wir uns zur Ruhe setzen, daß unsere Verwandten überfordert und unsere Gesundheit zu angeschlagen sein wird, um den Ruhestand wirklich genießen zu können. Auch wenn wir viel länger leben, werden wir für Regentage vorsorgen müssen, vielleicht aber nicht für eisige Zeiten des Alters. Wir werden aus freien Stücken in den Ruhestand treten, nicht aufgrund gesetzlicher Bestimmungen oder körperlicher Gebrechen. Und bevor wir uns zur Ruhe setzen, werden wir uns vielleicht einen mehrjährigen bezahlten oder unbezahlten Urlaub gönnen, zu dem gleichen einfachen Zweck, unser Leben zu genießen, zu dem wir gegenwärtig unseren Jahresurlaub in Anspruch nehmen.

Die wirtschaftlichen Aspekte

Langfristig gesehen werden wir alle tot sein.

(John Maynard Keynes)

Wir alle werden langfristig gesehen sterben, aber diese Frist könnte länger sein, als das irgend jemand von uns vorhergesehen hat. Wie wird sich das auf unsere Investitionen, unsere Gehälter, unsere Einkommen, unsere Steuern und die Lebenshaltungskosten auswirken? Wird es einen wirtschaftlichen Niedergang oder einen Aufschwung geben?

Obwohl das Sozialversicherungssystem für uns zu sparen beginnt, sobald wir unseren ersten Gehaltsscheck bekommen, fangen die meisten von uns bewußt – und verspätet – erst mit etwa fünfzig Jahren an, Geld für den Ruhestand beiseite zu legen. Aber wenn wir wissen, daß wir hundert Jahre länger leben können, werden wir da immer noch etwas auf die hohe Kante legen? Manche Menschen werden sparen, wenn die Lebenserwartung steigt, die meisten werden es auch dann nicht tun. Wie in der Fabel von der Grille, die den ganzen Sommer lang fiedelte, werden viele von uns erst zu sparen beginnen, wenn der Winter über sie hereingebrochen ist; den Sparern werden auf der anderen Seite die Fiedler gegenüberstehen. Vielleicht wird weniger in Risikokapital, in Wirtschaft und Forschung investiert und dafür mehr ausgegeben werden; vielleicht wird aber auch mehr investiert werden.

Soweit die Personalausgaben im Gegensatz zu den technologischen Innovationen die Preise von Produkten bestimmen, werden wir wahrscheinlich einen ökonomischen Aufschwung erleben, da die Wirtschaft effizienter werden wird. Die Arbeitskosten werden schrumpfen und die Reallöhne steigen. Die Kosten werden sich aus mindestens zwei Gründen verringern: niedrigere Versicherungsbeiträge und geringere Ausbildungskosten. In dem Maße, wie wir die Lebensspanne verlängern und Alterskrankheiten verhüten, werden die Beiträge zur Lebens-, Erwerbsunfähigkeits- und Krankenversicherung – speziell für ältere Beschäftigte – ebenso sinken wie die Beiträge zur gesetzlichen Krankenkasse.[15] Diese sinkenden Kosten werden sich ohne Verlust für die Beschäftigten in Form geringerer Arbeitskosten niederschlagen.

Die Ausbildungskosten werden ebenfalls abnehmen. Es dauert heute zehn oder fünfzehn Jahre, um Werkzeugmacher und Formenbauer auszubilden; und fast zwei Jahrzehnte dauert es bei Ärzten.[16] Lange Ausbildungszeiten sind auch bei Rechtsanwälten, Lehrern, Elektrikern, Installateuren, Wirtschaftsprüfern, Krankenpflegern, Bankkaufleuten, Wissenschaftlern und anderen Berufsgruppen üblich. Es nimmt Jahre in Anspruch, um das Geld und die Ausbildungsstunden zurückzuzahlen, die in unser Leben investiert wurden. Aus- und Weiterbildung stellt für viele Unternehmen einen erheblichen Kostenfaktor dar. Die Werkzeugmacher verkörpern unter Umständen einen größeren Wert als die Gebäude, die Maschinen und der Kundenstamm.[17]

Die Lohnkosten machen in den Vereinigten Staaten zwei Drittel der Herstellungskosten aus,[18] und die Ausbildung bildet einen erheblichen Teil dieser Lohnkosten. Die meisten Arbeitnehmer setzen sich nach dreißig oder vierzig Jahren zur Ruhe; alles, was die Ausbildungskosten vermindert und die Zahl der Arbeitsjahre erhöht, wird den Gesamtumfang der Lohnkosten senken. Arbeitnehmer, die länger leben – und gesund bleiben–, ermöglichen es den Unternehmen, einen größeren Teil ihrer Ausbildungsinvestitionen wieder hereinzuholen.

Die Anzahl der produktiven Jahre wird sich nicht nur gegenüber den Ausbildungskosten erhöhen, sondern auch verglichen mit anderen, nichtproduktiven Jahren. Die ersten zwei Jahrzehnte des Lebens, die wir als Kinder und Jugendliche verbringen, und die letzten paar Jahrzehnte als im Ruhestand befindliche Seniorinnen und Senioren sind gewöhnlich gesellschaftlich unproduktiv und werden durch unsere Arbeitsjahre bezahlt. Obwohl die absoluten Kosten dieselben bleiben, vermindern sich die relativen Kosten von Kindheit, Ausbildung und Ruhestand entsprechend der Anzahl von Arbeitsjahren und bewirken eine Minderung der Personalausgaben. Dieser Ausgabenrückgang senkt die Kosten eines Produkts, was wiederum die Lebenshaltungskosten nach unten drückt. Mit fallenden Lohnkosten erhöhen sich die Produktivität und der Reallohn.[19]

Diese Kostenminderung belastet niemanden: Man nimmt sie nicht aus der einen Tasche, um sie in die andere zu stecken. Sie resultiert aus einer effizienten Produktion und einer gesunden Arbeitnehmerschaft. Und die Ersparnisse werden in die Taschen aller zurückfließen.[20] Es wird einen noch nie dagewesenen wirtschaftlichen Aufschwung sowohl für die Arbeitnehmer als auch für das Management geben, für Arbeiter wie Angestellte,[21] der zwar nicht allen ein besseres Leben garantiert, der aber auch keine Gefahr für die soziale Gerechtigkeit darstellt.[22] Anfangs werden manche mehr Nutzen daraus ziehen als andere, und im Laufe etwa der nächsten hundert Jahre könnte sich bei den Längerlebigen Vermögen anzusammeln beginnen. Zwanzigjährige werden sich kein Haus leisten können; Sechzigjährige werden vielleicht ein Haus und eine Eigentumswohnung haben. Je länger man lebt, desto mehr kann man sparen und desto mehr wird man erwerben können.

Die Auswirkungen des Bevölkerungswachstums auf die Arbeitslosigkeit sind nicht vorhersagbar. Wirtschaft und Arbeitsmarkt werden zwar wachsen, aber ebenso die Anzahl der Stellensuchenden; die Erwerbslosigkeit könnte abnehmen, da die Wirtschaft floriert, oder ansteigen, da die Bevölkerung zunimmt. Andererseits bedeutet Bevölkerungswachstum auch steigende Gesamtnachfrage, und wenn der Markt expandiert, belebt dies die Konjunktur.

Obwohl es viele Ressourcen nur in begrenzter Menge gibt – zum Beispiel Immobilien,[23] fossile Energie und Holz – und die Nachfrage in diesen Bereichen ansteigen wird, ist es schwierig, die Preisentwicklung vorherzusagen. Die effektiven Preise der meisten Mineralien sind zum Beispiel in unserem Jahrhundert trotz erhöhter Nachfrage gesunken oder stabil geblieben. Dasselbe gilt trotz wachsender Bevölkerung für die Lebensmittelpreise.

Die industrielle Produktion wird mehr Gewinn abwerfen, wenn die Personalkosten sinken. Die Automobil- und die Elektronikindustrie werden besser fahren, als es ohne Telomer-Therapie der Fall wäre, da sich die Jahre der maximalen Erwerbsfähigkeit vermehren und pro Lebenszeit mehr hochwertige Waren erworben werden. Dies gilt sowohl auf den Märkten für Boote, Freizeitfahrzeuge und Sportausrüstungen als auch für Golf- und Tennisplätze, Skilifte und ähnliches.

Das Dienstleistungsgewerbe wird mit steigender Nachfrage expandieren. Nicht nur wird jeder einzelne von uns mehr Geld für Dienstleistungen übrig haben, die relativen Kosten dieser Leistungen werden sinken, da die Ausbildungs-, Versicherungs- und Gesundheitskosten der dort Beschäftigten zurückgehen werden.

Agrarland wird zwar mehr kosten, aber dies wird durch die geringeren Lohnkosten und durch technische Innovationen – zum Beispiel genetische Veränderungen von Kulturpflanzen – aufgewogen werden. In der Nahrungsmittelindustrie könnte die Kostendifferenz zwischen Naturprodukt und industriell verarbeiteter Nahrung – z. B. zwischen

Kakao und Tafelschokolade – im gleichen Maße schrumpfen, wie die Lohnkosten abnehmen. Werden unsere längeren Lebensspannen durch sinkende Lohnkosten dieselbe ausgleichende Wirkung auf den natürlichen Anstieg der Bau- und Immobilienkosten haben? Die Immobilienpreise werden sowohl durch das Bevölkerungswachstum steigen als auch durch den *Eindruck*, daß die Bevölkerung weiterhin zunehmen wird; die Erwartung steigender Nachfrage wird die Preise in die Höhe treiben. Trotz des Kostenanstiegs wird sich die Neubautätigkeit beschleunigen, weil die Hypothekenzinsen niedrig sein werden, da das verfügbare Kapital zunimmt und die Menschen aufgrund längerer Sparzeiten und steigender Löhne ein höheres Realeinkommen haben werden. Der Prozentsatz der Mieter wird mit dem Anteil junger Menschen an der Bevölkerung zurückgehen. Der Immobilienumsatz könnte sinken, da die Menschen ihre Einfamilienhäuser um Jahrzehnte länger behalten werden als heute üblich; wahrscheinlich werden wir längere Belegungszeiten und geringere Beschäftigungszahlen in diesem Segment des Immobilienmarktes erleben.

Transportwesen, Reisen, Bankgeschäfte, Handel und viele andere Sektoren der Wirtschaft werden aufgrund der niedrigeren Personalkosten und des allgemeinen Wirtschaftswachstums florieren. Einige dieser Sparten – zum Beispiel der Freizeit-Tourismus – wird sich mit dem Anstieg des verfügbaren Einkommens und des Durchschnittsalters besonders günstig entwickeln. Das Bankgewerbe wird jedoch eine Verlagerung der Sparguthaben von risiko- und renditearmen Anlageformen hin zu Aktien und Anleihen erleben. Die auf längere Sicht höheren Renditen des Aktienmarktes werden besser zu unserem erweiterten Investitionshorizont passen. Wenn wir vorhaben, uns im nächsten Jahr zur Ruhe zu setzen, wären wir schlecht beraten, alle unsere Ersparnisse in Aktien zu stecken, aber wenn wir unseren Ruhestand erst in fünfzig Jahren anpeilen, stellen sie eine viel günstigere Anlageform dar.

Im Versicherungswesen wird die Spreu vom Weizen getrennt werden. Zwar wird es immer Versicherungen geben, aber die wichtigste

Frage wird sein, wie hoch man die Beiträge ansetzen soll. Versicherungsgesellschaften basieren auf der Gleichung Prämien (das einzige, worüber sie die Kontrolle haben) plus Kapitalrendite (die sie von unserem Geld abziehen) gleich Leistungen (die Summen, die sie im Krankheits- oder Todesfall an die Versicherten auszahlen). Das Ansteigen der statistischen Lebenserwartung wird die Versicherungsmathematiker zwingen, nächtelang an ihren Computern sitzenzubleiben und das Unkalkulierbare zu kalkulieren: Wie lange werden wir leben, wie oft werden wir erkranken und an welchen Krankheiten? Die gute Nachricht – für die Versicherung, nicht für uns – ist, daß der erste Effekt ein Rückgang von Anzahl und Kosten der Versicherungsleistungen sein wird; die schlechte Nachricht ist, daß wir eine Senkung der Prämien fordern werden und die Versicherungen nicht wissen werden, wie sie beides miteinander in Einklang bringen sollen. Ein Nebeneffekt des Versicherungsproblems ist, daß Personen, die in einen Pensionsfonds investiert haben, und solche, die von Versicherungsleistungen abhängig sind – zum Beispiel die Erwerbsunfähigen – gefährdet sein könnten.

Wissenschaft, Bildungswesen, Kultur und Medizin werden profitieren, weil der größte Vorzug der Fachleute auf jedem dieser Gebiete ihre langjährige und kostspielige Ausbildung ist. Die Wissenschaft wird sicherlich aus der längeren Verfügbarkeit der in Lehre und Forschung Tätigen Gewinn ziehen; die Kehrseite könnte sein, daß viele junge Wissenschaftlerinnen und Wissenschaftler mit neuen Perspektiven ihren Weg blockiert sehen könnten, sofern eine expandierende Wirtschaft nicht genug neue Positionen schafft, um die längere Verfügbarkeit von Fachkräften wettzumachen, die früher weggestorben wären. William Osler – einer der größten Ärzte des 19. Jahrhunderts – hat es überspitzt so ausgedrückt:

Nehmen wir die Summe menschlicher Errungenschaften in unseren Taten, in der Wissenschaft, der Kunst und Literatur, und ziehen wir das Werk der Menschen über vierzig davon ab, dann würden uns zwar große, ja unvergleichliche Schätze verlorengehen, aber wir wären praktisch dort, wo wir heute sind... Die folgenreichsten, bewegendsten, belebendsten Werke der Welt werden im Alter zwischen fünfundzwanzig und vierzig vollbracht.[24]

Aber Bildung ist immer ein verschwendetes Gut gewesen. Institutionen leben weiter, aber Individuen sterben – und mit ihnen ein Großteil ihrer Erfahrung und ihres Wissens. Wir unterrichten Menschen, die ein paar Jahrzehnte leben, und deren Bildung mit ihrem Tod für immer verlorengeht. Im günstigsten Fall haben sie weitergegeben, was sie konnten; ihre Unterweisung wird zur Saat für die nächste Generation. Wir sind wie Gärtner, die ausschließlich auf Einjahrespflanzen setzen, die zwar farbenfroh blühen, aber in jedem Frühjahr neu gepflanzt werden müssen. Wenn wir länger leben, werden wir Bildung nicht mehr verschwenden, sondern sie in winterharte Gewächse investieren, die viele Jahre lang blühen und Früchte tragen. Der Bildung wird ein größerer Wert zukommen, wenn sich die Erträge über hundert oder mehr Jahre statt über ein paar Jahrzehnte erstrecken. Die Grundschulbildung wird einen geringeren volkswirtschaftlichen Raum einnehmen, sobald die ganz Jungen einen geringeren Prozentsatz der Bevölkerung ausmachen, aber als Investition in unser Leben wird Bildung und Ausbildung wichtiger denn je sein.

Kunst und Kultur, speziell die Unterhaltungsindustrie, werden angesichts der größeren Nachfrage eines über mehr Freizeit und das entsprechende Einkommen verfügenden Publikums florieren. Wenn Künstler länger aktiv bleiben, werden sie es vermutlich zu größerer Meisterschaft, wenn auch verbunden mit größerem Konservativismus, bringen. In Kultur und Wissenschaft hat das Neue weniger aufgrund von größerem Können Erfolg, als vielmehr aufgrund von geringerer Sterblichkeit. Die Alten werden bleiben – und den Jungen vielleicht ein Dorn im Auge sein – und die Jungen werden sich mit ihnen abfinden müssen.

Die Auswirkungen auf die Medizin werden dieselben sein wie die in Kultur, Wissenschaft und Bildung, mit einem zusätzlichen Effekt: ein Großteil unserer gegenwärtigen Medizin wird überflüssig werden, obwohl neue Techniken deren Platz einnehmen könnten. Das Kennzeichen jeder Profession ist, daß sie darauf hinarbeitet, sich selbst überflüssig zu machen. Darin wird die Medizin bald einen noch nie dagewesenen Erfolg erringen. Gegenwärtig wird in den Vereinigten Staaten ein Siebtel des Bruttosozialprodukts für das Gesundheitswesen aufgewendet. In den meisten Fällen werden die medizinischen Kosten durch die Telomer-Therapie sinken. Die Krankenhäuser werden ihren Schwerpunkt verlagern und sich künftig stärker auf Infektionen, Verletzungen, psychiatrische Interventionen und genetisch bedingte Erkrankungen konzentrieren statt auf Alterskrankheiten. In der Pflegeheimindustrie wird es die dramatischsten Veränderungen geben, aber sie wird Zeit haben, sich darauf einzustellen. Die heutigen Insassen der Pflegeheime werden wahrscheinlich dort bleiben; vielleicht werden sie sogar länger bleiben, wenn die Telomer-Therapie viele von ihnen zwar gesünder, aber nicht weniger abhängig macht. Sie werden die chronischen Pflegefälle sein, während in den kommenden Dekaden neue Patienten zunehmend seltener werden. In den nächsten zwei Jahrzehnten werden die Krankenhäuser Zeit haben, sowohl ihre Ausbildung von neuem Personal als auch ihre Kapitalinvestitionen an das veränderte Patientengut anzupassen.

Die einzelnen medizinischen Fachgebiete werden in unterschiedlicher Weise betroffen sein. Den Löwenanteil der Praxis eines Herzspezialisten macht heute die Behandlung von Krankheiten aus, die durch alternde Gefäße bedingt sind und die weitgehend verschwinden werden. Jene Spezialgebiete, die von den Krankheiten abhängen, die wir mit dem Altern verbinden, werden es mit einem schmäler werdenden und gesünderen Patientengut zu tun bekommen. Andere, wie die Fachärzte für Allgemeine Chirurgie, Kinderheilkunde, Geburtshilfe und Psychiatrie, werden relativ wenig betroffen sein. Die Krebsspezialisten werden zwar nicht arbeitslos werden, aber ihre Praxis wird sich von ihrem langfristigen Ringen gegen einen immer wiederkehrenden Feind dramatisch wegentwickeln und hin zu Entdeckung und der raschen, billigen und schmerzlosen Heilung verlagern.

Werden alle Gesundheitskosten sinken? Wenn die Nachfrage nach anderer medizinischer Betreuung gleichzeitig ansteigt, kommt es vielleicht zu keinem Rückgang der Nettokosten. Nehmen wir zum Beispiel an, daß sich die Kosten der Dienstleistungen dank Telomer-Therapie um 50 Prozent verringern, wir gleichzeitig aber von unserer Privatversicherung oder der gesetzlichen Krankenkasse eine komplette Kostenübernahme für Zahnbehandlung, Sporttherapie, genetische Tests, Genmanipulation, psychiatrische Versorgung, Ernährungsberatung und »Urlaubskuren« fordern. Obwohl die Kosten der *heute üblichen Dienstleistungen* also abnähmen, würden die Nettokosten – und damit auch unsere Krankenkassenbeiträge – ansteigen, wenn wir eine Ausweitung der medizinischen Betreuung erwarten.

Und was wird in hundert Jahren geschehen? Die Gesundheitskosten werden wahrscheinlich eine Zeitlang stark zurückgehen, dann aber wieder ansteigen. Krankheiten werden sich ebensowenig wie der Tod jemals völlig besiegen lassen, und dasselbe gilt für die Gesundheitskosten. Wie hoch diese aufgeschobenen Kosten ausfallen werden, wird davon abhängen, mit welchen Krankheiten wir es zu tun bekommen. Durch die Heilung vieler Kinderkrankheiten wurden medizinische Kosten nur aufgeschoben, bis diese Kinder alt genug waren, um die Herzinfarkte und Krebsleiden zu bekommen, an denen wir heute unter weitaus größeren finanziellen Belastungen sterben. Möglicherweise bleiben die künftigen Kosten niedrig. Wir werden länger leben, die Gesundheitsausgaben werden sich über viel größere Zeiträume verteilen und uns mehr Zeit lassen, um für sie zu sparen und aufzukommen. Wenn jeder Fünfundzwanzigjährige einen Herzinfarkt erleiden würde, dann blieben uns, wenn man die Kindheit und die Ausbildungszeit abzieht, nur wenige Jahre, um das nötige Geld zur Bezahlung der Arzt- und Krankenhausrechnungen zu verdienen. Wenn wir aber dreimal so lange leben, dann verteilen sich die Kosten über ein längeres Berufsleben. Und wenn wir unsere Lebensspannen verdoppeln, werden wir viel längere Erwerbszeiten haben, in denen wir allfällige Kostensteigerungen kompensieren können. Über die nächsten paar Jahrhunderte werden die Gesundheitskosten, gemessen an unserer Fähigkeit, für sie aufzukommen, relativ niedrig bleiben.

Wie werden sich Aktien und Anleihen entwickeln? Ein großer Prozentsatz der amerikanischen Bevölkerung hat sein Geld in den Wertpapiermarkt, speziell in Pensionsfonds, investiert.[25] Bei längerer Lebensdauer werden sich auch unsere Investitionen erhöhen. Sobald mehr Menschen Aktien kaufen und die Nachfrage zunimmt, werden auch die Preise steigen – und die späteren Gewinne könnten mit der Zeit zurückgehen. Wenn ich vierzig Jahre arbeite und zwanzig Jahre im Ruhestand verbringe, erwarte ich eine bestimmte Verzinsung meiner Rentenbeiträge. Wenn ich aber achtzig Jahre arbeite, benötige ich keine so hohe Verzinsung, um mich zwanzig Jahre lang zur Ruhe zu setzen. Die Aktien-Anbieter werden auf langfristige Gewinne verweisen. Das Anlagekapital und mit ihm das Risikokapital werden mehr Geld für Unternehmensneugründungen, industrielle Expansion und Forschung zur Verfügung stellen.

Insgesamt sind die Aussichten für die Wirtschaft hervorragend. Obwohl es negative Aspekte der ökonomischen Entwicklung gibt – das unkontrollierte Anwachsen der städtischen Ballungsgebiete, Umweltverschmutzung, höheres Verkehrsaufkommen auf den Autobahnen, steigende Bodenpreise, etcetera – werden sich die meisten dieser Faktoren nicht verschlechtern, wenn wir länger leben. Eine ironische Folge ist, daß wir nicht mehr imstande sein werden, die Staatsverschuldung auf unsere Kinder abzuwälzen; wir werden mit ihnen für die Kosten aufkommen müssen.

Das soziale Geflecht

Je älter ich werde, desto mehr mißtraue ich dem Spruch,
daß das Alter weise mache.

(H. L. Mencken)

Der Wert jedes Fortschritts läßt sich am besten in sozialen Dimensionen messen. Aber der Maßstab sollte nicht sein, wie viele Wohnhäuser wir bauen oder wie viele Arbeitsplätze wir schaffen können, sondern ob wir dadurch bessere Menschen geworden sind, und wie viele von uns sich wirklich glücklich fühlen, mit anderen Worten, wie gut wir miteinander umgehen.

Was wird mit uns geschehen, wenn wir unser Leben verlängern? Wir haben diese Frage aus verschiedenen Perspektiven erörtert. Wir haben uns die Medizin angesehen und vorausgesagt, was wir werden heilen können und was nicht. Wir haben zu prognostizieren versucht, was mit unseren Arbeitsplätzen und unserer Wirtschaft geschehen wird. Wie werden wir uns sonst noch verändern, wenn wir ein längeres und gesünderes Leben führen? Was wird aus unseren Eltern, unseren Geschwistern, unseren Lebenspartnern und unseren Kindern werden? Und wie steht es mit unseren Freunden? Dies sind wichtige Fragen.

Kriminalität und Gewalt

Die meisten Gewaltverbrechen werden von Menschen unter vierzig begangen. Vielleicht ist das so, weil wir mit den Jahren klüger werden, oder vielleicht werden wir einfach zu müde und zu alt für Gewalttaten. Gewalt könnte ein Merkmal einer Gewöhnungszeit an unseren jungen Körper, unser Leben und unsere Welt sein. Mit steigender Lebenserwartung wird sich das Durchschnittsalter der Bevölkerung nach oben verschieben und mit ihm unser durchschnittliches Verhalten. Das Wesen unserer Zivilisation wird sich wandeln. Ein Teil davon wird Selbst-Auslese sein. Wer Gewalttaten begeht, stirbt jung, weil er mit anderen in Konflikt gerät. Worin der Selektionsdruck auch bestehen mag, ob er darwinistisch ist oder einfach eine Frage des Älterwerdens und damit zunehmender Vernunft, jedenfalls neigen Menschen mittleren Alters weniger zu Gewaltexzessen als jüngere, und diese Beobachtung gibt uns Grund zur Hoffnung. Die Menschheit wird langsam erwachsen werden.

Die Telomer-Therapie kann weder Amöbenruhr noch Tod durch Verhungern und Verletzungen durch Landminen heilen. Die ärmeren Gebiete unserer Welt haben viel grundlegendere Probleme als den Telomer-Schwund. Die führende Todesursache in Ägypten ist Ruhr, nicht Gefäßerkrankungen; in Mexiko sind es tödliche Unfälle, nicht Krebs; auf den Philippinen Lungenentzündung und Grippe, nicht Schlaganfälle.[26] Obwohl die Telomer-Therapie wahrscheinlich die Lebensspanne derjenigen verändern kann, die ohne sie an Gefäßkrankheiten und Krebs sterben würden, hat sie all jenen wenig zu bieten, deren Trinkwasser verseucht ist. Alle Telomere der Welt sind kein Ersatz für einen sauberen Brunnen und ein Friedensabkommen.

Ein großer Teil des medizinischen Aufwands dient in den entwickelten Ländern zur Verlängerung des Lebens von Menschen, die keine Zukunft haben und sich an ihre Vergangenheit nicht erinnern können, Menschen ohne Hoffnung und ohne den Wunsch, am Leben zu bleiben. Jährlich wenden wir Milliarden für geringen Gewinn auf und erkaufen damit einem bereits abgelaufenen Leben ein paar weitere Wochen oder Tage oder Stunden. Die Telomer-Therapie bricht mit dieser Praxis; sie verspricht uns ein gesundes Leben, das zur Wohlfahrt anderer beitragen kann, auch derjenigen, die bloß einen neuen Brunnen benötigen.

Abraham Lincoln hat einmal gesagt, man könne einem schwachen Menschen nicht helfen, indem man das Leben eines starken ruiniere. Ebensowenig kann man ein Menschenleben in Ruanda retten, indem man jemand in New York sterben läßt. *Man rettet Leben, indem man Leben rettet,* an welchem Ort, ist unerheblich. Die Frage ist, wofür man das Leben von Menschen rettet, nicht, wo diese leben. Wenn wir Menschen vor Alterskrankheiten erretten, dann können diese vielleicht ihrerseits andere vor Kinderkrankheiten bewahren.

Wir haben von unseren Alten immer erwartet, daß sie sich anders verhalten als unsere Kinder. Von Kindern erwartet man weniger verantwortungsbewußtes Handeln als von Erwachsenen. Die Altersrollen werden möglicherweise komplexer werden; vielleicht erleben wir es, daß die über Hundertjährigen die Gesellschaft der »jungen Hupfer« von neunzig meiden, so wie manche Seniorensiedlungen schon heute keine Familien mit kleinen Kindern aufnehmen. Noch gesunde und unabhängige ältere Menschen, die auf ein langes Berufsleben zurückblicken, werden wohlhabend sein, sie werden über gute politische Verbindungen verfügen und den nötigen Durchblick haben, um ihren sozialen Besitzstand und ihre gesellschaftliche Rolle gegen die Jungen und noch Unterprivilegierten zu verteidigen.

Aber es wird vielleicht gar nicht so leicht sein, zu unterscheiden, wer alt und wer jung ist. Bisher sind die klar umrissenen Altersrollen durch äußerlich sichtbare Unterschiede unterstrichen worden. Diese sichtbaren Unterschiede werden weitgehend verschwinden. Wenn wir nicht mehr so genau sagen können, wie alt jemand ist, werden diese Rollenzuweisungen automatisch weniger durchsetzbar.

Wenn wir tausend Jahre zurückgehen, war jeder, der das vierzigste Lebensjahr erreicht hatte, nicht nur alt, sondern auch erfahren – und flößte daher Respekt ein. Die meisten starben jung, sei es durch Infektionen oder Unfälle. Die »Älteren« waren entweder körperlich aktiv und unabhängig, oder sie lebten nicht mehr. Es war natürlich, Älteren Achtung entgegenzubringen.

Heute ist jeder, der es schafft, achtzig Jahre alt zu werden, zwar erfahren, aber nach unserer Vorstellung abhängig. Die Mehrzahl der Achtzigjährigen ist zwar gesund, aber dem Alter wird wenig Respekt entgegengebracht. Wir assoziieren Alter eher mit Dingen, die wir fürchten, als mit Dingen, die wir respektieren.

Die Telomer-Therapie könnte uns neuen Grund geben, das Alter zu achten. Alle, die es schaffen, einhalb Jahrhunderte zu erleben, werden einen Erfahrungsschatz besitzen, nicht bloß »betagt« sein. Sie werden unabhängig sein – nicht invalide – und sie werden immer noch geachtet sein. Wir werden wahrscheinlich wieder anfangen, den Alten nachzueifern: Sie werden auf Erfolge zurückblicken, gesund sein und weitaus mehr Wissen und Kenntnisse besitzen als die Jungen. Sie werden auch mit größerer Wahrscheinlichkeit das Sagen haben. Die Achtung vor dem Alter wird wieder so selbstverständlich werden wie früher.

Vermutlich wird es auch Vorurteile gegen diejenigen geben, die sich nicht behandeln lassen und deshalb »alt aussehen«, aber wahrscheinlicher ist, daß sich die Voreingenommenheit gegen die Jungen richten wird. Vorurteile sind schwer abzubauen, aber können sich Altersvorurteile denn halten, wenn sich Altersunterschiede gar nicht mehr einschätzen lassen? Vielleicht werden wir unser Urteil dann darauf stützen, was Menschen wissen und was sie bisher erreicht haben, und uns dabei auf Kennzeichen wie Reichtum, Erfolg oder äußere Erscheinung verlassen.

Wie wird sich die Telomer-Therapie auf die Geschlechterrollen auswirken? Biologen würden darauf hinweisen, daß die Rollendifferenzierung bisher großenteils auf die unterschiedlichen Anforderungen zurückzuführen war, die die Elternschaft und das Aufziehen von Kindern an die Geschlechter stellten: Eine Frau mußte neun Monate in die Fortpflanzung investieren; den Mann kostete sie nur ein paar Minuten. In den meisten Gesellschaften wurde jedoch von beiden Geschlechtern erwartet, sich bis zu zwei vollen Jahrzehnten lang der Erziehung ihrer gemeinsamen Kinder zu widmen. Zwanzig Jahre ist eine lange Zeit, speziell, wenn die eigene durchschnittliche Lebensspanne nur 25 Jahre beträgt.

Dieser Aspekt des Lebens nimmt heute einen verhältnismäßig weitaus geringeren Raum ein als je zuvor. Es mag zwar immer noch zwanzig Jahre dauern, ein Kind großzuziehen, aber wenn eine Frau 75 Jahre alt werden kann, worin besteht dann ihre Rolle nach Abschluß ihrer Erziehungsaufgabe? Wenn ein Mann über denselben Zeitraum für Kinder sorgt, wie sieht seine Rolle anschließend aus? Die Anzahl der Jahre, die uns nach dem Aufziehen von Kindern bleiben, hat stetig zugenommen und wird immens ansteigen, sobald die Telomer-Therapie verfügbar wird. Die Grundlage für festumrissene soziale Geschlechterrollen wird um so mehr schwinden, wenn sich unser Leben über hundert oder mehr Jahre erstreckt. Dies gilt für die Annahme, daß sich die Menopause durch die Telomer-Therapie nicht hinausschieben läßt. Die weibliche Fruchtbarkeit würde dann immer noch in der Mitte des ersten Jahrhunderts enden und kein weiterer Ansporn für die Verstärkung klar definierter Geschlechterrollen hinzukommen – wie das der Fall wäre, wenn sich die Menopause durch die Telomer-Therapie ebenfalls hinauszögern läßt. Bei unveränderter Menopause werden die ökonomischen, juristischen und sozialen Unterschiede zwischen den Geschlechtern bei höherer Lebenserwartung verschwimmen; Frauen und Männer werden sich hinsichtlich ihres Einkommens, ihres Sozialprestiges und ihrer gesellschaftlichen Funktionen noch weiter angleichen. Das heißt nicht, daß wir geschlechtslose, androgyne Geschöpfe werden: keineswegs. Wir können im Gegenteil erwarten, daß die anatomischen Unterschiede noch stärker ins Gewicht fallen werden als jetzt und daß ein aktives Sexualleben um so häufiger sein wird, je länger die Menschen gesund und vital bleiben.

Und wie steht es mit den Männern? Sie werden mit ziemlicher Sicherheit über einen längeren Zeitraum fruchtbar bleiben, was in gewissem Maß zur Aufrechterhaltung der Geschlechtsrollenunterschiede beitragen könnte: Ein Mann wird wahrscheinlich noch mit 150 Nachkommen zeugen können, eine Frau wahrscheinlich nicht. Aber Kinder zu haben, wirkt sich auf das berufliche und gesellschaftliche Leben einer Frau weitaus stärker aus als auf das eines Mannes. Dieser Unterschied wird zu schwinden beginnen, wenn sich an der Menopause nichts ändert. Vielleicht wird die ältere Frau freier sein, sich ihrem Beruf zu widmen, während die Karriere des Mannes darunter leiden könnte, wenn er mit 150 noch einmal Papa spielen will – ein ironischer Rollentausch, falls es dazu kommt.

Die Institutionen der Ehe und Familie sind so gut wie universell. Weder die eine noch die andere ist genaugenommen ein rein gesellschaftliches Konstrukt: Beide haben biologische Wurzeln und unterliegen biologischen Beschränkungen. Wie werden sich diese Institutionen verändern, wenn wir länger leben? Unsere Familien werden vielleicht multigenerational[27] und deshalb größer werden, aber sie werden wahrscheinlich nicht unter einem Dach leben. Der historische Trend geht eindeutig zu kleineren Familien hin. Die unter demselben Dach lebenden Kernfamilien umfassen nur noch selten drei Generationen, und auch wenn sie bloß aus zwei Generationen bestehen, beschränkt sich das gewöhnlich auf die zwei Jahrzehnte, die es dauert, Kinder aufzuziehen. In einer zunehmenden Anzahl von Fällen besteht die Kleinfamilie heute aus einem Kind und einem alleinerziehenden Elternteil. Diese Familien haben seit 1960 stark zugenommen; mehr als ein Drittel aller Kinder leben heute bei einem der Eltern, der überhaupt nie verheiratet war.[28] Falls sich dieser Trend fortsetzt, werden die nie verheiratet gewesenen Eltern – wenn wir von den Geschiedenen einmal absehen – am Ende dieses Jahrhunderts in der Mehrzahl sein. Wie wird sich eine längere Lebensspanne auf diesen Trend auswirken?

Die Berufstätigkeit beider Partner setzt Ehen schon heute einer starken Belastungsprobe aus. Wenn der eine Partner eine Stelle in London hat und dem anderen eine verlockende Position in New York angeboten wird, dann gerät die Ehe dadurch unter starken Druck. Durch ein längeres Leben wird sich diese Tendenz noch verschärfen; in dem Maße, wie sich die beruflichen Chancen vervielfachen, wird auch das Risiko zunehmen, daß Ehen scheitern. Es ist unwahrscheinlich, daß sich ein Partner nach dem Großziehen der Kinder hundert Jahre lang der Ehe widmen wird, ohne einem Beruf nachzugehen. Die Scheidungsrate wird ebenso weiter ansteigen wie der Prozentsatz ledig bleibender Eltern.

Und dies ist auch nicht der einzige Grund, weshalb die Zahl der

Eheschließungen weiter abnehmen wird. Manche Ehen werden einfach aus Angst, allein zu sterben, aufrechterhalten; den Betroffenen erscheint eine Scheidung nur deshalb inakzeptabel, weil sie jemand brauchen, der angesichts des auf sie zukommenden Todes ihre Hand hält. Aber wenn sie wissen, daß sie noch weitere fünfzig Jahre gesund sein können, dann werden sie vielleicht nicht bereit sein, einen Partner um sich zu dulden, von dem sie sich wegentwickelt haben. Manche Ehen älterer Menschen wurden freilich durch die vielen Jahre hindurch, in denen sie gelebt wurden, umso gefestigter, und sie werden es bleiben, nicht nur in Zeiten der Krankheit, sondern auch der Gesundheit.

Die zusammenlebenden Kleinfamilien werden weiter schrumpfen. Für die – aus allen unseren Verwandten bestehende – *Großfamilie* sieht die Prognose jedoch ganz anders aus. Je mehr unsere Lebenserwartung ansteigt, desto mehr Familien gibt es, deren Zahl an lebenden Großeltern, Schwiegereltern, Expartnern, Stiefeltern und verschiedenen anderen Angehörigen von Jahr zu Jahr wächst. Diese Großfamilien werden sich vervielfachen: Vielleicht wird es Familientreffen geben, bei denen Ur-Ur-Ur-Urgroßeltern glücklich mit dem jüngsten Nachwuchs spielen, und wo sich ein Großteil der Gespräche anfangs um die Frage dreht, in welchem Verwandtschaftsverhältnis wir zu der Person stehen, die wir seit fünfzig Jahren zum ersten Mal sehen.

Die Generationsunterschiede werden sich wahrscheinlich verringern. Nicht nur wird es schwieriger werden, Alte von Jungen zu unterscheiden, auch deren Aktivitäten werden sich immer mehr überlappen. Vielleicht werden wir mit unserer Urgroßmutter eislaufen gehen, wenn sie 95 ist! Die Älteren haben bisher weniger dazu geneigt, sich an den Unternehmungen der Jungen zu beteiligen, aber künftig werden wir sicherlich mehr Hundertjährige beim Roller-Blading, beim Gerätetauchen und beim Bodenturnen erleben als heute. Sobald sich der Unterschied in den körperlichen Betätigungen verwischt, werden in gewissem Maß auch die Gräben zwischen den Generationen verschwinden.

Der Generationsabstand ist jedoch auch Ausdruck des Unterschieds in Erfahrung und Reife. Ein Achtzehnjähriger ist bereit, Risiken einzugehen, zu denen wenige von uns mit dreißig, geschweige denn sechzig, bereit wären. Wieviele neunzigjährige Bungee-Jumper wird es geben – auch wenn wir mit neunzig noch genauso fit sein werden wie ein Dreißigjähriger? Und wieviele Rennfahrer, Hochalpinisten, Drachenflieger und Fallschirmspringer?

Juristische Veränderungen

Auch in der Gesetzgebung könnte die Telomer-Therapie verschiedene Änderungen nach sich ziehen. Wenn man sie als Mittel der Bevölkerungspolitik ansieht, könnten Gesetze, die die Fruchtbarkeit beschränken, wahrscheinlicher werden. Ob dies gut oder schlecht oder beides ist: Der gesellschaftliche Druck zugunsten solcher Gesetze und die Chancen ihrer Verabschiedung werden sich mit zunehmender Weltbevölkerung erhöhen. Und wie steht es mit dem Wahlrecht? Gegenwärtig beschränken die meisten Länder das Wahlrecht auf Personen über zwanzig, wobei das genaue Alter von dem jeweiligen Land, dessen Regierungsform und der Ebene, auf der gewählt werden soll, abhängt. Vielleicht erleben wir es, daß diese Altersgrenze angehoben wird und die »Jungen« ihres Wahlrechts beraubt werden – vielleicht alle unter fünfzig?

»Lebenslange« Haftstrafen werden ein weiteres Problem darstellen. Sollte »lebenslang« bis zum Alter von 75 bedeuten oder bis man stirbt, selbst wenn dies zwei Jahrhunderte dauert? Wird die Freiheitsstrafe eine kostenlose Telomer-Behandlung als Bestandteil der Gesundheitsfürsorge im Gefängnis einschließen oder ausdrücklich ausschließen? Wird eine zwanzigjährige Freiheitsstrafe bei einer Lebenserwartung von 150 Jahren mit einer zehnjährigen Haftstrafe heute, bei einer durchschnittlichen Lebensspanne von 75, vergleichbar sein? In den meisten europäischen Ländern werden selten längere Freiheitsstrafen als etwa eineinhalb Jahrzehnte verhängt: Mord wird in der Regel mit sieben- bis fünfzehnjähriger Haft geahndet. Auch dort, wo die Haftdauer wie in England nicht festgelegt ist – »nach Gutdünken Ihrer Majestät« – hält sich das Endergebnis gewöhnlich in diesem Rahmen. Dies wird sich in Europa kaum ändern; wahrscheinlich wird das amerikanische System der Rechtsprechung modifiziert werden, und zwar hauptsächlich deshalb, weil sich mit zunehmender Lebensspanne die Kosten einer lebenslangen Haft für den Steuerzahler erhöhen. In den USA wird man sich entweder für die Todesstrafe oder für kürzere Haftzeiten entscheiden. Der internationale Trend führt von der Todesstrafe weg: Jedes Jahr wird sie im Schnitt in zwei weiteren Ländern abgeschafft.[29]

Obwohl die meisten entwickelten Nationen die Todesstrafe abgeschafft haben, sind die Vereinigten Staaten hier die herausragende Ausnahme. Aber auch in den USA geht der Trend in der Justiz (z. B. im Obersten Gerichtshof) zur Einschränkung der Todesstrafe hin. Die öffentliche Meinung und damit auch die Auffassung der Legislative schwankt zwar von Jahr zu Jahr und parallel zur Verbrechensstatistik, aber die langfristige Tendenz führt auch in den Vereinigten Staaten von der Todesstrafe weg.

Noch wichtiger als die Meinung der Öffentlichkeit über die Urteilspraxis ist die Reaktion der Häftlinge auf die Freiheitsstrafe. Wenn zehn Jahre ein Fünftel des Erwachsenenlebens sind und der Betroffene in mittlerem Alter ist, werden zehn Jahre dann eine ausreichende Abschreckung darstellen, um die meisten Verbrechen zu verhindern? Die Telomer-Therapie könnte die Urteilssprechung verändern, aber es ist noch nicht deutlich abzusehen, in welcher Weise dies zu Buche schlagen wird.

Das Individuum

Der Jüngling sammelt das Material, um eine Brücke zum Mond zu bauen
oder vielleicht auch einen Palast oder Tempel auf der Erde,
und der Mann in mittleren Jahren beschließt am Ende,
damit einen Holzschuppen zu errichten.

(Henry David Thoreau, »Walden«)

Wir sind nicht zum Mond geflogen, um Mineralien zu sammeln. Wir sind nicht einmal deshalb hingeflogen, weil es der Naturwissenschaft diente oder eine Demonstration technischen Könnens war; wir sind hingeflogen, weil wir seit Jahrtausenden davon geträumt hatten. Der Sieg über das Altern wird uns mehr als zusätzliche Jahre und Heilung von Krankheiten bescheren; er wird einen Menschheitstraum verwirklichen. Die Langlebigkeitstherapie gibt diesen Träumen neue Nahrung: Die Grenzen des Lebens verschwimmen im Unbekannten und werden – in bisher nicht vorstellbarem Ausmaß – von uns selbst und unserem Umgang mit unserem Körper und unserer Seele abhängen.

Welche Folgen wird die Telomer-Therapie für unsere Entwicklungsmöglichkeiten haben? Was wäre, wenn Albert Einstein noch aktiv und jung wäre und vielleicht mit voller Kraft an der Superstring-Theorie arbeitete? Was wäre, wenn Martha Graham immer noch ihre Tanzkreationen choreographieren und selbst noch tanzen könnte wie mit dreißig? Was wäre, wenn Claude Monet noch in Giverney malte? Wenn Mozart nicht mit 35 gestorben wäre, sondern ein weiteres Jahrhundert lang komponiert hätte?

Aber was ist, wenn die Kreativität schöpferischer Geister nachläßt? Subrahmanyan Chandrasekhar, einer der kreativsten Astrophysiker unseres Jahrhunderts, wurde einmal gefragt, wie jemand, der so durchgehend produktiv war, einfach aufhören könne zu arbeiten, nachdem er sein Buch über das Leben von Sir Isaac Newton beendet hatte. »Natürlich könnte ich weitermachen und Dinge produzieren, die unter meinem Niveau sind, aber warum sollte ich?«, antwortete er. »Deshalb muß der Zeitpunkt kommen, an dem ich einen Schlußstrich ziehe.«[30] Wenn wir verbraucht sind, werden wir unseren Abschied nehmen. Wenn wir es nicht tun, werden wir von anderen überflügelt werden. Als Gesellschaft haben wir bei diesem Vorgang nichts zu verlieren.

Und wie steht es mit unserer Verantwortung? Mit zunehmenden Jahren haben wir auch mehr Verantwortung für andere und für uns selbst. Wir setzen Kinder in die Welt und schaffen uns Heim und Familie, die – emotional, physisch oder finanziell – von uns abhängen. Wir werden erwachsen und lernen, daß unser Leben in bemerkenswertem Maße ein Produkt unserer eigenen Handlungen ist. Dies wird um so mehr zutreffen, wenn es uns gelingt, die Gebresten des Alterns zu überwinden. Das Alter kümmert sich nicht darum, wer wir sind und was wir geleistet haben; man altert so oder so. Aber wenn wir den Alterungsprozeß umkehren können, dann wird unsere weitere Entwicklung – in einem weit größeren Maß als je zuvor – von unseren eigenen Handlungen abhängen.

Ein Großteil dieses Zuwachses an persönlicher Verantwortung wird der natürlichen Auslese unterliegen. Wer nicht die Verantwortung für seine Gesundheit übernimmt, wird nicht überleben; wir werden gezwungen sein, klüger zu werden. Natürlich ist dies kein Absolutum; es wird immer alte Narren geben, ebenso wie es kluge Junge gibt. Im großen und ganzen trifft jedoch das Paradigma zu, daß das Alter größere Weisheit mit sich bringt: Es gibt relativ wenige leichtfertige, ungeduldige, törichte alte Menschen.

Ein längeres Leben, befreit von den Alterskrankheiten, verspricht uns einen Zugewinn an Vernunft. Es ist zu hoffen, daß wir verantwortungsbewußter sein und mehr Verantwortung übernehmen werden.

Religion und Ethik

An einer Hängebrücke über einem Abgrund
Rankt sich ein Efeu, Körper und Seele in einem.

(Basho, »A Visit to Sarashima Village«)

Religion

Bei einem Besuch eines Klosters in Tibet baten mich zwei thailändische Mönche, ihnen die Unterschiede zwischen »ein paar Sekten der westlichen Religion« zu erklären. Während ich mir überlegte, wieviel ich eigentlich über die Unterschiede zwischen Methodisten, Baptisten, Adventisten, Mormonen, Epikospalen, Katholiken und Dutzenden weiteren wisse, präzisierten sie ihre Frage: Die »Sekten«, um die es ihnen ging, waren der Judaismus, das Christentum und der Islam.

Etwa ein Drittel der Weltbevölkerung bekennt sich zum Christentum; etwa ein Sechstel zum Islam; ein Achtel zum Hinduismus; ein Zwanzigstel zum Buddhismus und einer von 300 Menschen ist Jude. In den Vereinigten Staaten sind 90 Prozent der Bevölkerung Christen (die Hälfte Protestanten, fast ebensoviele Katholiken und ein kleiner Prozentsatz griechisch-orthodox), rund vier Prozent sind Juden und etwa derselbe Anteil Muslime.[31]

Was werden diese Religionen über die Verlängerung der menschlichen Lebensspanne zu sagen haben? Nehmen wir einmal die jüdisch-christliche Perspektive. Werden deren Entscheidungsträger das Angebot einer längeren Gesundheitsspanne akzeptieren? Werden sie religiöse Gründe dafür oder dagegen anführen? Francis Schaeffer, Leiter von L'Abri, einem Think-Tank der US-amerikanischen Protestanten, wurde einmal gefragt: »Wenn es eine Pille gäbe, die den Alterungsprozeß umkehrt und das Altern verhindert, würden Sie sie nehmen?« Seine Antwort war erhellend: »Ja, denn der Alterungsprozeß ist eine Folge des historischen Sündenfalls des Menschen, und es ist unsere Pflicht als Christen, die Folgen des Sündenfalls, soweit es in unserer Macht steht, aus der Welt zu schaffen.«[32] Wenn wir dem

Altern Einhalt gebieten, sabotieren wir dann den Willen Gottes oder befolgen wir, wie Francis Schaeffer meint, seine Gebote nur noch getreuer? Ist es blasphemisch, Krebs zu heilen, oder liegt es in Gottes Absicht, daß wir es tun? Ist es Gotteslästerung, Herzkrankheiten zu verhüten, oder Gottes Wille, daß Patienten leiden? Und handeln wir gegen seinen Willen, wenn wir versuchen, Kindern ihre Kindheit und Erwachsenen ihr Leben zurückzugeben? Die Antwort fällt all jenen von uns leicht, die ihr Leben der Heilung anderer gewidmet haben. Jesus hat Lazarus von den Toten auferweckt. Kann ein langes und gesundes Leben Gott mißfallen?

Ich bin gekommen, damit die Menschen Leben haben und es in Fülle haben [Johannes 10:10]

Im 9. Kapitel des Johannes-Evangeliums wird Jesus gerügt, weil er am Sabbat heilte, als er einem von Geburt an blinden Mann sein Augenlicht zurückgab. Aber andere fragten:

Wie kann ein sündiger Mensch solche Zeichen wirken? [Johannes 9:16]

In der Tat: Heilen ist keine Sünde. Jesus hat geheilt, er hat das Leben gebracht, er hat uns die Augen geöffnet.

In der christlichen Lehre wird großer Wert auf die Qualität des Lebens gelegt. Gottgefälligkeit hängt nicht von der Länge des Lebens ab, sondern davon, daß man ein gutes, spirituelles Leben führt. So, wie wir heute leben, altern und sterben wir. Auch mit der Telomer-Therapie werden wir noch altern und sterben, aber wir werden viel länger leben. Kann es unmoralisch sein, die Behandlung abzulehnen? Sicher nicht. Wie könnte es unmoralischer sein, die Telomer-Therapie abzulehnen, als dies für Krebsbehandlung, Operationen oder Antibiotika zutrifft? Diese Behandlungsmethoden auszuschlagen, mag töricht, halsstarrig oder tödlich sein, aber es ist keine Sünde, und ebensowenig wäre es eine Sünde, eine Therapie zu verweigern, die auf ein längeres, gesünderes Leben abzielt.

Ist es Gottes Wille, daß wir uns Grenzen setzen? Dem Tod ist nicht zu entrinnen, aber hat uns Gott eine konkrete Grenze genannt? Im Buch Genesis 6:3 sagt Gott:

Nicht soll mein Geist im Menschen ewig mächtig sein, da er Fleisch ist.

Seine Lebenszeit soll nur hundertzwanzig Jahre betragen.

Stellt dies somit eine Grenze dar? Biologisch gesehen, ja. Das menschliche Höchstalter liegt bei etwa 120 Jahren. Hat Gott gesagt, daß das alles ist, daß uns nicht mehr zusteht, oder daß er uns nur so weit hilft und wir darüber hinaus selbst für uns sorgen müssen? Das hebräische Wort in diesem Vers (Y'don), im Deutschen mit »mächtig sein« wiedergegeben, bedeutet sterben, bleiben, verweilen. Es wird im Sinn von »in Gott verweilen« gebraucht: Gott wird während dieser Jahre mit uns sein. Er hat nicht gesagt, daß wir nicht danach streben sollten, mehr Jahre zu haben, oder daß uns nicht mehr zustehen oder er uns verlassen werde; nur, daß er uns so viele Jahre schenke.

Haben wir ein Recht auf ein längeres Leben? Die Vorstellung eines Rechtes auf irgend etwas – zum Beispiel Leben oder Gesundheit – ist neueren Datums; in der Bibel ist nirgends davon die Rede. Rabbi Lord I. Jakobovits, ein Bibelgelehrter und Ethiker, weist darauf hin, daß es weder im Alten Testament noch sonstwo im klassischen Hebräisch ein Wort für »Rechte« gibt.[33] Stattdessen gibt es *mitzvot*: Pflichten, Weisungen und Gebote. Gott erläßt Gebote, er erteilt keine Rechte. Das wichtigste Gebot ist, den Sabbat einzuhalten, doch selbst dieses muß zurückstehen gegenüber der Pflicht, ein Leben zu retten. Wir haben kein Recht auf Leben; wir haben eine Verpflichtung gegenüber dem Leben. Unsere Pflicht ist es, Leben zu erhalten, ein Leben, das von unermeßlichem Wert ist, ob es Stunden, Tage, Jahre oder Jahrhunderte dauert. Das Leben ist nicht mehr wert, wenn es doppelt so lang dauert – und es ist auch nicht weniger wert. Wir haben zwar kein Recht auf ein längeres Leben, aber wir haben eine *Pflicht*, das Leben zu beschützen, das wir haben, wie lange es auch währen mag und wie lange es auch werden mag.

Die Telomer-Therapie verlängert das Leben und ist deshalb vom rabbinischen Standpunkt aus etwas Gutes. Dasselbe könnte man über die Verhinderung von Alterskrankheiten sagen: Wir erfüllen damit nicht nur das Gebot, Leben zu bewahren, wir verhüten auch Leiden. Rabbi J. David Bleich hat über die medizinische Ethik der Genmanipulation geschreiben:

>*Weil wir Heilen als Verpflichtung und nicht als Möglichkeit betrachten, obliegt es uns, Leben zu bewahren. Wir sind verpflichtet, unser eigenes Leben zu bewahren, und wir sind verpflichtet, das Leben anderer zu bewahren, wenn wir es können.*«[34]

Im Rahmen der ethischen Tradition des Judentums ist es moralisch unabweisbar, eine Therapie zu vervollkommnen, die Leben retten könnte. Diese Verpflichtung ergibt sich aus der Möglichkeit, daß Gesundheit und langes Leben uns besser befähigen können, Gott zu gehorchen und unsere Pflichten zu erfüllen. Die Fähigkeit, Menschenleben zu retten, macht es unabweisbar, dies auch zu tun.[35]

Wird das Leben besser sein, einfach, weil es länger ist? Vielleicht werden wir weiser oder mitfühlender sein, wenn wir länger gelebt haben? Hiob, der ein ebenso langes wie schwieriges Leben hatte, stellte dieselbe Frage, eine Frage, die seine Antwort nahelegt:

Ist Weisheit nicht unter den Alten zu finden? Bringt das Leben nicht Verständnis mit sich? [Hiob 12:12]

Haben wir mit zunehmendem Alter dieselbe Pflicht, Weisheit zu erlangen, die wir haben, das Leben zu hegen und zu pflegen? Ja, wir haben eine Pflicht zu lernen und zu wachsen; zusätzliche Jahre vergrößern diese Pflicht nur. In der jüdisch-christlichen Tradition gibt uns das Alter die Chance, an uns zu arbeiten, und auch die Verpflichtung dazu.

Die islamische Ethik reflektiert nachdrücklich dieselbe Tradition; wir leben in erster Linie, um Gutes zu tun; darüber hinaus hat unser Leben wenig Bedeutung. Die Länge unseres Lebens sollte davon abhängen, wieviel Gutes wir tun können. Das kommt zum Beispiel in dem traditionellen islamischen Gebet aus *Sahifa al-Sajjadiyya* zum Ausdruck:

Oh mein Herr, mach mein Leben lang, damit ich alles Gute tun kann; und mach es kurz, um mich davor zu bewahren, Böses zu begehen.[36]

Die Aussicht auf ein langes Leben ist als solche weder gut noch schlecht; sie ist eine Chance, Gutes zu tun, oder sie ist wertlos. Der Prophet Noah lebte zum Beispiel 950 Jahre. Er »fand Gefallen in den Augen des Herrn« (Genesis 6:5), weil er das Wort Gottes predigte. Er wurde gerettet, weil er ein gläubiger Mensch war (Koran, Sure 51:28, Nu). Er warnte die Menschen, sie aber fuhren fort,»sich die Finger in die Ohren zu stopfen« und»sich selbst in Stolz zu überheben« (Sure 51:7, Nu). Gott kann »uns umdrehen« (Sure 26:68), das heißt, uns die Jugend zurückgeben und ein langes Leben schenken, wenn wir dessen würdig sind.

In jeder der drei Religionen, aus denen das westliche Kulturerbe besteht – Judaismus, Christentum und Islam – legt Gott die Spanne unseres Lebens fest, aber die Moral unserer Handlungen ist, was über den Wert unseres Lebens entscheidet.

Von den zwei großen Religionen des Ostens – Hinduismus und Buddhismus – könnte man erwarten, daß sie sich für die Frage einer Verlängerung der Lebensspanne weniger interessieren. Beide Religionen enthalten das Konzept der Wiedergeburt, das uns mehrere Lebenszeiten beschert, so daß eigentlich kaum die Notwendigkeit bestehen sollte, ein einzelnes Leben von diesen vielen zu verlängern.

Dennoch ist – speziell im Hinduismus – eine umfangreiche religiöse Literatur vorhanden, die die Verlängerung der Lebensspanne und die Verjüngung befürwortet. Das beste Beispiel dafür findet sich in der ayurvedischen Literatur (ayurvedisch bedeutet wörtlich: Zeichen eines langen Lebens). In der *Carakasamhita* gehen die Priester z. B. zum Arzt der Götter und fragen ihn, wie man das Leben verlängern könnte.[37] Die Antwort des Arztes nimmt den größten Teil des ersten Bandes ein. Der zweite Band beschäftigt sich speziell mit der Verlängerung des Lebens durch die Anwendung von Arzneien. Obwohl viele frühe Hindu-Texte davon ausgehen, daß das normale menschliche Leben hundert Jahre dauert, ist eine lange Tradition von Texten über Lebensverlängerung vorhanden, darunter die Bower-Texte aus dem frühen 4. Jahrhundert, die genau beschreiben, welche

Arzneien und chemische Substanzen das Leben über das klassische Jahrhundert hinaus verlängern können. Noch interessanter als die Methoden ist die Begründung, die für ein langes, gesundes Leben angeführt wird. Die Götter erklären, wir sollten uns bemühen, so lange wie möglich gesund zu bleiben, weil Krankheiten und früher Tod uns an der Ausübung unserer religiösen Pflichten hindern.[38] Im Hinduismus ist ebenso wie im Judentum Gesundheit nicht nur deshalb wünschenswert, um dem Leiden an sich zu entgehen, sondern, noch wichtiger, sie ist ein Mittel, um unsere Verpflichtungen gegenüber Gott zu erfüllen. Gute Gesundheit gestattet uns, Gottes Gebot zu befolgen. In der hinduistischen Tradition ist das Streben nach Gesundheit und deren Erhaltung eine religiöse Pflicht.

Im Buddhismus besteht ebenso wie im Hinduismus ein traditionelles Interesse an Verjüngung – teils vom Taoismus entlehnt, teils vielleicht dem früheren hinduistischen Boden entstammend, dem der Buddhismus entsprang. Für die Mehrzahl der traditionellen Buddhisten stellt die Länge des Lebens weniger eine religiöse als eine persönliche Frage dar. Das Hauptziel ist zwar die Erreichung des Nirwanas, aber dabei geht es – ebenso wie in westlichen Traditionen – weniger darum, wie lange unser Leben dauert (bzw. unsere bisherigen Leben), sondern darum, wie verdienstvoll es ist. Folgen wir dem richtigen – in diesem Fall dem achtfachen – Pfad zur Erleuchtung?

Ein wesentliches Element im Buddhismus ist die Frage des »Festhaltens«. Nach buddhistischer Auffassung stammt all unser Leiden von unserem Festhalten an Dingen oder Überzeugungen. Sobald man nicht mehr an weltlichen Dingen hängt, leidet man nicht mehr, wenn man sie verliert. Dies gilt speziell für das Leben selbst. Leben und Tod bilden eine Einheit. Wie Hochwürden Daishin Morgan, Abt eines buddhistischen Klosters, sagt:

Unsere Vorstellung von Heiligkeit basiert auf einer falschen Dualität des Denkens, daß das Leben gut und der Tod schlecht sei. Innerhalb dieser Spaltung können wir niemals Frieden finden. Sobald die realistische Möglichkeit einer Langlebigkeitsbehandlung existiert, wird weise Reflexion vermutlich nicht mehr viel gegen das ungeduldige Drängen danach als einem weiteren »fundamentalen« Menschenrecht ausrichten können.[39]

Die buddhistischen Bedenken richten sich dagegen, daß wir uns so töricht an das Leben klammern könnten – um so mehr, wenn wir die Chance haben, es zu verlängern – daß wir die tieferen, wichtigeren Dinge vergessen: uns von Bindungen und damit vom Leiden zu befreien. Dies sollte unser Hauptanliegen sein, nicht das Leben. Wir sind auf der Welt, um dem Leiden zu entgehen, nicht dem Tod. Die westlichen Religionen halten das Leben selbst für wertvoll und betonen die Wichtigkeit einer moralischen Lebensführung; im Buddhismus wird das Leben gerade dadurch unmoralisch, daß man sich daran klammert. Das Leben – gleichgültig, wieweit wir es erprobt haben – ist nicht erstrebenswerter als der Tod; was mehr zählt, ist, von beidem frei zu sein. Wir sollten uns über das Leben, den Tod und das Leiden erheben; sollten uns mehr um Erkenntnis bemühen als um ein längeres Leben. Um dem Pfad Buddhas zu folgen, ist ein langes Leben irrelevant.[40]

In der ganzen Welt, in vielleicht allen Religionen, werden wir auf dieselbe Überlegung zurückverwiesen: Nicht, wie lange das Leben erhalten werden kann, nicht einmal die Qualität des Lebens zählt, sondern die Qualität des Menschen, der es lebt. Aus religiöser Perspektive spielt es keine große Rolle, wann man stirbt oder wie sehr man leidet; worauf es ankommt, ist, *wie* man lebt. Gott war durchaus bereit, Hiob auf die Probe zu stellen, indem er seine Familie, seinen Besitz und seine Gesundheit vernichtete. Hiob litt, aber er blieb fromm. Der Buddhismus geht von der Annahme aus, daß das ganze Leben – nicht nur das Hiobs, sondern auch das unsere – aus Leiden besteht. Aber die Frage lautet, ob wir dem höheren Pfad gefolgt sind, nicht, ob wir gelitten haben.

In allen Religionen zählt es wenig, wie lange das Leben dauert; um so mehr zählt, was wir mit unserem Leben anfangen. Diese Sichtweise ist keine Empfehlung für ein kurzes, von Krankheiten dominiertes Leben. Im Gegenteil, ein langes Leben und gute Gesundheit stellen eine größere Gelegenheit dar, Gutes zu tun und ein moralisches Leben zu führen. Wir bekommen nicht die Gnade geschenkt, sondern die Chance, sie uns zu verdienen.

Ethische Aspekte

Der Unterschied zwischen einem Moralisten und einem Ehrenmann ist, daß letzterer eine unehrenhafte Handlung bedauert, auch wenn sie geklappt hat und er nicht dabei erwischt wurde.

(H. L. Mencken)

Jeder wissenschaftliche Fortschritt wirft ethische Fragen auf. Solche Fortschritte sind nicht an sich unethisch, aber sie bringen neue Möglichkeiten unethischen Verhaltens mit sich. Ebensowenig sind Fortschritte an sich ethisch – obwohl sie Gelegenheiten zu ethischem Verhalten eröffnen.

Die Telomer-Therapie hat denjenigen am meisten zu bieten, die lange genug leben, um alt zu werden. Die Dritte Welt ist nicht in der Lage, auf die Fragen, die die medizinische Ethik des Westens umtreiben, viel Zeit zu verschwenden. Es gibt elementarere Probleme: Wassermangel, Fieber, Unterernährung. Die Mißstände sind klar umrissen, ethische Fragen stellen sich kaum. Die Frage, ob man einen älteren Menschen mit mehreren Krankheiten und in zweifelhafter geistiger Verfassung ins Leben zurückholen soll, stellt sich in den Krankenhäusern der entwickelten Ländern häufig; in großen Teilen der Welt ist sie hypothetisch, eine Frage, von der sich die Dritte Welt wünscht, daß sie sich den Luxus leisten könnte, sie zu stellen.

Entwickelte – wohlhabende – Länder machen sich Gedanken über Lebensqualität und den Zeitpunkt des Todes; über Schlaganfälle, Krebs und Herzkrankheiten. In den ärmeren Ländern geht es um das tägliche Brot, Wasser und Obdach, um Pest, Hungersnöte und Krieg. Die entwickelten Länder beschäftigen sich mit Fragen medizinischer Ethik; die unterentwickelten Länder mit dem Problem, eine medizinische Grundversorgung zu bekommen – ihnen fehlt »eine ausreichende und anständige gesundheitliche Betreuung ... dies könnte die eigentliche ethische Krise sein«.[41]

Die jüdisch-christliche Tradition und die vieler anderer Religionen hat recht: Alle Menschenleben sind gleich wertvoll. Die ethische Perspektive sieht das ganz genauso: Alle Menschenleben haben den gleichen Wert. Obwohl wir niemandem in Somalia schaden, wenn wir in Ohio ein Leben retten, richten wir *spirituellen* Schaden an, wenn wir nur in Ohio Leben retten und diese für wertvoller halten als die in Somalia. Sie sind es nicht. Ebensowenig sind die in Somalia wertvoller. Wir müssen menschliches Leben retten, wo immer wir dazu imstande sind.

Die Tatsache, daß Menschen anderswo in Massen leiden, bewahrt uns nicht davor, in unserem täglichen Leben ethische Entscheidungen zu treffen. Wir werden uns unseren eigenen – notwendigerweise persönlichen, örtlichen und individuellen – ethischen Problemen stellen müssen, ob wir uns unermüdlich dafür einsetzen, anderen zu helfen, oder nicht, ob es uns gelingt, zu helfen oder nicht, ob wir uns des Leidens anderer überhaupt bewußt sind oder nicht.

Wir haben auch bisher schon mit ethischen Dilemmas gerungen (z. B. der Frage der Reanimation bei geringen Überlebenschancen), aber die Telomer-Therapie gibt ihnen neue Nahrung. Die erste ethische Frage ist, ob wir – bzw. unsere Lieben – sie anwenden sollten. Die Antwort scheint auf den ersten Blick klar: Ja, denn versuchen wir dadurch nicht, Krankheiten und Leiden zu verhüten oder zu heilen? Die Telomer-Therapie verspricht uns Gesundheit und ein längeres Leben ohne Krankheiten. Deshalb scheint diese Frage genauso leicht zu beantworten zu sein wie, ob man ein Antibiotikum gegen eine Infektion einsetzen oder ein Kind von Leukämie heilen soll.

Doch verabreichen wir Antibiotika an einen älteren Patienten mit Krebs im Endstadium, der an Alzheimer-Demenz und einer Lungenentzündung leidet und an einem Atemgerät hängt? Zwingen wir einem Kind eine letzte chemotherapeutische Behandlung auf, von der wir wissen, daß die Erfolgsaussichten gering sind, wenn uns das von

Übelkeit und Angst geplagte Kind anfleht, sie ihm zu ersparen? Vielleicht nicht, und diese Antwort gilt auch für die Telomer-Therapie. Ebenso wie Antibiotika und Impfungen verspricht uns die Telomer-Therapie Gesundheit und eine gewisse Garantie gegen Krankheiten, aber nicht, ohne uns vor schwierige ethische Fragen zu stellen. Ich denke an einen älteren Mann, den Patienten eines befreundeten Arztes, der zwar gebrechlich, aber noch gesund ist. Er ist seit 55 Jahren mit derselben Frau verheiratet. Seine Frau leidet an Alzheimer-Demenz und erkennt ihn an schlechten Tagen nicht mehr. Auch an guten Tagen kann sie sich nicht an seinen Namen erinnern. Ihr Mann liebt sie, sorgt für sie, hängt an ihr. Überließe man sie ihrem Schicksal, wäre sie in ein paar Jahren tot. Sein einziger Wunsch ist, daß er lange genug leben möge, um bis zuletzt für sie sorgen zu können und bald danach zu sterben.

Was wäre, wenn wir ihnen beiden Gesundheit und ein längeres Leben bescheren könnten? Wir könnten ihn vielleicht wieder aktiv und vital wie mit zwanzig machen, viel besser imstande, sie zu betreuen. Wir könnten vielleicht auch sie verjüngen und sicher in vieler Hinsicht gesünder machen. Aber wir können ihr nicht ihren Verstand zurückgeben; wir können ihr Alzheimer-Leiden nicht heilen.

Wie würden Sie sich an seiner Stelle verhalten? Würden Sie sich für die Telomer-Behandlung nur für sich allein entscheiden, in dem Bewußtsein, daß Sie sie besser versorgen könnten? Sie könnten dann vielleicht besser für ihr leibliches Wohl sorgen und die Gefahr verringern, daß sie nach Ihrem Tod allein zurückbleibt. Oder würden Sie gebrechlich bleiben und das Beste hoffen? Oder würden Sie auch Ihre Frau behandeln lassen, obwohl Sie wissen, daß sie zwar wieder jung, aber nicht mehr geistig klar werden kann?

Von Ärzten fordert man, daß sie »alles in ihrer Macht Stehende« für jemanden tun, der bereits hinüber ist: biologisch vielleicht noch am Leben, aber in jeder anderen Hinsicht längst aus dieser Welt gegangen, nur die Angehörigen klammern sich noch an ihn. Was wird mit diesen Menschen geschehen? Werden die Angehörigen fordern, daß man sie behandelt, ihnen eine nutzlose Jugend zurückgibt und sie ein weiteres Leben lang voll Schmerzen, Demenz und versagenden Organen am Sterben hindert? Wenn mein Geist erloschen ist, wird meine Familie dann einsehen, daß meine früher geäußerten Wünsche – auf Langlebigkeitsbehandlung zu verzichten – zu respektieren sind? Werden die Ärzte darauf Rücksicht nehmen? Und die Gerichte? Die meisten Familien, die meisten Angehörigen und die meisten Gerichte respektieren heute in der Tat solche Wünsche. Die Möglichkeit einer Langlebigkeitstherapie schafft jedoch eine neue Situation. Gegenwärtig ist – auch für die trauernden Angehörigen – wenig zu gewinnen, wenn man das Leben eines Sterbenden für die Dauer von ein paar ungewissen Stunden, Tagen oder Wochen verlängert. Der Aufschub gibt ihnen Zeit, sich auf den Verlust einzustellen, nicht viel mehr. Wenn wir die Alterungsprozesse umkehren können, ließen sich vielleicht weitere Jahre gewinnen. Welche Familie würde das nicht als verlockend empfinden? Und welcher Arzt kann mit Sicherheit wissen, ob in den kommenden Jahren nicht noch mehr gelingen könnte? Dies sind schmerzhafte Entscheidungen: Man mutet uns zu, einen geliebten Menschen sterben zu lassen, wobei wir vielleicht wissen, daß es die richtige Entscheidung ist, aber im Grunde unseres Herzens wünschen, daß es anders wäre. Der Tod ist endgültig und unsere Neigung zu hoffen stark.

Wie werden wir mit Entwicklungen in der Reanimation umgehen? Wann werden wir den Tod mit allen Mitteln bekämpfen und wann uns ihm still fügen? Die meisten Ärzte kämpfen bei der Reanimation von Kindern erbitterter als bei der von Erwachsenen. Kinder haben noch mehr vom Leben zu erwarten, und unsere Versuche, sie ins Leben zurückzuholen, haben größere Aussicht auf Erfolg. Plötzlich wird sich all dies ändern. Sollten wir dem Siebzigjährigen dieselbe Chance geben wie dem siebenjährigen Kind? Werden sich unsere verzweifelten Anstrengungen auf jeden Patienten erstrecken?

Allein dafür, daß uns diese ethischen Fragen beschäftigen, dürfen wir uns glücklich schätzen. Wir machen uns Gedanken, ob wir einen neunzigjährigen Patienten mit Krebs im Endstadium reanimieren sollen. Welcher Vater eines vom Hungertod bedrohten Vierjährigen würde nicht sein eigenes Leben dafür geben, daß sein Kind den fünften Geburtstag erlebt, geschweige denn – ob mit oder ohne Krebs – neunzig Jahre alt wird? Viele Menschen in dieser Welt beneiden uns um unsere Dilemmas. Wir haben unsere ethischen Probleme als triviale Nebenkosten unseres immensen Glücks geerbt. Und bald werden wir in dem Maße, wie unser Leben länger und gesünder werden wird, vor neuen ethischen Problemen stehen. Die Fragen werden sich wandeln, aber wir werden nach wie vor mit der Grundfrage konfrontiert sein, die nicht Tod oder Leben lautet, sondern, wie wir sterben – und warum wir leben.

Leben im Augenblick

Und wenn du dreitausend Jahre lebtest,
selbst dreißigtausend, so erinnere dich
dennoch, daß keiner ein anderes Leben verliert
als das, was er wirklich lebt, und kein
anderes lebt, als das, was er verliert.
Das längste Leben kommt also mit dem
kürzesten auf eins hinaus.

(Mark Aurel, »Meditationen«, II. Buch)

Leben ist nicht bloß eine Frage von Jahren. Es ist eine Qualität. Vor die Wahl gestellt, fünfzig Jahre mit Alzheimer-Krankheit zu leben oder fünf Jahre bei guter Gesundheit, gefolgt von plötzlichem Tod – wie würden Sie sich entscheiden? Obwohl es vielleicht möglich werden wird, jahrhundertelang zu leben, zählt dies wenig, wenn es kein gutes Leben ist. Und was macht das Leben wertvoll?

Ein Jahrhundert lang zu leben, verdient an sich noch keinen Respekt – es gibt uns die Chance, ihn zu erwerben. Unser Leben wird nach dem Charakter beurteilt werden, den wir beweisen, und nach der Wirkung, die wir auf das Leben anderer haben. Was werden wir tun, wenn wir hundert Jahre lang leben? Werden wir mehr vollbringen, wenn man uns zwei Jahrhunderte schenkt? An ein längeres Leben sollte ein höherer Maßstab angelegt werden. Man kann niemandem vorwerfen, jung und ohne Freunde zu sterben, aber es gibt keine Entschuldigung, lange ohne Freundschaften zu leben. Ein ausgedehntes, gesundes Leben ist eine Chance, die gegenwärtig nur wenige haben. Aber mit einem langen Leben geht eine Verpflichtung gegenüber uns selbst und denjenigen einher, mit denen wir unser Leben teilen.

Unser Leben ist ein Geschenk, aber es bedarf auch der Gestaltung. Wir erschaffen unser Leben Tag für Tag, und nur wir können unser Leben verbessern. Sollten alle Krankheiten eines Tages heilbar sein und wir ewig leben können, so wären wir dadurch noch keine besseren Menschen, als wir es jetzt sind. Das zu erreichen, ist unsere höchste Aufgabe. Unser Leben und das unserer Mitmenschen ist im Wandel begriffen. Dieser Wandel wird ein Fortschritt sein, wenn wir ihn dazu machen. Was wir mit diesem Wandel und mit dem längeren Leben, das er uns beschert, anfangen, wird letztlich wenig mit unseren Telomeren, unseren Zellen oder unserer Lebensspanne zu tun haben und nichts mit diesem Buch. Es wird einzig und allein auf uns ankommen. Möge Ihr Leben lange währen und gesund sein, und mögen Sie es gut meistern.

Glossar

Apoptosis – programmierter Zelltod bzw. Zell-»Suizid«, der auf Anweisung (Signal) von benachbarten Zellen oder von Hormonen entfernterer Zellen eintritt. Siehe *Nekrose*.

Bystander-Zelle – eine Zelle, die von einem in einer anderen Zelle ablaufenden Prozeß in Mitleidenschaft gezogen wird.

Chromosom – ein langes, kettenförmiges Molekül, in das die Gene eingeschrieben sind; gewöhnlich linear, gelegentlich auch ringförmig.

DDBPs (*damaged DNA binding proteins*) – Überwachungsproteine, die verhindern, daß Zellen genetische Fehler weitergeben.

DHEA (Dehydroepiandrosteron) – das häufigste Steroid im Blut; seine Konzentration nimmt im Alter ab.

DNA (Desoxyribonukleinsäure) – Gruppe von Molekülen, aus denen die Doppelspirale besteht, die die Grundlage der Vererbung und Zellreplikation ist.

DNA-Polymerase – verschiedene Enzyme, die die DNA vervielfältigen oder reparieren; die »Kopierautomaten« der Genetik, die die Aufgabe haben, das Chromosom zu replizieren.

Doppelhelix – die Form eines DNA-Chromosoms, eine Spirale, bestehend aus zwei durch Querbalken zusammengehaltenen Strängen.

Entropie – die Tendenz aller Systeme, zu zerfallen; die Kräfte der Auflösung, des Niedergangs und Chaos.

Enzyme – von lebenden Zellen erzeugte Substanzen, die als Katalysatoren für molekulare Reaktionen im Körper dienen.

Euchromatin – Ein Segment des Chromosoms, das der Zelle entspiralisiert zu ihrem Gebrauch zur Verfügung steht.

Eukaryont – ein Organismus, der aus einer oder mehreren Zellen mit Zellkernen besteht.

Fibroblast – eine Zelle, die Bindegewebe erzeugt.

Freies Radikal – ein Molekül mit einem einzigen ungepaarten Elektron in seiner äußersten Hülle, das einem anderen Molekül ein Elektron »stiehlt« und es dabei schädigt.

Hayflick-Limit – die Begrenzung der Anzahl von Generationen, über die sich eine Zelle teilen kann. Jede einzelne Zell-Art hat ein anderes Hayflick-Limit.

HeLa-Zellen – Zellen eines Eierstockkrebses, die in der biomedizinischen Forschung Verwendung finden.

Heterochromatin – der Abschnitt eines Chromosoms, der spiralisiert bleibt und nicht genutzt werden kann. Siehe *Euchromatin*.

Homöostase – die Tendenz, im Körper stabile Systeme aufrechtzuerhalten.

Humpty-Dumpty-Effekt – krankheitsbedingter Verlust von Zellen, die nicht ersetzt werden können.

Hutchinson-Gilford-Syndrom – eine seltene Form der Progerie, an der die betroffenen Kinder in der Regel schon mit dreizehn Jahren sterben, nachdem sie vorher Züge früher Vergreisung aufwiesen. Siehe *Werner-Syndrom*.

Katalase (KAT) – ein schützendes Enzym, das für den Abbau von freien Radikalen verantwortlich ist. Siehe auch *SOD*.

Keimzelle – eine Ei- oder Samenzelle, die vom übrigen Körper abgetrennt ist und die Aufgabe hat, sich mit einer Zelle des anderen Geschlechts zu vereinigen, um einen neuen Organismus zu bilden. Siehe *Körperzelle*.

Kilobase – Meßeinheit von DNA-Strängen; eintausend Basen.

Leukozyt – ein weißes Blutkörperchen, das für die Immunfunktion wichtig ist.

Lipofuszin – ein brauner Farbstoff, ähnlich dem Melanin, der in älterem, degeneriertem Gewebe vorkommt.

Melatonin – ein von der Zirbeldrüse abgesondertes Hormon, dessen Konzentration im Alter abnimmt.

Nekrose – die häufigste Art von Zelltod, verursacht durch ein unzulängliches Umfeld. Siehe *Apoptosis*.

SOD (Superoxid-Dismutase) – ein schützendes Enzym, das freie Radikale verstoffwechselt. Siehe auch *Katalase*.

Körper- oder Somazelle – eine der Zellen, die sich differenzieren und die einzelnen Gewebe und Organe des Körpers bilden; siehe im Gegensatz dazu *Keimzelle*.

Stammzelle – eine undifferenzierte, gewöhnlich embryonale Zelle, die im Knochenmark vorhanden ist und die andere, differenzierte Zellen erzeugt.

Telomer – eines der Enden an jedem der vier »Arme« eines Chromosoms.

Telomerase – ein teils aus Protein und teils aus RNA bestehendes Enzym, das das Telomer verlängert. Siehe *Telomer*.

Telomerase-Hemmer – eine Substanz, die in eine Zelle eingebracht wird, um die Erzeugung von Telomerase zu blockieren. Siehe *Telomerase-Induktor*.

Telomerase-Induktor – eine Substanz, die in eine Zelle eingebracht wird, um die Produktion von Telomerase anzuregen. Siehe *Telomerase-Hemmer*.

Telomer-Therapie – Behandlung von Chromosomen zur Verlängerung ihrer Telomere, um die weitere Alterung der Zellen zu verhindern, in denen sie sich befinden, mit dem letztendlichen Ziel, die menschliche Lebensspanne zu verlängern. Im Falle von Krebszellen Behandlung mit dem Ziel, die Telomerase-Ausscheidung zu verhindern und die Zellen zu zerstören.

Trophische Faktoren – örtliche Hormone, die die Funktionen und die Teilung anderer Zellen steuern.

Werner-Syndrom – eine Form von Progerie, die in der Regel in den Zwanzigern auftritt und zu frühzeitiger Alterung und zum Tod vor dem 50. Lebensjahr führt. Siehe *Hutchinson-Gilford-Syndrom*.

Anmerkungen

Kapitel 1: Leben

1 Auf der anderen Seite ist die Differenzierung unscharf und der Alterungs-prozeß bei bestimmten wirbellosen Gattungen noch sehr unklar. Siehe Roses exzellenten Rückblick, 1991, S. 84ff. Dieses Thema ist für diese Diskussion irrelevant, für Wirbeltiere generell und vor allem für Menschen. Rose selbst, wie immer herausragend und klug, kommt zu dem Schluß der Einheitlichkeit des Alterns in Somazellen, im Gegensatz zu den Keimzellen. Dies bezieht sich nur auf Gattungen, wo diese Unterscheidung gemacht werden kann. (S. 90).

2 Beck, 1983.

3 SOD, oder Superoxid-Dismutase, ist in Wirklichkeit eine Familie von Proteinen. Der beste Nachweis dafür, daß SOD für das Altern wichtig ist, ist wahrscheinlich der von Orr und Sohal, 1994.

Kapitel 2: Die Antriebskräfte des Alterns

1 Dies trifft generell zu, aber wie überall in der Biologie gibt es Ausnahmen. Siehe Kreil, 1994.

2 Genauer gesagt, drehen alle Aminosäuren, die Proteine aufbauen, nach links, aber alle Zuckermoleküle – einschließlich derer, die an DNA- und RNA-Moleküle binden – nach rechts. Warum sie das tun, ist eine faszinierende Frage, die über unsere Diskussion hinausgeht. Siehe Cohen, 1995.

3 Stern, 1993.

4 23 Kilokalorien.

5 Oder andere, wie z. B. Superoxid, Hydroxyl, Lipidperoxid, Alkoxyl und Peroxylradikale.

6 Yu, 1993, S. 60.

7 Ebenda, S. 75 und Kapitel 5.

8 Mehr als 10^{21}.

9 Thymin und Cytosin.

10 Zum Beispiel Zellen der unteren Olive.

11 Meites, Hylka und Sonntag. 1984, S. 195.

12 Siehe Orgel, 1963, 1973.

13 Amenta, 1993; Arking, 1991, Kapitel 5.

14 Singer und Berg, 1991, S. 107.

15 Harley, 1988.

16 Matsuo, 1993, S. 145; Yu, 1993.

17 Arking, 1991, S. 307.

18 Fraga u. a., 1990.

19 Oder in den Chromosomen.

20 Tan u. a., 1993.

21 Matsuo, 1993, Yu, 1993.

22 Yu, 1993, S. 71–72.

23 Yu, 1993, S. 72.

24 Weindruch u. a., 1993.

25 Es ist interessant, festzuhalten, daß antioxidierende Enzyme mit dem Alter sogar zunehmen können, zumindest in den Muskeln. Luhtala u. a., 1994.

26 Conley, 1974.

27 Fefer, 1977.

28 Arking, 1991, S. 326.

29 Wenn die Beschädigungsgeschwindigkeit konstant bei 1% liegt, die gesamte Anzahl der Pflanzen bei 100, wenn die Anzahl, die jeden Tag herausgenommen wird (t), unterschiedlich ist (aber gleich der Anzahl der Pflanzen ist, die wieder eingesetzt wird) und die Anzahl der beschädigten Pflanzen zu jeder Zeit X ist, dann wird, wenn an jedem beliebigen Tag die Anzahl der beschädigten Pflanzen X_N ist, am nächsten Tag die Anzahl der beschädigten Pflanzen X_{N+1} sein. Also ist die Formel für jeden Tag die Beschädigungsgeschwindigkeit (1) plus die Anzahl derer, die noch vom Vortag beschädigt sind (X_N), minus dem Prozentsatz der vorher beschädigten Pflanzen, die wahrscheinlich durch den Umsatz ersetzt werden $\left(\dfrac{tX_N}{100}\right)$:

$$X_{N+1} = 1 + (X_N) - \left[(X_N)\left(\frac{t}{100}\right)\right]$$

Wenn das System zu einem Gleichgewicht kommt, wird X_N gleich X_{N+1} sein. Also:

$$X = 1 + \frac{X\,(100\text{-}t)}{100}$$

Wenn die Umsatzgeschwindigkeit bei 50% liegt:

$X = 1 + .5X$

$\quad = 2$

Wenn die Umsatzgeschwindigkeit bei 2% liegt:

$X = 1 + .98\,X$

$\quad = 50$

30 Yu, 1993, S. 46.
31 Yu, 1993, S. 74, 143ff., 149. Andererseits, siehe Luhtala u.a., 1994.
32 Yu, 1993, S. 69–70.
33 Ibid. S. 69–70, 74.
34 Luhtala u.a., 1994, würden anscheinend nicht zustimmen, zumindest in ihrem Tiermodell.
35 Und Mikrosomen.
36 Yu, 1993, S. 60.
37 Ibid. S. 65ff.
38 Ibid. S. 78ff.
39 Ibid. S. 58.
40 Heinlein, 1958.
41 Arking, 1991, S. 249 und Kapitel 6, 10, 12, 13.
42 Shakespeare, *Hamlet, V.v.17.*
43 Hayflick und Moorehead, 1961. Für Rückblicke, siehe auch Hayflick, 1965, und Goldstein, 1990.
44 Brown, Zebrower, und Kieras, 1990.
45 Martin, 1993.
46 Ibid.
47 Lamb, 1977.
48 Siehe Rose, 1991; speziell Kapitel 5, für eine überzeugende und durchdachte Erklärung der Probleme, die auftreten, wenn man das Altern aus dem Blickwinkel der Evolution zu verstehen versucht.
49 Comfort, 1979, S. 16. Zitiert in Arking, 1991, S. 3.

Kapitel 3: Die Uhr

1 Mit manchen Ausnahmen. Reife rote Zellen haben zum Beispiel keine Chromosomen, manche zerebellaren Neuronen haben doppelt so viel wie normal, und manche Zellen haben mehrere Zellkerne.
2 Sen und Gilbert, 1992; Laughlan u. a., 1994.
3 Moyzis, 1991.
4 Blackburn, 1990.
5 Biessman und Mason, 1992.
6 Andere einfache DNA-Sequenzen können auch durchmischt mit dieser degenerierten, telomerähnlichen DNA existieren. Siehe Allshire, 1989; Counter u. a., 1992; Levy u. a., 1992.
7 Oder Ribonukleoproteinmoleküle. Siehe die Rezension und Besprechung von Weiner, 1988, und seine Erklärung, warum er davon ausgeht, daß Telomerase ein uraltes (vor-DNA) Enzym ist.
8 Weiner, 1988; Orgel, 1994.
9 Obwohl einem dazu sofort die reverse Transkriptase einfällt, wenn man

die momentanen Todesfälle an AIDS und das Interesse daran, diese Krankheit zu heilen, bedenkt.

10 Muller, 1938. Zitiert in Biessmann und Mason, 1992.

11 Siehe den Bericht in Watson, 1968.

12 Greider, 1991.

13 Watson, 1972.

14 Olovnikov, 1971.

15 Olovnikov, 1973.

16 Zum Beispiel; Blackburn und Chiou, 1981.

17 Cooke und Smith, 1986.

18 Hastie u.a., 1990.

19 Diese Diskussion ist Biesmann und Mason zu verdanken und folgt ihnen auch weitgehend. Möglicherweise stimmen sie mit meiner Auslegung ihrer großartigen Rezension nicht überein. Siehe auch Chikashige u.a., 1994; Blackburn und Szostak, 1984; und Zakian, 1989.

20 Greider und Backburn, 1985.

21 Telomerasen – die Enzyme, die TTAGGGs zum Telomer in den Keimzellen hinzufügen – sind für jede Basensequenz verschieden (das eigene TTAGGG z.b.), aber sie können im Labor zu jedem Telomer Sequenzen hinzufügen, egal was dessen normale Sequenz ist. Wenn die Telomerase für das »falsche« Telomer (vom »falschen« Organismus) angewendet wird, fügt sie Sequenzen hinzu, die man normalerweise in dem Organismus findet, wo sie herstammt, egal welche Sequenz für das Telomer, an der sie jetzt arbeitet, normal wäre. Hefe-Telomerase produziert Hefe-Telomere, menschliche Telomerase produziert menschliche Telomere. Warum manche wirbellosen Organismen verschiedene Basensequenzen verwenden – oder warum alle bekannten Wirbeltiere und manche wirbellosen Organismen die exakt gleiche Sequenz verwenden – weiß man noch nicht. Während die Bedeutung, wenn auch nicht die genaue Funktion, einer langen, wiederholten Basensequenz mit einem Übergewicht an Guanin bekannt ist, ist die Bedeutung der genauen Sequenz, die der Organismus verwendet, noch nicht klar. Die wiederholten Sequenzen sind sehr wichtig, die genaue Sequenz ist wahrscheinlich weniger wichtig.

22 Vielleicht bis 6 kbp, aber wahrscheinlich nicht bis zu 20 kbp, in Übereinstimmung mit Biessman & Mason, 1992.

23 Sen und Gilbert, 1992; Blackburn und Szostak, 1984; Weiner, 1988; Biessmann & Mason, 1992.

24 Die beste Informationsquelle über das Telomer und die Telomerase ist Kipling, 1995.

25 Allshire und Hastie, 1989.

26 Der Großteil der Beweise wird jedoch in Hefe und anderen Organismen, die unsere typischen TTAGGG-Sequenzen nicht besitzen, gefunden. Siehe Gottschling, 1990; oder Lustig, Kurtz und Shore, 1990.

27 Wright und Shay, 1992.

28 Marx, 1994.

29 Charles Sherr, zitiert in ibid. S. 319.

30 Counter u.a., 1994; Kim u.a., 1994; Hiyama u.a., 1994; Counter u.a., 1995.

31 Deshalb hat sich die Spannung aufgebaut. Siehe Haber, 1995; Seachrist, »Telomeres Draw a Crowd«, 1995.

32 Der genaue Zeitpunkt, wann Telomerase in Somazellen während der Entwicklung des Fötus nicht mehr zur Expression kommt, ist nicht genau bekannt. Manche Forscher (z.B. Jerry Shaw am University Medical Center der University of Texas Southwestern, zitiert in Seachrist, op. cit., 1995) glauben, daß die Telomerase-Expression sich bis zur Geburt fortsetzt; manche Somazellen (bestimmte Lymphozyten) setzen die Telomerase-Expression bis weit ins Erwachsenenalter fort (Counter u.a., 1995).

33 Allsopp und Harley, 1995.

34 Diese Frage wird noch untersucht, aber es gibt bis jetzt noch keine Veröffentlichungen.

35 Harley u.a., 1994; Hiyama, 1995.

36 Außer vielleicht in bestimmten weißen Blutzellen; Counter u.a., 1995.

37 Allsopp und Harley, 1995.

38 Siehe Harley u.a., 1994.

39 Obwohl die Länge innerhalb jeder Gattung ungefähr vorhersehbar ist und ungefähr mit der Lebensdauer korrespondiert.

40 Allsopp und Harley, 1995.

41 Mit dichterischer Freiheit:»Keine Zelle ist eine Insel, alleine für sich, jede Zelle ist ein Teil des Kontinents, ein Teil des Ganzen« (ich bitte John Donne vielmals um Entschuldigung).

Kapitel 4: Was wir wissen

1 Goldstein, 1990; Hayflick, 1994; S. 132.

2 Allsopp et al., 1992.

3 *Saccharomyces cerevisiae.*

4 Lundblad und Szostak, 1989. Siehe andererseits auch D'Mello und Jazwinski, 1991.

5 Lundblad und Szostak, 1989; aber siehe auch D'Mello und Jazwinski, 1991.

6 Counter et al., 1992; Yu et al., 1990.

7 Harley, 1991.

8 De facto gehen heutige Schätzungen davon aus, daß 80–90 Prozent der Karzinome mit DNA-Schäden beginnen, während bei den restlichen 10–20 Prozent der DNA-Defekt bereits geerbt wurde.

9 Kim et al., 1995.
10 Harley, 1988.
11 Biessmann, Carter und Mason, 1990; Biessmann und Mason, 1992.
12 Kipling und Cooke, 1990.
13 Aber ein Großteil der Variabilität im TRF ist durch das Subtelomer bedingt, das für die Alterung nicht entscheidend ist, und nicht durch das Telomer, dem diese Rolle zukommt. Counter et al., 1992; Levy et al., 1992.
14 Es ist schwierig genug, sich auf die maximale Lebensspanne für die meisten Arten zu einigen. Siehe Finch, 1990; Comfort, 1964; und Arking, 1991.
15 Allshire, Dempster und Hastie, 1989; Cooke und Smith, 1986; Cross, et al., 1989; de Lange et al., 1990; Hastie et al., 1990.
16 Allsopp et al., 1992.
17 Counter et al., 1992.
18 Harley, 1991; Goldstein, 1978; Martin, Sprague und Epstein, Jahr??
19 Levy et al., 1992; Counter et al., 1994.
20 Lindsey et al., 1991.
21 Conley, 1974.
22 Potten und Morris, 1988; Hastie et al., 1990.
23 Hastie et al., 1990. Siehe auch Vaziri et al., 1994.
24 De facto haben reife rote Blutkörperchen keine normalen Telomere, ja nicht einmal Zellkerne. Sowohl Stammzellen im Knochenmark als auch unreife rote Blutzellen besitzen jedoch welche, und in dieser Erörterung ist in erster Linie von diesen die Rede und nicht von reifen Blutzellen.
25 Vaziri et al., 1993.
26 Coffin, 1995; Ho et al., 1995; Wei et al., 1995.
27 Counter et al., 1995.
28 Bender et al., 1989.
29 Chang und Harley, 1995.
30 Counter et al., 1992.
31 Hastie et al., 1990.
32 Morin, 1989.
33 Counter et al., 1992.
34 Ross, 1986, zitiert in Chang und Harley, 1995.
35 Z. B. Moore, 1981; erörtert in Chang und Harley, 1995.
36 Erörtert in Chang und Harley, 1995.
37 Cooper, Cooke und Dzau, 1994.
38 Robbins, 1974, Kap. 15.
39 Chang und Harley, 1995.
40 Moss und Benditt, 1973.
41 Chang und Harley, 1995.

42 Danny, der bis dato älteste lebende Progeriker, ist 21. Ich durfte ihn und seine Mutter im Juni 1995 in Florida kennenlernen.

43 Goldstein, 1978; S. 171–224; Mills und Weiss, 1990.

44 Allsopp, et al., 1992.

45 Erörtert in Allsopp et al., 1992; siehe auch Mills und Weiss, 1990.

46 Zumindest bis Mitte 1995.

47 Martin, 1993.

48 C-fos, ein verbreitetes Zell-Enzym, nimmt z. B. nicht im gleichen Maß ab; Martin, 1993.

49 Vaziri et al., 1993.

50 Coffin, 1995; Ho et al., 1995; Wei et al., 1995.

51 Harley, unveröffentlichte Daten. Eine alternative Erklärung des schließlichen Versagens des Immunsystems bei AIDS, das »Diversitätsschwellenmodell« von Nowak und McMichael, 1995, widerspricht keineswegs den hier vorgebrachten Ausführungen; möglicherweise werden beide Theorien benötigt, um das klinische Resultat zu erklären.

52 Heinlein, 1958.

53 Speziell, da keine »Aussortierung« von Nachkommen mit kurzen Lebensspannen stattfand.

54 C. B. Harley und B. Villeponteau, persönliche Mitteilung, 1993.

55 Goldstein, 1990.

Kapitel 5: Die Zeit läuft ab

1 Die beste Einzeldarstellung davon findet sich wahrscheinlich in Cooper, Cooke und Dzau, 1994.

2 Cooper, Cooke und Dzau, 1994.

3 Zum Beispiel produzieren sie nicht mehr soviel Prostazyklin oder endothel-erzeugten Wachstumsfaktor (Stickoxyd), beides Substanzen, die viele der Veränderungen hemmen, welche bei Gefäßkrankheiten im Alter eintreten. Eine detaillierte Erörterung dieser und anderer Veränderungen, die mit dem Altern der Endothelzellen einhergehen – und die eine wesentliche Rolle bei Gefäßerkrankungen spielen – findet sich in Cooper, Cooke und Dzau, 1994.

4 Lakatta, 1994, S. 500.

5 Ebd., S. 505; siehe auch Hayflick, 1994, z. B. S. 144.

6 Einen guten, raschen Überblick über die Gliafunktion – unter Bezugnahme auf das Problem der Erregungstransmitter und die Beschädigung der Neuronen – bietet Travis, 1995.

7 Einschließlich des von den Gliazellen stammenden neurotrophischen Faktors (GDNF), des Nervenwachstumsfaktors (NGF), CEP-1347 (sowie

anderer Substanzen aus derselben Gruppe von Verbindungen) und einer unbekannten, aber wachsenden Zahl anderer trophischer Faktoren.

8 Siehe die Zusammenfassungen von Fackelmann, 1995, und Barinaga, 1995, die beide einen raschen Überblick über einige der neuesten Arbeiten bieten.

9 Samorajski, 1976.

10 Sturrock, 1976; Vernadikis, 1975. Die Annahme, daß sich ihre Telomere verkürzen, hat sich bisher nicht bestätigt. Was wir wissen, ist, daß sich die Telomere von Cortex-Neuronen nicht verkürzen (Allsopp et al., in Druck). Das Verhältnis Glia : Neuronen beträgt insgesamt 10 : 1 und ist in der Großhirnrinde, auf der die Arbeit von Allsopp et al. basiert, noch kleiner. Soweit ihre Telomer-Messungen nicht nur Neuronen, sondern auch Glia widerspiegeln, gibt es keine Anzeichen, daß sich diese Cortex-Gliazellen überhaupt teilen.

11 Fast keine unserer Neuronen teilen sich nach der Geburt. Siehe z. B. Rakic, 1985.

12 Tholey und Ledig, 1990.

13 Insbesondere Entzündung in Mikroglia. Siehe z. B. Pennisi, 1993.

14 Die Literatur über unterstützende trophische Faktoren (Nährstoffe), die für Überleben und Funktionsfähigkeit der Neuronen nötig sind, wächst rasch. Einen knappen Überblick über einige neue Entwicklungen gibt Nishi, 1994.

15 Hendrix, 1974.

16 Arking, 1991, S. 162.

17 Baime, Nelson und Castell, 1994.

18 Im Grunde weiß es noch niemand. Diesbezügliche Informationen finden sich in der Erörterung von Beck (1994, S. 616) über die Blutfilterung alternder Nieren.

19 In dieser Erörterung wird der Verlust von Trabekeln, die vielleicht unersetzlich sind, noch gar nicht erwähnt (Baylink und Jennings, 1994, S. 883). Andererseits wurden diese von Osteoblasten gebildet, und dies könnte erneut geschehen. Dies ist nicht unbedingt mit dem Problem der Strukturschäden und des Verlustes an struktureller Information, etwa in der Lunge, vergleichbar, wo keine Wiederherstellung der Strukturen möglich ist: Trabekeln werden ja das ganze Leben lang umgeformt.

20 Arking, 1991, S. 208.

21 Gregerman und Katz, 1994, S. 809.

22 Der Unterschied ist biochemisch eindeutig, funktionell weniger klar und trifft anatomisch nur annähernd zu.

23 Die beste Diskussion dieses Themas füllte ein ganzes Heft von *Experimental Gerontology* (1994; Bd. 29, Nr. 3/4). Siehe speziell Gosden und Faddy, 1994; Wise et al., 1994; Judd und Forney, 1994.

24 Und erlebt eine Renaissance. Siehe z. B. *Time* Magazin, 23. Jan. 1995,

S. 52. Auch Seachrist, »Hormone Mimics Fabled Fountain of Youth«, 1995.

25 In einer Reihe von Artikeln wird die Auffassung vertreten, daß es gegen Brustkarzinome schützt, speziell bei Ratten, aber es könnte auch andere Vorzüge haben. Siehe Seachrist, a.a.O.

26 Sapolsky, 1992.

27 Terry und Halter, 1994.

28 Pierpaoli, Regelson und Fabris, 1994; Pierpaoli, Regelson und Colman, 1995.

29 Obwohl Melatonin dennoch die *durchschnittliche* Lebensspanne erhöhen könnte, nach den Tierversuchen zu urteilen. Man bedenke jedoch, daß ähnliches auch von DHEA und Wachstumshormon behauptet wurde sowie – in geringerem Maß von Schilddrüsenhormon, Testosteron und Östrogen. Alle diese Verheißungen treffen in gewissem Maße zu: Jede dieser Substanzen macht gewisse Resultate des Alterns rückgängig, aber mit unterschiedlichen, und ungewissen, Risiken.

30 DiGiovanna, 1994, Kap. 15.

Kapitel 6: Die Uhr zurückstellen

1 Siehe z. B. Walters, 1991; Wivel und Walters, 1993.

2 Wivel und Walters, 1993.

3 Siehe die entsprechende Patentanmeldung (PCT Publication Nr. 93/23572) sowohl für Telomer-Verlängerung als auch Versehen mit Schutzkappen.

4 Zumindest die RNA-Komponente der Telomerase ist offenbar ein einmalig im Genom vorkommendes Gen, das sich im Endviertel des langen Armes von Chromosom drei befindet. Feng et al., 1995.

5 Feng et al., 1995.

6 Liposome sind »Kügelchen«, deren Wände aus Lipiden bestehen und die genetisches oder anderes Material enthalten können, mit dem sie Zellen beliefern. Einen aktuellen Überblick enthält Lasic und Papahadjopoulos, 1995. Dendrimere stellen ein weiteres mögliches Liefersystem dar. Siehe Service, 1995.

7 Berechtigten Optimismus und weitere Informationen über retrovirale Vektoren (um die geht es hier) bieten Bushman, 1995; Marshall, 1995.

8 Das Telomerase-Gen wird im Zuge der Ausdifferenzierung zwischen Keim- und Somazellen reprimiert, wahrscheinlich schon am Beginn des Entwicklungspfades von der befruchteten Keimzelle zur differenzierten Körperzelle. Die Differenzierung selbst ist wahrscheinlich unauflöslich an die Telomerase-Suppression gebunden, da sie die Expression mancher Gene und die massive Suppression anderer bewirkt: Die Freisetzung von

Telomerase könnte das jeweilige Muster der Gen-Expression gefährden, das jeder einzelnen differenzierten Körperzelle eigen ist.

9 Diese lapidare Feststellung hängt davon ab, wie man »bösartig« definiert. Siehe Kim et al., 1994, und Hiyama et al., 1995, in bezug auf Krebszellen, die wenig oder gar keine Telomerase ausscheiden.

10 Persönliche Mitteilung, 1995.

11 Feng et al., 1995.

12 Und wahrscheinlich Immunfunktion, Energieniveau, etcetera.

13 Siehe z. B. Gillman et al., 1995, und Voelker, 1995.

14 Siehe sowohl Herbert, 1994, als auch dessen Anmerkungen, die einen Einstieg und eine interessante Sicht auf dieses Thema enthalten. Eine prägnante und ausgewogene Darstellung bietet Dr. Bruce Ames (berühmt für seine sorgfältige Abwägung der relativen Risiken der Krebsentstehung), in der er diskutiert, was wir über Vitamine, Antioxidantien und deren Bezug zu Herzerkrankungen wissen (und nicht wissen). Voelker, 1995.

15 Herbert, 1994. Siehe speziell die Anmerkungen 2, 3, 5 und 6.

16 De facto ist ein einmalig vorhandenes Gen für die RNA-Komponente der Telomerase im Endviertel des langen Arms von Chromosom drei zu finden; Feng et al., 1995.

17 Dies ist eine Schätzung mit mehreren Vorbehalten. Sie schließt zwar die Kosten des Präparats ein, nicht aber die Begleitkosten (Pfleger- bzw. Arzthonorare, Praxis-Fixkosten und gegebenenfalls Krankenhauskosten). Sie basiert auf dem US-Dollar von 1995 und geht davon aus, daß keine gravierenden Nebenwirkungen und unerwarteten Haftungskosten auftreten. Die Schätzung fußt auf ähnlichen Entwicklungs- und Behandlungskosten neuerer Medikamente wie Azithromycin, TPA, Epogen (Erythropoietin), etcetera. Schließlich werden die Kosten der Telomerase-Induktion anfangs höher liegen, vielleicht bei 10 000 US-Dollars von 1995, bis sich deren Ungefährlichkeit und Wirksamkeit bestätigt und mehr Patienten sich für diese Therapie entscheiden; dann werden sich die Kosten im hier genannten Rahmen stabilisieren.

18 Diese Zahl ist eine Schätzung der neu diagnostizierten Krebsfälle in den USA für 1994. Sie schließt 800 000 Fälle von Hautkrebs und 1,2 Mio. andere Karzinome ein. *World Almanac*, 1995.

19 Diese Zahl läßt sich aus mehreren Gründen schwer präzisieren. Die gesamte Population könnte als erste Schätzung dienen, da alle Menschen altern. Davon müssen wir die (aus welchem Grunde auch immer) jung Sterbenden abziehen (nur die Hälfte der Bevölkerung erreicht in den meisten entwickelten Ländern die durchschnittliche Lebensspanne, die bei etwa 75 Jahren liegt, aber viele werden sich schon lange vor dem 40. Lebensjahr behandeln lassen wollen) und jene, die eine Therapie ablehnen. Die letztendliche Zahl wird zwar groß sein, aber sie läßt sich schwer genau voraussagen.

20 Mit Genehmigung von Greg Baird, Corporate Communication, Genentech, 1995.

21 Ebd.

22 Nur innerhalb der juristischen Grenzen des Patentrechts.

23 Kessler und Feiden, 1995.

24 Nach gegenwärtiger Schätzung ist zu erwarten, daß die Zulassungskriterien für neue Medikamente (IND) vor dem Jahr 2000 erfüllt sein werden und daß das Genehmigungsverfahren (NDA) bis 2005 abgeschlossen sein wird. Man vergleiche dies mit dem Durchschnitt von 6,5 Jahren bei regulären NDA-Verfahren und 2,5 – 4,5 bei den »beschleunigten Verfahren« der FDA (Kessler und Feiden, 1995).

Kapitel 7: Gewonnene Lebenszeit

1 Muskelzellen teilen sich zwar selbst nicht, aber sie haben »Satellitenzellen«, aus denen neue Muskelzellen entstehen können. Über die praktische Bedeutung der Umkehrung des Alterungsprozesses kann man nur spekulieren, aber für Leute, die dazu neigen, ist Grund zum Optimismus vorhanden.

2 Herbert et al., 1995.

3 Adler und Nagel, 1994.

4 Zum Beispiel Hiyama et al., 1995.

5 Tierversuche mit Telomerase-Hemmern (z. B. Antisense-RNA zu Telomerase; Feng et al., 1995) haben im September 1995 mit Hilfe eines Zwei-Millionen-Dollar-Zuschusses des National Cancer Institute am Memorial Sloan Kettering Cancer Institute begonnen.

6 Feng et al., 1995.

7 Am Memorial Sloan Kettering Institute.

8 Siehe Harley et al., 1994, bezüglich einer interessanten kurzen Erörterung dieser Frage.

9 Die Länge des Telomers in Krebszellen ist recht unterschiedlich. Obwohl es in der Regel kürzer ist als in normalen Zellen, trifft dies nicht immer zu. Siehe die Erörterung in Hiyama et al., 1995.

10 Auch im Falle der Keimzellen wird sich jedwede Wirkung auf die Samenzellen beschränken, da die Eizellen ihre Teilung bereits vor der Geburt abgeschlossen haben.

11 Vergleiche diese Erörterung mit Harley et al., 1994.

12 Counter et al., 1995.

13 TRF (*Terminal Restriction Fragments*) wurden z. B. gemessen in Hastie et al., 1990; siehe auch Harley et al., 1994. Haber, 1995, äußert sich in seinem Leitartikel über diese Frage vorsichtig optimistisch.

14 Siehe sowohl Kim et al., 1994, und Hiyama et al., 1995.

15 Harley et al., 1994.

16 Blackburn, 1990.

17 Malaria, Bilharziose, Filarieninfektionen, afrikanische und amerikanische Trypanosomiasis und Leishmaniase. Gallagher, Marx und Himes, 1994.

18 Diese Information stammt sowohl aus ihrem Vortrag, »Entwicklung neurotropher Ansätze bei Alzheimer-Krankheit« (gehalten am 8. Juni 1995 in Danvers, Massachusetts, auf der Konferenz des Cambridge Healthtech Institute über »Alzheimer-Krankheit: Die Chancen neuer Therapien«), als auch aus einer persönlichen Mitteilung, 1995.

19 Siehe Finch, 1994; Mann, 1993.

20 Siehe Corder et al., 1995, bezüglich einer knappen Einführung in dieses Konzept und zwei für sich selbst sprechende Zahlen.

21 Die Alzheimer-Krankheit ist stark an das Chromosom 21 gebunden (dem Ort des Amyloid-Vorläufer-Gens), aber es besteht auch ein eindeutiger Zusammenhang mit den Chromosomen 14 und 19 (auf letzterem befindet sich das Gen für Apolipoprotein E).

22 Zum Beispiel Beta-Amyloid und tau-Proteine.

23 Arking, 1991, S. 195, 197ff., 361.

24 Baylink und Jennings, 1994, S. 889.

25 Oder ähnliche Hormontherapien.

26 Die Entstehung von Erwachsenen-Diabetes ist nach wie vor umstritten. Siehe Weir, 1995; Pimenta et al., 1995.

27 Goldberg und Coon, 1994, S. 824.

28 Siehe Arking, 1991, S. 71, bezüglich einer Erörterung von Linsenveränderungen.

29 Persönliche Kommunikation, 1994.

30 Genau genommen ohnehin eine chromosomal, nicht genetisch bedingte Krankheit.

31 Enzym-Defekte sowie viele andere, deren Entstehung wir nicht kennen, kommen klarerweise für diese Liste in Frage: Sichelzellen-Anämie, Tay-Sachs-Syndrom, Noonan-Syndrom, Willebrand-Jürgens-Syndrom und inzwischen Hunderte anderer.

32 Harman, 1993, S. 209.

33 Eigentlich Ur-Eizellen. Siehe die knappe Erörterung von Telomerase und die weibliche Keimlinie in Harley et al., 1994.

34 Counter et al., 1995.

35 Falls diese Zellen andererseits tatsächlich eine telomere Uhr benutzen, um festzustellen, wann sie die Epiphysenfugen schließen sollen, dann werden wir uns hüten müssen, die Telomer-Therapie bei Patienten anzuwenden, deren Wachstumsfugen noch aktiv sind.

36 Diese Zahlen basieren auf US-amerikanischen versicherungsmathematischen Daten von 1959, wobei Mittelwerte für beide Geschlechter errechnet wurden, und sie sind stark altersabhängig, weil sich das Alter so enorm

auf die Unfalltodesrate auswirkt. Wie zu erwarten, erreichen die Unfalltodesraten zwischen 13 und 24 ihren Höhepunkt (wenn wir zu riskantem Verhalten neigen?), sinken in den Dreißigern auf den tiefsten Stand und steigen dann mit nachlassender Reaktionszeit und Heilungsfähigkeit (und kürzer werdenden Telomeren) allmählich wieder an. So beträgt die Unfalltodesrate bei 99jährigen z. B. 15:1000, bei 69jährigen dagegen 1:1000 und bei 39jährigen nur 0,39:1000. Diese Zahlen entsprechen Sterberaten von 0,985000, 0,99900 und 0,99961 pro Jahr. Wenn wir die Formel (Sterberate)x = 0,5 zugrunde legen, wobei 0,5 die durchschnittliche Überlebensrate (50 v.H) und x das durchschnittliche Sterbealter repräsentiert, und wenn wir alle nicht unfallbedingten Todesursachen abziehen, dann hängt die menschliche Lebensspanne immer noch entscheidend davon ab, welche Sterblichkeitsziffer wir wählen. Die durchschnittliche Lebensspanne (basierend auf Sterbestatistiken von 1959 und dem Durchschnitt in bezug auf Lebensstil, genetische Einflüsse, Geschlecht etc.) wäre:

aufgrund der Sterberate von 39jährigen – 1777 Jahre
aufgrund der Sterberate von 69jährigen – 693 Jahre
aufgrund der Sterberate von 99jährigen – 46 Jahre

Vermutlich hätte die Verlängerung der Telomere den Effekt, unsere Sterblichkeitsziffer näher an die eines 39jährigen heranzurücken, als es der nur auf dem chronologischen Alter basierenden höheren entspräche. Informationen über altersspezifische Sterblichkeitsziffern aus McAlpine, 1995.

37 Vielleicht ist es keineswegs unabhängig. Möglicherweise schwindet durch die alterungsbedingte Telomer-Verkürzung die Fähigkeit der Zellen, Lipide zu oxidieren, die dann Lipofuszin bilden. Arking (1991, S. 349) weist darauf hin, daß diese Pigmente auftreten, »wenn die oxydationshemmenden Abwehrsysteme nachzulassen beginnen«. Vielleicht könnte die Telomer-Therapie das Problem abwenden oder sogar rückgängig machen. Der einzige Weg, um das mit Sicherheit zu wissen, ist, die Entwicklungen abzuwarten.

38 Diese Zahlen ergaben sich aus der Literatur und aus Gesprächen mit Dr. Michael West (1995).

39 »Sich einnisteten«, denn Belege deuten darauf hin, daß sie sich usprünglich als unabhängige Organismen entwickelten, die erst später anfingen, in fremden Zellen zu leben. Jetzt sind sie von uns abhängig, und wir sind sehr abhängig von ihnen.

40 Was wäre jedoch, wenn wir Kopien von dieser Information herstellen könnten? Nehmen wir an, wir könnten von unseren Gedächtnisinhalten Sicherungskopien anfertigen, wie wir dies ständig mit unseren Computer-Dateien tun. Diese Idee ist von der Science Fiction bereits wiederholt behandelt worden. Vielleicht bin ich zu pessimistisch.

Kapitel 8: Interessante Zeiten

1 Die an dieser Therapie arbeitenden Wissenschaftler rechnen damit, innerhalb von zehn Jahren die Genehmigung für den Einsatz eines Telomerase-Hemmers zu erhalten. Persönliche Mitteilung, 1995.

2 Hayflick, 1994, S. 336.

3 Roush, 1994, Keyfitz, 1993.

4 Siehe speziell Livi-Bacci, 1989; aber auch Piel, 1994; Roush, 1994.

5 Livi-Bacci, 1989, S. 104. Über diese Zahlen besteht beträchtliche Uneinigkeit. Man vergleiche die Übergangszeit für Schweden, die von Livi-Bacci mit 150 Jahren angegeben wird, während Roush (1994) von einer Minuszahl ausgeht.

6 Diese Erörterung läßt die Bevölkerungsdynamik außer acht, auf die in demographischen Texten wie Livi-Bacci (1989) angemessener eingegangen wird.

7 Livi-Bacci, 1989, S. 122.

8 Eine knappe Auseinandersetzung mit der Argumentation, entsprechender wirtschaftlicher Aufschwung komme der Umwelt zugute, bietet Arrow et al., 1995.

9 Kirkland, 1994.

10 Wenn wir annehmen, daß alle Menschen zwischen 18 und 64 berufstätig sind, dann sind dies 66,7 Prozent der Bevölkerung. Wenn wir annehmen, daß ab 65 alle im Ruhestand sind, dann betrifft dies 12,6 Prozent. Dies ergibt einen ersten Annäherungswert von fünf Berufstätigen pro Ruheständler (Banks, 1995).

11 Wenn wir davon ausgehen, daß alle zwischen 18 und 64 arbeiten werden, dann werden dies 56,7 Prozent der Bevölkerung sein. Wenn wir annehmen, daß ab 65 alle im Ruhestand sind, dann betrifft dies 20,2 Prozent der Bevölkerung. Dies ergibt einen Annäherungswert von weniger als drei Erwerbstätigen pro Ruheständler in den Vereinigten Staaten (Banks, 1995).

12 Und wie sich diese Investitionen lohnen.

13 Dychtwald und Flower, 1990, S. 32.

14 Das geschah im Fall des gegenwärtigen Vorstandsvorsitzenden von McDonald's Corporation, Michael Quinlan. Ein nahezu identischer Fall trat ein, als Edward Rens, der gegenwärtige Präsident von McDonald's International, als »neues Mitglied« anfing.

15 Dies wird zutreffen, wenn die Nachfrage nach Dienstleistungen nicht zunimmt. Sobald die Beanspruchung medizinischer Dienstleistungen dank Telomer-Therapie abnimmt, werden die Versicherten, statt kleinere Beiträge zu zahlen, vielleicht ein erweitertes Angebot an Leistungen fordern, die von der Telomer-Therapie unberührt bleiben, wie psychotherapeutische oder genetische Behandlungen. Außerdem könnte sich durch

die Einführung der Telomer-Therapie der soziale Streß und damit die Häufigkeit von Verletzungen (Mord, Suizid, etcetera) erhöhen. Die Kosten der gesetzlichen Krankenversicherung Medicare werden nur dann sinken, wenn wir davon ausgehen, daß deren Inanspruchnahme weiterhin den heutigen Gepflogenheiten folgt. Der Verfasser ist Banks, 1995, für die Klärung dieses Sachverhalts zu Dank verpflichtet.

16 In allen diesen Beispielen wird die Ausbildungszeit von der Erlangung eines Schulabschlußzeugnisses bis zu dem Zeitpunkt gemessen, an dem der Auszubildende die Kosten seiner Ausbildung abbezahlt hat. Amerikanische Ärzte benötigen z. B. nach ihrem Krankenhauspraktikum in der Regel zehn Jahre, um ihre Ausbildungsdarlehen abzuzahlen. Die Frage der arbiträren Zulassungspraxis (bei Ärzten, z. B.) wird in dieser Diskussion nicht berücksichtigt – und dies ist auch nicht das geeignete Forum für eine solche Diskussion – ist aber in den Ausbildungskosten vieler Berufe implizit enthalten und erhöht deren Kosten erheblich. Milton Friedman und andere Ökonomen haben eingehend zu dieser Frage Stellung genommen. Dank an Banks, 1995.

17 Dieses Beispiel ist realistisch; das Ergebnis der Bewertung eines Unternehmens durch einen Risikokapitalgeber vor dessen Ankauf. Persönliche Mitteilung, 1994.

18 Aber dieser Anteil wird ungeachtet der Telomer-Therapie künftig wahrscheinlich ohnehin abnehmen, da technologische Fortschritte (z. B. die Robotik) einen größeren Prozentsatz der Produktionskosten ausmachen werden und die Personalkosten einen geringeren. Kurz, die Kapitalquote wird sich gegenüber der Arbeitsquote erhöhen. Dank an Banks, 1995.

19 Dwayne Banks, Ökonomie-Professor in Berkeley, formuliert es so: »In dem Maß, wie die Produktivität steigt und die Stückkosten abnehmen, wird sich – *ceteris paribus* – der Reallohn der Beschäftigten erhöhen.« (Banks, 1995).

20 Obwohl ein realer Gewinn zu verzeichnen sein wird, werden ineffiziente und überflüssige Sektoren der Wirtschaft allerdings leiden. Die Krankenversicherungsbranche und Teile unseres gegenwärtigen Gesundheitswesens werden schrumpfen und viele Arbeitnehmer mit langer – und teurer – Ausbildung werden arbeitslos werden.

21 Dies geht davon aus, daß sich sehr viele Dinge nicht ändern werden, z. B. wie die Menschen ihr Geld ausgeben und wo sie das tun. Wenn alle nach Palo Alto ziehen, werden dort die Immobilienpreise und damit die Lebenshaltungskosten steigen. Die Schlußfolgerung, daß verminderte Lohnkosten die Lebenshaltungskosten reduzieren werden, trifft nur allgemein gesagt und unter der Voraussetzung zu, daß sich andere Markt- und Wirtschaftsfaktoren nicht verändern, was sie aber auch ohne Telomer-Therapie wahrscheinlich in unvorhersagbarer Weise tun werden. Dank an Banks, 1995.

22 Der Verfasser dankt Dwayne Banks (1995) für seine Ausführungen zu dem in diesem Abschnitt behandelten Thema.

23 Immobilien haben ihre Besonderheit. Sie stellen weniger eine unveränderliche Ressource dar (die Landfläche der Erde) als vielmehr eine Größe von relativem Wert. Bestimmte Gebiete eignen sich für die Landwirtschaft oder den Hausbau, andere nicht. Mit steigenden Bodenpreisen gewinnt ein gewisser Teil zuvor unbenutzbaren Bodens an Wert, bis schließlich auch mückenverseuchte Sumpfgebiete oder Abhänge mit 45 Grad Gefälle für die Landwirtschaft oder zur Bebauung genutzt werden. Die Tatsache bleibt jedoch bestehen, daß die Preise *im gesamten Spektrum* der Liegenschaften, von erstklassigen Lagen bis zu Sumpfland und steinigen Abhängen, ansteigen. Die Einbeziehung von Immobilien außerhalb der Erde ist zwar faszinierend, bleibt aber ohne Auswirkung auf den Schluß: Immobilien verhalten sich wie eine unveränderliche Ressource.

24 Aus seinem Vortrag an der Johns Hopkins Universität, 22. Februar 1904, zitiert in Cushing, 1925.

25 Aus Zahlen der New Yorker Börse geht hervor, daß 51 Prozent aller amerikanischen Haushalte 1995 Aktienanteile besaßen (NYSE, persönliche Mitteilung, 1995); rund 90 Prozent der Haushalte mit einem Bruttoeinkommen von über $ 30 000 jährlich besaßen Anteile eines Investmentfonds (Mitteilung der Forschungsabteilung von Oppenheimer Mutual, 1995) – keine dieser beiden Zahlen schließt jene Haushalte ein, in denen jemand Aktien aufgrund eines firmeneigenen Versorgungsprogramms, nicht aus eigener Initiative, besitzt.

26 Smith, 1993.

27 »Matrix«-Familien, laut Dychtwald und Flower, 1990.

28 *World Almanac,* 1992.

29 Amnesty International, 1994.

30 Zitiert in Horgan, 1994, S. 33.

31 *World Almanac,* 1992, S. 725.

32 Persönliches Gespräch zwischen Michael West und Francis Schaeffer, über das mir Michael West 1993 berichtete.

33 Jakobovits, 1989.

34 Bleich, 1989.

35 Ebd., 1989.

36 Dank Professor Aziz Sachedina, 1994.

37 Eine brauchbare knappe Darstellung enthält Desai, 1988.

38 Desai, 1988.

39 Morgan, 1995.

40 In einem persönlichen Gespräch mit Rosh; Philip Kopleau versicherte mir 1973, es spiele keine Rolle, ob man sich im Laufe seines Lebens zum Buddhismus bekehre, »denn es kommen ja immer noch weitere Leben«.

41 Desai, 1988.

Literatur

Adler, W. H., and J. E. Nagel. »Clinical Immunology and Aging.« Chapter 5 in Hazzard, W. R., et al. *Principles of Geriatric Medicine and Gerontology,* 3rd ed. New York: McGraw-Hill, 1994.

Allshire, R. C., M. Dempster, and N. D. Hastie. »Human Telomeres Contain at Least Three Types of G-Rich Repeat Distributed Nonrandomly.« *Nucleic Acids Research,* Vol. 17 (1989), p. 4611.

Allsopp, R. C., and C. B. Harley. »Evidence for a Critical Telomere Length in Senescent Human Fibroblast.« *Experimental-Cell Research,* Vol. 219 (1995), pp. 130–136.

–, et al. »Telomere Shortening Is Associated with Cell Division *In Vitro* and *In Vivo.*« *Experimental Cell Research,* Vol. 220 (1995), pp. 194–200.

–, et al. »Telomere Length Predicts Replicative Capacity of Human Fibroblasts.« *Proceedings of the National Academy of Science,* Vol. 89, No. 21 (1992), pp. 10, 114–18.

Amenta, F. *Aging of the Autonomic Nervous System.* Boca Raton, Fla.: CRC Press, 1993.

Amnesty International. *The Death Penalty List of Abolitionist and Retentionist Countries (December 1, 1993).* External distribution. London: International Secretariat, 1994.

Anderson, W. F. »Gene Therapy.« *Scientific American,* September 1995, pp. 124–128.

Arking, R. *Biology of Aging – Observations and Principles.* Englewood Cliffs, N. J.: Prentice-Hall, 1991.

Arrow, K., et al. »Economic Growth, Carrying Capacity, and the Environment.« *Science,* Vol. 268 (1995), pp. 520–21.

Baime M. J., J. B. Nelson, and D. O. Castell. »Aging of the Gastrointestinal System.« Chapter 58 in Hazzard et al., op. cit.

Banks, D. (assistant professor of economics at the University of California at Berkeley). Personal communication, 1995.

Barinaga, M. »Researchers Broaden the Attack on Parkinson's Disease.« *Science,* Vol. 267 (1995), pp. 455–56.

Baylink, D. J., and J. C. Jennings. »Calcium and Bone Homeostasis and Changes with Aging.« Chapter 75 in Hazzard et al., op. cit.

Beck, L. H. »Aging Changes in Renal Function.« Chapter 54 in Hazzard et al., op. cit.

Beck, W. S. »Human Body.« In *The Encylopedia Americana*. Danbury, Conn.: Grolier, 1983.

Bender, M. A. et al. »Chromosomal Aberration and Sister-Chromatid Exchange Frequencies in Peripheral Blood Lymphocytes of a Large Human Population Sample.« *Mutation Research,* Vol. 212 (1989), pp. 149–54.

Berg, J. M., H. Karlinsky, and A. J. Holland. *Alzheimer Disease, Down Syndrome, and Their Relationship.* New York: Oxford University Press, 1994.

Biessmann, H., and J. M. Mason. »Genetics and Molecular Biology of Telomeres.« *Advances in Genetics,* Vol. 30 (1992), pp. 185–249.

–, S. B. Carter, and J. M. Mason. »Chromosome Ends in Drosophila Without Telomeric DNA Sequences.« *Proceedings of the National Academy of Science,* Vol. 87 (1990), pp. 1758–61.

Blackburn E. H. »Telomeres: Structure and Synthesis.« *Journal of Biological Chemistry,* Vol. 265 No. 11 (1990), pp. 5919–21.

–, and S. S. Chiou. »Non-nucleosomal Packaging of a Tandemly Repeated DNA Sequence at Termini of Extrachromosomal DNA Coding for rRNA in Tetrahymena.« *Proceedings of the National Academy of Science,* Vol. 78, No. 4 (April 1981), pp. 2263–67.

–, and J. W. Szostak. »The Molecular Structure of Centromeres and Telomeres.« *Annual Review of Biochemistry,* Vol. 53 (1984), pp. 163–94.

Bleich, J. D. »Artifical Insemination and Genetic Engineering.« Chapter 7 in Steinberg, op. cit.

Brown, W. T., M. Zebrower, and F. J. Kieras. »Progeria: A Genetic D Disease Model of Premature Aging.« Chapter 29 in *Genetic Effects on Aging II,* ed. D. E. Harrison. Caldwell, N. J.: Telford Press, 1990.

Bushman, F. »Targeting Retroviral Integration.« *Science,* Vol. 267 (1995), pp. 1443–44.

Chang, E. and C. B. Harley. »Telomere Length as a Measure of Replicative Histories in Human Vascular Tissues.« *Proceedings of the National Academy of Science,* Vol. 92 (1995).

Chikashige, Y., et al. »Telomere-Led Premeiotic Chromosome Movement in Fission Yeast.« *Science,* Vol. 264 (1994), pp. 270–73.

Coffin, J. M. »HIV Population Dynamics in Vivo: Implications for Genetic Variation, Pathogenesis, and Therapy.« *Science,* Vol. 267 (1995), pp. 483–89.

Cohen J. »Getting All Turned Around over the Origins of Life on Earth.« *Science,* Vol. 267 (1995), pp. 1265–66.

Comfort, A. *Ageing: The Biology of Senescence,* 2nd ed. New York: Holt, Rinehart and Winston, 1964.

–, *Ageing: The Biology of Senescence,* 3rd ed. New York: Holt, Rinehart and Winston, 1979.

Conley, C. L. »The Blood.« Chapter 44 in Mountcastle, V. B. *Medical Physiology,* 13th ed. St. Louis: C. V. Mosby, 1974.

Cooke, H. J., and B. A. Smith. »Variability at the Telomeres of Human X/Y Pseudoautosomal Region.« *Cold Spring Harbor Symposia on Quantitative Biology.* Vol. 51 (1986), pp. 213–19.

Cooper, L. T., J. P. Cooke, and V. J. Dzau. »The Vasculopathy of Aging.« *Journal of Gerontology, Biological Sciences,* Vol. 49 (1994), pp. B191–96.

Corder, E. H., et al. »Letters: The Apolipoprotein E *E4* Allele and Sex-Specific Risk of Alzheimer's Disease.« *Journal of the American Medical Association,* Vol. 273 (1995), pp. 373–74.

Counter, C. M., et al. »Telomere Shortening Associated with Chromosome Instability Is Arrested in Immortal Cells Which Express Telomerase Activity.« *European Molecular Biology Organization Journal,* Vol. II (1992), pp. 1921–29.

–, et al. »Telomerase Activity in Human Ovarian Carcinoma.« *Proceedings of the National Academy of Science,* Vol. 91 (1994), pp. 2900–4.

–, et al. »Telomerase Activity in Normal Leukocytes and in Hematologic Malignancies.« *Blood,* Vol. 85 (1995), pp. 2315–20.

Cross, S. H., et al. »Cloning of Human Telomeres by Complementation in Yeast.« *Nature,* Vol. 338 (1989), pp. 771–74.

Cushing, H. *The Life of Sir William Osler.* Oxford, U. K.: Clarendon Press, 1925.

Cutler, R. G. »Antioxidants and Longevity of Mammalian Species.« In *Molecular Biology of Aging,* ed. A. D. Woodhead, A. D. Blackett, and A. Hollaender. New York: Plenum Press, 1985.

Dawkins, Richard, »Das egoistische Gen.« Deutsch von Karin de Sousa Ferreira. Rowohlt, Reinbek 1996.

de Lange, T., et al. »Structure and Viability of Human Chromosome Ends.« *Molecular Cellular Biology,* Vol. 10 (1990), pp. 518–27.

Desai, P. N. »Medical Ethics in India.« *Journal of Medicine and Philosophy,* Vol. 23 (1988), pp. 231–55.

DiGiovanna, A. G. *Human Aging: Biological Perspectives.* New York: McGraw-Hill, 1994.

D'Mello, N. P., and S. M. Jazwinski. »Telomere Length Constancy During Aging of Saccharomyces Cerevisiae.« *Journal of Bacteriology,* Vol. 173 (1991), pp. 6709–13.

Dychtwald, K., and J. Flower. *Age Wave.* New York: Bantam, 1990.

Fackelmann, K. »Protein Protects, Restores Neurons.« *Science News,* Vol. 147 (1995), p. 52.

Feeney, G. »Fertility Decline in East Asia.« *Science,* Vol. 266 (1994), pp. 1518–23.

Fefer, A. »Diseases of the Spleen and Reticuloendothelial System.« Chapter

320 in *Harrison's Principles of Internal Medicine,* 8th ed. New York: McGraw-Hill, 1977.

Feng, J., et al. »The RNA Component of Human Telomerase.« *Science,* Vol. 269 (1995), pp. 1236–1241.

Finch, C. E. *Longevity, Senescence, and the Genome.* Chicago: University of Chicago Press, 1990.

–, »The Evolution of Ovarian Oocyte Decline with Aging and Possible Relationships to Down Syndrome and Alzheimer Disease.« *Experimental Gerontology,* Vol. 29 (1994), pp. 299–304.

Floyd, R. A. »Basic Free Radical Biochemistry.« Chapter 3 in Yu, B. P. *Free Radicals in Aging.* Boca Raton, Fla.: CRC Press, 1993.

Fraga, C. G., et al. »Oxidative Damage to DNA During Aging: 8-Hydroxy-2'-Deoxyguanosine in Rat Organ DNA and Urine.« *Proceedings of the National Academy of Science,* Vol. 87 (1990), p. 4533.

Galeano, E. *Open Veins of Latin America – Five Centuries of the Pillage of a Continent.* New York: Monthly Review Press, 1973.

Gallagher, R. B., J. Marx and P. J. Hines. *Science,* Vol. 264 (1994), p. 1827.

Das Gilgamesch-Epos, übers. von Albert Schott, hrsg. von Wolfram von Soden. Reclam, Stuttgart 1994.

– Rhythmisch übertragen von Hartmut Schmökel. Kohlhammer, Stuttgart 1992 (1966).

Gillman, M. W., et al. »Protective Effect of Fruits and Vegetables on Development of Stroke in Men.« *Journal of the American Medical Association,* Vol. 273 (1995), pp. 1113–17.

Goldberg, A. J., and P. J. Coon. »Diabetes Mellitus and Glucose Metabolism in the Elderly.« Chapter 71 in Hazzard et al., op. cit.

–, et al. »Protein Synthetic Fidelity in Aging Human Fibroblasts.« *Advances in Experimental-Medicine and Biology,* Vol. 190 (1985), pp. 495–508.

Goldstein, S., In *Genetics of Aging,* ed. E. L. Schneider. New York: Plenum, 1978.

–, »Replicative Senescence: The Human Fibroblast Comes of Age.« *Science,* Vol. 249 (1990), pp. 1129–33.

Gosden R. G., and M. J. Faddy. »Ovarian Aging, Follicular Depletion, and Steroidogenesis.« *Experimental Gerontology,* Vol. 29 (1991), pp. 265–74.

Gottschling, D. E., et a. »Position Effect at S. Cerevisiae Telomeres: Reversible Repression of Pol II Transcription.« *Cell,* Vol. 63 (1990), pp. 751–62.

Gregerman, R. I., and M. S. Katz. »Thyroid Diseases.« Chapter 70 in Hazzard et al; op. cit.

–, and E. H. Blackburn. »Identification of a Specific Telomere Terminal Transferase Activity in Tetrahymena Extracts.« *Cell,* Vol. 43, No. 2 (December 1985) pp. 405–13.

Greider, C. W. »Telomerase Is Processive.« *Mol. Cell. Biol,* Vol. 11, No. 9 (1991), pp. 4572–80.

Griffiths, T. D. »DNA Synthesis, Cell Progression and Aging in Human Diploid Fibroblasts.« In Roy, A. K., and B. Chatterjee. *Molecular Basis of Aging.* New York: Academic Press, 1984, pp. 95–118.

Haber, D. A. »Telomeres, Cancer, and Immortality.« *New England Journal of Medicine,* Vol. 332 (1995), pp. 95–96.

Harley, C. B. »Biology and Evolution of Aging: Implications for Basic Gerontological Health Research.« *Canadian Journal of Aging,* Vol. 7 (1988), pp. 100–13.

–, »Telomere Loss: Mitotic Clock or Genetic Time Bomb?« *Mutation Research,* Vol. 256 (1991), pp. 271–82.

–, A. B. Futcher, and C. W. Greider. »Telomeres Shorten During Aging of Human Fibroblasts.« *Nature,* Vol. 345, No. 6274 (1990), pp. 458–60.

–, et al. »Loss of Repetitious DNA in Proliferating Somatic Cells May Be Due to Unequal Recombination.« *Journal of Theoretical Biology,* Vol. 94, No. 1 (1982), pp. 1–12.

–, et al. »Telomerase, Cell Immortality, and Cancer.« *Cold Spring Harbor Symposia on Quantitative Biology,* Vol. 59 (1994), pp. 307–15.

Harman, D. »Free Radicals and Age-Related Disease.« Chapter 9 in Yu, op. cit.

Hastie, N. D., et al. »Telomere Reduction in Human Colorectal Carcinoma and with Ageing.« *Nature,* Vol. 346 (1990), pp. 866–68.

Hayflick, L. »The Limited *In Vitro* Lifetime of Human Diploid Cell Strains.« *Experimental Cell Research,* Vol. 37 (1965), pp. 614–36.

–, *How and Why We Age.* New York: Ballantine Books, 1994.

– *Auf Ewig Jung?* vgs verlagsgesellschaft, Köln 1996.

–, and P. S. Moorehead. »The Limited *In Vitro* Lifetime of Human Diploid Cell Strains.« *Experimental Aging Research,* Vol. 25 (1961), pp. 585–621.

Hazzard, W. R., et al. *Principles of Geriatric Medicine and Gerontology,* 3rd ed. New York: McGraw-Hill, 1994.

Herbert, L. E., et al. »Age-Specific Incidence of Alzheimer's Disease in a Community Population.« *Journal of the American Medical Association,* Vol. 273 (1995), pp. 1354–59.

Heinlein, R. A. *Methuselah's Children.* New York: Signet, 1958.

Hendrix, T. R. »The Absorptive Function of the Alimentary Canal.« Chapter 50 in Mountcastle, op. cit.

Herbert, V. »Antioxidants, Pro-oxidants, and Their Effects.« *Journal of the American Medical Association,* Vol. 272 (1994), p. 1659.

Hiyama, E., et al. »Correlating Telomerase Activity Levels with Human Neuroblastoma Outcomes.« *Nature Medicine,* Vol. 1 (1995), pp. 249–54.

Ho, D. D., et al. »Rapid Turnover of Plasma Virions and CD-4 Lymphocytes on HIV-1 Injection,« Vol. 373 (1995), p. 123.

Horgan, J. »Profile: The Final Limit, Subrahmanyan Chandrasekhar.« *Scientific American,* March 1994, p. 33.

Jakobovits, L. I. In Steinberg, A. »The European Colloquium on Medical Ethics,« op. cit.

Jitsukawa, M., and C. Djerassi. »Birth Control in Japan: Realities and Prognosis.« *Science,* Vol. 265 (1994), pp. 1048–51.

Johnson, J. E., et al. *Free Radicals, Aging and Degenerative Diseases.* New York: Liss, 1986.

Judd, H. L., and N. Fournet. »Changes of Ovarian Hormonal Function with Aging.« *Experimental Gerontology,* Vol. 29 (1994), pp. 285–98.

Katz, M. K., and W. G. Robison, Jr. »Nutritional Influences on Autoxidation, Lipofuscin Accumulation, and Aging.« In Johnson et al., op. cit.

Kessler, D., and K. L. Feiden. »Faster Evaluation of Vital Drugs.« *Scientific American,* March 1995, pp. 48–54.

Keyfitz, N. »Population.« *Grolier's Electronic Encylopedia,* 1993.

Kim, N. W., et al. »Specific Association of Human Telomerase Activity with Immortal Cells and Cancer.« *Science,* Vol. 266 (1994), pp. 2011–14.

–, et al. »Letters« (response). *Science,* Vol. 268 (1995), pp. 1116–17.

Kipling, D. *The Telomere.* New York: Oxford University Press, 1995.

–, and H. J. Cooke. »Hypervariable Ultra-Long Telomeres in Mice.« *Nature,* Vol. 397 (1990), pp. 400–402.

Kirkland, R. I. »Why We Will Live Longer ... and What It Will Mean.« *Fortune,* February 1994.

Kreil, G. »Conversion of L- to D-Amino Acids: A Posttranslational Reaction.« *Science,* Vol. 266 (1994), pp. 996–97.

Lakatta, E. G. »Alterations in Circulatory Function.« Chapter 43 in Hazzard et al., op. cit.

Lamb, M. J. *Biology of Ageing.* New York: Wiley Halsted Press, 1977.

Lasic, D. D., and D. Papahadjopoulos. »Liposomes Revisited.« *Science,* Vol. 267 (1995), pp. 1275–76.

Laughlan, G., et al. »The High-Resolution Crystal Structure of a Parallel-Stranded Guanine Tetraplex.« *Science,* Vol. 265 (1994), pp. 520–24.

Levy, M. Z., et al. »Telomere End-Replication Problem and Cell Aging.« *Journal of Molecular Biology,* Vol. 225 (1992), pp. 951–60.

Lindsey J., et al. »In Vivo Loss of Telomeric Repeats with Age in Humans.« *Mutation Research,* Vol. 256 (1991), pp. 45–48.

Livi-Bacci, M. *A Concise History of World Population.* Cambridge, Mass.: Blackwell Publishers, 1989.

Luhtala, T. A., et al. »Dietary Restriction Attenuates Age-Related Increases in Rat Skeletal Muscle Antioxidant Enzyme Activities.« *Journal of Gerontology, Biological Sciences,* Vol. 49 (1994), pp. B231–38.

Lundblad, V., and J. W. Szostak, »A Mutant with a Defect in Telomere Elongation Leads to Senescence in Yeast.« *Cell,* Vol. 57 (1989), pp. 633–43.

Lustig, A. J., S. Kurtz, and D. Shore. »Involvement of the Silencer and UAS

Binding Protein RAP1 in Regulation of Telomere Length.« *Science,* Vol. 250 (1990), pp. 549–53.

Lytle, L. D., and A. Altar. »Diet, Central Nervous System, and Aging.« *Proceedings: Federation of American Societies for Experimental Biology»* Vol. 38, No. 6 (1979), pp. 2017–22.

Malthus, Thomas R. *An Essay on the Principle of Population.* London, 1778.

–, *Population, the First Essay.* Ann Arbor, Mich.: University of Michigan Press, 1959.

Mann D. M. »The Pathological Association Between Down Syndrome and Alzheimer's Disease.« *Mechanics of Aging Development,* Vol. 43 (1993), pp. 99–36.

Marshall, E.: »NIH Picks Three Gene Vector Centers.« *Science* Vol. 269 (1995), pp. 751–52.

Martin, G. »Clinical, Genetic, and Pathophysiologic Aspects of Werner's Syndrome (›Progeria of the Adult‹).« Paper delivered at Keystone Symposium, Molecular Biology of Aging, Lake Tahoe, 1993.

Martin, G. M., C. A. Sprague, and C. J. Epstein. »Replicative Life-span of Cultivated Human Cells: Effects of Donor's Age, Tissue and Genotype.« *Laboratory Investigation,* Vol. 23 (1970), pp. 867–92.

–, et al. »Clinical, Genetic, and Pathophysiologic Aspects of Werner's Syndrome (›Progeria of the Adult‹).« *Journal of Cellular Biochemistry,* Supplement 17D, March 13–31, 1993. Keystone Symposium on Molecular Cellular Biology.

Marx, J. »How a Cell Cycles Toward Cancer.« *Science,* Vol. 263 (1994), pp. 319–321.

Matsuo, M. »Age-Related Alterations in Antioxidant Defense.« Chapter 7 in Yu, op. cit.

McAlpine, S. (actuarial at the National Insurance Institute in New York). Personal communication, January 1995.

McClintock, B. »The Stability of Broken Ends of Chromosomes in Zea Mays.« *Genetics,* Vol. 26 (1941), pp. 234–82.

Meites, J., V. W. Hylka, and W. E. Sonntag. »Need for Integration.« In Roy, op. cit., pp. 187–208.

Mills, R. G., and A. S. Weiss. »Does Progeria Provide the Best Model of Accelerated Ageing in Humans?« *Gerontology,* Vol. 36 (1990), pp. 84–98.

Moore, S. *Vascular Injury and Atherosclerosis.* New York: Marcel Dekker, 1981, pp. 131–48.

Morgan, D. Personal communication, 1995.

Morin, G. B. »The Human Telomere Terminal Transferase Enzyme Is a Ribonucleoprotein That Synthesizes TTAGGG Repeats.« *Cell,* Vol. 59 (1989), pp. 521–29.

Moss, N. S., and E. P. Benditt. »Human Atherosclerotic Plaque Cells and

Leiomyoma Cells. Comparison of In Vitro Growth Characteristics.« *American Journal of Pathology,* Vol. 78, No. 2 (1973), pp. 175–90.

Mountcastle, V. B. *Medical Physiology,* 13th ed. St. Louis: C. V. Mosby, 1974.

Moyzis, R. K. »The Human Telomere.« *Scientific American,* August 1991.

Muller, H. J. »The Remaking of Chromosomes.« *Collecting Net,* Vol. 13, No. 8 (1938), pp. 182–195, 198.

Nandy, K. »Effects of Antioxidant on Neuronal Lipofuscin Pigment.« In Armstrong, D., et al. *Free Radiation in Molecular Biology, Aging, And Disease.* New York: Raven Press, 1984.

Nishi, R. »Neurotropic Factors: Two Are Better Than One.« *Science,* Vol. 265 (1994), pp. 1052–53.

Nowak, M. A., and A. J. McMichael. »How HIV Defeats the Immune System.« *Scientific American,* August 1995, pp. 58–65.

Olovnikov, A. M. [Principle of Marginotomy in Template Synthesis of Polynucleotides]. *Doklady Akademii Nauk* (SSSR), Vol. 201 (1971), pp. 1496–99.

–, »A Theory of Marginotomy: The Incomplete Copying of Template Margin in Enzymatic Synthetis of Polynucleotides and Biological Significance of the Phenomenon.« *Journal of Theoretical Biology,* Vol. 41 (1973), pp. 1181–90.

Orgel, »The Maintenance of the Accuracy of Protein Synthesis and Its Relevance to Ageing,« L. E. Proceedings of the National Academy of Science, Vol. 49 (1963), p. 517.

–, »Ageing Clones of Mammalian Cells.« *Nature,* Vol. 243 (1973), p. 441.

–, »The Origin of Life on Earth.« *Scientific American,* 10/1994, pp. 77–83.

Orr, W. C., and R. S. Sohal. »Extension of Life-span by Overexpression of Superoxide Dismutase and Catalase in Drosophila Melanogaster.« *Science,* Vol. 263 (1994), pp. 1128–30.

Pennisi, E. »Microglial Madness.« *Science News,* Vol. 144 (1993), pp. 378–79.

Piel, G. »AIDS and Population ›Control‹.« *Scientific American,* February 1994, p. 124.

Pierpaoli, W., et al. *The Melatonin Miracle.* New York: Simon & Schuster, 1995 (dt.: Melatonin, Schlüssel zu ewiger Gesundheit und Fitness. München: Goldmann, 1996).

Pierpaoli, W., et al. *The Aging Clock: The Pineal Gland and Other Pacemakers in the Progression of Aging and Carcinogenesis. Third Stromboli Conference on Aging and Cancer.* Volume 719, Annals of the New York Academy of Science. New York: The New York Academy of Sciences, 1994.

Pimenta, W., et al. »Pancreatic Beta-Cell Dysfunction as the Primary Genetic Lesion in NIDDM.« *Journal of the American Medical Association,* Vol. 273 (1995), pp. 1855–61.

Potten, C. S., and R. J. Morris. »Epithelial Stem Cells In Vivo.« *Journal of Cell Science,* Supplement, Vol. 10 (1988), pp. 45–62.

Rakic, P. »DNA Synthesis and Cell Division in the Adult Primate Brain.« *Annals of the New York Academy of Science,* Vol. 457 (1985), pp. 193–211.

Robbins, S. L. *Pathologic Basis of Disease.* Philadelphia: Saunders, 1974.

Rose, M. R. *Evolutionary Biology of Aging.* New York: Oxford University Press, 1991.

Ross, R. »The Pathogenesis of Atherosclerosis: An Update.« *New England Journal of Medicine,* Vol. 314 (1986), pp. 488–500.

Roush, W. »Population: The View from Cairo.« *Science,* Vol. 265 (1994), pp. 1164–67.

Roy, A. K., and B. Chatterjee. *Molecular Basis of Aging.* New York: Academic Press, 1984.

Ruhlen, M. *The Origin of Language.* New York: Wiley, 1994.

Samorajski, T. »How the Human Brain Responds to Aging.« *Journal of the American Geriatric Society,* Vol. 24, No. 1 (1976), pp. 4–11.

Sandars, N. K., ed. *The Epic of Gilgamesh.* London: Penguin, 1960.

Sapolsky, R. M. *Stress, the Aging Brain, and Age Mechanisms of Neuron Death.* Cambridge, Mass.: MIT Press, 1992.

Sarkar, G., and M. E. Bolander. »Letters: Telomeres, Telomerase, and Cancer.« *Science,* Vol. 268 (1995), pp. 1115–16.

Schmidt, A. M., et al. »Advanced Glycation Endproducts: A Mechanism for Age-Dependent Perturbation of Monocyte and Endothelial Cell Function.« *Journal of Cellular Biochemistry,* Supplement 17D, March 13–31, 1993. Keystone Symposium on Molecular and Cellular Biology.

Schneider, E. L. *Genetics of Aging.* New York: Plenum, 1978.

Seachrist, L. »Telomeres Draw a Crowd at Toronto Cancer Meeting.« *Science,* Vol. 268 (1995), pp. 29–30.

–. »Hormone Mimics Fabled Fountain of Youth.« *Science News,* Vol. 147 (1995), p. 391.

Sen, D. and W. Gilbert. »Novel DNA Superstructures Formed by Telomerelike Oligomers.« *Biochemistry,* Vol. 31 (1992), pp. 65–70.

Service, R. F. »Dendrimers: Dream Molecules Approach Real Applications.« *Science,* Vol. 267 (1995), pp. 458–59.

Singer, M., and P. Berg. *Genes and Genomes – A Changing Perspective.* Mill Valley, Calif.: University Science Books, 1991.

Skolnick, A. A. »Cancer Cells' Immortality May Prove Their Undoing.« *Journal of the American Medical Association,* Vol. 273 (1995), pp. 1247–48.

Smith, D. W. E.: *Human Longevity.* New York: Oxford University Press, 1993.

Steinberg, A. »The European Colloquium on Medical Ethics: Jewish Perspectives.« Given in Basel, Switzerland. Jerusalem: Magnes Press, 1989.

Stern, D. »Advanced Glycation Endproducts: A Mechanism for Age-Dependent Perturbation of Monocyte and Endothelial Cell Function.« Paper delivered at Keystone Symposium, Molecular Biology of Aging, Lake Tahoe, 1993.

Streit, W. J., and C. A. Kincaid-Colton. »The Brain's Immune System.« *Scientific American,* November 1995, pp. 54–61.

Sturrock, R. R. »Changes in Neuroglia and Myelination in the White Matter of Aging Mice.« *Journal of Gerontology,* Vol. 31, No. 5 (1976), pp. 513–22.

Tan, D. X., et al. »The Pineal Hormone Melatonin Inhibits DNA-Adduct Formation Induced by the Chemical Carcinogen Safrole In Vivo.« *Cancer Letters,* Vol. 70 (1993), pp. 65–71.

Terry, L. C., and J. B. Halter, »Aging of the Endocrine System.« Chapter 69 in Hazzard et al., op. cit.

Tholey, G., and M. Ledig. »Plasticite neuronale et astrocytaire: aspects metaboliques« (»Neuronal and Astrocytic Plasticity: Metabolic Aspects«). Annales de Medecine Interne (Paris), Vol. 141, Suppl. 1 (1990), pp. 13–18.

Thorn, G. W., et al. *Harrison's Principles of Internal Medicine,* 8th Ed. New York: McGraw-Hill, 1977.

Travis, J. »Glia: The Brain's Other Cells.« *Science,* Vol. 266 (1995), pp. 970–72.

Vaziri H., et al. »Loss of Telomeric DNA During Aging of Normal and Trisomy 21 Human Lymphocytes.« *American Journal of Human Genetics,* Vol. 52 (1993), p. 661.

–, et al. »Evidence for a Mitotic Clock in Human Hematopoietic Stem Cells: Loss of Telomeric DNA with Age.« *Proceedings of the National Academy of Science,* Vol. 91, October 11, 1994.

Vernadakis, A. »Neuronal-Glial Interactions During Development and Aging.« *Fed. Proc.,* Vol. 34, No. 1 (1975), pp. 89–95.

Voelker, R. »Ames Agrees with Mom's Advice: Eat Your Fruits and Vegetables.« *Journal of the American Medical Association,* Vol. 273 (1995), pp. 1077–78.

Walters, L. *Journal of Clinical Ethics,* Vol. 2 (1991), p. 267.

Watson, J. D. *The Double Helix.* New York: Mentor, 1968.

– *Die Doppel-Helix:* Ein persönlicher Bericht über die Entdeckung der DNS-Struktur. Frankfurt a. M. 1969.

–. »Origin of Concatameric T7 DNA.« *Nature: New Biology,* Vol. 239 (1972), pp. 197–201.

Wei, X., et al. »Viral Dynamics in Human Immunodeficiency Virus Type 1 Injection.« *Nature,* Vol. 373 (1995), p. 117.

Weindruch, R., H. R. Warner, and P. E. Starke-Reed. »Future Directions of Free Radical Research in Aging.« Chapter 12 in Yu, op. cit.

Weiner, A. M. »Eukaryotic Nuclear Telomeres: Molecular Fossils of the RNP World?« *Cell,* Vol. 52 (1988), pp. 155–57.

375

Weir, G. C. »Which Comes First in Non-Insulin-Dependent Diabetes Mellitus: Insulin Resistance or Beta-Cell Failure? Both Come First.« *Journal of the American Medical Association,* Vol. 273 (1995), pp. 1878–79.

Wise, P. M., et al. »Neuroendocrine Concomitants of Reproductive Aging.« *Experimental Gerontology,* Vol. 29 (1994), pp. 275–84.

Wivel, N. A., and L. Walters. »Germ-line Modification and Disease Prevention: Some Medical and Ethical Perspectives.« *Science,* Vol. 262 (1993), pp. 533–38.

World Almanac, 1992.

Wright, W. E., and J. W. Shay. »Re-expression of Senescent Markers in Deinduced Reversibly Immortalized Cells.« *Experimental Gerontology,* Vol. 27, No. 5–6 (1992), pp. 477–92.

–, and J. W. Shay. »Telomere Positional Effects and the Regulation of Cellular Senescence.« *Trends in Genetics,* Vol. 8 (1992), pp. 193–97.

Yu, B. P. *Free Radicals in Aging.* Boca Raton, Fla.: CRC Press, 1993.

Yu, G. L., and E. H. Blackburn. »Amplification of Tandemly Repeated Origin Control Sequences Confers a Replication Advantage on rDNA Replicons in Tetrahymena Thermophila.« *Mol. Cell. Biol.,* Vol. 10, No. 5 (1990), pp. 2070–80.

–, et al. »In Vivo Alteration of Telomere Sequences and Senescence Caused by Mutated Tetrahymena Telomerase RNAs.« *Nature,* Vol. 344, No. 6262 (1990), pp. 126–32.

Zakian, V. A. »Structure and Function of Telomeres.« *Annual Review of Genetics,* Vol. 23 (1989), pp. 579–604.

Zayn al-' Abidin, A. *Sahifa al-Sajjadiyya,* trans. William Chittick. London: Oxford University Press, 1988.

Danksagung

Für ihre Hinweise, ihre Überlegungen und ihre Aufmerksamkeit danke ich Jon, Dot, Peter, Les, Scott, Dennis Kolenda, Dwayne Banks, Larry Howard, Eric Ericksen, Aziz Sachedina, Tom Toeller-Novak, Albert Lewis, Daishin Morgan, Karl Scheibe und Bob Arking. Großen Dank an Richter, Doktoren, Rabbiner, Professoren, Herausgeber, Pastoren, Anwälte, Verantwortliche, Geschäftsleute, Wissenschaftler, Äbte, Ethiker und Freunde. All jenen, deren Hilfe und Engagement mir bei der Suche nach Antworten auf die Probleme des Alterns unverdientermaßen zuteil wurde, allen voran die geschätzte und anonyme Gruppe in Custer mit ihren BHAGs: Alles Gute und vielen Dank.

Dafür, daß sie mich ihren Computer benutzen ließen, wenn meiner abstürzte, danke ich VRSH, vor allem der Gruppe um LSS: Ich stehe in eurer Schuld.

Dafür, daß sie fünf Jahre alt ist und versucht hat, mich in den Swimmingpool zu werfen, liebe ich Rachel und hoffe, daß sie selber einmal jung genug sein wird, um fünfjährige Kinder zu haben.

Besonderen Dank an L. Long und RAH.

Den Wissenschaftlern, die sich mit dem Altern und dem körperlichen Abbau beschäftigen sei versichert: Die Arbeit ist von ihnen, die Hoffnungen sind von uns, und die Fehler sind allein von mir. Das geht vor allem an CBH, der einen Großteil der Arbeit geleistet hat, der mich zu diesem Buch ermutigte, und der mein Freund ist. (PS: Ich werde die Wette in hundert Jahren gewinnen.)

Dank an Laura, die die wichtigsten Leute bei der Stange gehalten hat und die Sache im Griff hatte; an Len Hayflick, für die Entdeckung der Wahrheit und deren Weiterverbreitung; an Peter Smit, der beteiligt war, an Henry Morrison, der mich die Geschichte erzählen ließ; und an John Harney, der sie beachtet hat; an Joy, Gioia, Ma Joyeuse, die mir vertraut hat, und die ich liebe – mehr als alle anderen; an Zan und Lily, die noch ein weiteres Buch in ihrer Bibliothek brauchten, und speziell an Virginia unter den ›Vergißmeinnicht‹: *Wir werden sie nie vergessen.*

Register